建筑构造

（第 2 版）

主　编　马立群

副主编　岳照程　李晓辉

机 械 工 业 出 版 社

本书以现行建筑设计规范及建筑通用图集为基础，结合当前建筑新材料、新施工技术、新设备应用而编写，全面系统地介绍了常见民用建筑构造设计方面的知识。本书内容包括概论，地基、基础与地下室，墙体，楼板层、地坪层，楼梯、电梯与扶梯，门窗与遮阳，屋顶，变形缝，建筑节能构造设计，建筑防灾，建筑幕墙，采光顶、金属屋面与中庭，装配式建筑。本书为建筑构造设计提供基础资料和参考依据，可作为建筑院校师生的学习用书，也可作为工程技术人员进行建筑设计的参考书。

图书在版编目（CIP）数据

建筑构造 / 马立群主编. —2版. —北京：机械工业出版社，2021.7
ISBN 978-7-111-68657-6

Ⅰ. ①建… Ⅱ. ①马… Ⅲ. ①建筑构造 Ⅳ. ①TU22

中国版本图书馆CIP数据核字（2021）第132673号

机械工业出版社（北京市百万庄大街22号 邮政编码100037）
策划编辑：赵 荣 责任编辑：赵 荣 范秋涛
责任校对：樊钟英 封面设计：鞠 杨
责任印制：李 昂
北京中兴印刷有限公司印刷

2021年10月第2版第1次印刷
184mm × 260mm · 19.5印张 · 444千字
标准书号：ISBN 978-7-111-68657-6
定价：79.00元

电话服务
客服电话：010-88361066
010-88379833
010-68326294

网络服务
机 工 官 网：www.cmpbook.com
机 工 官 博：weibo.com/cmp1952
金 书 网：www.golden-book.com
机工教育服务网：www.cmpedu.com

前　言

建筑是人类社会精神文明和物质文明的集中体现，人类在有意识地创造和美化生活环境的过程中，积累知识，总结经验，不断创新，使建筑逐渐成为艺术与技术的有机结合体。

建筑业的主要任务是全面贯彻适用、安全、经济、美观的方针，为社会生产和城乡人民生活提供各类房屋建筑、设施以及相应的环境，并为社会创造财富。

近年来，随着经济建设和科学技术的发展，建筑技术的进展日新月异，新的建筑材料、新的施工技术以及新设备的应用，使得建筑业有了较快的发展，而且人们对于生存空间、生活质量的要求也越来越高。这对于建筑来说，就不能仅仅满足于传统意义上的“用”，应当在此基础上不断更替创新，使建筑真正具有物质和精神双重性格，使人类文明得到进一步的延续和发展。本书主要面向建筑类高校、高职高专类学生、设计部门、基建部门以及建筑爱好者编写，浓缩精华、条理清晰，以现行建筑设计规范和建筑设计资料集及部分通用建筑图集为基础，简明扼要地阐述了民用建筑的技术要求，本书内容除常见民用建筑构造，还包括建筑节能，建筑防灾，建筑幕墙，采光顶、中庭，装配式建筑等内容。本书既可作为各院校建筑类专业的学习用书，又可作为工程技术人员进行建筑设计的参考书。本书由马立群、岳照程、李晓辉、刘学贤、王润生、郝占鹏、岳国森、衣新莉、李晗编写。

由于作者经验所限，所写内容难免有不足之处，敬请广大读者批评指正。

编者

目　录

第 1 章　概论

在人类社会发展过程中，建筑最初是人们为了遮蔽风雨和防御猛兽的侵袭等基本生活需要而人为地创造的空间。如今随着时代的发展与进步，建筑已经演变为一个融技术、艺术等多方面为一身的综合体，它在满足人们最基本的需要的同时，从多方面反映了人类的物质文明和精神文明。

建筑通常是建筑物与构筑物的总称　建筑物是指供人们在其中生产、生活或进行其他活动的房屋或场所，如住宅、办公楼、厂房、教学楼等。构筑物是指人一般不直接在内进行生产、生活活动的建筑，如水塔、堤坝、蓄水池、栈桥、烟囱等。

建筑的基本要素是：建筑功能、物质技术条件和建筑形象。

建筑功能　建筑功能是指建筑的实用性。任何建筑物都具有为人所用的功能，如住宅供人生活起居；学校是教学活动的场所；园林建筑供人游览、观赏和休息；文化建筑可以陶冶情操，满足人们精神生活的要求等。

建筑物质技术条件　建筑物质技术条件是指建筑材料技术、结构技术、施工技术等，随着这些技术的变化，建筑本身也在变化。

建筑形象　建筑除满足人们使用要求外，又以其不同的空间组合、建筑造型、细部处理等，构成一定的建筑形象，从而反映出建筑的性质、时代、民族风格以及地方特色等，给人以某种精神享受和艺术感染力，满足人们精神方面的要求。

建筑功能、物质技术条件和建筑形象三者是辩证的统一：建筑功能是建筑的目的，是主导因素；物质技术条件和建筑形象是达到建筑目的的手段。

1.1　建筑的分类与分级

不同的建筑，其具体要求和相应的执行标准也不尽相同。一般说来，建筑可以根据以下几个方面来划分。

1.1.1　根据功能分类

功能的分类是人类对建筑认知和需求的反映，同时也被应用于指导建造实践。目前普遍采用的是从满足特定活动的角度划分，包括民用和工业建筑两大类。

1. 民用建筑

民用建筑指的是供人们居住和进行各种活动的建筑。民用建筑按使用功能可分为居住建筑和公共建筑两大类。

（1）居住建筑　供人们居住的各种建筑。主要包括住宅建筑和宿舍建筑。

（2）**公共建筑** 供人们进行各种社会活动的建筑。主要包括：

教育建筑：如托儿所、中小学学校等。

办公建筑：如各级政府、企事业团体、社区办公楼等。

科研建筑：如实验楼、研究楼等。

文化建筑：如图书馆、档案馆、文化馆等

商业建筑：如百货公司、超级市场、菜市场、旅馆等。

服务建筑：如银行、邮电、电信、会议中心、殡仪馆等。

体育建筑：如体育馆、体育场、健身房、游泳馆等。

医疗建筑：如综合医院、专科医院、康复中心、急救中心、疗养院等。

交通建筑：如汽车客运站、港口客运站、铁路旅客站、航空港站楼、地铁站等。

纪念建筑：如纪念碑、纪念馆、纪念塔、故居等。

园林建筑：如动物园、植物园、海洋馆、游乐场、旅游景点建筑、城市建筑小品等。

综合建筑：如多功能综合大楼、商住楼等。

2. 工业建筑

工业建筑指的是为工业生产服务的建筑物与构筑物的总称。主要包括各种车间、辅助用房、生活间以及相应的配套设施等。

1.1.2 根据结构所用材料分类

根据建筑承重结构的材料不同可将建筑分为：

1. 木结构

木结构主要是指以木材作为房屋承重骨架的建筑。木结构建筑是节能、环保的绿色建筑，其优点是木材为可再生资源，安全可靠，适合人居；可工厂化、标准化生产，降低劳动强度，施工周期短。木结构的缺点是木材的各种天然缺陷，各向异性和材料的不可焊接性，造成木结构设计的复杂性和连接的复杂化；木材作为有机物，易受不良环境的腐蚀和虫蛀，具有可燃性，所以要采取防火安全措施。

2. 砖（石）结构

砖（石）结构是指以砖或石材作为承重墙柱和楼板的建筑。这种结构的优点是耐火性、化学稳定性和大气稳定性好，便于就地取材，节约钢材、水泥、木材，隔热、隔声性能好。缺点是材料用量多，自重大，整体性能相对较差，不宜于地震设防地区或者地基软弱的地区。

3. 钢筋混凝土结构

钢筋混凝土结构是指以钢筋混凝土材料作为承重的结构，它坚固耐久、防火、可塑性强，在当今建筑领域中应用较广。

4. 钢结构

钢结构是指建筑物结构的全部或者大部分由钢材制作。钢结构力学性能好，便于制作与安装，结构自重轻，特别适宜于高层、超高层、大跨度建筑。

1.1.3 根据结构形式分类

结构是能承受作用并具有适当刚度的由各连接部件有机组合而成的系统。结构是建筑物的骨架，是承力体系，组成该体系的最小单元是构件，如墙体、柱子、梁、板等。根据建筑荷载由何种构件承担可以将建筑物大致划分为以下几种：

1. 墙承重结构

墙承重结构是指结构的荷载通过墙体（土墙、砖墙、石墙、砌块墙、钢筋混凝土墙等）来承担的结构体系。

2. 框架承重结构

框架承重结构是指由梁、柱组成的框架来承担结构荷载与作用的受力体系。

3. 空间结构

空间结构是指为形成内部所需的大空间，通过特殊的结构构件围合而成的结构体系，如网架、悬索、薄壳等。

1.1.4　根据层数或建筑物的高度分类

1. 建筑高度

（1）平屋顶建筑高度　应按建筑物主入口场地室外设计地面至建筑女儿墙顶点的高度计算，无女儿墙的建筑物应计算至其屋面檐口。

（2）坡屋顶建筑高度　应按建筑物室外地面至屋檐和屋脊的平均高度计算（通常理解为山尖墙的一半处）。

（3）同一座建筑物有多种屋面形式　建筑高度应按上述方法分别计算后取其中最大值。

下列凸出物不计入建筑高度内：局部凸出屋面的楼梯间、电梯机房、水箱间等辅助用房占屋顶平面面积不超过 1/4 者；凸出屋面的通风道、烟囱、装饰构件、花架、通信设施等；空调冷却塔等设备。

2. 层高

层高是指上下两层楼面或楼面与地面之间的垂直距离。

层高通常是建筑物各层之间以楼、地面面层（完成面）计算的垂直距离，屋顶层由该层楼面面层（完成面）至平屋面的结构面层或至坡顶的结构面层与外端外皮延长线的交点计算的垂直距离。

3. 自然层数

自然层数是按楼板、地板结构分层的楼层数。下列情况可不计入建筑层数：室内顶板面高出室外设计地面的高度不大于 1.5m 的地下或半地下室；设置在建筑底部且室内高度不大于 2.2m 的自行车库、储藏室、敞开空间；建筑屋顶上凸出的局部设备用房、凸出屋面的楼梯间等。

4. 分类

《民用建筑设计统一标准》（GB 50352—2019）中，民用建筑按地上建筑高度或层数进行分类应符合下列规定：

（1）低层或多层民用建筑　建筑高度不大于 27.0m 的住宅建筑、建筑高度不大于 24.0m 的公共建筑及建筑高度大于 24.0m 的单层公共建筑为低层或多层民用建筑。

（2）高层民用建筑　建筑高度大于 27.0m 的住宅建筑和建筑高度大于 24.0m 的非单层公共建筑，且高度不大于 100.0m 的，为高层民用建筑。

（3）超高层建筑 建筑高度大于 100.0m 为超高层建筑。

注：建筑防火设计应符合现行国家标准《建筑设计防火规范》（GB 50016）有关建筑高度和层数计算的规定。

在《建筑设计防火规范》GB 50016—2014（2018）中，将高层民用建筑分为两类。即：一类高层和二类高层。

一类高层为建筑高度大于 54m 的住宅建筑（包括设置商业服务网点的住宅建筑）；医疗建筑、重要公共建筑，独立建造的老年人照料设施；建筑高度 24m 以上部分任一楼层建筑面积大于 1000m² 的商店、展览、电信、邮政、财贸金融建筑和其他多种功能组合建筑；省级及以上广播电视和防灾指挥调度建筑、网局级和省级电力调度建筑；藏书超过 100 万册的图书馆、书库；建筑高度大于 50m 的公共建筑。

二类高层为建筑高度大于 27m，但不大于 54m 的住宅建筑（包括设置商业服务网点的住宅建筑）；除一类高层公共建筑外的其他高层公共建筑。

1.1.5 根据建筑物的规模与数量分类

通常可将建筑分为大量性建筑和大型性建筑两大类。

（1）大量性建筑 一般是指量大面广，与人们生活密切相关的建筑，如住宅、商店、旅馆、学校等。这些建筑在城市与乡村都是不可缺少的，修建数量很大，故称为大量性建筑。

（2）大型性建筑 建筑规模庞大，耗资巨大，不能随意随处修建，而且修建数量有限的建筑，如大型体育馆、大型办公楼、大型剧院、大型车站、博物馆、航空港等。

1.1.6 根据设计使用年限分级

设计使用年限又称耐久年限，指的是建筑物从建成交付使用后直至破坏所经历的年限。表 1-1 为建筑物根据主体结构设计使用年限分类。

表 1-1 建筑结构的设计使用年限分类

类别	设计使用年限 / 年	示例
1	5	临时性建筑结构
2	25	易于替换的结构构件
3	50	普通房屋和构筑物
4	100	标志性建筑和特别重要的建筑结构

注：此表依据《建筑结构可靠性设计统一标准》（GB 50068—2018），并与其协调一致。

1.1.7 根据防火要求分级

民用建筑的耐火等级可分为一、二、三、四级。耐火等级是根据组成建筑物构件的耐火极限与材料的燃烧性能划分的。

1. 耐火极限

在标准耐火试验条件下，建筑构件、配件或结构从受到火的作用时起，到失去承载能力、完整性或隔热性时止所用的时间，用 h 表示。

2. 材料的燃烧性能

材料根据其燃烧性能可以分为燃烧体、难燃烧体、不燃烧体。

（1）燃烧体　用燃烧材料做成的构件。燃烧材料是指在空气中受到火烧或高温作用时立即起火或微燃，且火源移走后仍继续燃烧或微燃的材料，如木材等。

（2）难燃烧体　用难燃烧材料做成的构件或用燃烧材料做成而用不燃烧材料做保护层的构件。难燃烧材料是指在空气中受到火烧或高温作用时难起火、难微燃、难炭化，当火源移走后燃烧或微燃立即停止的材料，如沥青混凝土、经过防火处理的木材、用有机物填充的混凝土和水泥刨花板等。

（3）不燃烧体　用不燃烧材料做成的构件。不燃烧材料是指在空气中受到火烧或高温作用时不起火、不微燃、不炭化的材料，如建筑中采用的金属材料和天然或人工的无机矿物材料。

3. 各构件的耐火等级与耐火极限

1）《建筑设计防火规范》GB 50016—2014（2018）中规定，不同耐火等级建筑物相应构件的燃烧性能和耐火极限不应低于表 1-2 的规定。

表 1-2　不同耐火等级建筑物相应构件的燃烧性能和耐火极限（h）

<table>
<tr><th colspan="2" rowspan="2">构件名称</th><th colspan="4">耐火等级</th></tr>
<tr><th>一级</th><th>二级</th><th>三级</th><th>四级</th></tr>
<tr><td rowspan="6">墙</td><td>防火墙</td><td>不燃性
3.00</td><td>不燃性
3.00</td><td>不燃性
3.00</td><td>不燃性
3.00</td></tr>
<tr><td>承重墙</td><td>不燃性
3.00</td><td>不燃性
2.50</td><td>不燃性
2.00</td><td>难燃性
0.50</td></tr>
<tr><td>非承重外墙</td><td>不燃性
1.00</td><td>不燃性
1.00</td><td>不燃性
0.50</td><td>可燃性</td></tr>
<tr><td>楼梯间和前室的墙，电梯井的墙，居住建筑单元之间的墙和分户墙</td><td>不燃性
2.00</td><td>不燃性
2.00</td><td>不燃性
1.50</td><td>难燃性
0.50</td></tr>
<tr><td>疏散走道两侧的隔墙</td><td>不燃性
1.00</td><td>不燃性
1.00</td><td>不燃性
0.50</td><td>难燃性
0.25</td></tr>
<tr><td>房间隔墙</td><td>不燃性
0.75</td><td>不燃性
0.50</td><td>难燃性
0.50</td><td>难燃性
0.25</td></tr>
<tr><td colspan="2">柱</td><td>不燃性
3.00</td><td>不燃性
2.50</td><td>不燃性
2.00</td><td>难燃性
0.50</td></tr>
<tr><td colspan="2">梁</td><td>不燃性
2.00</td><td>不燃性
1.50</td><td>不燃性
1.00</td><td>难燃性
0.50</td></tr>
<tr><td colspan="2">楼板</td><td>不燃性
1.50</td><td>不燃性
1.00</td><td>不燃性
0.50</td><td>可燃性</td></tr>
<tr><td colspan="2">屋顶承重构件</td><td>不燃性
1.50</td><td>不燃性
1.00</td><td>可燃性
0.50</td><td>可燃性</td></tr>
<tr><td colspan="2">疏散楼梯</td><td>不燃性
1.50</td><td>不燃性
1.00</td><td>不燃性
0.50</td><td>可燃性</td></tr>
<tr><td colspan="2">吊顶（包括吊顶搁栅）</td><td>不燃性
0.25</td><td>难燃性
0.25</td><td>难燃性
0.15</td><td>可燃性</td></tr>
</table>

注：1. 除规范另有规定外，以木柱承重且墙体采用不燃材料的建筑，其耐火等级应按四级确定。2. 住宅建筑构件的耐火极限和燃烧性能可按现行国家标准《住宅建筑规范》（GB 50368—2005）的规定执行。

2）民用建筑的耐火等级应根据其建筑高度、使用功能、重要性和火灾扑救难度等确定，并应符合下列规定：地下或半地下建筑（室）和一类高层建筑的耐火等级不应低于一级；单、多层重要公共建筑和二类高层建筑的耐火等级不应低于二级。除木结构建筑外，老年人照料设施的耐火等级不应低于三级。

1.2 建筑构造及其影响因素

建筑构造是研究建筑各个组成部分的组成方法与组成原理的学科，是建筑设计不可缺少的一部分，它具有很强的实践性和综合性，其内容涉及建筑材料、建筑物理、建筑力学、建筑结构、建筑施工以及建筑经济等有关方面的知识。其基本任务是根据建筑的功能、材料性能、受力性能、施工制作工艺以及建筑艺术等要求，合理选择构造方案；设计适用、坚固、经济、美观的构配件，并将其结合成有机的建筑整体。

1.2.1 建筑构造的设计原则

建筑构造的设计原则，大致可以分为以下几个方面。

1. 满足建筑使用功能要求

由于建筑物使用性质和所处条件、环境的不同，对建筑构造设计也有不同的要求：如北方地区要求建筑在冬季能保温，南方地区则要求建筑能通风、隔热；对要求有良好音响环境的建筑则要考虑吸声、隔声等。总之，为了满足使用功能需要，在构造设计时，必须综合有关技术知识，进行合理的设计，以便于选择、确定最为经济合理的构造方案。

2. 坚固安全

在构造方案上应考虑坚固安全，保证建筑物有足够的强度和整体刚度，经久耐用。

3. 技术先进，适应建筑工业化需要

在构造做法选择时应从材料、结构、施工三方面出发，注意改善劳动条件，保证施工质量，应大力推广先进技术，尽量选用定型构件和产品，为制品生产工厂化、现场施工机械化创造有利条件。

4. 经济合理，满足建筑经济的综合效益

在构造设计中，应注意建筑整体的经济效益，既要注意降低建筑造价，减少材料的能源消耗，又要有利于降低运行维修和管理的费用，考虑其综合的经济效益。要因地制宜，就地取材，充分利用工业废料，在保证质量的前提下降低造价。

5. 美观大方

建筑构造设计是初步设计的继续和深入，建筑要做到美观大方，必须通过技术手段来体现，而构造设计是其中重要的一环。

6. 应符合现行国家相关的标准和规范规定

在构造设计中，建筑构造的选材、选型和细部做法都必须遵照国家现行规范、标准确定，要根据不同的建筑性质，不同的使用功能要求以及不同的等级进行构造设计。

建筑设计方针中明确提出“适用、安全、经济、美观”的辩证关系，建筑构造设计也必须遵循上述原则。随着新技术、新材料的不断更新，建筑构造技术对丰富建筑创作、优化建筑的作用越来越重要，建筑构造设计最终的目的是要保证建筑设计意图的最佳实现。

1.2.2　影响建筑构造设计的因素

1. 外界环境的影响

外界环境的影响是指自然界和人为的影响，总起来讲有以下四个方面：

（1）外界作用力的影响　外力包括人、家具和设备的重量，结构自重，风力，地震力以及雪重等，这些统称为荷载。荷载对结构类型和构造方案以及进行细部构造设计等具有非常重要的影响。

（2）气候条件的影响　气候条件一般包括温度、湿度、日照、雨雪、风向和风速、地下水等。对于这些影响，在构造上必须考虑相应防护的措施，如防水防潮、防寒隔热、防温度变形等。

例如我国南方多是湿热地区，建筑风格应多以通透为主；北方寒冷地区建筑风格趋向封闭、严谨。日照与风向通常是确定房屋朝向和间距的主要因素。雨雪量的多少则对建筑的屋顶形式与构造有一定影响。

风玫瑰图是依据该地区多年来统计的各个方向吹风的平均日数的百分数按比例绘制而成，一般用 16 个罗盘方位表示。图 1-1 为我国部分城市的风向频率玫瑰图（简称风玫瑰图）。风向由外吹向地区中心，其中实线表示冬季主导风向（特指 12 月、1 月、2 月），虚线表示夏季主导风向（特指 6 月、7 月、8 月）。

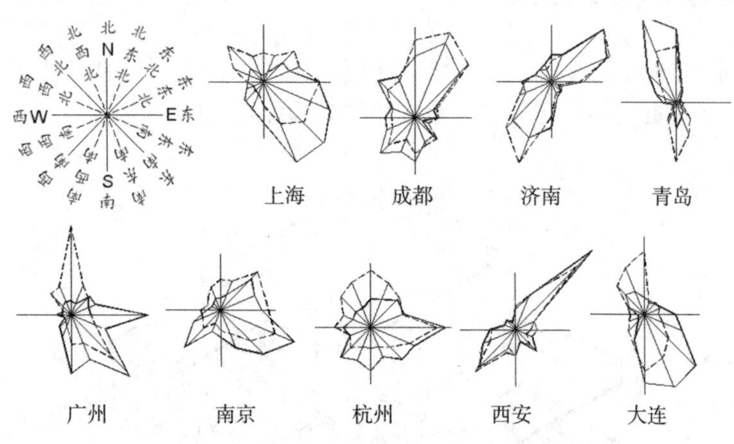

图 1-1　我国部分城市的风向频率玫瑰图

（3）工程地质与水文地质条件　如地质情况、地下水、冰冻线以及地震等自然条件，都会对建筑物造成影响，构造设计中必须考虑采取相应措施，以防止和减轻这些因素可能引起的对建筑的危害。

（4）人为因素的影响　如火灾、机械振动、噪声、爆炸等，都属于人为因素，在建筑构造上需采取防火、防振、隔声、防爆等的相应措施。

2. 建筑技术条件的影响

随着建筑技术条件的不断发展和变化，建筑构造技术也在改变。这其中涉及结构技术和施工技术的同时，也关系材料的生产与加工，构件的制作与运输，施工机具的配备，施工管理和操作人员的素质等。新材料、新技术、新工艺不断涌现，新的构筑方式和构造技术都在不断变化，建筑构造形式也越来越多样化、复杂化。因而如何选择技术手段至关重要，建筑构造做法不能脱离一定的建筑技术和经济条件而存在，生产建材的水平和质量以及技术的先进程度都对建筑构造起到一定的制约作用。

3. 建筑标准的影响

建筑是为人服务的，使用者的方便、舒适和安全，离不开构造设计的合理和细致。标准所包含的内容较多，与建筑构造关系密切的主要有建筑的造价标准、建筑装修标准和建筑设备标准。标准高的建筑，其装修质量好，设备齐全且档次高，自然建筑的造价也较高；反之，则较低。建筑构造的选材、选型和细部做法无不根据标准的高低来确定。

4. 绿色建筑设计的要求

绿色建筑的发展和普及对建筑构造提出了新的要求，不但要选择污染少、对人的健康无害的材料，还要创造良好的通风，采光以及良好的声学环境。

良好的热环境是人体舒适度的重要指标，这在很大程度上取决于建筑外围护结构的热工性能。采用隔热、保温等构造措施可以使之得到改进并达到节能的效果。通过门窗、采光顶等设施改善室内空气质量和光环境，必须保证它们具有良好的水密性和气密性。建筑的声学品质包括对噪声的阻隔及室内的音质效果两个方面，构件的材料、质量、内部结构、连接方式、表面处理等都直接影响到建筑的声学品质。

1.3 建筑的组成及作用

一般民用房屋是由基础、墙或柱、楼层、楼梯、门窗、屋顶等主要部分组成的（图 1-2），这些组成部分在建筑上通常被称为构件或配件。

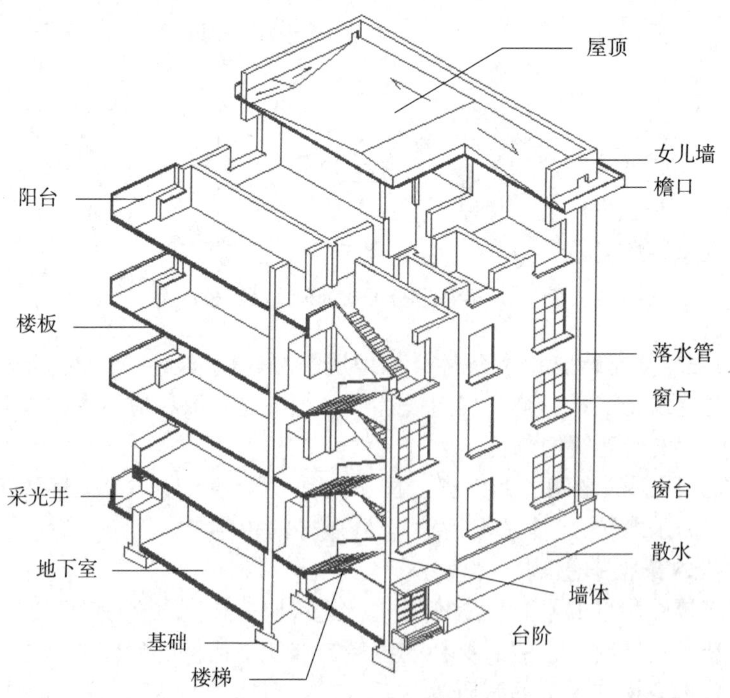

图 1-2 民用建筑的构造组成示意图

1. 基础

基础是房屋最下面的部分，埋在自然地面以下。它承受房屋的全部荷载，并把这些荷载传给下面的土层——地基。

基础是房屋的主要组成部分，应该坚固、稳定，能经受冰冻和地下水及化学物质的侵蚀。

2. 墙或柱

墙或柱是房屋的垂直承重构件，它承受楼地层和屋顶传来的荷载，并把这些荷载传递给基础。墙不仅是一个承重构件，同时也是房屋的围护或分隔构件，外墙阻隔雨水、风雪、寒暑对室内的影响；内墙分隔室内空间，避免相互干扰等。当柱作为房屋的承重构件时，填充在柱间的墙体仅起围护和分隔作用。

墙与柱应当坚固、稳定，此外墙体还应有良好的热工性能和防水、隔声性能。

3. 楼层

楼层是房屋的水平承重和分隔构件，楼层把建筑空间在垂直方向划分为若干层，并将其所承受的荷载传给墙或柱。楼层支承在墙上，对墙也有水平支撑作用。

楼层应具有足够的强度和刚度，并应耐磨、防水和有一定的隔声能力。

4. 楼梯

楼梯是楼房建筑中联系上下各层的垂直交通设施，在平时供人们上下楼层，当出现火灾等事故时供人们紧急疏散。

楼梯应坚固、安全和有足够的通行能力。

5. 门窗

门是供人们及家具设备进出房屋的建筑配件，在遇有灾害时，人们要经过门进行紧急疏散，有的门还兼有采光和通风的作用。门应有足够的宽度和数量以及防火、隔声、密闭等要求。

窗的作用是采光、通风和供人眺望，窗应有足够的面积。

6. 屋顶

屋顶是房屋顶部的承重和围护部分，它由屋面、承重结构和保温（隔热）层等部分组成。屋面的作用是阻隔雨水、风雪对室内的影响，并将雨水排除；承重结构则承受屋顶的全部荷载，并将这些荷载传递给墙或柱；保温隔热层的作用是防止冬季室内热量散失或夏季太阳辐射热量进入室内。

屋顶应能防水、排水、保温、隔热，它的承重结构应有足够的强度和刚度。

7. 其他

房屋除上述基本组成部分外，还有一些其他配件和设施，如台阶、坡道、阳台、雨篷、散水、勒脚、防潮层、圈梁、过梁、构造柱、通风道、烟道、壁橱、女儿墙等。

房屋各组成部分起着不同的作用，概括起来主要是两大类，即承重结构和围护结构。建筑结构设计主要侧重于承重结构的设计，而建筑构造设计主要侧重于围护结构的设计。

1.4 建筑模数

为了使建筑制品、建筑构配件及其组合件实现工业化大规模生产，使不同材料、不同形式和不同制造方法的建筑构配件、组合件等符合模数并具有较大的通用性和互换性，我国颁布了《建筑模数协调统一标准》（GBJ 2—1986），此后，为推进房屋建筑工业化，实现建筑或部件的尺寸和安装位置的模数协调，经修订，更名为《建筑模数协调标准》（GB/T 50002—2013）。其强调基本模数，强调模数网格与模数协调应用。适用于一般民用与工业建筑的新建、改建和扩建工程的设计、部件生产、施工安装的模数协调。

1.4.1 模数的基本概念

建筑物及其部件（或分部件）选定的尺寸单位，并作为尺寸协调中的增值单位，称为建筑模数。

1. 基本模数

模数协调中的基本尺寸单位，用 M 表示。数值为 100mm，即 1M=100mm。整个建筑物和建筑物的一部分以及建筑部件的模数化尺寸，应是基本模数的倍数。

2. 导出模数

导出模数应分为扩大模数和分模数，扩大模数是基本模数的整数倍数；分模数是基本模数的分数值，一般为整数分数。其基数应符合下列规定：

1）扩大模数基数应为 2M、3M、6M、9M、12M…

2）分模数基数应为 M/10、M/5、M/2。

1.4.2 模数数列

模数数列是以基本模数、扩大模数、分模数为基础，扩展成的一系列尺寸。模数数列应根据功能性和经济性原则确定。

1）建筑物的开间或柱距，进深或跨度，梁、板、隔墙和门窗洞口宽度等分部件的截面尺寸宜采用水平基本模数和水平扩大模数数列，且水平扩大模数数列宜采用 2*n*M、3*n*M（*n* 为自然数）。

2）建筑物的高度、层高和门窗洞口高度等宜采用竖向基本模数和竖向扩大模数数列，且竖向扩大模数数列宜采用 *n*M。

3）构造节点和分部件的接口尺寸等宜采用分模数数列，且分模数数列宜采用 M/10、M/5、M/2。

1.4.3 模数协调

模数协调是应用模数实现尺寸协调及安装位置的方法和过程。其在部件尺寸标准化的基础上，协调部件和功能空间的尺寸关系，并实现建筑设计、制造、运输、施工等过程的协调配合。

1. 模数网格

模数网格可由正交、斜交或弧线的网格基准线（面）构成，连续基准线（面）之间的距离应符合模数（图 1-3），不同方向连续基准线（面）之间的距离可采用非等距的模数数列（图 1-4）。

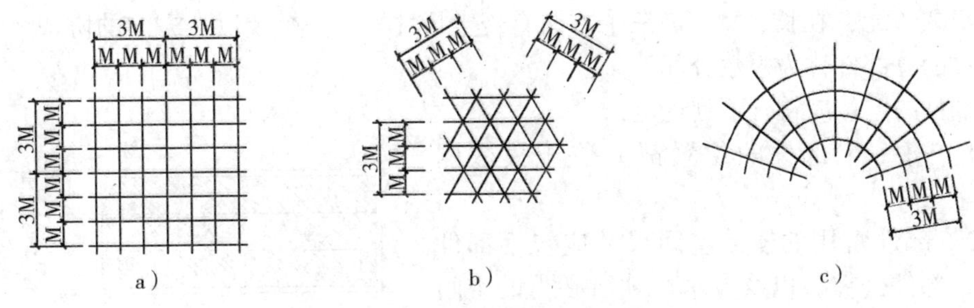

图 1-3　模数网格的类型

a）正交网格　b）斜交网格　c）弧线网格

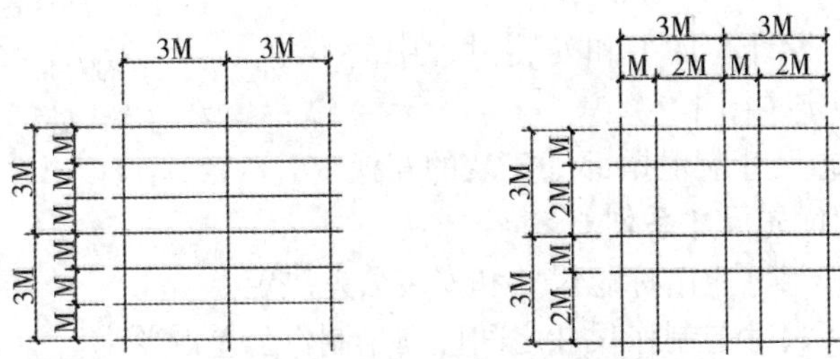

图 1-4　模数数列非等距的模数网格

对于模数网格在三维坐标空间中构成的模数空间网格，其不同方向上的模数网格可采用不同的模数，如图 1-5 所示。

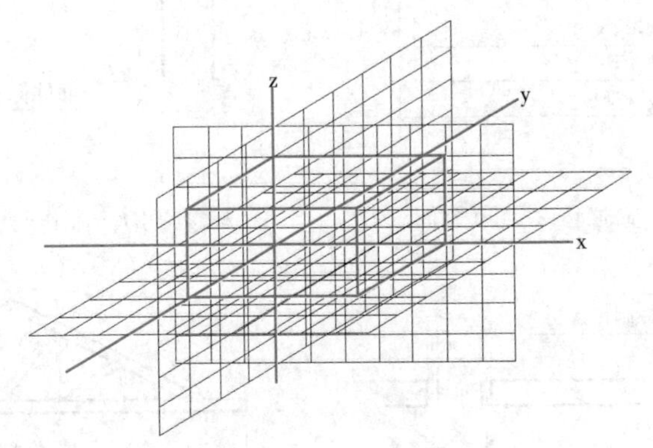

图 1-5　模数空间网格

模数网格的选用应符合下列规定：

1）结构网格宜采用扩大模数网格，且优先尺寸应为 2*n*M、3*n*M 模数系列。

2）装修网格宜采用基本模数网格或分模数网格。隔墙、固定橱柜、设备、管井等部件宜采用基本模数网格，构造做法、接口、填充件等分部件宜采用分模数网格。分模数的优先尺寸应为 M/2、M/5。

2. 部件定位

部件是建筑功能的组成单元，由建筑材料或分部件构成。在一个及以上方向的协调尺寸符合模数的部件称为模数部件。分部件是作为一个独立单位的建筑制品，是部件的组成单元，在长、宽、高三个方向有规定尺寸。在一个及以上方向的协调尺寸符合模数的分部件称为模数分部件。

部件的定位应符合下列规定：

1）每一个部件的位置都应位于模数网格内。

2）部件占用的模数空间尺寸应包括部件尺寸、部件公差，以及技术尺寸所必需的空间（图 1-6）。技术尺寸是模数尺寸条件下，非模数尺寸或生产过程中出现误差时所需的技术处理尺寸。

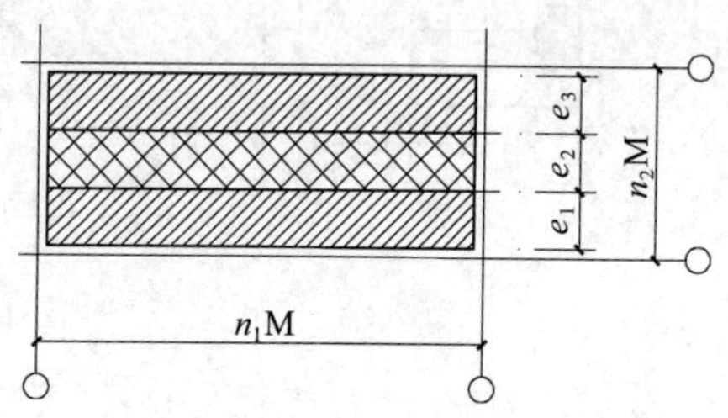

图 1-6　部件占用的模数空间

e_1、e_2、e_3—部件尺寸（可为模数尺寸或非模数尺寸）；n_1M、n_2M—模数占用空间

部件的尺寸在设计、加工和安装过程中的关系应符合下列规定（图 1-7）：

1）部件的标志尺寸应根据部件安装的互换性确定，并应采用优先尺寸系列。

2）部件的制作尺寸应由标志尺寸和安装公差决定。

3）部件的实际尺寸与制作尺寸之间应满足制作公差的要求。

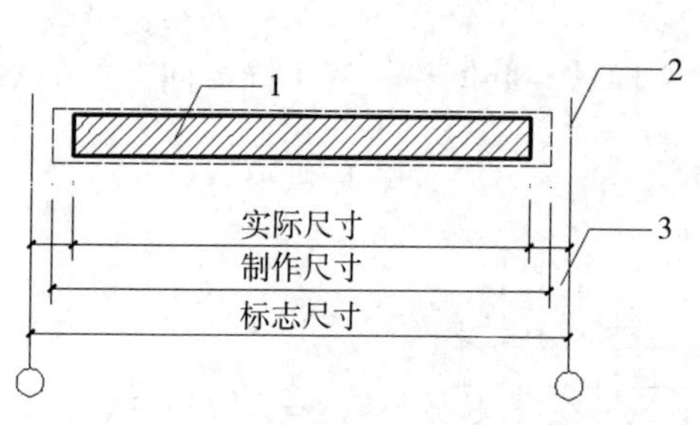

1—部件　2—基准面　3—装配空间

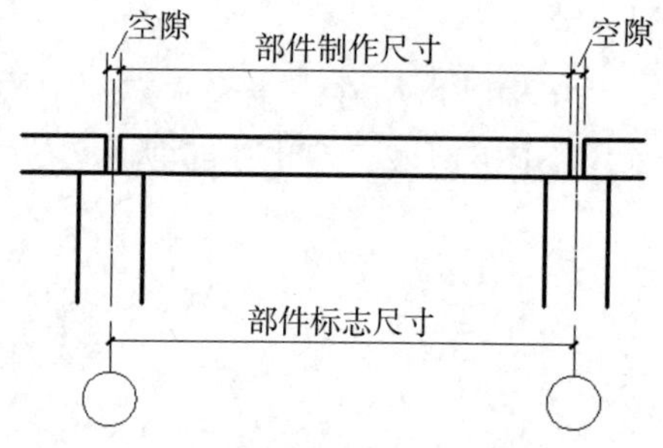

标志尺寸大于制作尺寸（预制混凝土梁或板）

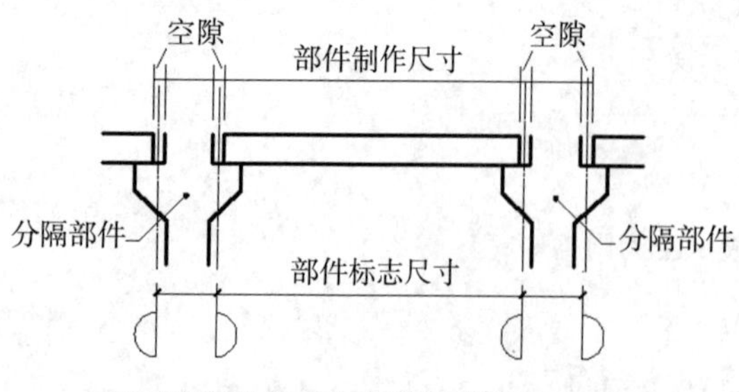

有分隔部件联系时（预制钢筋混凝土梁柱）

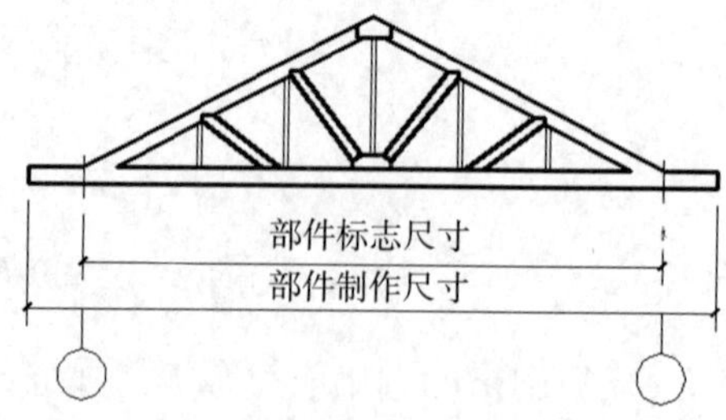

制作尺寸大于标志尺寸（木屋架）

图 1-7　部件的尺寸

标志尺寸是符合模数数列的规定，用以标注建筑物定位线或基准面之间的垂直距离以及建筑部件、建筑分部件、有关设备安装基准面之间的尺寸。制作尺寸是制作部件或分部件所依据的设计尺寸。实际尺寸是部件、分部件等生产制作后的实际测得的尺寸。

3. 优先尺寸

优先尺寸是从模数数列中事先排选出的模数或扩大模数尺寸。部件的优先尺寸应由部件中通用性强的尺寸系列确定，并应指定其中若干尺寸作为优先尺寸系列。卫生间、厨房平面优先选用净尺寸，见表 1-3。

表 1-3　卫生间、厨房平面优先选用净尺寸

卫生间平面优先选用净尺寸 /mm			厨房平面优先选用净尺寸 /mm		
洁具	宽度	长度	平面布局	开间	进深
便器	900	1500	单排布置	1500	2700、3300
便器、洗面器	1300	1300、1500	L 形布置	1700	2700、3000
便器、洗面器（分室）	1500	1800、2700	U 形布置	1800、2800	2700、3300
淋浴器、便器、洗面器、浴盆	1500	2100、2200、2400	双排布置	1800	3000、3300
淋浴器、便器、洗面器、洗衣机	1800	2200、2400	餐厨型布置	2200、2500	3600、4100
淋浴器、便器、洗面器、洗衣机（分室）	1500、1800	3000、3200、3400	注：满足乘坐轮椅的特殊人群使用要求的厨房净宽不应小于 2000mm，且轮椅回转直径不应小于 1500mm		
注：以上依据《住宅卫生间模数协调标准》（JGJ/T 263—2021）			注：以上依据《住宅厨房模数协调标准》（JGJ/T 262—2021）		

模数协调应实现下列目标：

1）实现建筑的设计、制造、施工安装等活动的互相协调。

2）能对建筑各部位尺寸进行分割，并确定各部件的尺寸和边界条件。

3）优选某种类型的标准化方式，使得标准化部件的种类最优。

4）有利于部件的互换性。

5）有利于建筑部件的定位和安装，协调建筑部件与功能空间之间的尺寸关系。

第2章　地基、基础与地下室

在建筑工程中，承受建筑物重量，支承基础的土体或岩体称为地基；直接承受建筑物荷载的土层称为持力层，持力层以下的土层为下卧层，它不是建筑物的组成部分。根据土层的结构组成和承载能力，地基可分为人工地基和天然地基。

基础是建筑物与地基土接触的部分，它是将结构所承受的各种作用传递到地基上的结构组成部分。

地基与基础的相对关系如图 2-1 所示。地基能承受基础传递的荷载并能保证建筑正常使用的最大能力称为地基承载力。为了保证建筑的稳定与安全，基础底面传给地基的平均压力必须小于地基承载力。

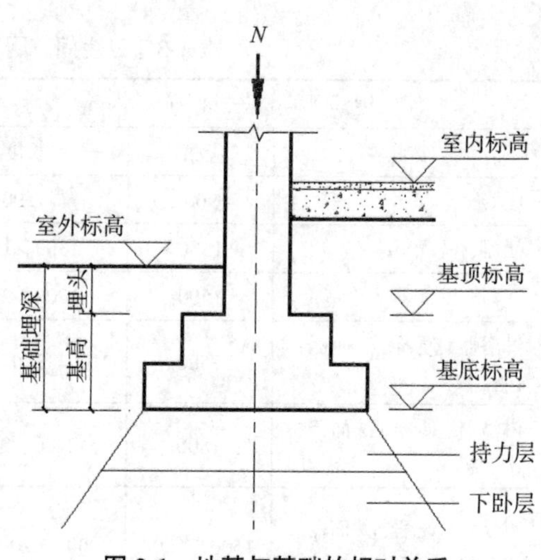

图 2-1　地基与基础的相对关系

基础的形式、材料、埋深、地基的处理方式，将直接影响工程的质量和进度。其重要性已经越来越多地被人们所认识。合理的基础形式和地基处理方法是降低施工难度、加快施工进度和降低工程造价的有效方法。

2.1　地基

2.1.1　地基及其类型

（1）**天然地基**　天然土层具有足够的承载能力，不需人工处理就能承受建筑物全部荷载，称为天然地基。

（2）**人工地基**　当土层的承载能力较差，如淤泥、冲填土、杂填土或其他高压缩性土层，作为地基没有足够的坚固性和稳定性，对土层必须进行人工加固后才能在其上建造房屋，这种天然地基采用地基处理技术措施进行处理后形成的地基，称为人工地基。

《建筑地基基础设计规范》（GB 50007—2011）中规定，作为建筑地基的岩土，可分为岩石、碎石土、砂土、粉土、黏性土和人工填土。

人工填土根据其组成和成因，可分为素填土、压实填土、杂填土、冲填土。素填土为由碎石土、砂土、粉土、黏性土等组成的填土。经过压实或夯实的素填土为压实填土。杂填土为含有建筑垃圾、工业废料、生活垃圾等杂物的填土。冲填土为由水力冲填泥砂形成的填土。

2.1.2　地基的设计要求

1. 强度要求

地基要有足够的承载能力。

2. 变形要求

地基要有均匀的压缩量，保证建筑物在许可的范围内均匀下沉，避免不均匀沉降，防止建筑物产生开裂变形。

3. 稳定性要求

要求地基具有抵抗产生滑坡、倾斜的能力，当地形高差较大时，应加设挡土墙，防止滑坡变形的出现。

4. 经济性要求

地基与基础工程的工期、工程量及造价在整个建筑工程中占有一定的比重。造价低的不足 3%、高的可达 35% 以上，相差十多倍。

如果所选建筑基地土质较差，将需要地基的人工处理和上层建筑物的加固措施，或加大基础埋置深度；大量开挖土方，延长了工期，增加了基础的工程量和造价。同样的建筑物，由于选择不同的地基方案和采用不同基础构造，其工程造价也将产生很大的差别。因此，通常应尽可能选择良好的天然地基，争取做浅基础，采用先进的施工技术，使设计符合经济合理的原则。

2.1.3　人工地基的处理

地基处理是提高地基承载力，改善其变形性能或渗透性能而采取的技术措施。地基处理方法有以下几种：

（1）置换法　是用物理力学性质较好的岩土材料替代天然地基中的部分或全部软弱土的地基处理方法。

（2）排水固结法　是施加荷载与加快排水，促使土体中的水排出、孔隙减小、土体密实和强度提高的地基处理方法。

（3）振（挤）密法　是通过振动、挤压使地基土孔隙减小、强度提高的地基处理方法。

（4）掺入固化物法　是通过灌浆、高压喷射注浆、深层搅拌等方法向地基土体掺入水泥等固化物，经一系列物理—化学作用，形成抗剪强度较高、压缩性较小的地基处理方法。

（5）加筋法　是在土中设置强度较高、模量较大的筋材形成加筋土层的地基处理方法。

（6）复合地基　是部分土体被增强或被置换后，形成的由地基土和增强体共同承担荷载的人工地基。如柱锤冲扩桩复合地基、水泥土搅拌桩复合地基、旋喷桩复合地基、灰土挤密桩和土挤密桩复合地基等。

2.2 基础

基础是建筑地面以下的承重构件，是建筑的下部结构，它承受建筑物上部结构传下来的全部荷载，并把这些荷载连同本身的重量一起传到地基上。作为房屋的主要组成部分，基础应当坚固、稳定、能经受冰冻和地下水及化学物质的侵蚀。

2.2.1 基础类型

1. 按材料受力特点分类

基础按照材料的受力特点可分为刚性基础和柔性基础。

（1）刚性基础 刚性基础也称为无筋扩展基础，由砖、毛石、混凝土或毛石混凝土、灰土和三合土等材料组成的，且不需配置钢筋的墙下条形基础或柱下独立基础。这种基础抗压强度高而抗拉、抗剪强度低。为满足地基允许承载力的要求，需要加大基础底面积，基础底面尺寸的放大应根据材料的刚性角来决定。凡受刚性角限制的为刚性基础。

刚性角是指上部结构荷载通过基础向下扩散传递方向与竖向的夹角，如图 2-2 中所示的 α 角。

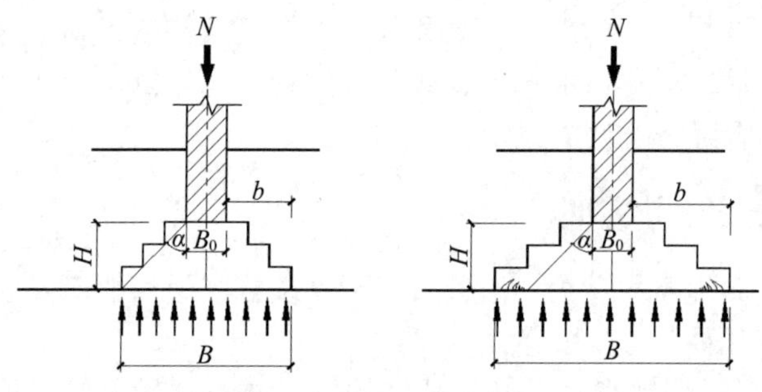

图 2-2 刚性基础及刚性角

（2）柔性基础 是指基础宽度加大时不受刚性角限制的基础，如钢筋混凝土基础。这类基础的高度不受台阶宽高比的限制，尤其适宜于宽基浅埋的情况。

2. 按制作材料区分

基础按制作材料区分，有灰土基础、砖基础、毛石基础、三合土基础、混凝土基础、毛石混凝土基础、钢筋混凝土基础等。

1. 灰土基础　2. 砖基础
3. 毛石基础　4. 三合土基础

（1）混凝土基础 是指用混凝土制作的基础。混凝土基础的优点是强度高，整体性好，耐水，适用于潮湿的地基或含水的基槽中。混凝土基础的断面形式有阶梯形和锥形两种（图 2-3）。混凝土基础可用于有地下水和冰冻作用的场地，其厚度一般为 300~500mm，每阶高度不应小于 200mm，混凝土强度等级通常为 C7.5~C20。混凝土基础的宽高比为 1 ∶ 1。

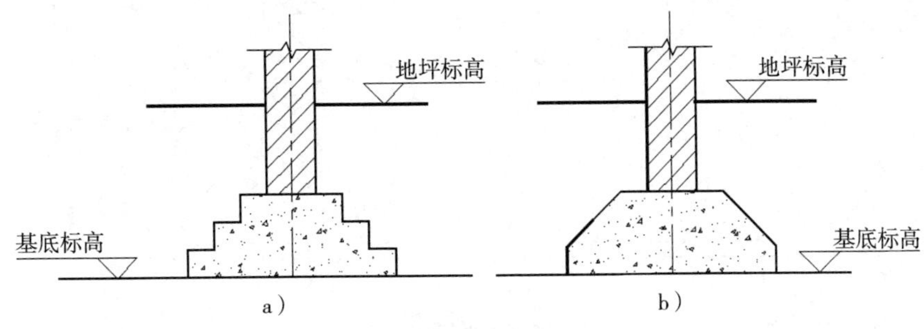

图 2-3　混凝土基础

a）阶梯形基础　b）锥形基础

（2）毛石混凝土基础　是体积较大的混凝土基础，为了节约水泥用量，可以在浇筑混凝土时加入 20%~30% 的毛石，这种基础称为毛石混凝土基础。当基础埋深较大时，可用毛石混凝土做成台阶形。

毛石混凝土基础每阶高度不宜小于 300mm；每阶宽度不应小于 400mm。如果地下水对普通水泥有侵蚀作用时，应采用矿渣水泥或火山灰水泥拌制混凝土。

（3）钢筋混凝土基础　钢筋混凝土基础的抗弯和抗剪性能良好，可在上部结构荷载较大、地基承载力不高以及有水平力和力矩等荷载的情况下使用，这类基础的高度不受台阶宽高比的限制，尤其适宜于宽基浅埋的情况，常用于上部荷载大，地下水位高的大、中型工业建筑和多层民用建筑，如图 2-4 所示。

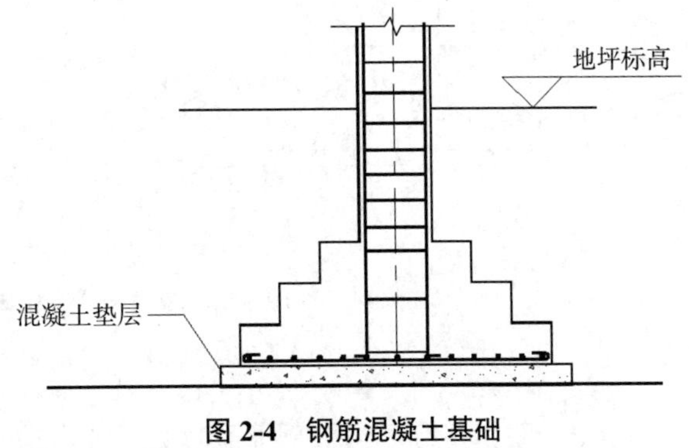

图 2-4　钢筋混凝土基础

钢筋混凝土基础的基本构造要求：混凝土强度等级不应低于 C20；垫层的厚度不宜小于 70mm，垫层混凝土强度等级应为 C10；锥形基础的边缘高度不宜小于 200mm，且两个方向的坡度不宜大于 1 ∶ 3；阶梯形基础的每阶高度，宜为 300~500mm。

3. 按外观形式与构造特点分类

基础按照其外观形式与构造特点可分为条形基础、独立基础、联合基础、箱形基础等。

（1）条形基础　基础宽度与其长度相差较大时，其外观为长条形，称为条形基础。条形基础可以用刚性材料制作，也可以用钢筋混凝土制作，所以条形基础既可以用于墙下，也可以用于柱下（图 2-5）。

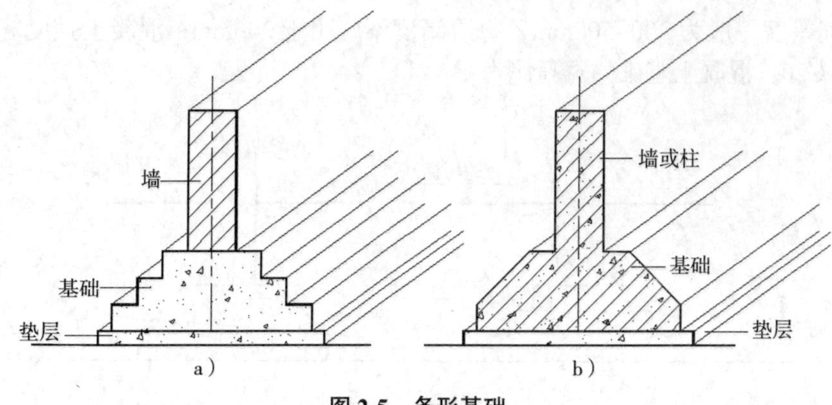

图 2-5　条形基础

a）刚性材料制作的基础　b）钢筋混凝土条形基础

（2）独立基础　当建筑物上部采用框架结构或单层排架结构承重，并且柱距较大时，基础常采用方形或矩形的单独基础，这种基础称为独立基础。独立基础是柱下基础的基本形式，常用的断面形式有杯形、阶梯形、锥形等，如图 2-6 所示。

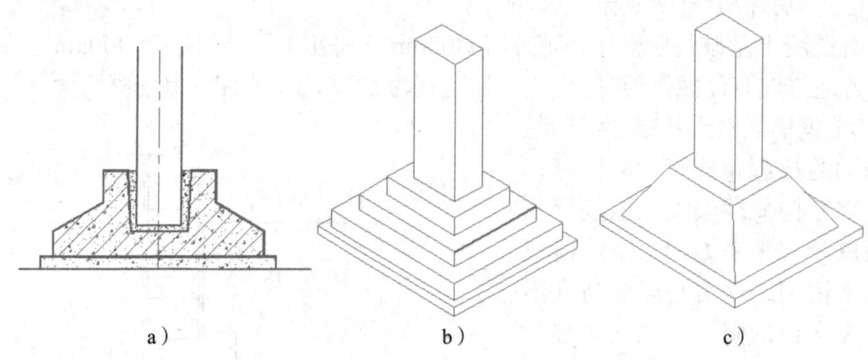

图 2-6　独立基础

a）杯形基础　b）阶梯形基础　c）锥形基础

（3）联合基础　当上部荷载较大，或者地基承载力较低，可以将多个独立基础合并，从而形成联合基础。联合基础主要有柱下条形基础、十字交叉梁基础和筏形基础等。

1）柱下条形基础。当结构采用钢筋混凝土墙或者柱的间距较小，而基础平面尺度较大时，常将柱的基础连接成长方形，形成柱下条形基础（图 2-5b）。

2）十字交叉梁基础。当地基软弱，柱网的柱荷载不均匀，需要基础具有空间刚度以调整不均匀沉降时多采用十字交叉梁基础。可以理解为柱下条形基础的双向布置，在其交叉处为柱子的位置（图 2-7）。

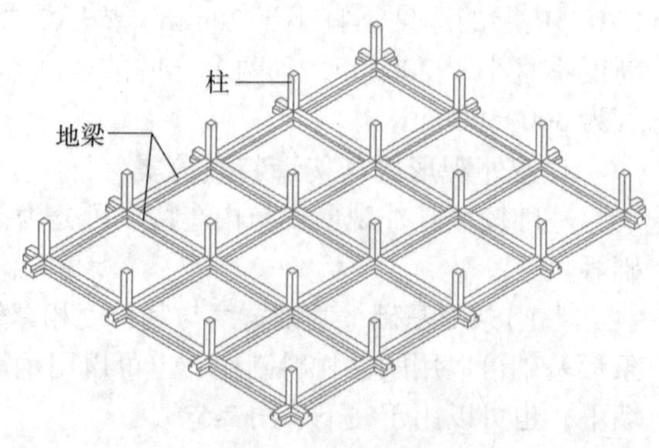

图 2-7　十字交叉梁基础

3）筏形基础。筏形基础又称筏板基础、满堂基础。建筑物荷载较大，地基承载力较弱，可选用整片的混凝土板承受建筑物传来的荷载并将其传给地基，这种基础形似筏子，所以称为筏形基础。筏形基础的整体性好，能很好地抵抗地基的不均匀沉降。

筏形基础按结构形式可分为板式结构与梁板式结构两类。板式筏基的底板厚度较大，构造简单；梁板式筏基的底板厚度较小，但增加了双向梁，构造较复杂（图 2-8）。

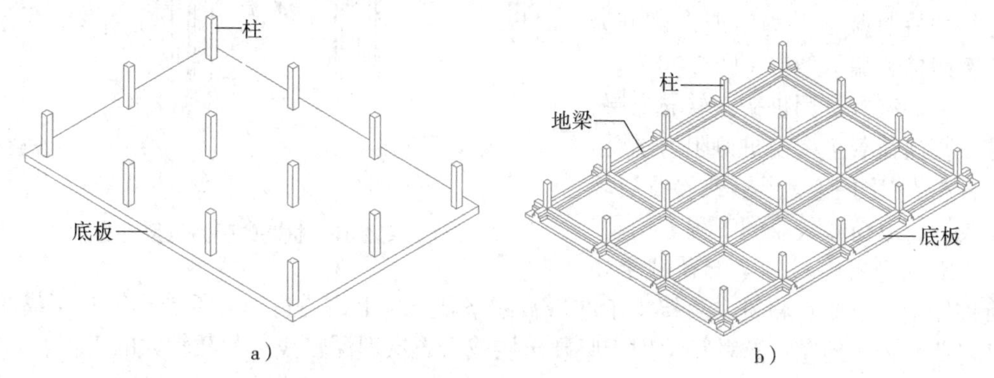

图 2-8　筏形基础

a）板式筏基　b）梁板式筏基

（4）箱形基础　当建筑物荷载很大，浅层地质情况较差或建筑物很高，基础需深埋时，为增加建筑物的整体刚度，不致因地基的局部变形影响上部结构，常采用由底板、顶板、侧墙及一定数量内隔墙构成的整体刚度较好的单层或多层钢筋混凝土基础，称为箱形基础。箱形基础内部空间为地下室。

箱形基础整体性强，能承受很大的弯矩，如图 2-9 所示。

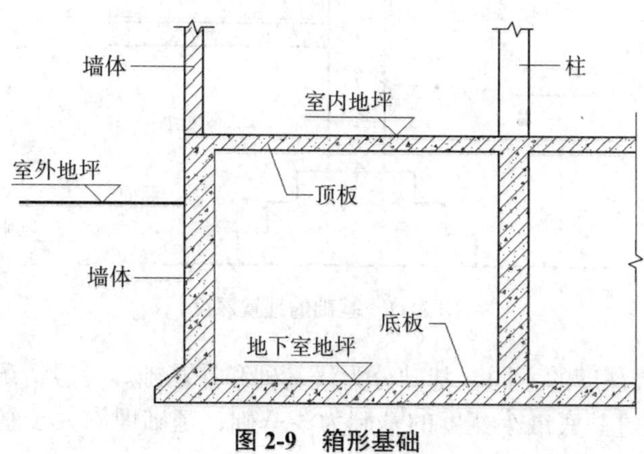

图 2-9　箱形基础

（5）桩基础　桩基础是由设置于岩土中的桩和连接于桩顶端的承台组成的基础，或由柱与桩直接连接的单桩基础，适用于建筑物荷载大、层数多、高度大以及大面积的软弱地基土深度较大等情况。

桩基础按成桩工艺分为预制桩和灌注桩两种。预制桩通常在构件厂或现场预制，用打桩机将其打入土中，预制桩的优点是桩身质量好，承载力强；缺点是现场打桩振动大，桩的尺寸不能太大，并且运输工作量大，造价高。

灌注桩是直接在设计桩位上成孔，孔内放入钢筋笼之后浇筑混凝土成桩。灌注桩的优点是施工快，振动小，不扰民，造价低，桩身尺寸不受运输机械等限制。

按桩身竖向受力情况，可分为摩擦型桩和端承型桩（图 2-10）。

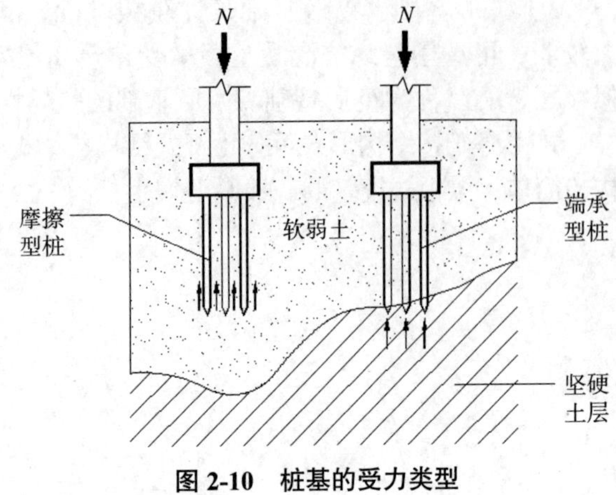

图 2-10　桩基的受力类型

摩擦型桩是用桩挤实软弱土层，桩顶竖向荷载主要由桩侧阻力承受。这种桩适用于坚硬土层或岩石层埋深较深、总荷载较小的工程。

端承型桩是桩顶竖向荷载主要由桩端阻力承受，将桩尖直接支承在岩石或坚硬土层上，通过桩尖承受建筑的荷载并且将荷载传给地基。这种桩适用于坚硬土层或岩石层埋深较浅、荷载较大的工程。

2.2.2　基础的埋置深度

基础的埋置深度指的是基础埋于土层的深度，一般是指从室外地坪至基础底面的垂直距离（图 2-11）。

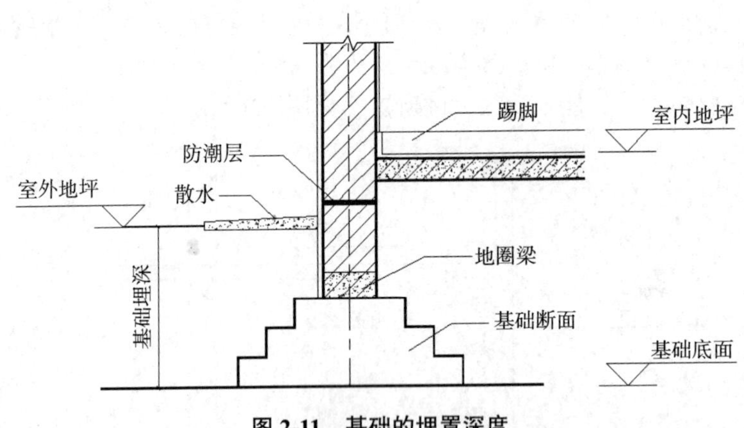

图 2-11　基础的埋置深度

根据基础埋置深度的不同，基础分为浅基础和深基础。一般情况下，基础埋深不超过 5m，或不超过基底最小宽度的基础为浅基础；基础埋深大于基础宽度且深度超过 5m 的基础为深基础。

在确定基础埋深时应优先选择浅基础，它的特点是：构造简单，施工方便，造价低廉且不需要特殊施工设备。只有在表层土质极弱、总荷载较大或其他特殊情况下，才选用深基础。

基础埋置深度不能过小，因为地基受到建筑荷载作用后可能将四周土挤走，使基础失稳，或地面受到雨水的冲刷、机械破坏而导致基础暴露，影响建筑的安全。除岩石地基外，基础埋深不宜小于 0.5m。

1. 确定基础埋深的条件

基础的埋置深度应按建筑物的用途，有无地下室、设备基础和地下设施，基础的形式和构造，作用在地基上的荷载大小和性质，工程地质和水文地质条件，相邻建筑物的基础埋深，地基土冻胀和融陷的影响等来确定。

一般来说，高层建筑基础的埋置深度应满足地基承载力、变形和稳定性要求。位于岩石地基上的高层建筑，其基础埋深应满足抗滑稳定性要求。

在抗震设防区，除岩石地基外，天然地基上的箱形和筏形基础其埋置深度不宜小于建筑物高度的 1/15；桩箱或桩筏基础的埋置深度（不计桩长）不宜小于建筑物高度的 1/18。

2. 影响基础埋深的因素

（1）土层构造情况的影响　土质条件好、承载力高的土层，基础可以浅埋；土质条件差、承载力低的土层，基础应当深埋。

（2）地下水位的影响　基础宜埋置在地下水位以上，当地下水位较高、基础不能埋置最高水位以上时，可以考虑将基础进行防水处理，或者将基础底面埋置在最低地下水位 200mm 以下，以减小和避免地下水侵蚀等因素的影响（图 2-12）。

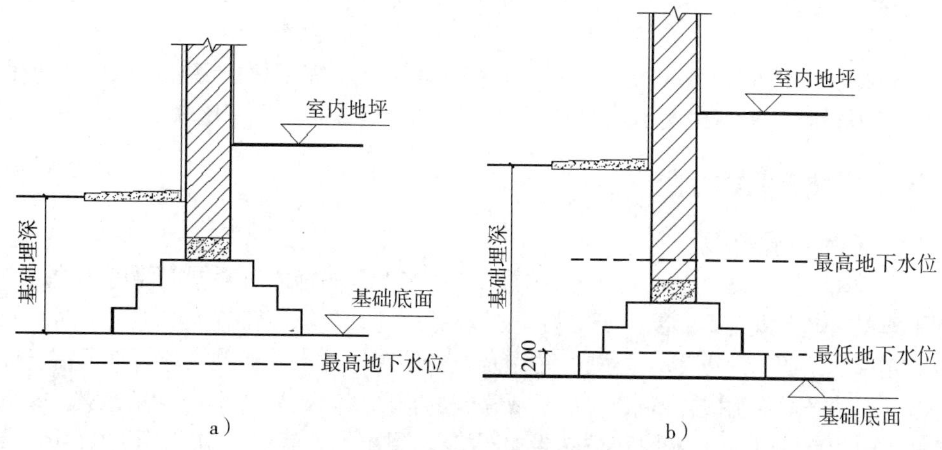

图 2-12　地下水位对基础埋深的影响

a）地下水位较低时基础位置　b）地下水位较高时基础位置

（3）土的冻结深度的影响　地面以下的冻结土与非冻结土的分界线称为冰冻线。土的冻结深度取决于当地的气候条件，如北京地区为地下 0.8~1.0m，哈尔滨为地下 2.0m。

在冬季，土的冻胀会把基础抬起；春天，气温回升土层解冻时，基础又会下沉，使建筑物长期性地处于不稳定状态。由于土中各处冻胀和融化并不均匀，会使建筑物产生变形，如墙身的开裂、门窗变形等情况。

土的冻胀现象及其严重程度与地基土的颗粒粗细、含水量、地下水位高低等因素有关。粉砂、轻亚黏土等土地颗粒细，孔隙小，毛细作用显著，具有冻胀性，此类土壤称为冻胀土，冻胀土中含水量越大，冻胀就越严重，地下水位越高，冻胀就越强烈。

当独立基础连系梁下或桩基础承台下有冻土时，应在梁或承台下留有相当于该土层冻胀量的空隙。外门斗、室外台阶和散水坡等部位宜与主体结构断开，散水坡分段不宜超过 1.5m，坡度不宜小于 3%，其下宜填入非冻胀性材料。

对于不能埋至于冰冻线以下的基础，应做保温处理。

（4）相邻建筑物的影响 一般情况下，当存在相邻建筑物时，新建建筑物的基础埋深不宜大于原有建筑基础。当埋深大于原有建筑基础时，两基础间应保持一定净距，其数值应根据建筑荷载大小、基础形式和土质情况确定，一般为相邻两基础底面高差的 2 倍以上（图 2-13）。

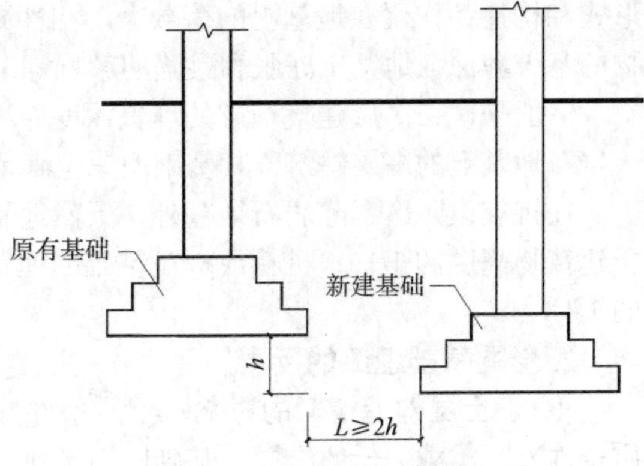

图 2-13 相邻基础的埋深位置

如不能满足上述要求时，应采取分段施工、设临时加固支撑、做地下连续墙等施工措施，或加固原有建筑物基础。

2.3 地下室

建筑物底层地面以下的房间称为地下室。建造地下室不仅能够在有限的占地面积内增加使用空间，提高建设用地的利用率，还可以节省回填土，比较经济。

2.3.1 地下室的分类

1. 按使用性质分类

（1）普通地下室 普通地下室是建筑空间在地下的延伸，根据需要可达数层。由于地下室的环境比地上房间差，地下室不应布置居室；当居室布置在半地下室时，必须采取满足采光、通风、日照、防潮、防霉及安全防护等要求的相关措施。地下室可以布置一些无长期固定使用对象的公共场所或建筑的辅助房间，如营业厅、健身房、库房、设备间、车库等。地下室的疏散和防火要求严格，尽量不把人流集中的房间设置在地下室。

（2）人民防空地下室 防空地下室是战时人们的隐蔽所，是国防的需要。由于人防地下室需要在战争时期使用，因此在平面布置、结构选型、通风防潮、给水排水和供电照明等方面均有特殊的要求。同时，为了在平时也能充分发挥人防地下室的作用，应采取相应措施使其在确保战备效益的前提下，充分发挥社会效益和经济效益。

2. 按埋入地下深度分类

（1）地下室 当地下层房间地平面低于室外地平面的高度超过该房间净高的 1/2 者为地下室。

（2）半地下室 房间地平面低于室外地平面的高度超过该房间净高的 1/3，且不超过 1/2 者为半地下室。这种地下室一部分在地面以上，易于解决采光、通风等问题。

2.3.2 地下室的基本组成

地下室一般由墙体、顶板、底板、门窗、楼梯以及采光井等部分组成。

1. 墙体

地下室的墙不仅承受上部的垂直荷载，还要承受土、地下水及土壤冻胀时产生的侧压力。所以地下室的墙的厚度，应经计算确定。采用最多的为钢筋混凝土墙，其外墙厚度一般不小于 250mm。

2. 顶板

地下室的顶板采用现浇或预制钢筋混凝土板。防空地下室的顶板，一般应为现浇板，当采用预制板时，往往在板上浇筑一层钢筋混凝土整浇层，以保证顶板刚度。

3. 底板

地下室底板应具有良好的整体性和较大的刚度，并应有抗渗能力。地下室底板多采用钢筋混凝土。

4. 门窗

普通地下室的门窗与其他房间相同。人防地下室的门窗应满足相应等级的密闭、防冲击等要求。当地下室的窗在地面以下时，为达到采光和通风的目的，应设置采光井。

5. 楼梯

当地下室的层高较小时，可设单跑楼梯。一个地下室至少应有两部楼梯通向地面，防空地下室的每个防护单元不应少于两个出入口通向地面，其中一个必须是独立的安全出口，且安全出口与地面以上建筑物应有一定距离，以防止地面建筑物破坏坍落将出入口堵塞。

6. 采光井

地下室的采光井，一般每个窗户设置一个，当窗的距离很近时，也可将采光井连成一体。

采光井由底板和侧墙构成，侧墙用砖墙或钢筋混凝土板墙制作，底板一般为钢筋混凝土浇筑。

采光井的底板顶面较地下室窗台低 300 mm 以上；采光井在进深方向（宽）为 1000 mm；采光井侧墙顶面应比室外地面高 500 mm，以防地面水流入；窗井外地面应做散水。

采光井底板应有 1%~3% 的坡度，将积存的雨水用管道引入地下管网，当地下管网高于采光井底板时，应采取有效措施以防倒灌，比如用泵提升排水，但成本较高；采光井的上部应有铸铁箅子等，以防止人员、物品掉入采光井内（图 2-14）。

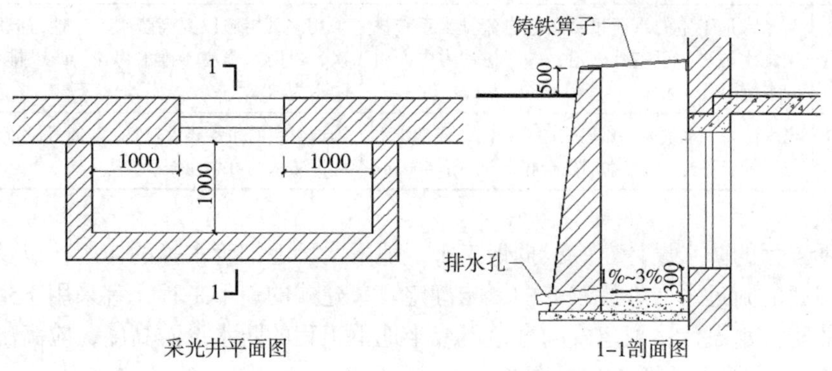

图 2-14　地下室采光井构造示意图

2.3.3 地下室的防水处理

地下室的防潮处理

地下室工程防水设计必须因地制宜，全面考虑各自然因素和使用要求，结合工程的特点和结构形式，合理确定防水等级、防水材料及施工工艺，制订正确的防水设计方案。地下室工程防水措施分别有：防水法、排水法、防排综合法等，以达到防水要求（表 2-1）。地下室工程的防水等级，按围护结构允许渗漏水量划分为 4 级；地下室工程不同防水等级的适用范围，应根据其重要性和使用中对防水的要求确定。

表 2-1 地下室工程各种防水措施的选用要求

	防水法	排水法（外）
示意图	设计最高水位 防水层	原来地下水位 降低后的地下水位 降排水设施
说明	地下工程迎水面主体结构应采用防水混凝土，并应根据防水等级的要求采取其他防水措施（可几道设防）	无自流排水条件且防水要求较高的地下工程，可采用渗排水、盲沟排水、盲管排水、塑料排水板排水或机械抽水等排水方法
适用范围	常用防水措施，对最高地下水位等设计要素有较好的适应性	地下水位高于地下室底板，且不宜采用防水层，地形、地质、经济、功能上有条件采用时
	排水法（内）	防排综合法
示意图	丰水期的地下水位 常年地下水位 排水间层 集水沟	设计最高水位 灰土或黏土夯实 防水层 集水沟 架高层
说明	将渗入地下室的水通过永久性自流排水系统排至集水坑再排至室外管道，并考虑动力中断引起水位回升	采用多种措施以提高防水可靠性，但应分清主次，以防水为主，排水为辅，或以排水为主，防水为辅
适用范围	当水位高、水量大、难以采用外排法，或常年水位虽低于底板，但丰水期高于底板并小于 500mm	当地下室的防水要求较高时，通过设置集水沟，确保防水的可靠性

地下工程的防水设计，应根据地表水、地下水、毛细管水等的作用，以及由于人为因素引起的附近水文地质改变的影响确定。单建式的地下工程，宜采用全封闭、部分封闭的防排水设计；附建式的全地下或半地下工程的防水设防高度，应高出室外地坪高程 500mm 以上（图 2-15、图 2-16）。

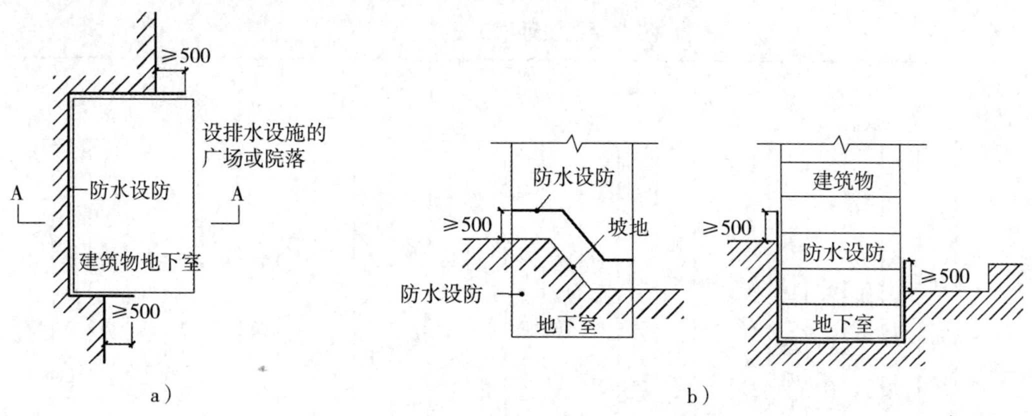

图 2-15　建筑物地下室防水设防示意一

a）平面图　b）A-A 剖面图

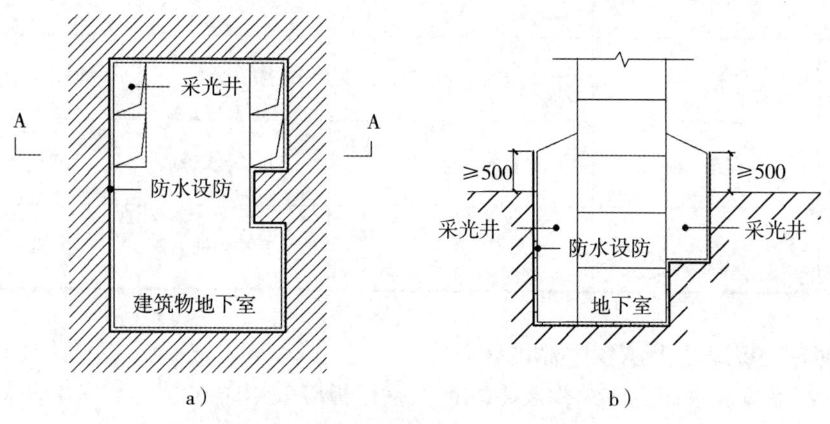

图 2-16　建筑物地下室防水设防示意二

a）平面图　b）A-A 剖面图

1. 地下室防水设防要求

地下室防水工程分为四个等级，具体应根据工程的重要性和使用中对防水的要求确定。

地下工程的防水设防要求，应根据使用功能、使用年限、水文地质、结构形式、环境条件、施工方法及材料性能等因素确定。

地下工程防水等级标准及适用范围

明挖法地下工程防水设防要求可参照表 2-2。

表 2-2 明挖法地下工程防水设防

<table>
<tr><td colspan="3">工程部位</td><td colspan="7">主体工程</td><td colspan="7">施工缝</td><td colspan="5">后浇带</td><td colspan="6">变形缝（诱导缝）</td></tr>
<tr><td colspan="3">防水措施</td><td>防水混凝土</td><td>防水卷材</td><td>防水涂料</td><td>塑料防水板</td><td>膨润土防水材料</td><td>防水砂浆</td><td>金属防水板</td><td>遇水膨胀止水条</td><td>外贴式止水带</td><td>中埋式止水带</td><td>外抹防水砂浆</td><td>外涂防水涂料</td><td>水泥基渗透结晶型防水涂料</td><td>预埋注浆管</td><td>补偿收缩混凝土</td><td>外贴式止水带</td><td>预埋注浆管</td><td>遇水膨胀止水条</td><td>防水密封材料</td><td>中埋式止水带</td><td>外贴式止水带</td><td>可卸式止水带</td><td>防水密封材料</td><td>外贴防水卷材</td><td>外涂防水涂料</td></tr>
<tr><td rowspan="4">防水等级</td><td>一级</td><td>应选</td><td colspan="7">应选一至二种</td><td colspan="7">应选二种</td><td colspan="5">应选二种</td><td colspan="6">应选二种</td></tr>
<tr><td>二级</td><td>应选</td><td colspan="7">应选一种</td><td colspan="7">应选一至二种</td><td colspan="5">应选一至二种</td><td colspan="6">应选一至二种</td></tr>
<tr><td>三级</td><td>应选</td><td colspan="7">宜选一种</td><td colspan="7">宜选一至二种</td><td colspan="5">宜选一至二种</td><td colspan="6">宜选一至二种</td></tr>
<tr><td>四级</td><td>应选</td><td colspan="7">——</td><td colspan="7">宜选一种</td><td colspan="5">宜选一种</td><td colspan="6">宜选一种</td></tr>
</table>

2. 地下工程混凝土结构主体防水

地下室工程迎水面主体结构及人防地下室顶板应采用防水混凝土，并应根据防水等级的要求，采取其他防水措施。

目前实际工程中经常采用的其他防水措施，有防水砂浆、防水卷材、防水涂料、膨润土防水材料、金属防水板等。应根据使用功能、使用年限、水文地质、结构形式、环境条件、施工方法及材料性能等因素合理进行选用，以满足地下室主体结构防水设防要求。如处于侵蚀介质中的地下室，应采用耐侵蚀的防水混凝土、防水砂浆、防水卷材或防水涂料等防水材料。结构刚度较差或受振动作用的地下室，宜采用延伸率较大的卷材、涂料等柔性防水材料。

对于地下室的防水混凝土结构，其结构厚度不应小于 250mm，并应满足相关规范的规定。

1. 防水混凝土　2. 水泥砂浆防水层　3. 卷材防水
4. 涂料防水　5. 塑料防水板防水层　6. 金属防水
7. 膨润土防水材料防水层　8. 地下工程种植顶板防水

3. 地下工程混凝土结构细部构造防水

地下建筑防水构造位置如图 2-17 所示。

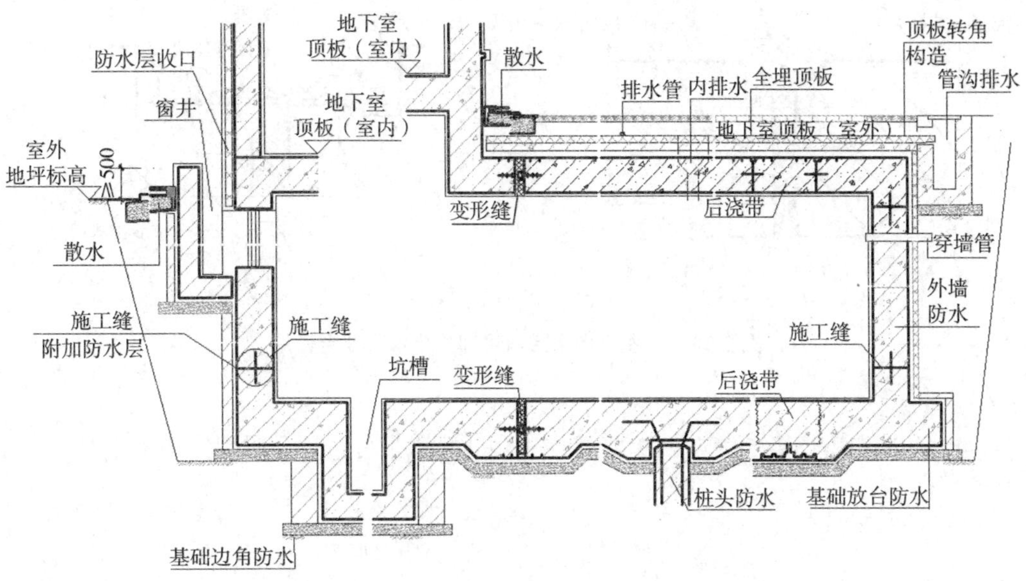

图 2-17　地下建筑防水构造索引示意图

（1）变形缝

1）变形缝应满足密封防水、适应变形、施工方便、容易检修等要求。用于伸缩的变形缝宜少设，可根据不同的工程结构类别、工程地质情况采用后浇带、加强带、诱导缝等替代措施。

2）变形缝处混凝土结构的厚度不应小于 300mm。用于沉降的变形缝最大允许沉降差值不应大于 30mm。变形缝的宽度宜为 20~30mm。

3）变形缝的几种复合防水构造形式如图 2-18~ 图 2-20 所示。

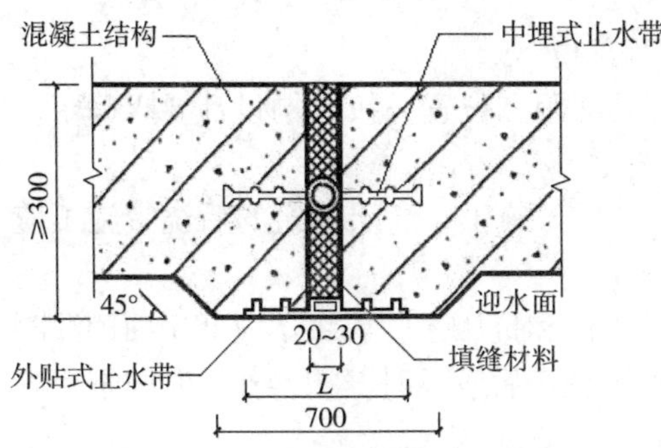

图 2-18　中埋式止水带与外贴防水层复合使用

注：外贴式止水带 $L \geqslant 300$mm；外贴防水卷材 $L \geqslant 400$mm；外涂防水涂层 $L \geqslant 400$mm。

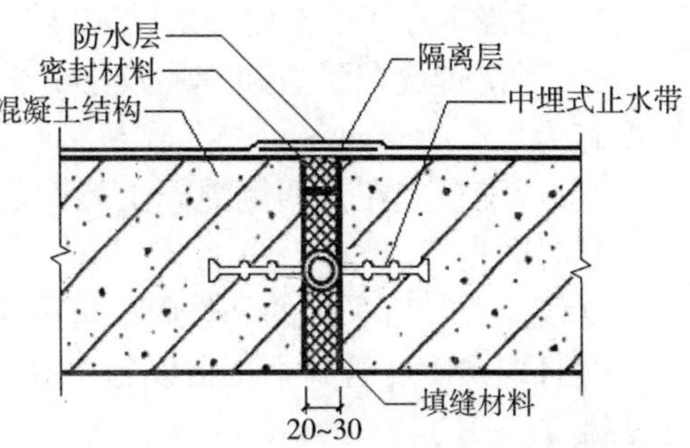

图 2-19　中埋式止水带与嵌缝材料复合使用

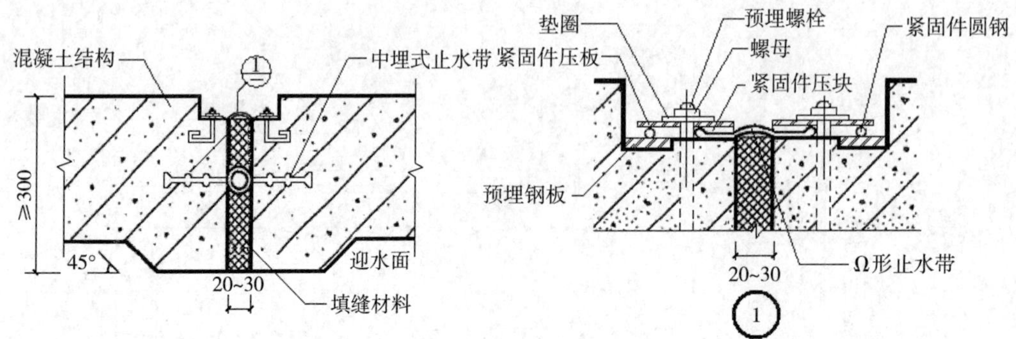

图 2-20　中埋式止水带与可卸式止水带复合使用

4）环境温度高于 50℃处的变形缝，中埋式止水带可采用金属制作（图 2-21）。

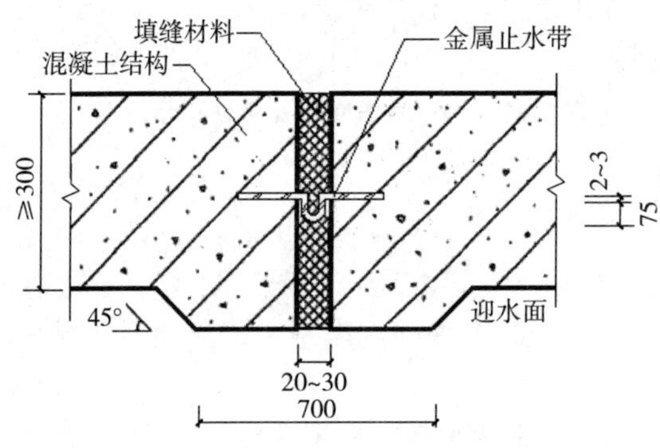

图 2-21　中埋式金属止水带

（2）后浇带

1）后浇带宜用于不允许留设变形缝的工程部位。

2）后浇带设在受力和变形较小的部位，其间距和位置应按结构设计要求确定，宽度宜为 700~1000mm。

3）后浇带应在其两侧混凝土龄期达到 42d 后再施工；高层建筑的后浇带施工应按规定时间进行。

浇筑后浇带所采用的补偿收缩混凝土，其抗渗和抗压强度等级不应低于两侧混凝土。并且应一次浇筑，不得留设施工缝；混凝土浇筑后应及时养护，养护时间不得少于 28d。

4）后浇带两侧可做成平直缝或阶梯缝，其防水构造如图 2-22、图 2-23 所示 B 代表结构层厚度。

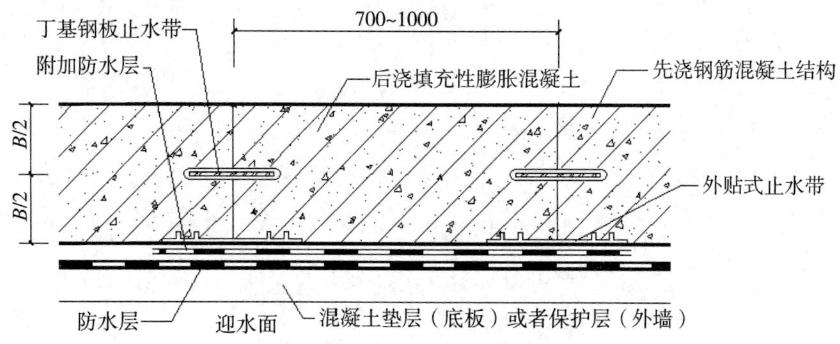

图 2-22　底板、外墙后浇带防水构造

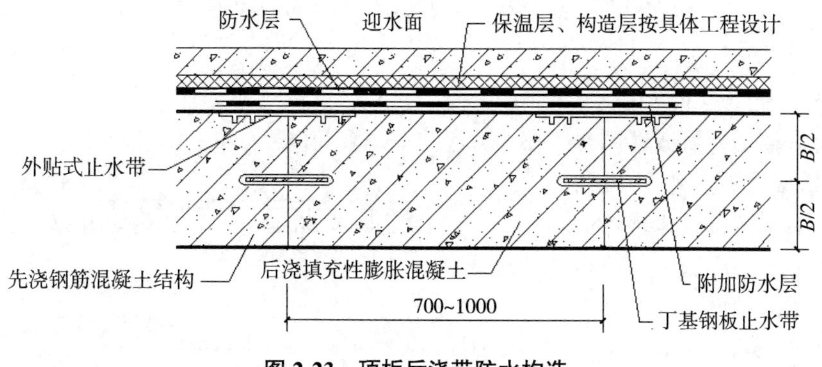

图 2-23　顶板后浇带防水构造

5）后浇带需超前止水时，后浇带部位的混凝土应局部加厚，并应增设外贴式或中埋式止水带（图 2-24）。

（3）穿墙管　实际工程中，部分设备管道需从地下室墙体穿过，此时应根据管道的性质、管径大小、有无振动和防水要求以及是否需要频繁更换等选择相应的构造处理方式。

一般对于钢管或其他金属钢管，其结构变形以及管道伸缩量较小并且无更换要求时，可以采用直埋式处理方式。为防止钢管滑脱或渗水，可以在埋墙部分预先焊接翼环或者穿套遇水膨胀橡胶圈以及预留孔洞后浇混凝土等，如图 2-25 所示。

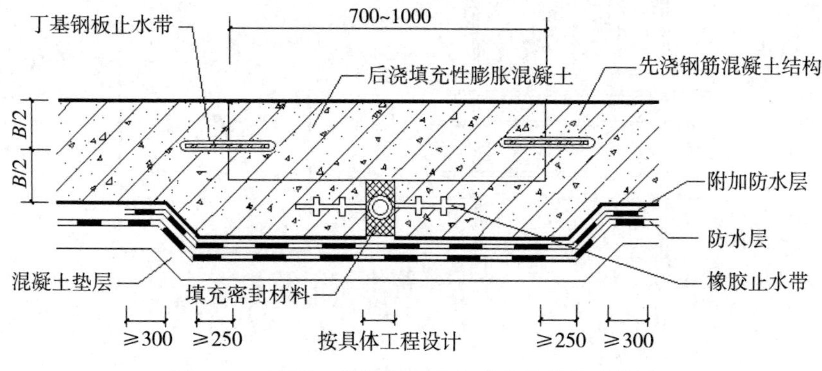

图 2-24　底板、外墙超前止水式后浇带防水构造

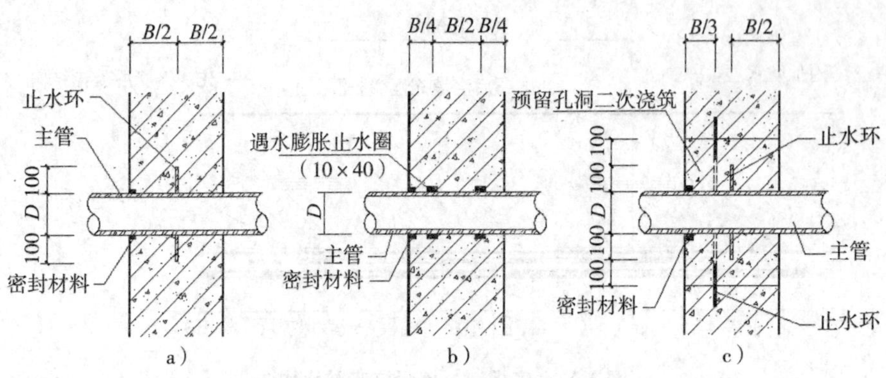

图 2-25　直埋式穿墙管构造处理

a）焊接止水环　b）穿遇水膨胀止水圈　c）预留孔洞二次浇筑

对于易于产生较大振动、温差较大、替换频繁或者防水要求严格的地下室中的设备管道，如果直接将管道埋入墙内会造成不必要的破坏，所以通常在墙体内预埋套管，然后将管道穿过，如图 2-26 所示。

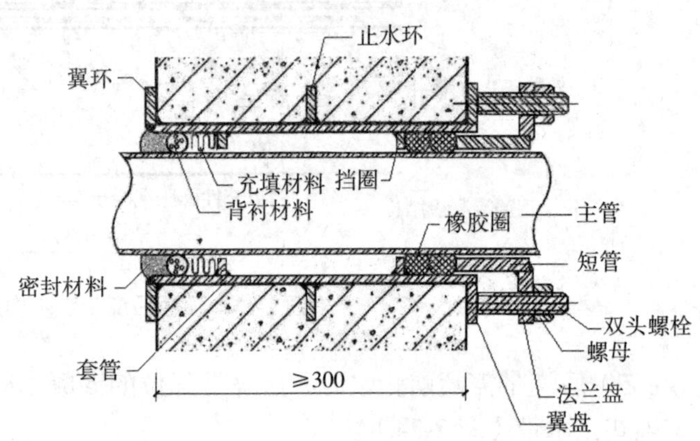

图 2-26　套管式穿墙管防水构造

穿墙管线较多时，宜相对集中，并应采用穿墙盒方法。穿墙盒的封口钢板应与墙上的预埋角钢焊严，并应从钢板上的预留浇筑孔注入柔性密封材料或细石混凝土（图 2-27）。

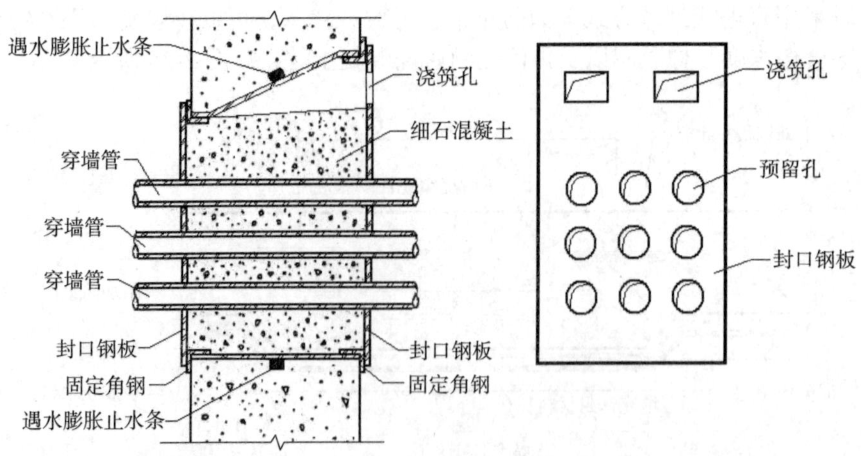

图 2-27　穿墙群管防水构造

（4）埋设件

1）结构上的埋设件应采用预埋或预留孔（槽）等。

2）埋设件端部或预留孔（槽）底部的混凝土厚度不得小于 250mm，当厚度小于 250mm 时，应局部加厚。

（5）孔口

1）地下工程通向地面的各种孔口应采取防地面水倒灌的措施。人员出入口高出地面的高度宜为 500mm，汽车出入口设置明沟排水时，其高度宜为 150mm，并应采取防雨措施。

2）窗井的底部在最高地下水位以上时，窗井的底板和墙应做防水处理，并与主体结构断开。窗井或窗井的一部分在最高地下水位以下时，窗井应与主体结构连成整体，其防水层也连成整体，并在窗井内设置集水井。

3）无论地下水位高低，窗台下部的墙体和底板应做防水层。

4）窗井内的底板，应低于窗下缘 300mm。窗井墙高出地面不得小于 500mm。窗井外地面应做散水，散水与墙面间应采用密封材料嵌填。

5）通风口应与窗井处理相同，且竖井窗下缘离室外地面高度不得小于 500mm。

（6）坑、池、储水库　坑、池、储水库宜采用防水混凝土整体浇筑，内部应设防水层。受振动作用时应设柔性防水层。

底板以下的坑、池，其局部底板应相应降低，并应使防水层保持连续。

2.3.4　地下工程排水

地下工程的排水是防水的辅助措施，制订地下工程防水方案时，应根据工程所处的环境地质条件，适当考虑排水措施。有自流排水条件的地下工程，应采用自流排水法。无自流排水条件且防水要求较高的地下工程，可采用渗排水、盲沟排水、盲管排水、塑料排水板排水或机械抽水等方法。但应防止由于排水造成水土流失危及地面建筑物及农田水利设施。

地下工程采用渗排水法时宜用于无自流排水条件、防水要求较高且有抗浮要求的地下工程。渗排水层应设置在工程结构底板以下，并应由粗砂过滤层与集水管组成（图 2-28）。

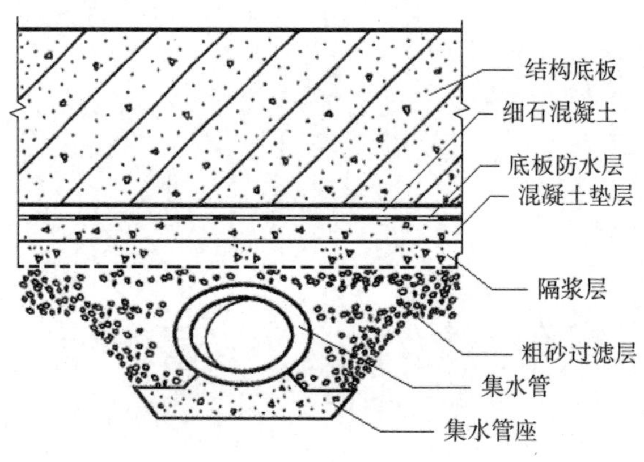

图 2-28　渗排水构造

粗砂过滤层总厚度一般为300mm，如较厚时应分层铺填，过滤层与基坑土层接触处，应采用厚度100~150mm，粒径5~10mm的石子铺填；过滤层顶面与结构底面之间，宜干铺一层卷材或30~50mm厚的1 ：3水泥砂浆做隔浆层。

集水管设置在粗砂过滤层下部，坡度不小于1%，且不得有倒坡现象。集水管之间的距离为5~10m。渗入集水管的地下水导入集水井后用泵排走。

2.3.5 人民防空地下室

《人民防空地下室设计规范》（GB 50038—2005）是为了使人民防空地下室（以下简称防空地下室）设计符合战时及平时的功能要求，做到安全、适用、经济、合理而制定的规范。防空地下室设计必须贯彻“长期准备、重点建设、平战结合”的方针，并应坚持人防建设与经济建设协调发展、与城市建设相结合的原则。在平面布置、结构选型、通风防潮、给水排水和供电照明等方面，应采取相应措施使其在确保战备效益的前提下，充分发挥社会效益和经济效益。

甲类防空地下室设计必须满足其预定的战时对核武器、常规武器和生化武器的各项防护要求。乙类防空地下室设计必须满足其预定的战时对常规武器和生化武器的各项防护要求。

防空地下室设计与构造

第3章　墙体

3.1　概述

3.1.1　墙体的设计要求

1. 具有足够的强度和稳定性

强度是指墙体承受荷载的能力，它与所采用的材料、材料强度等级、墙体的截面面积、构造和施工方式有关。作为承重墙的墙体，必须具有足够的强度，以保证结构的安全。

稳定性与墙的高度、长度和厚度及纵横向墙体间的距离有关。墙的稳定性可通过验算确定，提高墙体稳定性的措施有增加墙厚、提高砌筑砂浆强度等级、增加墙垛、构造柱、圈梁以及在墙内加筋等。

2. 满足热工方面性能

我国北方地区气候寒冷，要求外墙具有较好的保温能力，以减少室内热损失。墙体厚度应根据热工计算确定，同时应防止外墙内表面与保温材料内部出现凝结水现象，构造上要防止热桥的产生。我国南方地区气候炎热，除设计中考虑朝阳、通风外，外墙应具有一定的隔热性能。

3. 有一定的隔声性能

为保证建筑的室内有一个良好的声学环境，墙体必须具有一定的隔声能力，设计中可通过选用密度大的材料、加大墙厚、在墙中设空气间层等措施来提高墙体的隔声能力。

4. 具有一定的防火性能

在防火方面，应符合防火规范中相应的关于材料的燃烧性能和耐火极限的规定。当建筑的占地面积或长度较大时，还应按防火规范要求设计防火墙，防止火灾蔓延。

5. 适应工业化的发展要求

随着建筑工业化的发展，墙体应用新材料、新技术是建筑技术的发展方向。由于墙体工程量占着相当的比重，同时劳动力消耗大，施工工期长，因此应积极提倡采用轻质、高强的新型墙体材料，采用先进预制加工措施，以减轻自重，提高墙体质量，缩短工期，降低成本。

另外，还应根据实际情况，考虑墙体的防潮、防水、防射线、防腐蚀等各方面的要求。

3.1.2 墙体的类型

1. 墙体按材料分类

（1）烧结类砖墙 烧结普通砖包括烧结黏土砖、页岩砖、煤矸石砖和粉煤灰砖，其外观尺寸为 240mm×115mm×53mm；烧结类砖的干燥收缩一般很小，可不考虑。但其遇湿膨胀且不可逆转的性能，和其他非烧结类砖是不同的。

（2）非烧结类砖墙 非烧结类砖包括蒸压灰砂砖、蒸压粉煤灰砖，不包括蒸养灰砂砖、蒸养粉煤灰砖。

（3）混凝土砖和混凝土小型空心砌块墙 混凝土砖包括普通砖和多孔砖，其主要规格为 240mm×115mm×53mm 和 240mm×115mm×90mm。混凝土小型空心砌块包括普通混凝土和轻骨料（火山渣、浮石、陶粒）混凝土两类，主要规格尺寸为 390mm×190mm×190mm，孔洞率应符合国家产品标准的规定。混凝土块体和非烧结类砖类似，其干缩率较大。

（4）蒸压加气混凝土砌块（简称加气砌块）墙 加气砌块的规格可根据工程需要按表 3-1 选用。其中块高为 200mm、250mm 和 300mm 为常用规格，当施工需要其他规格时，由于加气砌块的可切割性，可在现场按实际需要切割。

表 3-1 加气砌块的规格尺寸 （单位：mm）

	有槽砌块	无槽砌块
长度（L）	600	600
厚度（B）	150、175、200、250、300	100、150、175、200、250、300
高度（H）	200、250、300	200、250、300

建筑物防潮层以下的外墙，长期处于浸水或化学侵蚀的环境，承重制品表面温度经常处于 80℃以上的部位不得采用加气砌块。

（5）复合保温砌块墙 由混凝土内、外层和带有燕尾槽的保温层制成的集承重保温和维护装饰于一体的砌块称为复合保温砌块（简称保温砌块）。保温砌块具有系统规格系列；保温层的厚度不宜小于 50mm。保温砌块可用于框架填充墙或多层建筑的承重墙体。

（6）石材墙 石材包括料石和毛石。石材的规格尺寸、强度等级的确定应符合相应规范标准，石材应选用无明显风化的天然石材，其密度不宜低于 2200kg/m^3。石材是一种天然材料，主要用于山区和产石地区。石材墙分为乱石墙、整石墙和包石墙等做法。

（7）板材墙 板材以钢筋混凝土板材、加气混凝土板材为主，玻璃幕墙也属于此类。

2. 墙体按所在位置分类

墙体按所在位置一般分为外墙及内墙两大部分。外墙作为建筑的围护构件，起着挡风、遮雨、保温、隔热等作用；内墙可以分隔室内空间，同时也起一定的隔声、防火等作用。

墙体按布置方向又可以分为纵墙与横墙。沿建筑物长轴方向布置的墙称为纵墙，沿建筑物短轴方向布置的墙称为横墙，这样共形成四种墙体，即纵向外墙（又称檐墙）、横向外墙（又称山墙）、纵向内墙、横向内墙。

此外，在一道墙中，窗与窗之间和窗与门之间的墙均称为窗间墙，窗台以下的墙体称为窗下墙。

3. 墙体按受力特点分类

（1）非承重墙　只承受墙体自身重量而不承受屋顶、楼板等竖向荷载。在砌体结构中，非承重墙有自承重墙和隔墙之分；在框架结构中就是非承重填充墙。

（2）承重墙　它承受屋顶和楼板等构件传下来的垂直荷载和风力、地震力等水平荷载。由于承重墙所处的位置不同，又分为承重内墙和承重外墙。

对于砌体结构来说，结构承重方式通常有以下几种：横墙承重体系、纵墙承重体系、双向承重体系、局部框架承重体系（图 3-1）。

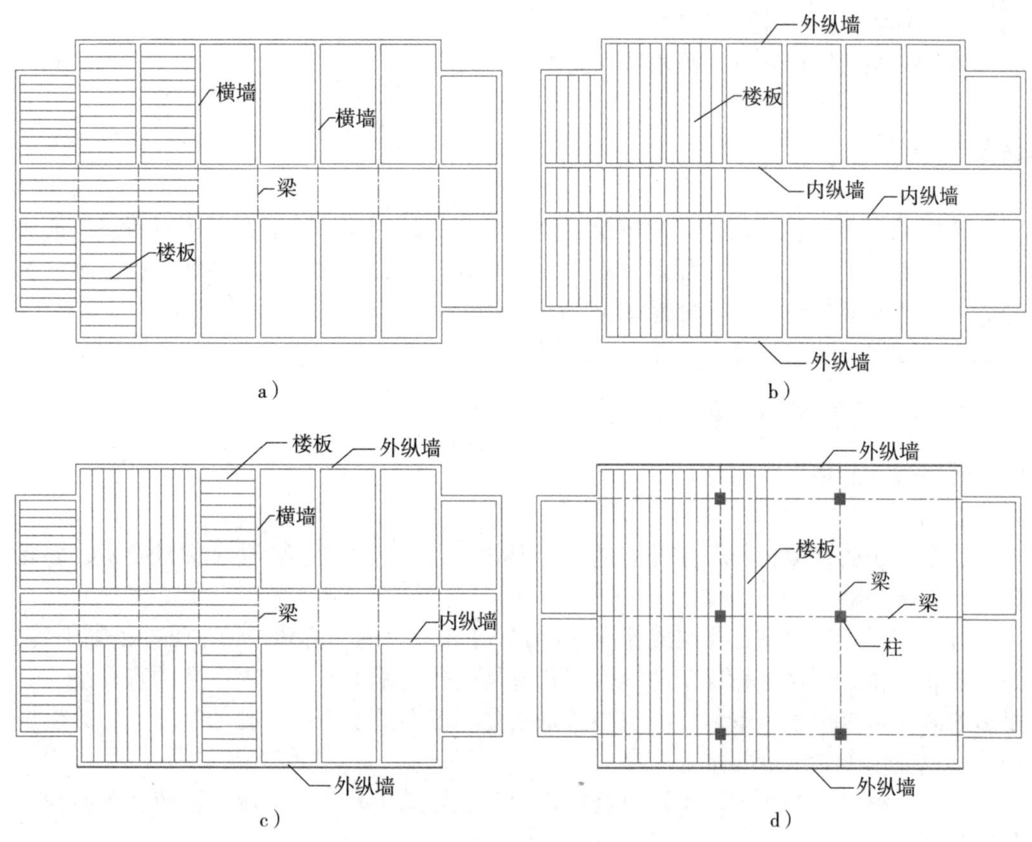

图 3-1　墙体承重方案

a）横墙承重体系　b）纵墙承重体系　c）双向承重体系　d）局部框架承重体系

4. 按施工方法分类

墙体按施工方法不同有块材墙、版筑墙、板材墙三种。

块材墙是将各种加工好的块材，用砂浆等胶结材料砌筑而成的墙体，如砖墙、石墙及各种砌块墙等。

版筑墙则是在施工时，直接在墙体部位立模板，在模板内夯筑黏土或浇筑混凝土振捣密实而成的墙体，如夯土墙和大模板、滑模施工的混凝土墙体等。

板材墙是将工厂生产的大型板材运至现场进行机械化安装而成的墙体，如预制混凝土大板墙、各类轻质条板内隔墙。

5. 墙体按构造做法分类

（1）实体墙 实体墙是由单一材料（黏土多孔砖、黏土空心砖、陶粒混凝土空心砖、石块、混凝土和钢筋混凝土等）砌筑的不留空隙的墙体。

（2）空斗墙 空斗墙在我国民间的应用比较久远，这种墙体由灰砂砖等材料砌筑，砌筑时一般为侧砌与平砌相配合，侧砌称为斗砖，平砌称为眠砖。

空斗墙在靠近勒脚、墙角、洞口和直接承受梁板压力的部位，都应该砌筑实心砖墙以便满足承受荷载的要求。空斗墙一般不应在抗震设防地区使用。

（3）组合墙 组合墙是指两种或两种材料以上组合形成的复合墙体。

6. 墙体按照装饰程度分类

墙体按照装饰程度分为清水墙和混水墙两大类。

3.2 砖墙

砖墙是由砖和砂浆按一定的砌筑规律所形成的砖砌体。砖墙在我国有着悠久的历史，其优点表现在：保温、隔热及隔声效果较好，具有防火和防冻性能，有一定的承载力，并且取材容易，生产制造及施工操作简单，不需大型设备；砖墙也有不少缺点，如施工速度慢、劳动强度大、黏土砖占用农田等。

3.2.1 砖墙所用材料

砖墙包括砖和砂浆两种材料。

1. 砖

砖是传统的砌墙材料，按照砖的外观形状可以分成普通实心砖（标准砖）、多孔砖和空心砖三种。

普通实心砖是指没有孔洞或孔洞率＜15%的砖。普通实心砖中最常见的是黏土砖，另外还有灰渣砖、烧结粉煤灰砖等。多孔砖是指孔洞率不低于15%，孔的直径小、数量多的砖，可以用于承重部位。空心砖是指孔洞率不低于15%，孔的尺寸大，数量少的砖，只能用于非承重部位。

砖按照材料和制作方法不同有烧结普通砖、烧结多孔砖、蒸压灰砂砖、蒸压粉煤灰砖等。

（1）烧结普通砖 以黏土、页岩、煤矸石或粉煤灰为原料，经成型、干燥、焙烧而成的实心或孔洞不大于规定值，且外形尺寸符合规定的砖，分为烧结黏土砖、烧结页岩砖、烧结煤矸石砖、烧结粉煤灰砖。

烧结黏土砖、页岩砖、粉煤灰砖的规格为240mm×115mm×53mm，烧结普通砖的强度等级有MU30、MU25、MU20、MU15、MU10五个级别。

（2）烧结多孔砖 以黏土、页岩、煤矸石为主要原料经焙烧而成，孔洞率不小于 25%，孔形为圆孔或非圆孔，孔的尺寸小而数量多，主要适用于承重部位，简称多孔砖。目前，多孔砖分为 P 型砖和 M 型砖。P 型多孔砖外形尺寸一般为 240mm × 115mm × 90mm、240mm × 175mm × 115 mm、240 mm × 115 mm × 115mm 等；M 型多孔砖外形尺寸为 190mm × 190 mm × 90 mm。多孔砖的强度等级有 MU30、MU25、MU20、MU15、MU10、MU7.5 等几个级别。

（3）蒸压灰砂砖　以石灰和砂为主要原料，经坯料制备、压制成型、蒸压养护而成的实心砖，简称灰砂砖。

（4）蒸压粉煤灰砖　以粉煤灰为主要原料，掺加适量石膏和骨料，经坯料制备、压制成型、高压蒸汽养护而成的实心砖。

2. 砂浆

砂浆是砌体的粘结材料，它将砌块粘结成为整体，并将砌块之间的缝隙填实，便于使上层块材所承受的荷载能均匀地传到下层块材，以保证砌体的强度。此外，砂浆填充了块体之间的缝隙，减少了砌体的透气性，因而提高其隔热性能，同时提高其抗冻性。当灰缝中配筋时，砂浆还起到保护钢筋免受腐蚀的作用。

砌筑墙体常用的砂浆有水泥砂浆、石灰砂浆、混合砂浆三种。石灰砂浆由石灰膏、砂加水拌和而成，属气硬性材料，强度不高，多用于砌筑次要的民用建筑中地面以上的砌体；水泥砂浆由水泥、砂、加水拌和而成，属水硬性材料，强度高，较适合于砌筑潮湿环境下的砌体；混合砂浆是由水泥、石灰膏、砂加水拌和而成，这种砂浆强度较高，和易性、保水性较好，常用于砌筑地面以上的砌体。

砂浆需具有良好的和易性，主要包括流动性和保水性，使得砌筑时砂浆易于在粗糙的块体表面上铺展成均匀的薄层，而且能和底面紧密粘结，以保证砌体强度、提高劳动生产率。

普通砖砌体砌筑砂浆强度等级不应低于 M5.0，蒸压加气混凝土砌体砌筑砂浆强度等级不应低于 Ma5.0。混凝土小型空心砌块（砖）砌筑砂浆强度等级不应低于 Mb5.0，蒸压普通砖砌筑砂浆强度等级不应低于 Ms5.0。

考虑砌体材料的匹配原则，砂浆的强度等级不应大于块体的强度等级；对非灌孔砌块砌体，砂浆的强度等级不宜大于 Mb10；对灌孔砌块砌体，砂浆的强度等级宜为 Mb10~Mb15。灌孔砌体的抗压强度不应大于非灌孔砌体强度的 2 倍。

3.2.2　砖墙的组砌

组砌是指块材在砌体中的排列。为了保证墙体的强度，以及保温、隔声等要求，砌筑时砖缝砂浆应饱满、厚薄均匀，并且应保证砖缝横平竖直、上下错缝、内外搭接，避免形成竖向通缝，影响砖砌体的强度和稳定性。当外墙面做清水墙时，组砌还应考虑墙面图案美观。

1. 实心砖墙

标准砖的规格为 240mm × 115mm × 53 mm，砖块的长、宽、高作为砖墙厚度的基数，当错缝或墙厚超过砖块时，均按灰缝 10mm 进行砌筑。从尺寸可以看出，它以砖厚加灰缝、砖宽加灰缝与砖长形成 1 : 2 : 4 的比例为其基本特征，墙厚与砖规格尺寸的关系如图 3-2 所示，标准砖墙厚度见表 3-2。

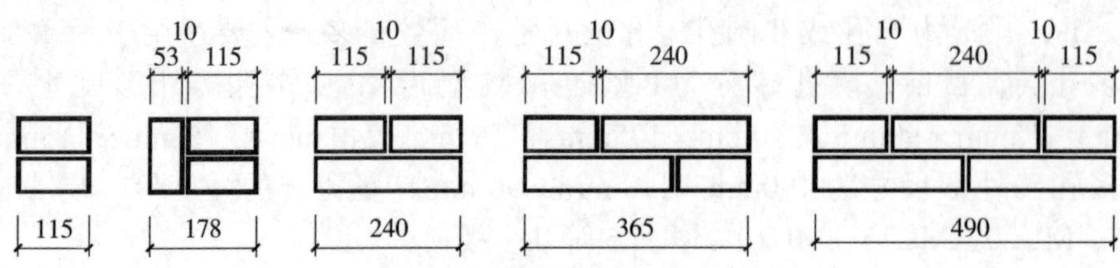

图 3-2　墙厚与砖规格尺寸的关系

表 3-2　标准砖墙厚度

墙厚	名称	实际尺寸/mm
1/4 砖墙	6 墙	53
1/2 砖墙	12 墙	115
3/4 砖墙	18 墙	178
1 砖墙	24 墙	240
1 砖半墙	37 墙	365
2 砖墙	49 墙	490

在砌筑过程中，每排列一层砖则称为“一皮”。实心砖墙的组砌，长边平行于墙面砌筑的砖称为顺砖，长边垂直于墙面砌筑的砖称为丁砖；上下皮之间的水平灰缝称为横缝，左右两块砖之间的垂直缝称为竖缝。实体砖墙通常采用全顺式、两平一侧、三顺一丁、三三一式、一顺一丁、十字式（也称梅花丁）等砌筑方式（图 3-3）。

全顺式这种砌法仅适用半砖厚的墙体。两平一侧适用于3/4 砖（180mm）厚的墙体，其特点是用砖省，但费工费力。三顺一丁砌法适用于一砖（240mm）以上的墙体，砌筑速度快，但整体性较差。三三一式砌法适用于一砖（240mm）厚的墙体，其特点是墙面美观，但整体性较差。一顺一丁砌法的特点是搭接好，无通缝，整体性强，因而应用较广。梅花丁式适用于一砖（240mm）厚的墙体，其特点是整体性好，墙面美观，但砌筑速度较慢，效率低。

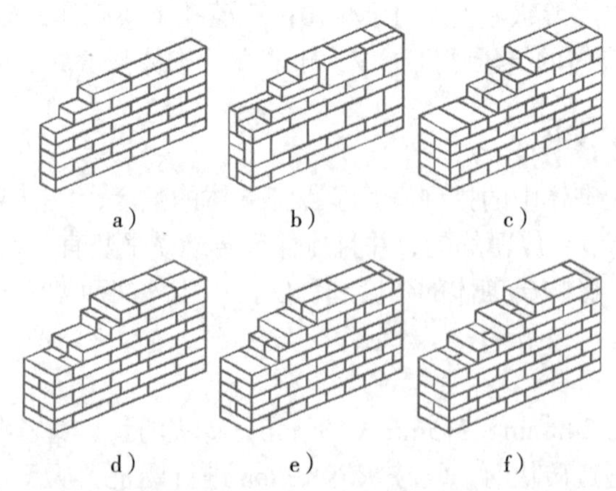

图 3-3　实体墙的组砌方式

a）全顺式　b）两平一侧　c）三顺一丁　d）三三一式　e）一顺一丁　f）梅花丁

2. 空斗墙

空斗墙中，砖侧立砌筑称为斗砖，砖平砌称为眠砖。空斗墙是用普通砖完全侧砌或者侧砌与平砌相结合形成；前者称为无眠空斗墙，后者称为有眠空斗墙（图 3-4）。

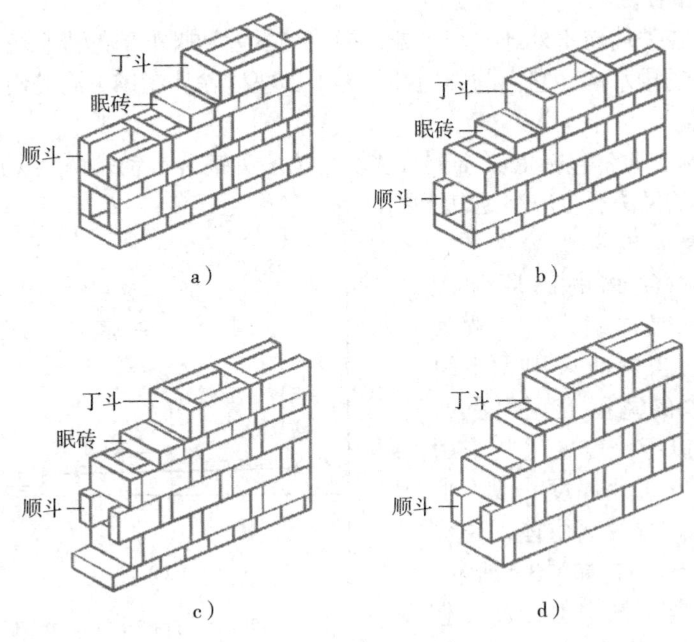

图 3-4　空斗墙的组砌方式

a）一眠一斗　b）一眠二斗　c）一眠三斗　d）无眠空斗

有眠空斗墙适用于 3 层以下的房屋。无眠空斗墙墙体完全是由斗砖砌成，没有眠砖，无眠空斗墙适用于 2 层以下的房屋。

空斗墙的墙体内部有较大的空心，自然形成的空气层或者在空心中塞入的松散材料，有助于提高墙的保温隔热能力。空斗墙的自重小，成本省，但由于空斗墙的强度、稳定性、防水防潮等能力较低，砌筑质量要求高，所以仅适用于 240mm 厚的墙体，在基础、勒脚、门窗洞口两侧、墙的转角、纵横墙交接、梁板支承处等要害部位要用实心墙加固。

3. 多孔砖和空心砖墙

多孔砖是竖孔，用于承重墙的砌筑；空心砖是横孔，用于非承重墙的砌筑。

用多孔砖和空心砖砌墙时，多采用整砖砌法，上、下皮搭接半砖。在墙的端转角、内外墙交接、壁柱等处，必要时可用普通砖镶砌。

4. 复合墙

复合墙就是用普通砖和其他保温材料组合而成的墙体。它解决了砖墙保温性能差的缺点。复合墙的做法一般有以下三种：

1）在墙的一侧附加保温材料。如在砖墙上贴矿棉、矿棉毡、加气混凝土块；在石墙上贴普通砖等。

2）砖墙中间填充保温材料。如水泥炉渣、白灰锯末等。

3）砖墙中留空气层。

3.2.3 实心砖墙的细部构造

1. 散水与明沟

散水设置在外墙与室外地面交界处，指的是靠近勒脚下部的排水坡；明沟是靠近勒脚下部设置的排水沟。它们的作用都是为了迅速排除从屋檐下滴的雨水，保护墙基不受雨水侵蚀。

（1）散水 通常包括混凝土散水和块材（多为铺砖）铺贴两类。应用较为广泛的混凝土散水的做法通常应满足以下要求：

散水宽度应根据土壤性质、气候条件、建筑物的高度和屋面排水形式来具体确定，一般为600~1200mm；当屋面采用无组织排水时，散水的宽度应宽出屋面挑檐200 mm以上。坡度通常采用3%~5%。混凝土散水厚度一般不小于60 mm，为防止脱离主体，通常埋于地下30 mm左右，如图3-5所示。

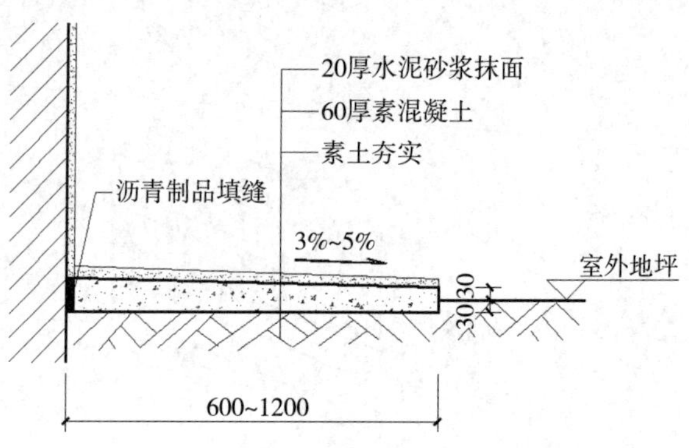

图 3-5 混凝土散水构造做法

为防止混凝土散水由于过长造成开裂，一般应沿着长度方向每6~12 m将散水断开，断开缝隙为20 mm左右；散水与外墙之间也留设20 mm左右的缝隙，内部用沥青制品填塞。

（2）明沟 明沟主要是将积水通过沟槽引向下水道，一般在年降雨量为900mm以上的地区才选用。明沟的制作材料可以用砖、混凝土等，沟宽通常取180~250 mm，沟底应有0.5%左右的纵坡，坡向集水井，明沟中心应正对屋檐滴水位置（图3-6）。

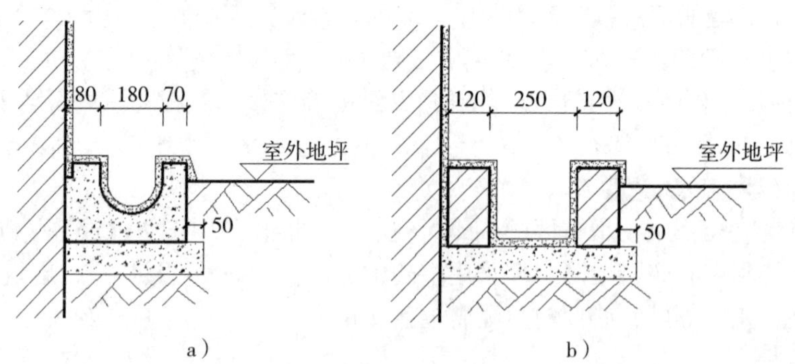

图 3-6 明沟构造做法

a）混凝土明沟 b）砖砌明沟

2. 勒脚

外墙墙身下部靠近室外地坪的部分称为勒脚。勒脚的作用是墙身防潮且考虑根部的保护，还有美化建筑外观的作用。

勒脚经常采用抹水泥砂浆、水刷石、贴面、石砌或加大墙厚的办法做成。勒脚的高度一般为600mm以上，有时为了立面美观的需要，勒脚通常与窗台平齐。

勒脚处墙体的构造做法有以下几种（图3-7）：

1）勒脚部位的墙体采用天然石材如毛石砌筑。

2）用天然石材如花岗石、大理石或人工石材如水磨石板等作为勒脚贴面。这种做法防撞性较好，耐久性强，装饰性好，主要用于高标准建筑。

3）在勒脚部位抹20~30mm厚1∶2.5水泥砂浆，为了保证抹灰层与砖墙粘接牢固，施工时应注意清扫墙面，浇水润湿，也可在墙而上留槽，使抹灰进入，称为咬口。

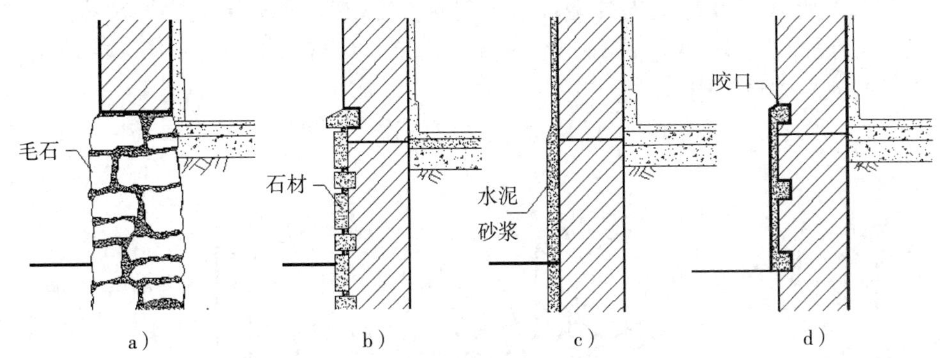

图3-7　勒脚构造做法

a）毛石勒脚　b）贴面勒脚　c）抹灰勒脚　d）带咬口抹灰勒脚

3. 防潮层

在墙身中设置防潮层的目的是防止土壤中的水分沿基础墙上升和勒脚部位的地面水影响墙身，提高建筑物的耐久性，保持室内干燥卫生。

（1）防潮层的位置　防潮层分水平防潮层和垂直防潮层。水平防潮层的高度在室内地坪与室外地坪之间，以地面垫层中部为最理想，一般应在室内地面不透水垫层（如混凝土）范围以内，通常在–0.060m标高处设置，而且至少要高于室外地坪150mm，以防雨水溅湿墙身；当地面垫层为透水材料（如碎石、炉渣等）时，水平防潮层的位置应平齐或高于室内地面60mm，即在0.060m处；当两相邻房间之间室内地面有高差时，应在墙身内设置高低两道水平防潮层，并在靠土壤一侧设置垂直防潮层，以避免回填土中的潮气侵入墙身。墙身防潮层的位置如图3-8所示。

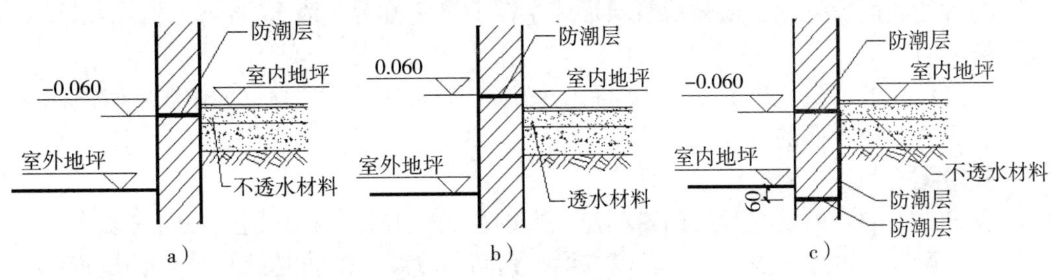

图3-8　墙身防潮层的位置

a）地面垫层为不透水材料　b）地面垫层为透水材料　c）室内地面有高差

（2）水平防潮层的具体做法（图 3-9）

1）防水砂浆防潮层。具体做法是抹一层 20mm 的 1∶3 水泥砂浆加 5% 防水剂拌和而成的防水砂浆。另一种是用防水砂浆砌筑 4 皮至 6 皮砖，位置在室内地坪以下。

2）卷材防潮层。在防潮层部位先铺 20mm 厚的砂浆找平层，然后干铺卷材一层或用沥青胶粘贴卷材一层。卷材的宽度应比墙体两侧各宽 10mm 以上，卷材沿长度铺设，搭接应不小于 100mm。

3）细石混凝土防潮层。由于混凝土本身具有一定的防水性能，常把防水要求和结构做法合并考虑。即在室内外地坪之间浇筑 60mm 厚的细石混凝土防潮层，内放 3ϕ6 钢筋。混凝土密实性好，有一定的防水性能，并与砌体结合紧密，故适用于整体刚度要求较高的建筑中。

4）如果地圈梁位置合适，可以不另设防潮层。

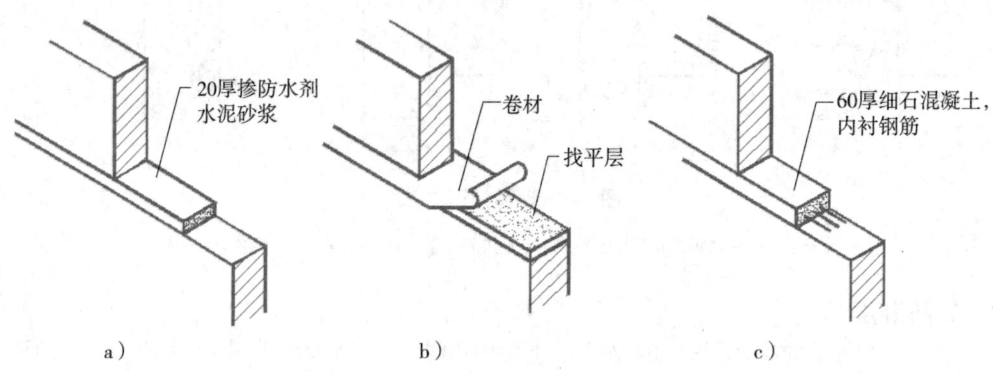

图 3-9　墙身水平防潮层的构造

a）水泥砂浆防潮层　b）卷材防潮层　c）钢筋混凝土防潮层

（3）墙身垂直防潮层构造做法　用 20mm 厚 1 ∶ 2.5 水泥砂浆找平，用建筑防水涂料、防水砂浆涂抹，也可以采用掺有防水剂的砂浆抹面做防潮层。

4. 窗台

窗洞口的下部应设置窗台，窗台根据窗的安装位置可形成内窗台和外窗台。外窗台是为了防止在窗洞底部积水，并流向室内；内窗台则是为了摆放物品。

窗台的底面出挑处，应做成锐角形或半圆凹槽（称为“滴水”），便于排水，以免污染墙面。

外窗台有平窗台、挑窗台和凸窗台的做法（图 3-10）。内窗台的做法一般是在窗台上表面抹 20mm 厚的水泥砂浆。

5. 过梁

设置过梁的目的是为承受门窗洞口上部的荷载，并将其传给门窗两侧的砌体，以免压坏门窗框。过梁一般可分为砖砌过梁、钢筋砖过梁、钢筋混凝土过梁等几种。

（1）砖砌过梁　通常包括砖砌平拱过梁和砖砌弧拱过梁（图 3-11），实际工程中以砖砌平拱过梁居多。

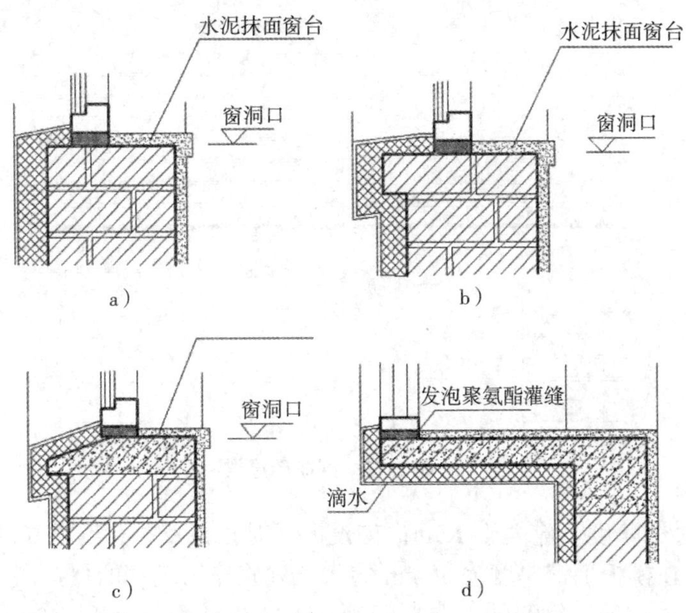

图 3-10　外窗台的形式

a）平窗台构造做法　b）挑窗台构造做法一　c）挑窗台构造做法二　d）凸窗台构造做法

图 3-11　砖砌过梁形式

a）平拱过梁　b）弧拱过梁

砖砌平拱过梁是比较古老的过梁形式，其最大跨度为 1.2m；由竖砖砌筑而成（高度多为一砖或一砖半），中部起拱高度为洞口跨度的 1/50~1/100；竖砖皮数为奇数，正中一皮垂直排放（称为拱心砖），其余的砖向两边倾斜，两端下部伸入墙内 20~30mm，相互挤压形成承担荷载的拱；平拱中砖之间的灰缝上大下小，灰缝上部宽度不宜大于 15mm，下部宽度不应小于 5mm；砖不低于 MU10，砂浆不低于 M5。平拱砖过梁的优点是节约钢筋、水泥用量少，缺点是施工速度慢、施工难度大、整体性能差，一般只用于清水墙。对于有集中荷载或半砖墙、振动较大、地基承载力不均匀的情况下，不能使用砖砌平拱过梁。

砖砌弧拱过梁也用竖砖砌筑而成，其最大跨度 l 与矢高 f 有关，f=（1/12~1/8）l 时，l 为 2.5~3.5m；f=（1/6~1/5）l 时，l 为 3~4m。

（2）钢筋砖过梁　钢筋砖过梁是在洞口顶部配置钢筋，形成能承受弯矩的加筋砖砌体（图 3-12）。

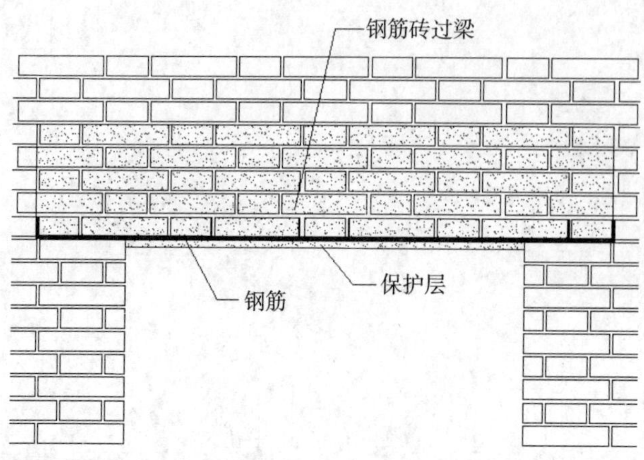

图 3-12 钢筋砖过梁

钢筋砖过梁跨度不应大于 1.5m；支设模板时预留反拱，反拱高度为洞口宽度的 1/50~1/100；在模板上铺厚度为 30mm 的水泥砂浆作为钢筋的保护层；每 120 mm 厚墙体铺设 1 ϕ 6 钢筋，钢筋伸入洞口两侧墙内的长度不应小于 240mm，钢筋两端设 60mm 直弯钩，埋在墙体的竖缝内；在洞口上部不小于 1/4 洞口跨度的高度范围内（且不应小于 5 皮砖），用不低于 MU10 的砖和不低于 M5 的砂浆砌筑。

（3）钢筋混凝土过梁 钢筋混凝土过梁承载力强，可用于有较大振动和集中荷载或产生不均匀沉降的房屋，一般不受跨度的限制，有预制装配和现场浇筑两类。过梁宽度一般与墙厚相同，其高度及配筋应由计算确定，为了施工方便，梁高应与砖的皮数相适应，如 60、120、180、240（mm）等；过梁在洞口两侧伸入墙内的长度，应不小于 240mm。为了防止雨水沿门窗过梁向外墙内侧流淌，过梁底部的外侧抹灰时需做滴水。

过梁的断面形式有矩形和 L 形，矩形多用于内墙和混水墙，L 形多用于外墙和清水墙。钢筋混凝土过梁形式如图 3-13 所示。

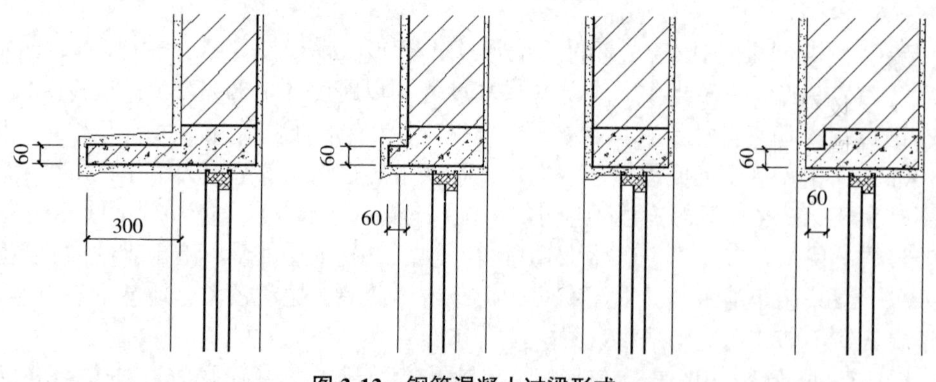

图 3-13 钢筋混凝土过梁形式

6. 管道井、烟道和通风道

管道井、烟道和通风道应用非燃烧体材料制作，且应分别独立设置，不得共用。

管道井的设置应符合规定要求，在安全、防火和卫生等方面互有影响的管线不应敷设在同一管道井内。管道井的断面尺寸应满足管道安装、检修所需空间的要求。当井内设置壁装设备时，井壁应满足承重、安装要求。管道井壁、检修门、管井开洞的封堵做法等应符合现行国家标准《建筑设计防火规范》[GB 50016—2014（2018）] 的有关规定。管道井宜在每层临公共区域的一侧设检修门，检修门门槛或井内楼地面宜高出本层楼地面，且不应小于 0.1m。电气管线使用的管道井不宜与厕所、卫生间、盥洗室和浴室等经常积水的潮湿场所贴邻设置。弱电管线与强电管线宜分别设置管道井。

通风道和烟道的断面、形状、尺寸与内壁应有利于进风、排风、排烟（气）通畅，防止产生阻滞、涡流、窜烟、漏气和倒灌等现象。自然排放的烟道和排风道宜伸出屋面，同时应避开门窗和进风口。伸出高度应有利于烟气扩散，并应根据屋面形式、排出口周围遮挡物的高度、距离和积雪深度确定，伸出平屋面的高度不得小于 0.6m。

在住宅或其他民用建筑中，为了排除室内污浊空气，常在墙内设置通风道。通风道分为现场砌筑或预制构件进行拼装两种做法。

通风道的断面尺寸应根据排气量来决定，但不应小于 120mm × 120mm；混凝土通风道，一般为每层一个预制构件，上下拼接而成，其断面形状如图 3-14 所示。

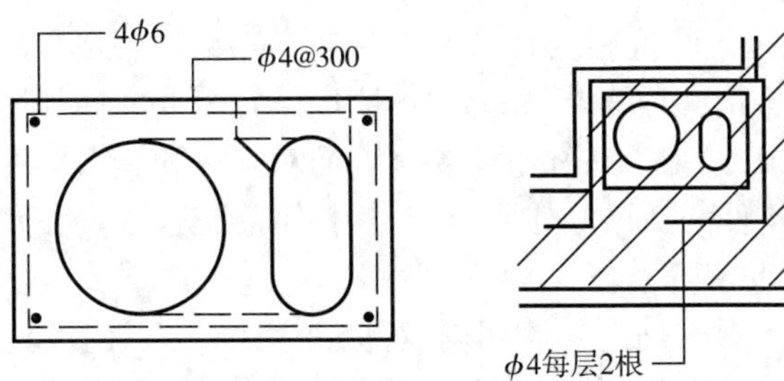

图 3-14 预制混凝土通风道

为了使通风道能正常地发挥作用，通风道的设置应满足以下条件：通风道出屋面部分应高于女儿墙或屋脊；同层的房间不应共用同一个通风道；寒冷及严寒地区的通风道不宜设在外墙内，如受条件限制必须设在外墙内时，不能削弱外墙的截面厚度；通风道在墙上的开口应靠近房间顶棚，一般为 300 mm 左右。

通风道的组织方式较多，主要有每层独用、隔层共用、子母式三种。

每层独用式通风道是把每层的房间设置一个直通屋顶的通风道，优点是通风效果好，缺点是当建筑的层数较多时，墙内的通风道随层数增加，大部分通风道的位置不够理想，对墙体的强度有较大的削弱。

隔层共用式通风道是在墙体内设置两个通风道，上下重叠的房间隔层使用其中的一个通风道。优点是通风道的位置容易保证，墙内孔道少，缺点是通风道中开口较多，通风效果差，容易串味。

子母式通风道综合了其他两种通风道的优点，由一大一小两个孔道组成，大孔道（母通风道）直通屋面，小孔道（子通风道）一端与大孔道相通，一端在墙上开口。

图 3-15 为砖砌子母道构造示意图。

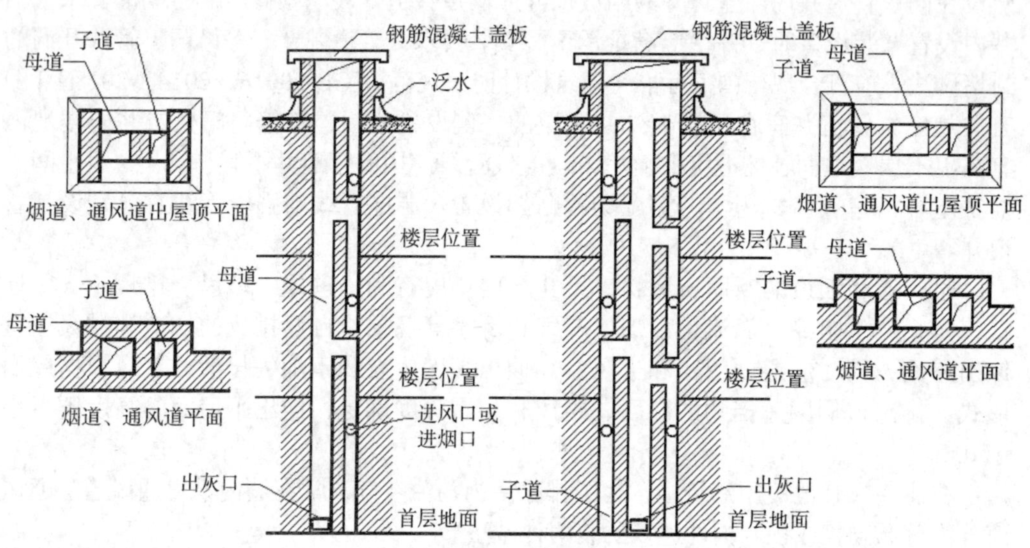

图 3-15　砖砌子母道构造示意图（出灰口是烟道）

7. 砖墙的加固措施

由于砖墙整体性不强，抗震能力较差，特别是在多地震地区，在地震力的作用下，极易遭到破坏，因此为了加强建筑物的整体刚度，常采取一些加固措施。抗震构造措施是根据抗震概念设计原则，一般不需要计算而对结构和非结构各部分必须采取的各种细部要求，包括对构件截面尺寸的要求，对构件钢筋配置数量和间距的要求，对圈梁、构造柱等构件的布置要求等。

（1）设置圈梁　圈梁是沿外墙四周及部分内墙水平方向设置的连续闭合的梁。圈梁配合楼板共同作用，可提高建筑物的空间刚度及整体性，增加墙体的稳定性；减少不均匀沉降引起的墙身开裂；在抗震设防地区，圈梁与构造柱一起形成骨架，可提高抗震能力。

圈梁有钢筋砖圈梁和钢筋混凝土圈梁两种。

1）钢筋砖圈梁。钢筋砖圈梁多用于非抗震区，结合钢筋砖过梁沿外墙形成。钢筋砖圈梁用 M5 砂浆砌筑，高度通常为 4~6 皮砖，在圈梁中设置 3 ϕ 6 的通长钢筋，分上下两层布置，其做法与钢筋砖过梁类似（图 3-16）。

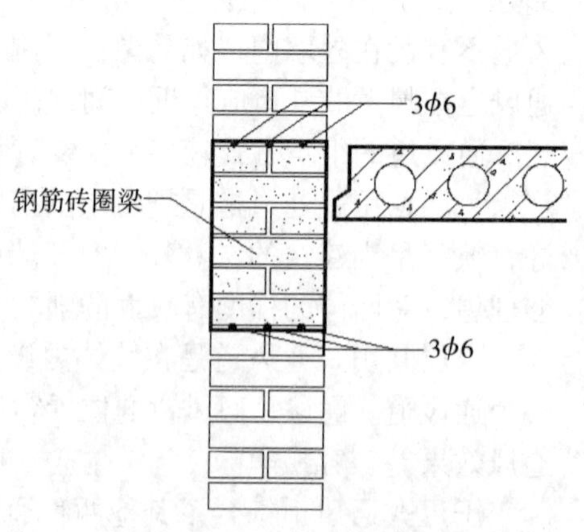

图 3-16　钢筋砖圈梁

2）钢筋混凝土圈梁。圈梁应根据结构体系或房屋类别，房屋的长度、高度、开间、墙体类别、墙体高厚比、风荷载、地质条件、整体刚度以及振动设备等因素，在墙体中设置现浇钢筋混凝土圈梁，并应与门窗过梁等统一考虑。

钢筋混凝土圈梁的宽度同墙厚，一砖以上的墙体，圈梁的宽度取墙厚的 2/3。圈梁的高度不小于 120mm；增设的基础圈梁，截面高度不应小于 180mm，配筋不应少于 4 ϕ12。

多层砖砌体建筑、多层小砌块建筑与底部框架—抗震墙砌体建筑采用装配式钢筋混凝土楼、屋盖时，应按表 3-3 的规定设置圈梁，纵墙承重时，抗震横墙上的圈梁间距应比表内要求适当加密。现浇或装配整体式钢筋混凝土楼盖或屋盖处可不设圈梁，但楼板沿抗震墙体周边均应加强配筋，并与相应的构造柱可靠连接。

表 3-3　多层砖砌体房屋现浇混凝土圈梁的构造

墙类	烈度		
	6、7	8	9
外墙和内纵墙	屋盖处及每层楼盖处	屋盖处及每层楼盖处	屋盖处及每层楼盖处
内横墙	屋盖处及每层楼盖处；屋盖处间距不应大于 4.5m；楼盖处间距不应大于 7.2m；构造柱对应部位	屋盖处及每层楼盖处；各层所有横墙，且间距不应大于 4.5m；构造柱对应部位	屋盖处及每层楼盖处；各层所有横墙

注：本表摘自《建筑抗震设计规范》（GB 50011-2010（2016 版）。

多层砖砌体房屋现浇混凝土圈梁应闭合，圈梁宜与预制板设在同一标高处或紧靠板底；圈梁与楼板（通常为预制板）设在同一标高，称为板平圈梁，或紧靠楼板底，称为板底圈梁（图 3-17）。

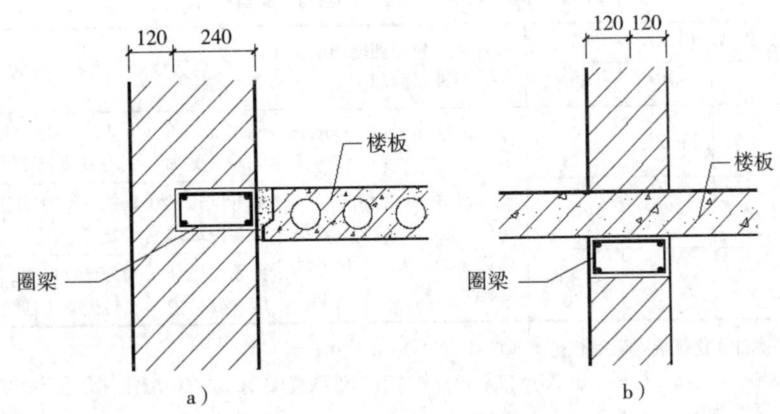

图 3-17　板平圈梁与板底圈梁

a）板平圈梁　b）板底圈梁

圈梁遇有洞口时应上下搭接。当圈梁被门窗洞口截断时，应在洞口上部增设相同截面的附加圈梁。附加圈梁的构造如图 3-18 所示。对有抗震要求的建筑物，圈梁不宜被洞口截断。

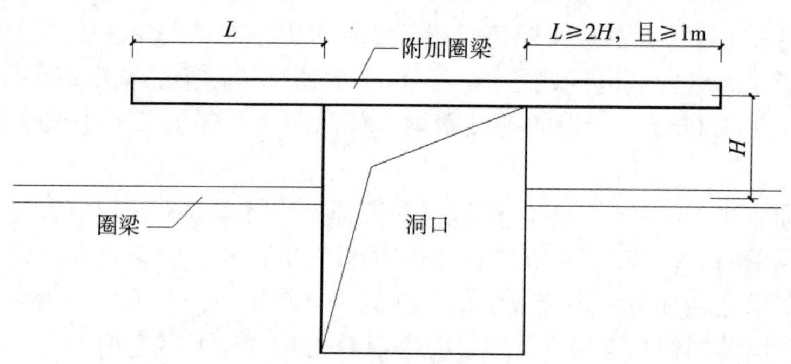

图 3-18　附加圈梁的构造

现浇或装配整体式钢筋混凝土楼、屋盖与墙体有可靠连接的房屋，应允许不另设圈梁，但楼板沿抗震墙体周边均应加强配筋并应与相应的构造柱钢筋可靠连接。

（2）设置构造柱　构造柱是按设计要求设置在墙体中并先砌墙后浇灌混凝土的钢筋混凝土柱。

钢筋混凝土构造柱是从抗震角度考虑设置的，它可以提高墙体的变形能力与受剪承载力，有效减轻建筑震害。构造柱一般设在外墙转角，内外墙交接处，较大洞口两侧及楼梯、电梯间四角，楼梯斜段上下端对应墙体处等（图 3-19）。由于房屋的层数和地震烈度不同，构造柱的设置要求也有所不同。表 3-4 为多层砖砌体房屋构造柱的设置要求。

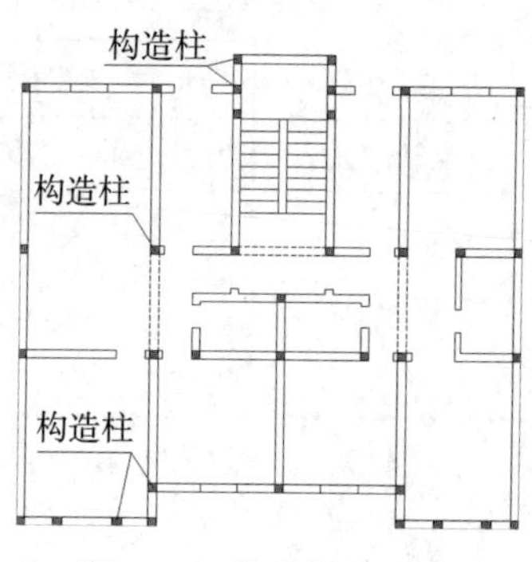

图 3-19　构造柱的设置

表 3-4　多层砖砌体房屋构造柱的设置要求

不同地震烈度房屋层数				各种层数和烈度均应设置的部位	随层数或烈度变化而增设的部位
6 度	7 度	8 度	9 度		
4、5 层	3、4 层	2、3 层		楼、电梯间四角，楼梯斜梯段上下端对应的墙体处；外墙四角和对应转角；错层部位横墙与外纵墙交接处；大房间内外墙交接处；较大洞口两侧	隔 12m 或单元墙与外纵墙交接处；楼梯间对应的另一侧内纵墙与外纵墙交接处
6 层	5 层	4 层	2 层		隔开间横墙（轴线）与外墙交接处；山墙与内纵墙交接处
7 层	≥ 6 层	≥ 5 层	≥ 3 层		内墙（轴线）与外墙交接处；内墙较小墙垛处；内纵墙与横墙（轴线）交接处

注：1. 本表摘自《建筑抗震设计规范》（GB 50011-2010（2016 版）。
2. 较大洞口，内墙是指不小于 2.1m 的洞口；外墙在内外墙交接处已设置构造柱时应适当放宽，但洞侧墙体应加强。

房屋高度和层数接近表 3-4 的限值时，横墙内的构造柱间距不宜大于层高的二倍；下部 1/3 楼层的构造柱间距适当减小；当外纵墙开间大于 3.9m 时，应另设加强措施。内纵墙的构造柱间距不宜大于 4.2m。

构造柱必须与圈梁紧密连接，形成空间骨架，以增强房屋的整体刚度，提高墙体抵抗变形的能力，并使砖墙在受震开裂后，也能裂而不倒。

构造柱最小截面可采用 180mm × 240mm，纵向钢筋宜采用 4 ϕ 12，箍筋间距不宜大于 250mm，且在柱上下端应适当加密；6、7 度时超过 6 层、8 度时超过 5 层和 9 度时，构造柱纵向钢筋宜采用 4 ϕ 14，箍筋间距不应大于 200mm；房屋四角的构造柱应适当加大截面及配筋。

构造柱与圈梁连接处，构造柱的纵筋应在圈梁纵筋内侧穿过，保证构造柱纵筋上下贯通。构造柱可不单独设置基础，但应伸入室外地面下 500mm，或与埋深小于 500mm 的基础圈梁相连。

为加强构造柱与墙体的连接，该处墙体宜砌成马牙槎（构造柱两侧的墙体应做到“五进五出”，即每 300mm 高伸出 60mm，每 300mm 高再收回 60mm），并应沿墙高每隔 500mm 设 2 ϕ 6 拉结钢筋和 ϕ 4 分布短筋平面内点焊组成的拉结网片或 ϕ 4 点焊钢筋网片，每端伸入墙内不少于 1m。6、7 度时底部 1/3 楼层，8 度时底部 1/2 楼层，9 度时全部楼层，上述拉结钢筋网片应沿墙体水平通长设置。施工时应先放置构造柱钢筋骨架，后砌墙，随着墙体的升高而逐段现浇混凝土构造柱身（图 3-20）。

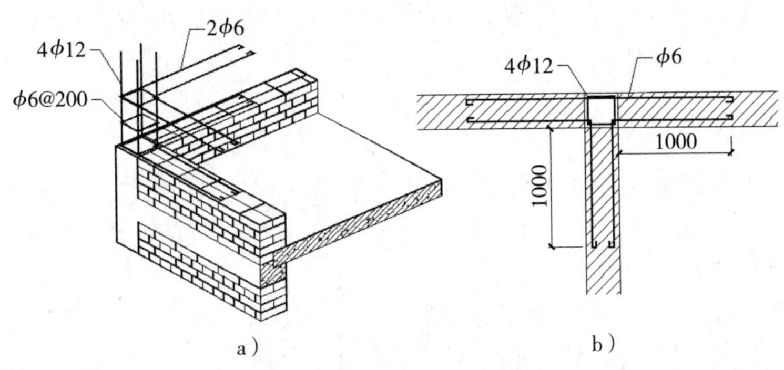

图 3-20　墙体转角处的构造柱

a）外墙转角处　b）内外墙交角处

（3）设置壁柱和门垛　当墙体的窗间墙上出现集中荷载而墙厚又不足承受其荷载，或当墙体的长度和高度超过一定限度并影响墙体的稳定性时，常在墙局部适当位置增设凸出墙面的壁柱，用以提高墙体刚度。壁柱凸出墙面的尺寸一般为 120mm × 370mm、240mm × 370mm、240mm × 490mm 等，为了便于门框的安装和保证墙体的稳定性，在墙上开设门洞而且门洞开在两墙转角处和丁字墙交接处时，须在门靠墙的转角位置或丁字交接的一边设置门垛，门垛凸出墙面 60~240mm（图 3-21）。

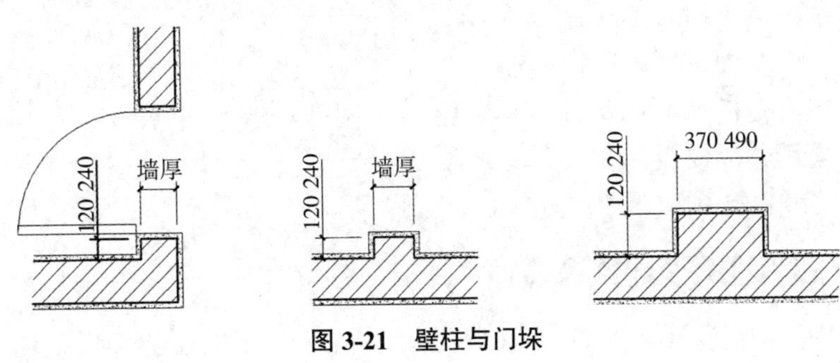

图 3-21　壁柱与门垛

（4）抗震设防地区墙体的其他加固措施　对于多层砖砌体房屋，6、7 度长度大于 7.2m 房间、8、9 度外墙转角与内外墙交接处及顶层楼梯间，应沿墙高 500mm 配置 2ϕ6 的通长钢筋和ϕ4 分布钢筋组成的钢筋片。

7~9 度时楼梯间墙体在休息平台或楼层半高处设置 60mm 厚、纵向钢筋不小于 2ϕ10 的钢筋混凝土带或配筋砖带。8、9 度时不应采用装配式楼梯，不应采用墙中悬挑式踏步或踏步竖肋插入墙体的楼梯，不应采用无筋砖砌栏板。

凸出屋顶的楼、电梯间，构造柱应伸到顶部。门窗洞口不应采用砖过梁。后砌隔墙应沿墙高每隔 500~600mm 与承重墙、柱拉结。

3.3　砌块墙

砌块墙是采用预制块材按一定技术要求砌筑而成的墙体。预制砌块利用工业废料和地方材料制成，既不占用耕地又减少了环境污染，具有生产投资少、见效快、生产工艺简单、节约能源等优点。一般 6 层以下的住宅、学校、办公楼以及单层厂房等都可以采用砌块代替砖建造。

3.3.1　砌块的分类

砌块尺寸比普通黏土砖要大得多，因而砌筑速度比砖墙快，房屋的其他承重构件，如楼板、楼梯、屋面板等均与砖混结构相差不大，其施工方法基本与砖混结构相同，只需要简单的机具即可。

砌块按其构造形式通常分为实心砌块和空心砌块，空心砌块有单排方孔、单排圆孔和多排扁孔等形式，其中多排扁孔对保温较有利（图 3-22）。按砌块在组砌中的位置与作用可以分为主砌块和辅助砌块。

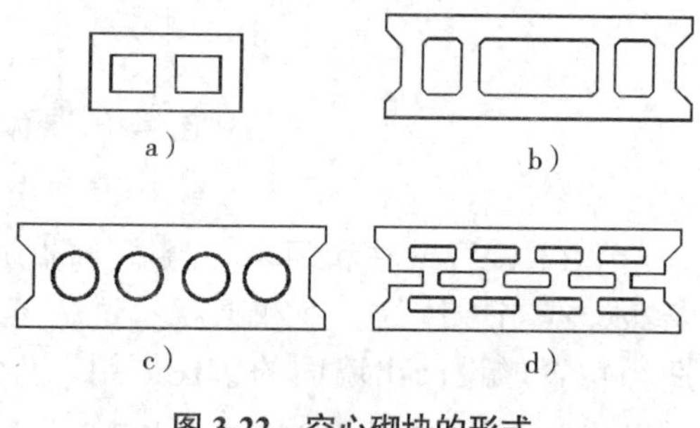

图 3-22　空心砌块的形式

a）单排方孔　b）单排方孔　c）单排圆孔　d）多排扁孔

砌块按其质量大小和尺寸大小分为三类：

小型砌块（每块 200N 以下，高度在 115~380mm）、中型砌块（每块 3500N 以下，高度在 380~980mm）、大型砌块（每块 3500N 以上，高度大于 980mm）。小型砌块可用手工砌筑，施工技术完全与砖混结构相同；中型砌块需要用轻便的小型吊装设备施工，楼板可用整间大小的混凝土结构或者采用条形楼板；大型砌块则需要比较大型的吊装设备。

3.3.2　砌块建筑设计注意事项

砌块建筑在建筑设计上主要是使建筑物墙体各部分尺寸适应砌块尺寸，以及如何满足构造上的要求和加强房屋的整体性，设计时要考虑以下各种要求：

1）建筑平面力求简洁规整，墙身的轴线尽量对齐，减少凹凸和转角。

2）选择建筑参数时，要考虑砌块组砌的可能性。当确定砌块的规格尺寸时，应先研究常用参数和各种墙体的组砌方式。

3）门窗大小和位置、楼梯的形式和楼梯间的设计，也要与砌块组砌问题同时考虑。

4）砌块建筑墙厚应满足墙体承重、保温、隔热、隔声等结构和功能要求。

5）为满足施工方便和吊装次数较少的要求，设计时应尽量选用较大的砌块。

6）砌块的排列组砌，要满足构造的要求。

3.3.3　砌块墙的基本组砌

使用砌块建造房屋与使用砖建造房屋类似，也必须将砌块彼此交错搭接砌筑，以保证有一定的整体性，但由于砌块的尺寸比普通砖大得多，所以必须采取加固措施。另外，砌块不同于普通砖那样规格单一并可以任意砍断，为了适应砌筑的需要，必须在各种规格间进行砌块的排列设计。

1. 砌块墙的排列设计

排列设计通常是将不同规格的砌块在场地中的具体安放位置用平面图和立面图加以表示。

砌块排列设计应满足下列要求：

1）上下皮砌块应错缝搭接，做到排列整齐，有规律，尽量减少通缝，使砌块墙具有足够的整体性和稳定性。

2）内外墙交接处和转角处，砌块也应彼此搭接。

3）应优先采用大规格的砌块，使主砌块的总数量在70%以上。

4）为了减少砌块的规格，在砌体中允许用极少量的普通砖来镶砌填缝。

5）当采用混凝土空心砌块时，上下皮砌块应孔对孔、肋对肋，使上下皮砌块之间有足够的接触面，以扩大受压面积。图3-23为几种类型砌块排列示例。

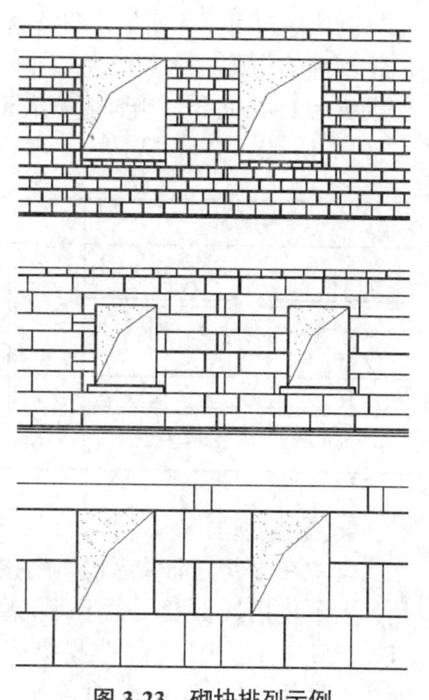

图3-23　砌块排列示例

2. 砌块墙面的划分

1）排列应力求整齐、有规律性，既考虑建筑物的立面要求，又考虑建筑施工的方便。

2）保证纵横墙搭接牢固，以提高墙体的整体性；砌块上下搭接至少上层盖住下层砌块1/4长度。

3）尽可能少镶砖，必须镶砖时，则尽可能分散、对称。

4）为充分利用吊装设备，应尽可能使用最大规格砌块，减少砌块的种类使每块重量尽量接近，以便减少吊次，加快施工进度。

3. 其他

砌块建筑每层楼都应设圈梁，圈梁用以加强砌块墙的整体性。圈梁通常与门窗过梁合并，可现浇也可预制成圈梁砌块。

为保证墙体的坚固耐久，防潮防水，室内地坪以下的墙体应采用混凝土实心砌块或普通黏土砖砌筑，并应设置墙身防潮层。

3.3.4 砌块墙构造要求

1. 圈梁设置

8 度设防的小砌块多层房屋应在每层内外纵横墙体上设圈梁，当房屋建在软弱地基或不均匀基地上时，圈梁刚度应适当加强。

圈梁应连续地设在同一水平面上，并形成封闭状，当被洞口截断，不能在同一水平面闭合时，应做附加圈梁。

多层小砌块房屋的现浇钢筋混凝土圈梁的设置位置按表 3-2 要求，圈梁宽度不应小于 190mm，配筋不应少于 4ϕ12，箍筋间距不应大于 200mm。

2. 拉结钢筋设置

多层小砌块房屋的层数，6 度时超过 5 层、7 度时超过 4 层、8 度时超过 3 层和 9 度时，在底层和顶层的窗台标高处，沿纵横墙应设置通长的水平现浇钢筋混凝土带；其截面高度不小于 60mm，纵筋不少于 2ϕ10，并应有分布拉结钢筋；其混凝土强度等级不应低于 C20。

3. 砌块缝型

砌块建筑可采用平缝、凹槽缝或高低缝（表 3-5）。平缝制作简单，多用于水平缝，凹槽缝灌浆方便，多用于垂直缝。缝宽视砌块尺寸而定，小型砌块为 10~15mm，中型砌块为 15~20mm。当竖缝宽大于 30mm 时，须用 C20 细石混凝土灌实。

表 3-5 砌块缝型

垂直缝	水平缝	缝宽及砂浆强度等级
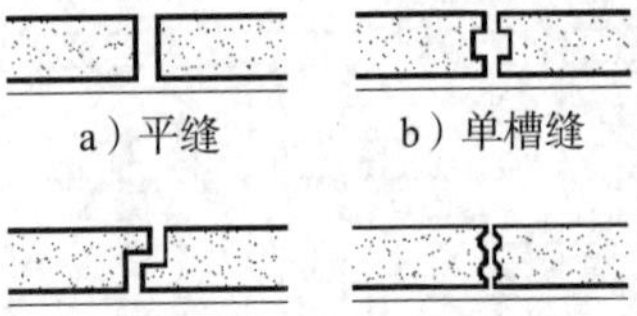 a）平缝　b）单槽缝 c）高低缝　d）双槽缝	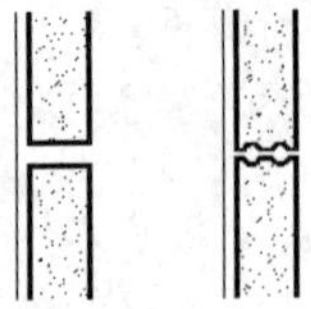 a）平缝　b）双槽缝	1）小型砌块缝宽 10~15mm 中型砌块缝宽 15~20mm 加气混凝土砌块缝宽 10~15mm 2）砂浆强度等级由计算确定。空心混凝土砌块砂浆强度应大于 M5

4. 通缝处理

砌块在厚度方向大多没有搭接，因此对砌块的长向错缝搭接要求比较高。中型砌块、上下皮搭接长度不少于砌块高度的 1/3，且不小于 150mm；小型空心砌块上下皮搭接长度不小于 90mm。当搭接长度不足时，应在水平灰缝内设置不小于 2ϕ4 的钢筋网片，网片的每端均应超过该垂直缝不小于 300mm，使之拉结成整体（图 3-24）。

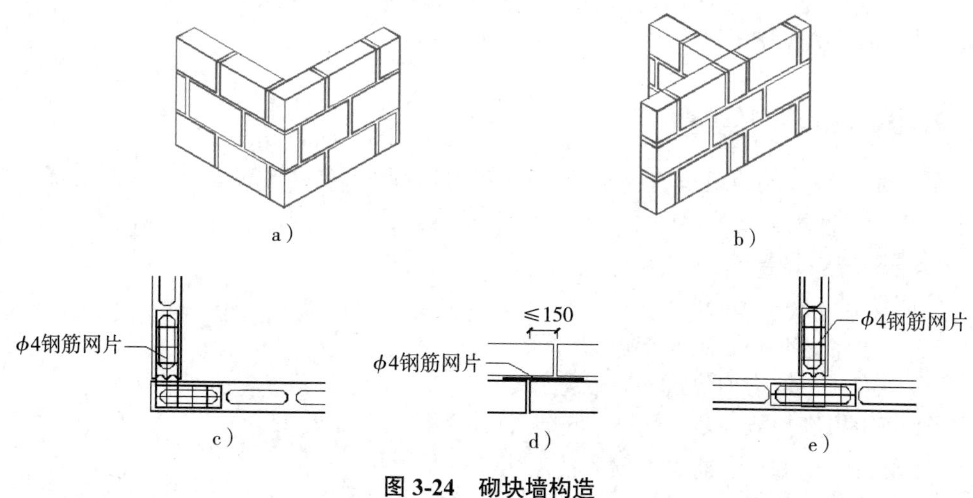

图 3-24　砌块墙构造

a）外墙转角　b）内外墙转角　c）外墙转角搭接　d）上下皮直缝小于 150mm 的处理　e）内外墙搭接

5. 砌块墙芯柱处理

钢筋混凝土芯柱的设置　当采用空心砌块时，应在房屋四角、外墙转角，楼梯间四角及较大的洞口边设置钢筋混凝土芯柱。芯柱用 C20 细石混凝土填入砌块孔中，并在孔中插入通长钢筋（图 3-25）。

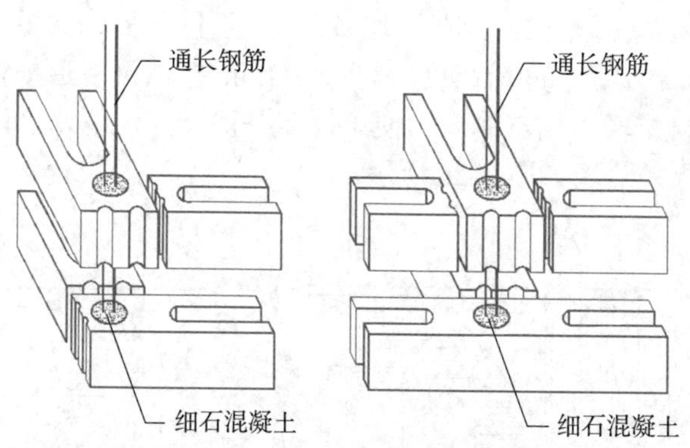

图 3-25　墙芯柱构造

多层小砌块房屋应根据不同地震烈度房屋层数，考虑在下列部位，如外墙转角，楼、电梯间四角，楼梯斜梯段上下端对应的墙体处；大房间内外墙交接处；错层部位横墙与外纵墙交接；隔 12m 或单元横墙与外纵墙交接等处，按照规范设置数量不等的钢筋混凝土芯柱。

小砌块房屋芯柱截面不宜小于 120mm × 120mm。芯柱混凝土强度等级不应低于 Cb20。芯柱的竖向插筋应贯通墙身且与圈梁连接；插筋不应小于 1ϕ12，6、7 度时超过 5 层，8 度时超过 4 层和 9 度时，插筋不应小于 1ϕ14。芯柱应伸入室外地面下 500mm 或与埋深小于 500mm 的基础圈梁相连。为提高墙体抗震受剪承载力而设置的芯柱，宜在墙体内均匀布置，最大净距不宜大于 2m。

3.4 隔墙与隔断

3.4.1 隔墙及其类型

隔墙是一种分隔建筑室内空间的非承重构件，起分隔空间的作用。人们通常把到顶板下皮的隔断墙称为隔墙；不到顶的称为隔断。

1. 隔墙的设计要求

作为仅起分隔室内空间作用的隔墙，在设计上有如下几点要求：

1）自重轻，有利于减轻楼板的荷载。

2）厚度薄，可增加建筑的有效空间。

3）便于拆卸，能随着使用要求的改变而变化。

4）具有一定的隔声能力，使各使用房间互不干扰。

5）按使用部位不同，满足不同的要求，如防潮、防水、防火等。

2. 隔墙的类型

隔墙按其构造形式分为轻骨架隔墙、块材隔墙和板材隔墙三种。

（1）轻骨架隔墙 轻骨架隔墙又称立筋式隔墙，它由骨架和面层两部分组成。

1）骨架。骨架常用的是木骨架和轻钢骨架。

木骨架是由上槛、下槛、墙筋、横撑或斜撑组成，上、下槛及墙筋的截面尺寸一般为 50mm × 70mm 或 50mm × 100mm，横撑或斜撑与墙筋的断面相同或略小一些。

木骨架的具体做法是：先立边框墙筋，撑住上下槛，并在上下槛之间每隔 400~600 mm 立墙筋，墙筋之间沿高度方向每隔 1.5m 左右设一道横撑或斜撑，构成木骨架。木骨架具有自重轻、构造简单、便于拆装等优点，但防水、防潮、防火、隔声性能较差。木骨架板条隔墙如图 3-26 所示。

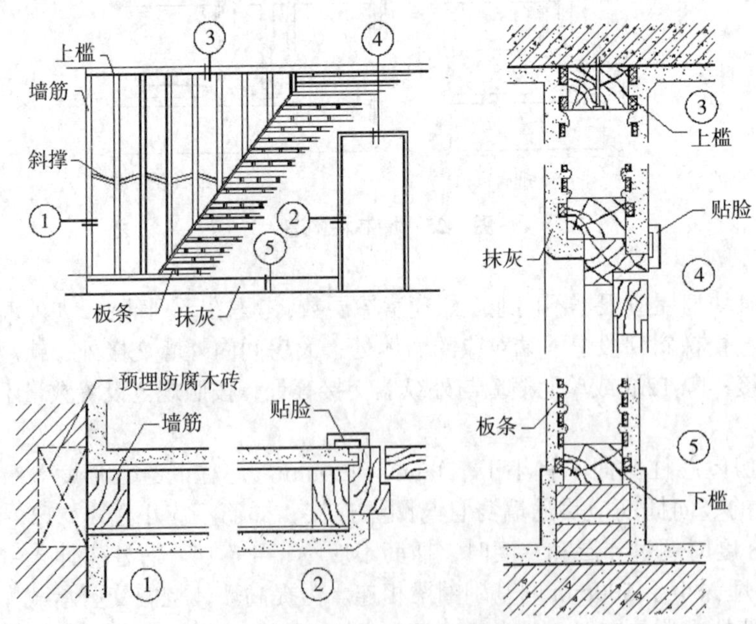

图 3-26 木骨架板条隔墙

轻钢骨架具有强度高、刚度大、重量轻、整体件好、易于加工和大批量生产以及防火、防潮性能好等优点，还可根据需要拆卸和组装，施工方便，速度快，应用广泛。轻钢骨架是由各种形式的薄型钢加工制成的，常用的薄壁型钢有 0.8~1.0mm 厚槽钢和工字钢。与木骨架类似，也是由上槛、下槛、墙筋、横撑或斜撑组成，骨架的安装过程是先用射钉将上、下槛固定在楼板上，然后安装轻钢龙骨。常用薄型钢如图 3-27 所示。

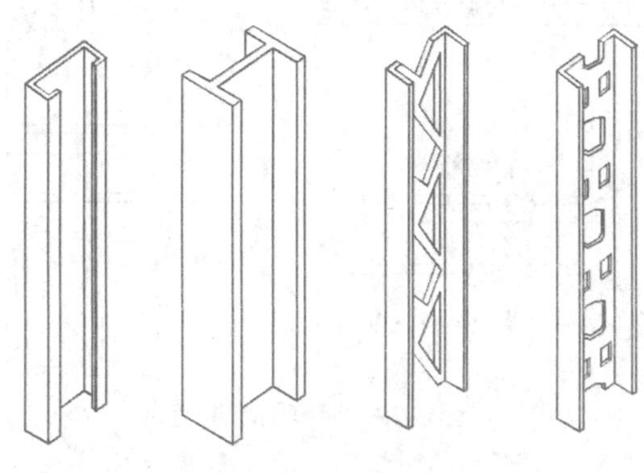

图 3-27　常用薄型钢

2）面层。轻骨架隔墙的饰面层常用人造板材，人造板材面层可用于木骨架与轻钢骨架，常用板材与尺寸规格见表 3-6。

表 3-6　轻骨架板材隔墙常用板材与尺寸规格（不含木质板材）

名称	规格 /mm		
	长度	宽度	厚度
纸面石膏板	1800、2100、2400、2700、3000、3300、3600	900、1200	9.5、12、15、18、21、25
纤维石膏板	1200、1500、2400、3000	600、1200	12、12.5、15
木质纤维石膏板	3050	1200	8、10、12、15
纤维增强硅酸钙板	800、2400、3000	800、900、1000、1200	5、6、8、10、15
纤维增强水泥加压板	1000、1200、1800、2400、2800、3000	800、900、1000、1200	4、5、6、8、10、12、15、20、25
低密度埃特板	2440	1220	7、8、10、12、15
中密度埃特板	2440	1220	6、7.5、9、12
高密度埃特板	2440	1220	7.5、9

（2）块材隔墙　块材隔墙是指采用普通砖、空心砖、加气混凝土砌块、轻骨料砌块与石膏砌块等轻质砌块砌筑的墙体，常用半砖隔墙、砌块隔墙等。

砖砌隔墙有半砖隔墙和 1/4 砖隔墙之分，其构造如图 3-28 所示。

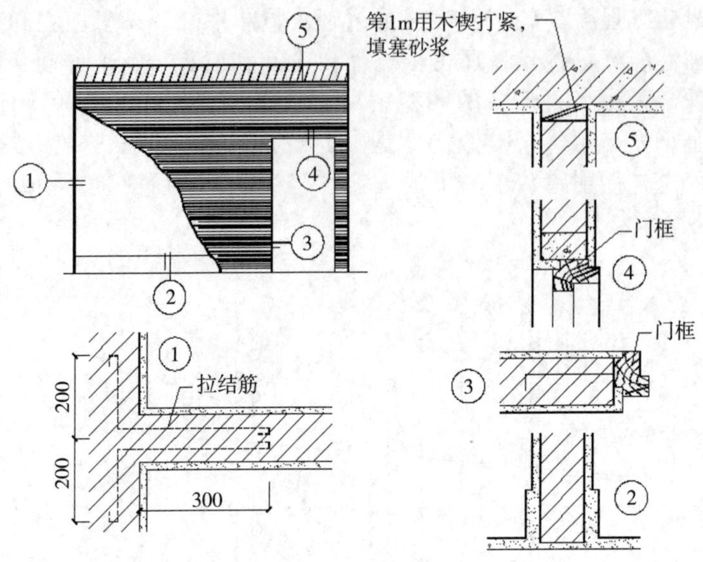

图 3-28　砖砌隔墙构造

对半砖墙，当采用 M2.5 砂浆砌筑时，其高度不宜超过 3.6m，长度不宜超过 5m；当采用 M5 级砂浆砌筑时，其高度不宜超过 4m，长度不宜超过 6m，否则在构造上除砌筑时应与承重墙牢固搭接外，还应在墙身每隔 1.2m 高处加 2 ϕ 6 拉结钢筋予以加固。此外，砖隔墙顶部与楼板或梁相接处，不宜过于填实或使砖砌体直接接触楼板和梁，以防止楼板或梁产生挠度致使隔墙被压坏。一般将上两皮砖斜砌，或留有 30mm 的空隙，然后用木楔和砂浆填塞墙与楼板间的空隙。

对于 1/4 砖墙，高度不应超过 3m，宜用 M5 级水泥砂浆砌筑，一般多用于面积不大且无门窗的墙体。

为减轻隔墙自重、节约用砖，常采用加气混凝土砌块、矿渣空心砖、陶粒混凝土砌块等，隔墙的厚度随砌块尺寸而定，一般为 90~120mm。砌块隔墙重量轻、孔隙率大、隔热性能好，但吸水性强，因此，砌筑时应在墙下砌 3~5 皮砖。

砌块较薄，也需采取措施，加强其稳定性，其方法与普通砖隔墙相同，砌块隔墙构造如图 3-29 所示。

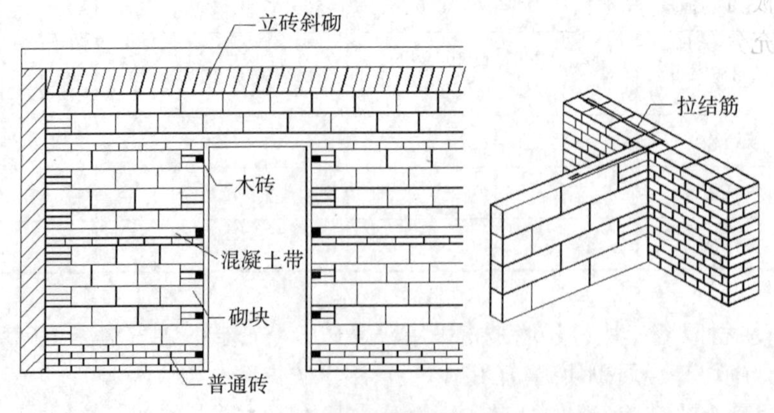

图 3-29　砌块隔墙构造

（3）板材隔墙　板材隔墙是指单板相当于房间净高，面积较大，不依赖于骨架直接装配而成的隔墙，具有自重轻、安装方便、施工速度快、工业化程度高等特点。常采用的预制条板有蒸压加气混凝土条板、各种轻质条板和各种复合板材。

预制条板的厚度大多为 60~100mm，宽度为 600~1000mm，长度通常 2200~4000mm，常用 2400~3000mm，略小于房间净高。安装时条板下部用小木楔顶紧，然后用细石混凝土堵严板缝，用胶粘剂粘接，并用胶泥刮缝，平整后再做表面装修。

蒸压加气混凝土条板可用于外墙、内墙，具有自重轻，节省水泥，运输方便，施工简单，可锯、可刨、可钉等优点；但加气混凝土吸水性大、耐腐蚀性差、强度较低，运输、施工过程中易损坏，不宜用于具有高温、高湿或有化学、有害空气介质的建筑中。加气混凝土条板之间可以用水玻璃矿渣胶粘剂粘接，也可以用聚乙烯醇缩甲醛（108 胶）粘接。

加气混凝土条板隔墙构造如图 3-30 所示。

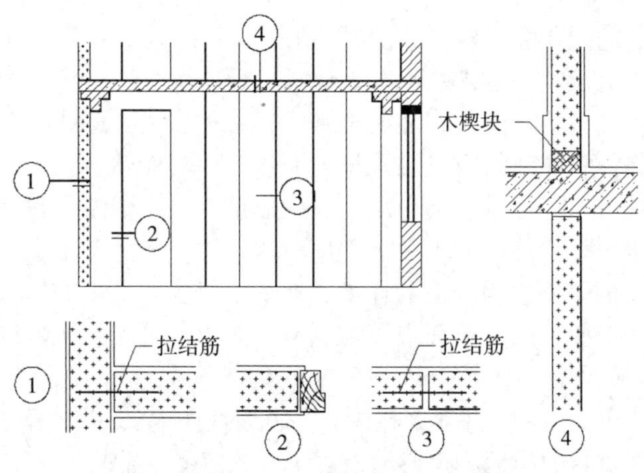

图 3-30　加气混凝土条板隔墙构造

常用的轻质条板有玻纤增强水泥条板、钢丝增强水泥条板、增强石膏空心条板、轻骨料混凝土条板等。

复合板材是由几种材料制成的多层板材，其面层有石棉水泥板、石膏板、铝板等。复合板材充分利用材料的性能，大多具有高强度、耐火性、防水性、隔声性能好的特点，且安装、拆卸方便，有利于工业化。

3.4.2　隔断及其类型

隔断是分隔室内空间的装修构件，作用在于变化空间或遮挡视线，增加空间的层次和深度。

根据灵活隔断的使用和装修方法不同，一般分为屏风式、镂空式、玻璃墙式、移动式以及家具式等。

3.5 墙面装饰

墙面装饰是建筑装修中的重要内容。对墙面进行装修，可以保护墙体、提高墙体的耐久性；改善墙体的热工性能、光环境、卫生条件等使用功能；还可以美化环境，丰富建筑的艺术形象。

3.5.1 墙面装饰的作用及类型

1. 墙面装饰的作用

（1）保护作用 建筑结构构件暴露在大气中，在风、霜、雨、雪和太阳辐射等的作用下，混凝土可能变得疏松、碳化；构件可能因热胀冷缩导致结构节点被拉裂，影响牢固与安全；钢、铁制品由于氧化而锈蚀。如通过抹灰、油漆等装饰方式对建筑进行处理，不仅可以提高构件、建筑物对外界各种不利因素（如水、火、酸、碱、氧化、风化等）的抵抗能力，还可以保护建筑构件不直接受到外力的磨损、碰撞和破坏，从而提高结构构件的耐久性，延长其使用年限。

（2）改善环境条件，满足房屋的使用功能要求 通过对建筑物表面装修，不仅可以改善室内外清洁、卫生条件，还能增强建筑物的采光、保温隔热、隔声性能。如砖砌体抹灰后不但能提高建筑物室内及环境照度，而且能够防止冬天砖缝可能引起的空气渗透；内墙抹灰在一定程度上可调节室内温度，当室内温度较高时，抹灰层吸收空气中的一部分水蒸气，使墙面不致出现冷凝水；当空气过于干燥时，抹灰层能放出一部分水分，使室内保持较为舒适的环境；有一定厚度和重量的抹灰能提高隔墙的隔声能力，有噪声的房间，通过墙面吸声控制噪声。由此可见饰面装修对满足房间的使用要求有重要的功能作用。

（3）美观作用 建筑师可根据室内外空间环境的特点，正确、合理地运用建筑线型以及不同饰面材料的质地和色彩给人以不同的感受，通过巧妙组合，创造出优美、和谐、统一而又丰富的空间环境，以满足人们在精神方面对美的要求，通过外墙面装饰还可以提高建筑物立面的艺术效果，丰富建筑的艺术形象。

2. 墙面装饰的类型

墙面装饰按照其所处的部位不同，可分为室外装饰和室内装饰。室外装饰用于外墙表面，兼有保护墙体和增加美观的作用，应选择有一定的强度、耐水性好、抗冻性强、抗腐蚀、耐风化的建筑材料；室内装饰应根据房间的功能要求及装饰标准来确定，装饰材料要求有一定的强度、耐水及耐火性。

根据饰面材料和构造不同，有清水勾缝类、抹灰类、贴面类、涂刷类、裱糊类、钉铺类等，见表 3-7。

表 3-7 墙面装饰分类

类别	室外装饰	室内装饰
抹灰类	水泥砂浆、混合砂浆、聚合物水泥砂浆、拉毛灰、水刷石、干粘石、斩假石、假面砖、喷涂、滚涂、弹涂等	纸筋灰粉面、麻刀灰粉面、石膏粉面、膨胀珍珠岩砂浆、混合砂浆、拉毛灰、拉条灰、扫毛灰等

（续）

类别	室外装饰	室内装饰
贴面类	外墙面砖、陶瓷锦砖、水磨石板、天然石板	釉面砖、人造石板、天然石板等
涂刷类	乳胶型、水溶性、溶剂型外墙涂料	乳胶型、水溶性内墙涂料
裱糊类		塑料墙纸、金属面墙纸、木纹壁纸、花纹玻璃纤维布、纺织面墙布及锦缎等
钉铺类	各种金属饰面板、石棉水泥板、玻璃等	各种木夹板、木纤维板、石膏板及各种装饰面板等

3.5.2　清水墙墙面装饰

清水墙装饰是指墙体砌成之后，墙面不加其他覆盖性装饰面层。清水墙装饰是利用原结构（砖墙或混凝土墙）的肌理效果进行处理的一种墙面装饰方法，以达到淡雅、凝重、朴实、浑厚、粗犷等艺术效果，而且其耐久性好，不易变色，不易污染，也无明显的褪色和风化现象。清水墙分为清水砖墙和清水混凝土墙两种。

1. 清水砖墙

（1）材料　黏土砖是清水砖墙的主要材料，根据制作工艺的不同分为青砖和红砖，根据烧结程度还有过火砖、欠火砖等。当烧结好的砖在窑里自然冷却时，颜色是红色的，称为红砖；而淋水强制冷却的砖为青砖；过火砖则是由于垛在窑内靠近燃料的投入口部位，因温度高而烧成的一种次品砖，颜色深红、质地坚硬，往往被用来砌筑建筑小品或室内壁炉部位的清水墙。

用于砌筑清水砖墙的砖，应具有材质密实、表面晶化、砖体规整、棱角分明、色泽一致及抗冻性好等特性，一般用手工脱坯才能达到；而机制砖比较疏松，砖块变形厉害，缺角严重，不适宜砌筑清水砖墙。

（2）清水砖墙的装饰方法

1）灰缝的处理。灰缝面积在清水砖墙面中占有一定的比例，改变灰缝的颜色能够有效地影响整个墙面的色调与明暗程度，所以灰缝的颜色变化会改变整个墙面的效果；另外通过勾凹缝的方法，会产生一定的阴影，形成鲜明的线条与质感。

2）磨砖对缝。使用变形较大的过火砖，需要将毛砖砍磨成边直角正的长方形，称为磨砖对缝。

3）肌理变化。用烧结程度不同的过火砖与欠火砖形成的深色和浅色，穿插在普通砖当中形成不规则的色彩排列或者通过部分砖块有规律地凸出或凹进，形成一定的线型与肌理，创造阴影、产生特殊的光影效果，犹如浮雕的感觉。

（3）注意问题　对于清水砖墙建筑的某些部位，如勒脚、檐口、门套、窗台以及过梁等，需要用钢筋混凝土构件制作的，通常是将构件向里收 1/4 砖左右，外表再镶砖饰；也可用粉刷或天然石板进行装饰；门窗过梁的外表还可以用砖拱形式装饰。

勾缝是清水砖墙的最后一道工序，内墙面可以采用砌筑砂浆随砌随勾，称为原浆勾缝；外墙面待墙体砌筑完毕后再统一采用水泥砂浆勾缝，称为加浆勾缝或后浆勾缝。

勾缝所用的砂浆多采用质量比为 1∶1.5 水泥砂浆掺一定比例的颜料，也可勾缝后再涂色。灰缝的处理形式，主要有平缝、平凹缝、斜缝和圆凹缝等形式（图 3-31）。

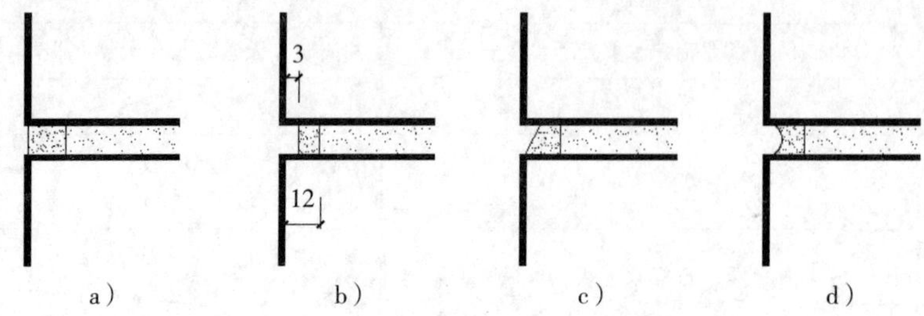

图 3-31　清水墙的勾缝形式

a）平缝　b）平凹缝　c）斜缝　d）圆凹缝

2. 清水混凝土墙

清水混凝土墙的墙面不加任何其他饰面材料，是以精心挑选的木质花纹的模板，经设计排列，浇筑而成具有特色的清水混凝土墙；对于许多有曲度的栏板和立柱，多用特制的钢模板浇筑。

清水混凝土墙面装饰的特点是外表朴实自然、坚固、耐久，不会像其他饰面容易发生冻胀、剥离、褪色等问题。

施工过程中，模板的挑选与排列是影响清水混凝土墙装饰效果好坏的关键，固定模板的拉接螺杆的定位要整齐而有规律。为了脱模时不易损坏边角，墙体的转角部位多处理成斜角或圆角；可以将模板设计成各种形状，如条纹状、波纹状、格状、点状等，也可将壁面进行斩刻，修饰成毛面等，使壁面有变化。

3.5.3　混水墙墙面装饰

混水墙区别于清水墙的主要特征是外加饰面材料。其物理特征（防水、保温、隔热、隔声等）明显，是现今大多数建筑所使用的墙体装饰。

1. 抹灰类

抹灰类饰面是用各种加色的或不加色的水泥砂浆、石灰砂浆、混合砂浆、石膏砂浆、石灰浆及水泥石碴浆等做成的各种装饰抹灰层。它除了具有装饰效果外，还具有保护墙体和改善墙体物理性能等功能。因造价低廉、施工简便，在建筑墙体装饰中应用较为广泛，常见的抹灰类型有一般饰面抹灰与装饰抹灰两种。

（1）一般饰面抹灰　一般饰面抹灰是指采用石灰砂浆、混合砂浆、水泥聚合物砂浆、麻刀灰、纸筋灰等对建筑物的面层抹灰和石膏浆罩面。

按墙体类型及建筑标准的不同，一般饰面抹灰可分为高级抹灰、中级抹灰和普通抹灰三种。高级抹灰适用于大型公共建筑物、纪念性建筑物及有特殊功能要求的高级建筑，其构成是：一层底灰、数层中灰、一层面灰。中级抹灰适用于一般住宅、公共和工业建筑，以及高级建筑物中的附属建筑，其构成是：一层底灰、一层中灰、一层面灰（或一层底灰、一层面灰）。普通抹灰适用于简易住宅、大型临时设施和非居住性房屋，以及建筑物中的地下室、储藏室等，其构成是：一层底灰、一层面灰或不分层一遍成活。抹灰的分层如图 3-32 所示。

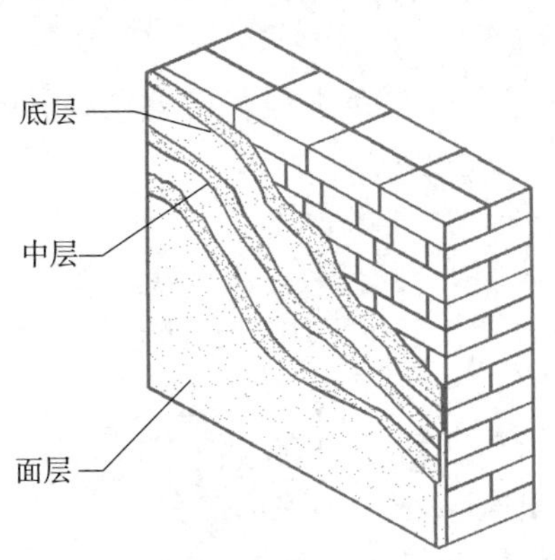

图 3-32　抹灰的分层

底层抹灰又称底灰，其作用是与基层粘结和初步找平，厚度为 5~10mm。材料可选用石灰砂浆、水泥石灰混合砂浆或水泥砂浆，中层抹灰除找平作用外还可以弥补底层砂浆的干缩裂缝，厚度为 7~8mm，一般中层所用的材料与底层基本相同。面层抹灰又称罩面，主要起装饰作用，要求平整、均匀，所用的材料为各种砂浆或水泥石碴浆。

混合砂浆抹灰、水泥砂灰、纸筋、麻刀及石膏罩面灰

抹灰层的总厚度依具体位置不同而异。一般室外抹灰为 15~25mm，室内抹灰为 20mm。

（2）装饰抹灰

1）斩假石饰面。斩假石又名剁斧石饰面。这种饰面是以水泥石子浆或水泥石屑浆，涂抹在水泥砂浆基层上，待凝结硬化，并具一定强度后，用斧子及各种凿子等工具，在面层上剁斩出类似石材经雕琢的纹理效果的一种人造石料装饰方法。其质感分立纹剁斧和花锤剁斧两种，可根据设计选用。

斩假石饰面的构造做法是在 1：3 水泥砂浆底灰上（厚 15mm）刮抹一道素水泥浆，随即抹水泥：白石屑 =1：1.5 的水泥石屑浆，或者水泥：石碴 =1：1.25 的水泥石碴浆（内掺 30% 的石屑），厚 10mm。石渣一般宜采用石屑（粒径 0.5~1.5mm），也可采用粒径为 2mm 的米粒石，内掺 30% 粒径 0.15~1mm 的石屑；为了模仿不同的天然石材的装饰效果，如花岗石、青条石等，可以在配合比中加入各种配色骨料及颜料。

斩假石块体，粗壮有力、浑厚朴实，看上去极似天然石材的粗凿制品，但因其手工操作、工效低、劳动强度较大，故一般用于公共建筑重点装饰部位。

2）水刷石饰面。水刷石是一种传统的外墙装饰饰面，是用水泥和石子等加水搅拌，抹在建筑物的表面，半凝固后，用喷枪喷水，刷去表面的水泥浆，使石子半露。

其构造做法是采用 1：3 水泥砂浆打底划毛，厚 15mm，在其底灰上先薄刮一层素水泥浆，1~2mm 厚，然后抹水泥石渣浆。水泥石渣配合比依石子粒径大小而有所不同。

水刷石饰面朴实淡雅、经久耐用、装饰效果好、运用广泛，主要适用于外墙饰面和外墙腰线及花台等部位。

3）干粘石饰面。干粘石是将彩色石粒直接粘在砂浆层上的一种装饰抹灰做法。干粘石的选料一般采用粒径较小的石碴。

干粘石饰面用12mm厚1∶3水泥砂浆打底，并扫毛或划出纹道；中层用6mm厚1∶3水泥砂浆；面层为粘结砂浆。其常见配合比为，水泥∶砂∶108胶=1∶1.50∶0.15或水泥∶石灰膏∶砂子∶108胶=1∶1∶2∶0.15。

粘结砂浆抹平后，立即开始撒石粒。干粘石操作简便，由于在粘结砂浆中掺入了适量的建筑胶，使得粘结层与基层、石渣与粘结层之间粘结牢度大大提高，从而进一步提高了耐久性和装修质量。与水刷石相比，它可提高工效50%，节约水泥30%，节约石子50%。

1. 聚合物水泥砂浆的喷涂、滚涂及弹涂饰面。
2. 拉毛、甩毛、喷毛饰面。
3. 拉条抹灰、扫毛抹灰饰面。

（3）抹灰类饰面的细部处理及饰面缺陷改进措施 为了施工方便和保证装饰质量，对于大面积的抹灰面，通常用引条线划分成小块来进行，这种分块与设缝，既是构造上的需要，也有利于日后的维修工作，且可使建筑物获得良好的尺度感和表面材料的质感。

分块的大小应与建筑立面处理相结合，引条线的宽度应根据建筑物的体量及表面材料的质地而决定，用于外墙面时分块缝不宜太窄或太浅，以20mm左右为宜。抹灰面引条线最常见的是凹线，凹线形式如图3-33所示。

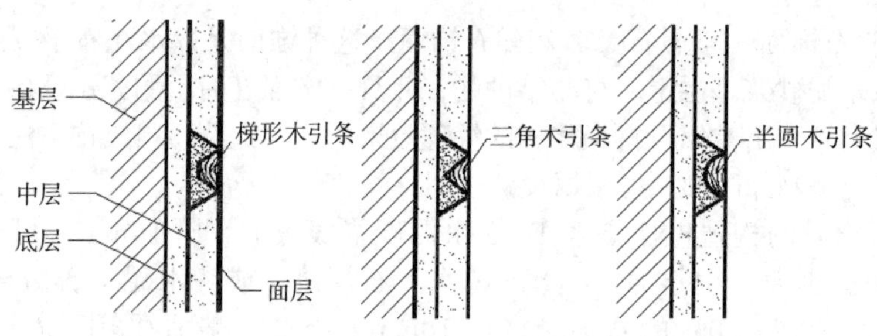

图3-33 抹灰面的凹线形式

对于易被碰撞的内墙阳角或门窗洞口以及柱面等处，通常抹1∶2水泥砂浆做护角，并用素水泥浆抹成圆角，高度2m，每侧宽度不应小于50mm，如图3-34所示。

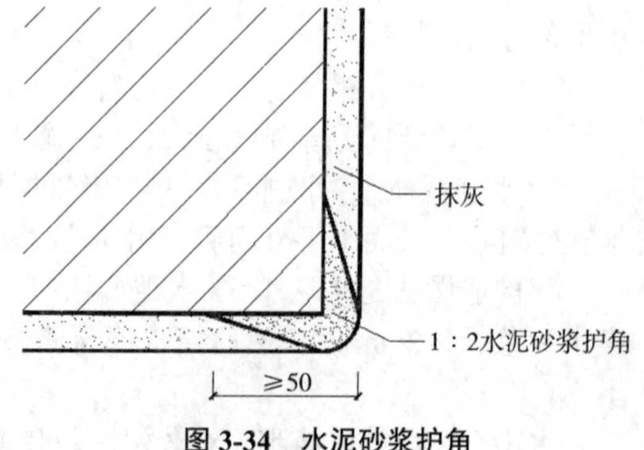

图3-34 水泥砂浆护角

2. 贴面类

常用的贴面材料有陶瓷制品，如陶瓷锦砖、玻璃锦砖等，水磨石饰面板，天然石材，如大理石、花岗石、青石板等。

贴面类饰面的基本构造，因工艺形式的不同而分成直接镶贴、贴挂结合等。

直接镶贴饰面是由底层砂浆、粘结层砂浆和块状贴面材料面层组成。底层砂浆具有使饰面层与基层之间粘附和找平的双重作用；粘结层砂浆的作用，是与底层形成良好的连接，并将贴面材料粘附在墙体上。

对于厚度较大（一般 20mm 以上）的面层材料，如一些天然和人造石材类，不能采用直接镶贴的方法，需要采用贴挂结合或干挂的方法来完成。

（1）面砖、瓷砖贴面 面砖多数是以陶土为原料，压制成型后经 1100℃左右高温燃烧而成。面砖可分为许多种不同的类型，按其特征有上釉和不上釉之分；釉面又可分为有光釉和无光釉两种表面；砖的表面有平滑的和有一定纹理质感等形式。

面砖饰面的构造做法是先在基层上抹 1：3 水泥砂浆做底灰，厚 15mm，分层抹平；粘结砂浆用 1：2.5 水泥砂浆或 1：0.2：2.5 的水泥石灰混合砂浆，厚度不小于 10mm；然后在其上贴面砖，并用 1：1 水泥砂浆填缝（图 3-35）。

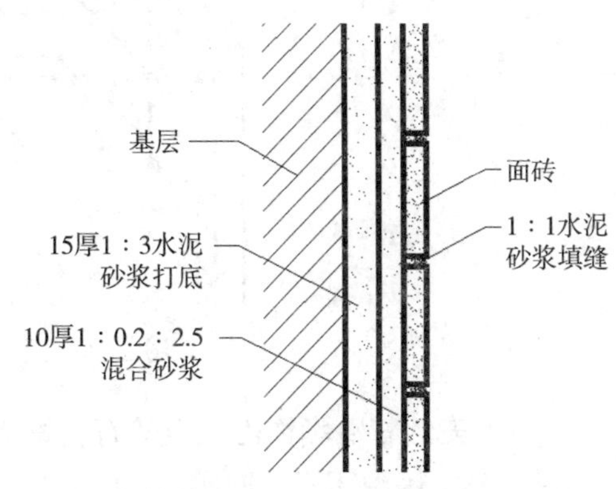

图 3-35 面砖饰面构造

面砖的断面形式宜选用背部带有凹槽的，因为凹槽截面可以增强面砖和砂浆之间的结合力。

（2）陶瓷锦砖饰面 陶瓷锦砖俗称“陶瓷锦砖”，原指以彩色石子或玻璃等小块材料镶嵌呈一定图案的艺术品，较早多见于古罗马时代教堂、宫邸的窗玻璃、地面装饰。

陶瓷锦砖是以优质瓷土烧制而成的小块瓷砖，有上釉及不上釉两种，目前国内各地产品多为不上釉类型。

陶瓷锦砖最早主要取其美观、耐磨、不吸水、易清洗、不太滑的特点，大多用于室内地面饰面，为使其不易踩碎又不要太厚，故规格均较小；后因其可以做成多种颜色、色泽稳定、耐污染，已大量用于外墙饰面。与面砖相比，陶瓷锦砖有造价略低、面层薄、自重较轻的优点。陶瓷锦砖也可用于室内墙面，但由于施工和加工精度有限，效果不佳。

陶瓷锦砖属于刚性材料，做饰面时，一般要用 1：3 水泥砂浆做底灰，厚 15mm，用厚度为 2~3mm、配合比为纸筋：石灰膏：水泥 =1：1：8 的水泥浆粘贴。

陶瓷锦砖是传统的地面和墙面装修材料，它质地坚实、经久耐用、花色繁多、耐酸、耐碱、耐火、耐磨、不渗水、易清洁，广泛用于民用和工业建筑中。

（3）人工石材类饰面 人工石材按其厚度可分为厚型和薄型两种。通常将厚度在 30~40mm 以下的称为板材，而将厚度在 40~130mm 以上的称为块材。

预制人造石材饰面板也称预制饰面板，大多都在工厂预制，然后现场进行安装。人造石材饰面板主要有人造大理石饰面板、预制水磨石饰面板、预制剁假石饰面板、预制水刷石饰面板及预制陶瓷锦砖饰面板。

预制水磨石板的色泽品种较多，表面光滑、美观耐用，一般可以分为普通水磨石板和彩色水磨石板两类。水磨石饰面板饰面，常被用于建筑物的楼地面、墙面、柱面、踏步、踢脚板、窗台板、隔断板、墙裙、基座等处的装饰，其安装如图 3-36 所示。

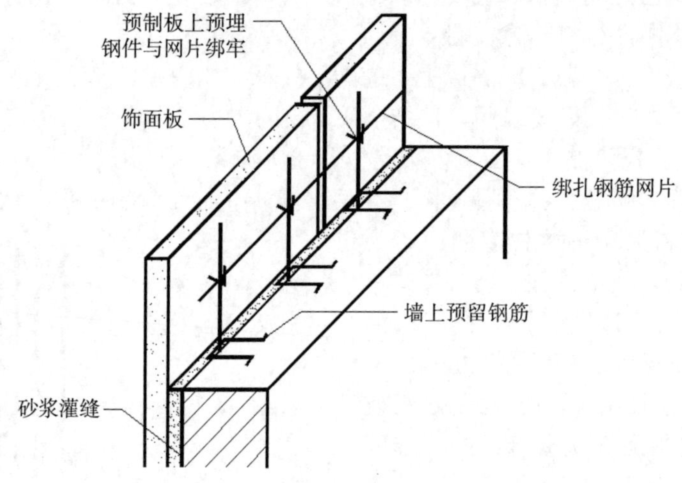

图 3-36　预制饰面板的安装

（4）天然石材类饰面　天然石材饰面板具有各种颜色、花纹、斑点等天然材料的自然美感，因致密坚硬的质地，故耐久性、耐磨性等均比较好，属于高级饰面材料。

天然石材按其表面的装饰效果，可分为磨光、剁斧、火烧、水洗、机刨等处理形式。磨光的产品又有粗磨板、精磨板、镜面板等区别；剁斧的产品，可分为麻面、条纹面等类型，有时根据设计的需要，也可加工成其他的表面，如剔凿表面、蘑菇状表面等。用于建筑饰面的天然石材主要有大理石、花岗石及青石板。

1）大理石板材饰面。大理石质地密实，可以锯成薄板，多数经过磨光打蜡，加工成表面光滑的板材，但其表面硬度并不大，而且化学稳定性和大气稳定性不是太好，一般宜用于室内。

大理石板材的固定方法分两种，一种是在铺贴基层上预挂钢筋网，饰面板材钻孔钢丝绑扎，并灌以水泥砂浆。其具体做法是在墙面预埋钢件固定沿墙面的钢筋网，将加工成薄材的石材绑扎在钢筋网上，墙面与石材之间的距离一般为 30~50mm，并在缝中分层浇筑 1∶2.5 水泥砂浆，待初凝后再灌上一层，若多层石材贴面，则每层离上口 80~100mm 时停止灌浆，留待上一层再灌，以使上下连成整体（图 3-37）。

另外一种连接方式与上述方法类似，只是石材背面与基层之间不灌浆，称为“干挂”。施工时，需要在铺贴饰面石材的部位预留木砖、金属型材或者直接在饰面石材上用电钻钻孔，打入膨胀螺栓，

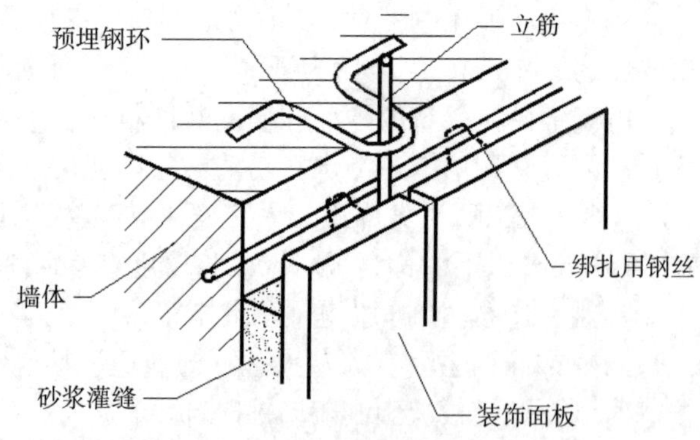

图 3-37　大理石的贴挂结合做法示意图

然后用螺栓固定，或用金属型材卡紧固定，最后进行勾缝和压缝处理。图 3-38 为干挂做法示意图。

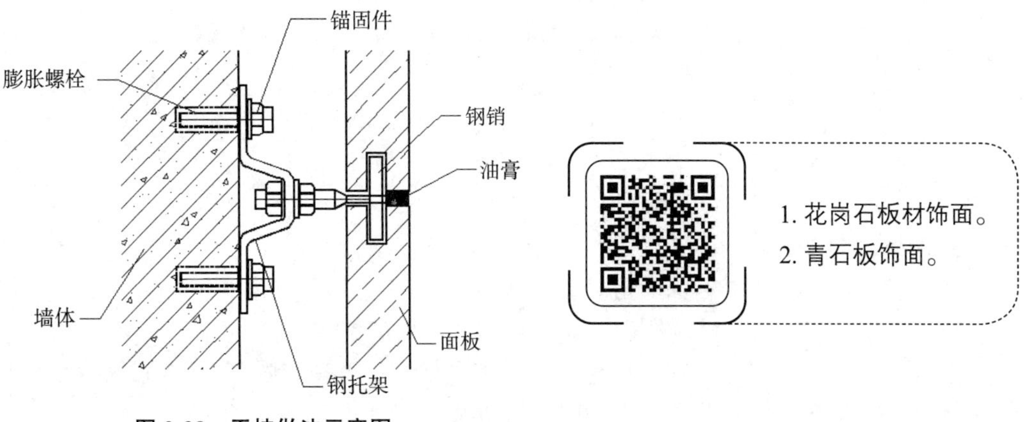

图 3-38　干挂做法示意图

3. 涂料类

建筑涂料是指涂覆于建筑构件表面，并能与构件表面材料很好地粘结，形成完整保护膜的一种成膜物质。涂料在建筑构件表面干结成的薄膜，也称为涂层。

建筑涂料分类方法多样，依据不同的作用分为装饰性建筑涂料和功能性建筑涂料两大类；按照建筑的使用部位，一般可分为外墙涂料、内墙涂料、顶棚涂料、地面涂料和屋面涂料等几类；按照涂膜的性能，可将建筑涂料中具有特殊功能的涂料划分为防水涂料、防火涂料、防腐涂料、防霉涂料、防虫涂料、防锈涂料、防结露涂料等品种。

狭义的建筑涂料，一般是指用于建筑内外墙体、顶棚、地面等处的涂料（表 3-8）。

表 3-8　装饰涂料分类及特点

分类	特点	小类	品种
外墙涂料	建筑外墙涂料应具备的主要功能是装饰建筑外墙面和保护外墙面，既使建筑物美观又能适当延长建筑物的服务年限。因此它具备良好的装饰性、良好的耐候性、耐沾污性好等特性。	乳胶型外墙涂料	合成树脂乳液薄质涂料、合成树脂乳液厚质涂料、水乳型合成树脂涂料
		水溶性外墙涂料	硅溶胶
		溶剂型外墙涂料	丙烯酸外墙涂料、过氯乙烯涂料、聚乙烯醇缩丁醛外墙涂料、氯化橡胶外墙涂料、聚氨酯涂料
		其他外墙涂料	彩色砂壁状外墙涂料、复层外墙涂料、仿幕墙涂料
内装饰涂料	内墙涂料具有以下特点：无毒、无味，符合环保要求；色彩淡雅柔和、明亮平滑、线条细腻、装饰性好；耐碱性、耐水性、耐擦洗性好；涂层干燥快、表面平整、遮盖性好、施工维修方便，刷痕小、无流挂现象	乳胶型内墙涂料	丙烯酸酯乳胶漆、苯—丙乳胶漆、醋—丙乳胶漆
		水溶性内墙涂料	聚乙烯醇类内墙涂料
		其他内墙涂料	多彩涂料、绒面内墙涂料、纤维质内墙涂料

（续）

分类	特点	小类	品种
地面涂料	地面涂料的主要功能是装饰和保护室内地面，使地面清洁美观，因此应具有耐碱性、防水性、耐磨性、耐冲击性和与地面基层（如木质地板、水泥砂浆基层）粘接性良好的特点，价格合理，施工方便	专用于木质地板的涂料（与其他木器装饰涂料差别不大）	
		专用于水泥砂浆地面的涂料	地面防滑涂料
			地坪涂料

4. 裱糊类饰面

裱糊类饰面是将墙纸、锦缎或者墙布等卷材类材料通过胶粘剂附着在墙面上的一种装饰手法，属于档次较高的饰面，通常用于内墙面的修饰。

壁纸饰面 壁纸又称墙纸，其色彩、质感多样，通过适当的工艺和设计，可取得仿天然材料的装饰效果，而且大多耐用、易清洗。

壁纸的种类很多，分类方式也多种多样，按外观装饰效果分，有印花壁纸、压花壁纸、浮雕壁纸等；按基层不同分，有全塑料基（使用较少）、纸基、布基、石棉纤维或玻璃纤维基等；按施工方法分，有现场刷胶按糊、背面预涂压敏胶直接铺贴等。

一般壁纸墙面的构造做法（以砖墙基层为例）：

1）抹底灰：在墙体上抹 13mm 厚 1 ∶ 0.3 ∶ 3 水泥石灰膏砂浆打底扫毛。

2）找平层：抹 5mm 厚 1 ∶ 0.3 ∶ 2.5 水泥石灰膏砂浆找平层。

3）刮腻子：批刮腻子 2~3 遍，砂纸磨平。

4）封闭底层：涂封闭乳液底涂料（封闭乳胶漆）一道。

5）防潮底漆：薄涂酚醛清漆 ∶ 汽油 =1 ∶ 3 防潮底漆一道（无防潮要求时此工序省略）。

6）刷胶：壁纸和抹灰表面应同时均匀刷胶，可采用成品壁纸胶。

7）裱贴壁纸：裱贴工艺有搭接法、拼缝法等，应特别注意搭接、拼缝和对花的处理。

壁纸在刷胶前应进行“润纸”处理，由于壁纸多数为纸基，遇水或胶水后，自由膨胀变形较大，故裱贴前，应预先进行胀水处理，即先将壁纸在水槽中浸泡 2~3min，取出后静置 15 min，然后刷胶裱糊。

1. 无纺墙布
2. 玻纤贴墙布
3. 丝绒和锦缎饰面

5. 钉铺类

钉铺类饰面是指用竹、木及其制品、胶合板、纤维板、石膏板、玻璃和金属薄板等材料制成的各类饰面板，通过镶、钉、拼、贴等构造手法构成的墙体饰面。这类材料可加工性好，湿作业量少，装饰效果丰富。

（1）木与木制品饰面 木与木制品做墙体饰面，常用于宾馆、会议室、住宅等室内人们容易接触的部位，如做成 0.9~1.5m 的木墙裙或一直到顶的护壁。

以下为木墙裙（或木护壁）的一般构造做法。

1）预埋木砖或钻孔打木楔（混凝土墙面可用射钉固定墙筋）。

2）做防潮层。为防止墙体的潮气使面板变形，应采取防潮措施。做法是先将墙面以防潮砂浆抹灰，干燥后刷一遍冷底子油，然后贴油毡防潮层或直接抹防水建筑胶粉浆。

3）立墙筋。双向木墙筋中距400~600mm（视板面规格定），木筋断面（20~45）mm×（40~50）mm，钉于木砖上，在水平木筋和护壁板上、下打透气通风孔，以保证墙筋及面板干燥。

4）固定面板。将木面板用气钉钉在木墙筋上，也可以胶粘加钉接，或用螺栓直接固定。

5）钉硬木踢脚板、墙裙木线和装饰木线。

（2）金属薄板饰面　金属薄板饰面是利用铝、铜、铝合金及不锈钢等金属材料经加工制作而成的薄板，这些薄板上可做烤漆、喷漆镀锌及电化覆盖塑料等处理，然后用来做室内外墙面装饰。

金属薄板不仅具有质轻、抗腐蚀、耐候性强、耐久性好、易于加工及施工简便等优点，而且色彩丰富，品种多样。

常用的金属薄板有铝合金板、镜面不锈钢、彩色不锈钢板、彩色不锈钢镜面板、钛金板及超耐候性氟碳树脂铝合金墙板等。

金属薄板与骨架的构造连接方式通常有两种：一种是将条板或方板用螺钉（或螺栓）直接固定在型钢或木骨架上；另一种是用特制的龙骨，将扣板条卡在特制的龙骨上。

对于各种高级金属平板，还可采用直接贴墙做法。直接贴墙做法是指不需龙骨，直接将各种高级不锈钢、钛金平面板等粘贴于墙体表面之上，此做法要求墙体结构及墙体表面找平层坚固且特别平整，否则装饰质量难以保证。

硬质PVC塑料护墙板饰面
玻璃饰面

第4章　楼板层、地坪层

楼板层与地坪层是房屋的重要组成部分，楼板层是房屋楼层间分隔上下空间的构件，除了承重作用外，还具有一定的隔声、保温、隔热等能力；地坪层是建筑物底部与地表连接处的构造层次。楼板层将荷载通过楼板传给墙或柱，最后传给墙或柱的基础，地坪层上的荷载则通过垫层传给其下部的地基。楼板和地坪层的面层称为楼地面，楼地面应起到隔潮、防水、美观的作用。

4.1　概述

4.1.1　楼板层的基本构造层次

楼板层主要由顶棚、结构层、面层三部分组成，如图4-1所示。有特殊要求时，面层下面另设管道层、防水层、隔声层、保温层等附加层。

顶棚位于楼板最下表面，也是室内空间上部的装修层，俗称天花板。顶棚主要起保护结构层和装饰等作用。

结构层是楼板层的承重部分，由梁、板等承重构件组成，简称楼板。楼板承受楼板层的全部荷载并将其传给墙或柱，应具有足够的强度、刚度和耐久性。

面层位于楼板层上表面，简称楼面。面层与人、家具设备等直接接触，起到保护结构层、承受并传递荷载、装饰等作用。

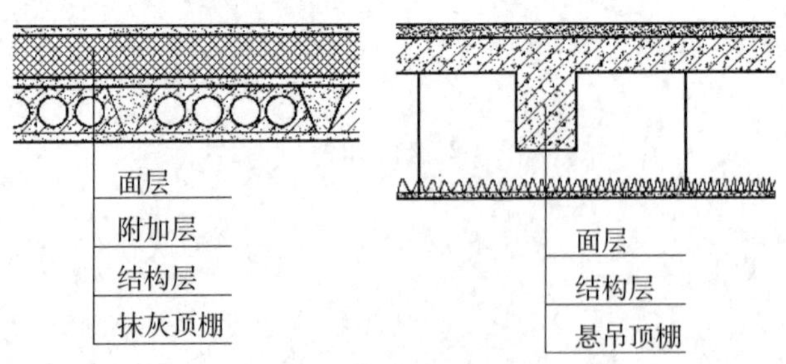

图4-1　楼板层的组成

4.1.2　楼板层的设计要求

楼板是房屋的水平承重结构，它的主要作用是承受人、家具等荷载，并把这些荷载和自重传给承重砖墙，楼板和地面应满足以下要求。

1. 足够的强度和刚度要求

楼板和地面均应有足够的强度，能够承受自重和不同要求下的荷载；同时要求具有刚度，即在荷载作用下，挠度变形以及裂缝的开裂不应超过规定数值。

2. 隔声要求

为了防止上下层空间相互干扰，楼板层应具有一定的隔声能力。不同使用性质的房间对隔声的要求不同。

楼板隔声构造

3. 热工、防火和防水要求

根据所处地区和建筑的使用要求，楼板和地面应有一定的蓄热性，使楼地面有舒适的感觉。作为承重构件，应满足建筑防火规范对楼面材料燃烧性能与耐火极限的要求，压型钢板、钢梁等钢结构构件，必须做好防火措施，一级耐火等级的楼板耐火极限为 1.5h。用水较多的房间应选用密实不透水的材料，适当做排水坡并设置地漏，有水房间如卫生间、盥洗室、浴室等的地面还应设置防水层。

4. 经济要求

一般楼板和地面约占建筑物总造价的 20% 以上，选用楼板时应考虑就地取材和提高装配化的程度。面层装饰材料对造价影响较大，面层选材时，应综合考虑建筑的使用功能、建筑材料、经济条件和施工条件等因素。

4.1.3　楼板的类型

楼板按使用材料的不同，主要有钢筋混凝土楼板、砖拱楼坂、木楼板、钢衬板组合楼板等几种类型（图 4-2）。

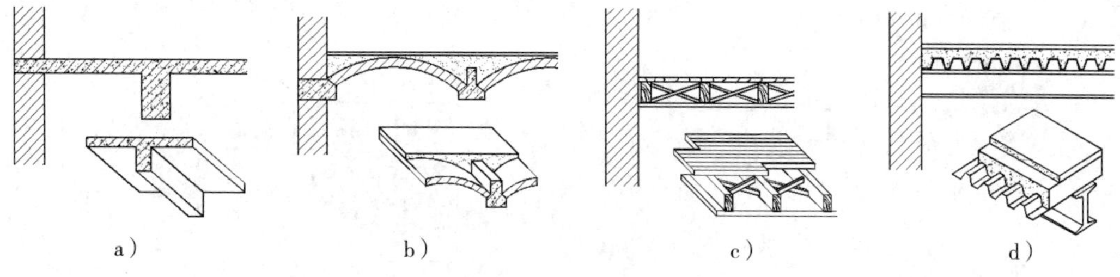

图 4-2　楼板的类型

a）钢筋混凝土楼板　b）砖拱楼板　c）木楼板　d）钢衬板组合楼板

1. 钢筋混凝土楼板

钢筋混凝土楼板坚固，耐久，刚度大，强度高，防火性能好，当前应用比较普遍。钢筋混凝土楼板具有良好的可塑性，缺点是自重较大。钢筋混凝土楼板根据施工方法不同可分为现浇式、装配式和装配整体式三种。

2. 砖拱楼板

这种楼板采用钢筋混凝土倒 T 形梁密排，其间填以普通砖或特制的拱壳砖砌筑成拱形，故称为砖拱楼板。这种楼板虽比钢筋混凝土楼板节省钢筋和水泥，但是自重大，结构占用空间大，顶棚不平整，抗震性能差且施工复杂，工期长，目前已基本不用。

3. 木楼板

木楼板由木梁和木地板组成。这种楼板的构造简单，自重较轻，保温和抗震性能好，但防火性能差，不耐腐蚀，消耗木材量大。除在产木区或特殊要求建筑外，一般工程中应用较少。

4. 钢衬板组合楼板

钢衬板组合楼板是利用压型钢板来代替钢筋混凝土楼板中的一部分钢筋、模板（同时兼起施工模板作用）而形成的一种组合楼板，有单层钢衬板组合楼板和双层钢衬板组合楼板两类。这种楼板具有强度高、刚度大、施工快等优点，但钢材用量较大，造价高。普通钢衬板混凝土组合楼板的板底要进行防火处理，目前普通民用建筑应用较少，高层建筑和标准厂房中应用较多。

4.2 钢筋混凝土楼板

钢筋混凝土楼板根据施工方法不同可分为现浇式、装配式和装配整体式三种。现浇钢筋混凝土楼板整体性好、刚度大、利于抗震、梁板布置灵活、能适应各种不规则形状和需留孔洞等特殊要求的建筑，但模板材料的耗用量大，施工速度慢。装配式钢筋混凝土楼板能节省模板，并能改善构件制作时工人的劳动条件，有利于提高劳动生产率和加快施工进度，但楼板的整体性较差，房屋的刚度也不如现浇式的房屋刚度好。一些房屋为节省模板，加快施工进度和增强楼板的整体性，常做成装配整体式楼板。

4.2.1 现浇钢筋混凝土楼板

现浇钢筋混凝土楼板一般为实心板，现浇楼板还经常与梁一起浇筑，形成现浇梁板，现浇楼板常见的类型有板式楼板、肋梁楼板、井字梁楼板和无梁楼板等。

1. 板式楼板

板式楼板是直接支承在墙上、厚度相同的平板。楼板上荷载直接由板传给墙体，不需另设梁。对于小开间的房屋（如住宅、宿舍等）采用较多。

板的厚度

单向板和双向板

2. 肋梁楼板

当房间开间、进深尺寸较大时，如果仍然采用板式楼板，必然要加大板的厚度、增加板内配筋，使楼板自重加大，并且不经济，在此情况下可在适当位置设置肋梁，形成肋梁楼板。肋梁楼板依据其受力特点和支承情况又可分为单向板肋梁楼板、双向板肋梁楼板（井式楼板）。

由单向板及其支承梁组成的楼板，称为单向板肋梁楼板；由双向板及其支承梁组成的楼板称为双向板肋梁楼板。不设肋梁将板直接支承在柱上的楼板称为无梁楼板。

（1）单向板肋梁楼板 单向板肋梁楼板由主梁、次梁、板组成（图 4-3）。主梁经济跨度一般为 6~9m，截面高度为跨度的 1/8~1/14，宽度为梁高的 1/3~1/2；次梁的经济跨度（即主梁间距）一般为 4~7m，截面高度为次梁跨度的 1/28~1/12，宽度为梁高的 1/3~1/2。

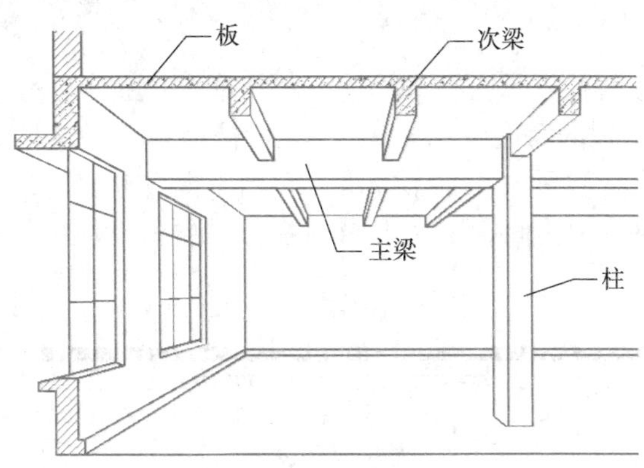

图 4-3　肋梁楼板

板的经济跨度（即次梁的间距）一般为 1.8~3.0m，板厚不小于其跨度的 1/40，一般取 70~100mm。板内受力钢筋沿短边方向布置（在板的外侧），分布钢筋沿长边方向布置（在板的内侧），受力与传力方式为楼板将所承受荷载传递给次梁、次梁将荷载传给主梁、主梁再将荷载传给柱或墙体。

单向板肋梁楼板具有构造简单、计算简便、施工方便、较为经济的优点，故被广泛采用。

（2）井式楼板　井式楼板适用于平面形状为方形或接近方形（长边与短边之比小于 1.5）的房间。两个方向的梁可采取正放正交或斜放正交，梁的截面尺寸相同、等距离布置而形成方格，如图 4-4 所示。井式楼板梁的跨度可达 30m，板的跨度一般为 3m 左右。

井式楼板一般井格外露，能够显示结构所带来的自然美感，房间内不设柱，适用于门厅、大厅、会议室、小型礼堂等。

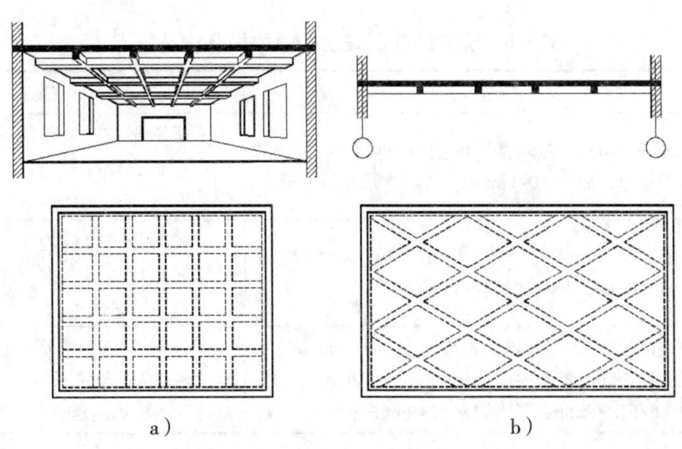

图 4-4　井式楼板

a）正交式　b）斜交式

3. 无梁楼板

无梁楼板是将板直接支承在柱和墙上，不设横梁，通常在柱顶设柱帽以增大柱对板的支承面积和减小板的跨度（图 4-5）。无梁楼板顶棚平整，楼层净空大，采光、通风好，但楼板较厚，自重大，且不经济，多用于楼板上活荷载较大的商店、仓库、展览馆等建筑。柱网一般为间距不大于 6m 的方形网格，板厚不小于 120mm。

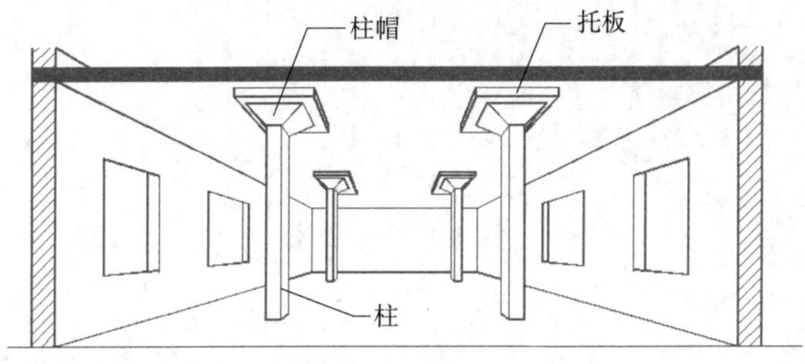

图 4-5 无梁楼板

4.2.2 装配式钢筋混凝土楼板

预制装配式钢筋混凝土楼板是将楼板在预制件加工厂或施工现场预制，然后在施工现场装配而成。这种楼板可节省模板，改善劳动条件，提高劳动生产率，加快施工速度，缩短工期，但楼板的整体性差。

预制楼板可分为预应力和非预应力两种。预应力钢筋混凝土构件能节约钢材、减轻自重，克服了普通混凝土的主要缺点，也为采用高强度材料创造了条件，因此应优先选用预应力构件。

1. 预制钢筋混凝土楼板类型

常用的预制钢筋混凝土楼板，根据其截面形式可分为实心平板、槽形板和空心板等几种类型。预制钢筋混凝土楼板种类及构造特点见表 4-1。

表 4-1 预制钢筋混凝土楼板种类及构造特点

名称	构造特点	描述
实心平板	跨度在 2.4m 以内为宜，板宽为 500~900mm。实心平板厚一般为 50~80mm，两端支承在墙或梁上	上下板面平整，制作简单，宜用于跨度小的走廊板、楼梯平台板、阳台板、管沟盖板等处
槽形板	板长为 3~6m 的非预应力槽形板，板肋高为 120~240mm，板的厚度仅 30mm	是一种肋板结合的构件，即在实心板两侧设纵肋构成槽形截面，作用在板上的荷载都由边肋来承担
空心板	中型板跨度在 4.5m 以下，板宽 500~1500mm，板厚 90~120mm。大型板跨度为 4000~7200mm，板宽 1200~1500mm，板厚 180~240mm	一般以圆孔空心楼板为主，优点是节省材料、隔声隔热性能较好，缺点是板面不能任意打洞，故不能用于穿越管道较多的房间

2. 预制楼板的结构布置和连接构造

（1）结构布置　在进行楼板结构布置时，应先根据房间开间、进深的尺寸确定构件的支承方式，然后选择板的规格，进行合理的安排。

在结构布置时，应注意以下几点原则。

1）尽量减少板的规格、类型。板的规格过多，不仅使板的制作增加麻烦，而且施工也较复杂，容易出现安装错误。

2）为减少板缝的现浇混凝土量，应优先选用宽板，窄板作调剂用。

3）板的布置应避免出现三面支承情况，即楼板的长边不得搁置在梁或砖墙内，否则在荷载作用下，板会产生裂缝。

4）按支承楼板的墙或梁的净尺寸计算楼板的块数，不够整块数的尺寸可通过调整板缝或于墙边挑砖或增加局部现浇板等办法来解决。

5）遇有上下管线、烟道、通风道穿过楼板时，为防止因楼板开洞过多，应尽量将该处楼板现浇（图 4-6）。

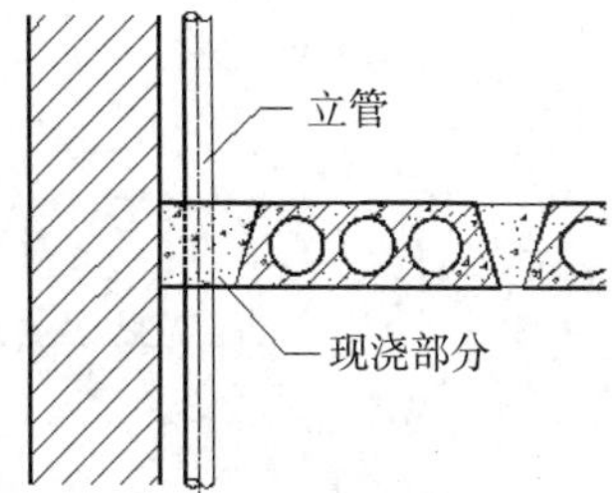

图 4-6　预制楼板穿管处理示例

（2）空心板安装要求

1）堵头。空心板支点端的两端孔内应以混凝土填块、砖块或砂浆块填塞，避免端部被压碎。

2）坐浆。预制板直接搁置在砖墙或梁上时，应先在梁或者墙上坐 M5 水泥砂浆，厚度为 20mm，在找平的同时，保证板的平稳，传力均匀。

3）搭接长度。预制板直接搁置在砖墙或梁上时，均应有足够的支承长度。支承于梁上时其搁置长度不小于 80mm，支承于墙上时其搁置长度不小于 110mm。

另外，为增加建筑物的整体刚度，板与墙、梁之间或板与板之间常用钢筋拉结，拉结程度随抗震要求和对建筑物整体性要求不同而异，各地有不同的拉结锚固措施，图 4-7 中的锚固钢筋的配置可供参考。

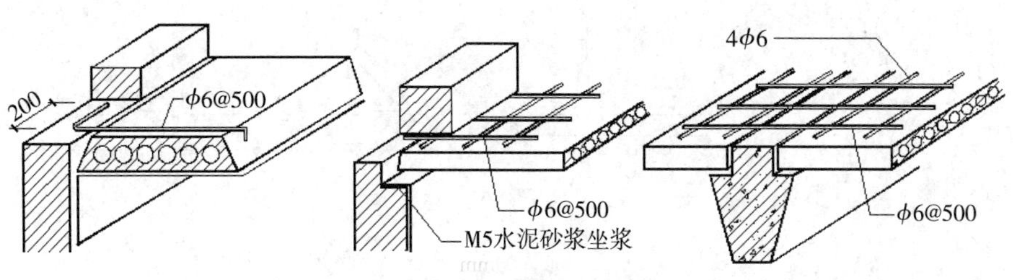

图 4-7　锚固钢筋的配置

（3）板缝差的处理　由于平面设计尺寸以及构件尺度等不统一，实际进行板材排列时，难免会出现一些缝隙差，一般按照下列规则处理。

1）一般缝隙为 20mm，并用细石混凝土灌缝。

2）缝隙在 20~60mm 时，将多余缝隙均摊到各板缝中，并用细石混凝土灌缝。

3）缝隙在 60~120mm 时，可以采用在非承重墙一侧挑砖的方法来弥补缝隙，此法简便易行，节省材料，但是结构安全性差，故采用较少。

4）缝隙在 120~200mm 时，通常采用现浇带来解决。

5）缝隙在 200~400mm 时，可更换板型或者调缝板来解决。

（4）板缝的构造处理 安装预制板时，为使板缝灌浆密实，要求板块之间离开一定距离，以便填入细石混凝土。对整体性要求较高的建筑，可在板缝配筋或用短钢筋与预制板吊环焊接（图 4-8）。

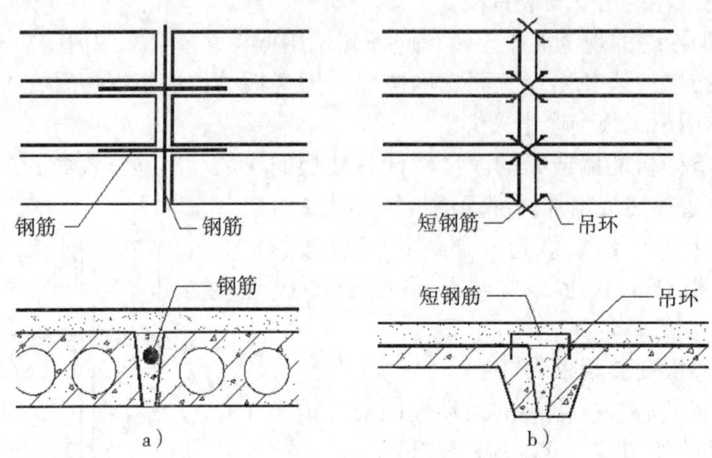

图 4-8 整体性要求较高时的板缝处理

a）板缝配筋 b）短钢筋与预制板吊环焊接

（5）楼板上隔墙的处理 预制钢筋混凝土楼板上设立隔墙时，宜采用轻质隔墙，可搁置在楼板的任何位置。若隔墙自重较大时，如采用砖隔墙、砌块隔墙等，则应避免将隔墙搁置在一块板上，通常将隔墙设置在两块板的接缝处。当采用槽形板或小梁搁板的楼板时，隔墙可直接搁置在板的纵肋或小梁上；当采用空心板时，须在隔墙下的板缝处设现浇板带或梁来支承隔墙（图 4-9）。

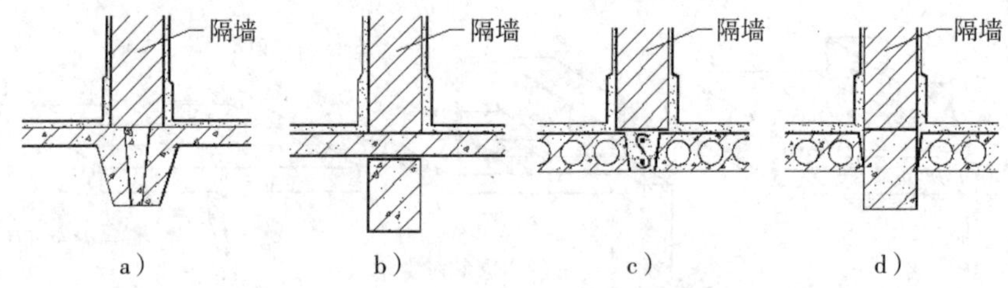

图 4-9 楼板上隔墙的处理

a）隔墙搁置于纵肋上 b）隔墙搁置于小梁上 c）隔墙下设现浇带 d）隔墙下设梁

（6）整浇层 为了减缓预制楼板在使用过程中的开裂，通常在板面上设置整浇层。一般做法为：现浇 40~50mm 厚细石混凝土，内部设置ϕ3@150 或ϕ4@200 的钢筋网片，网片位置中偏上。

4.2.3 装配整体式钢筋混凝土楼板

装配整体式楼板是将楼板中的部分构件预制，然后到现场安装，再以整体浇筑其余部分的办法连接而成的楼板，它兼有现浇和预制的双重优越性。

1. 密肋填充块楼板

密肋填充块楼板的密肋形式包括现浇和预制两种（图 4-10），前者是在填充块之间现浇密肋小梁和面板，其填充块有空心砖、轻质块或玻璃钢模壳等；后者的密肋常见的有预制倒 T 形小梁、带骨架芯板等，这种楼板有利于充分利用不同材料的性能，能适应不同跨度和不规则的楼板，并有利于节约楼板。

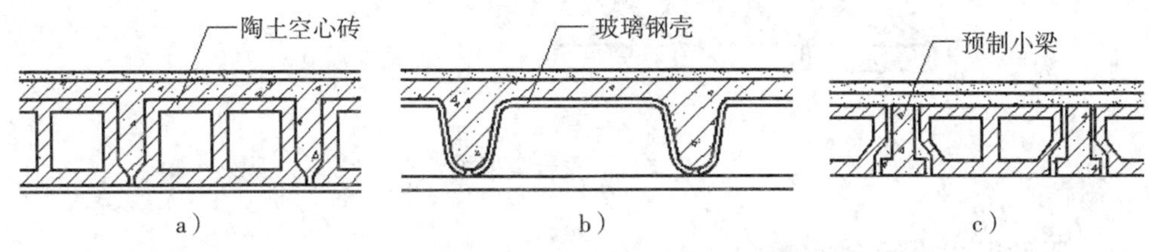

图 4-10　密肋填充块楼板类型

a）空心砖现浇　b）玻璃钢壳现浇　c）预制小梁填充块

2. 预制薄板叠合楼板

叠合楼板是预制薄板与现浇混凝土面层叠合而成的装配整体式楼板，分为普通钢筋混凝土楼板和预应力混凝土薄板两种。预应力混凝土薄板内配以刻痕高强钢丝作为预应力筋，同时也是楼板的跨中受力钢筋。在板面现浇混凝土叠合层，所有楼板层中的管线均事先埋在叠合层内，现浇层内只需配置少量的支座负弯短钢筋。它既省模板，又有较好的整体性。

预制钢筋混凝土薄板在施工时作为永久性模板承受施工荷载，而在结构施工完成后，也是整个楼板的组成部分。预制薄板底面平整，作为顶棚可直接喷浆或粘贴装饰顶棚壁纸。预制薄板叠合楼板适合于住宅、宾馆、学校、办公楼、医院以及仓库等建筑。

为了保证预制薄板与叠合层有较好的连接，薄板上表面需做处理，可以在上表面做刻槽处理，刻槽直径 50mm，深 20mm，间距 150mm；也可以在薄板上表面露出较规则的三角形结合钢筋，如图 4-11 所示。

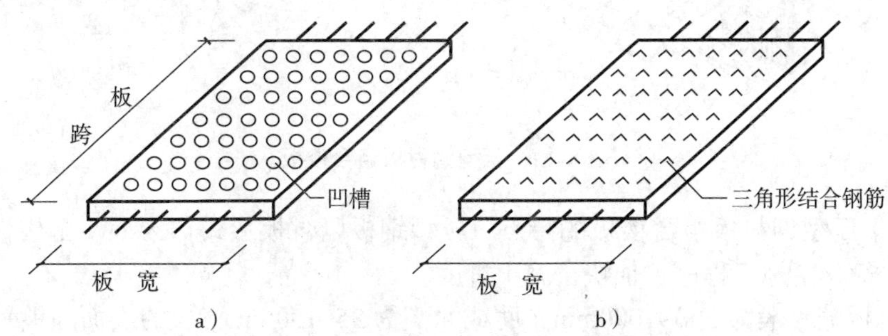

图 4-11　叠合式楼板预制薄板表面处理

a）板面刻凹槽　b）板面露出三角形结合筋

现浇叠合层采用 C20 以上混凝土，厚度一般为 70~120mm，叠合楼板的总厚度取决于板的跨度，一般为 150~250mm，楼板厚度以大于或等于薄板厚度的两倍为宜，如图 4-12 所示。

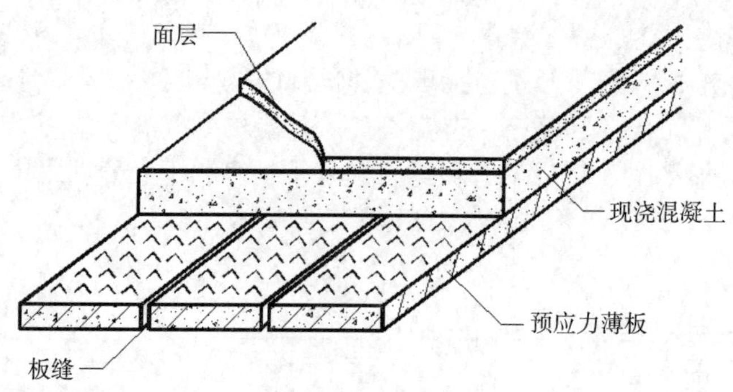

图 4-12　叠合式楼板

3. 压型钢衬板组合楼板

压型钢衬板组合楼板实质上是一种钢与混凝土组合的楼板，这种结构是用凹凸相间的压型薄钢板做衬板与混凝土浇筑在一起，支承在钢梁上构成整体型楼板支承结构，主要适用于大空间、高层民用建筑及大跨度工业厂房当中。

压型钢衬板组合式楼板的整体连接是由栓钉（又称抗剪螺钉）将混凝土、压型钢板和钢梁组合成整体。栓钉是组合楼板的抗剪连接件，楼面的水平荷载通过它传递到梁、柱、框架，所以又称剪力螺栓。其规格、数量由楼板与钢梁连接处的剪力大小确定，栓钉与钢梁牢固焊接。栓钉可使混凝土、钢衬板共同受力，即混凝土承受剪力和压应力，衬板承受下部的拉弯应力，压型钢衬板起着模板和受拉钢筋的双重作用（图 4-13）。

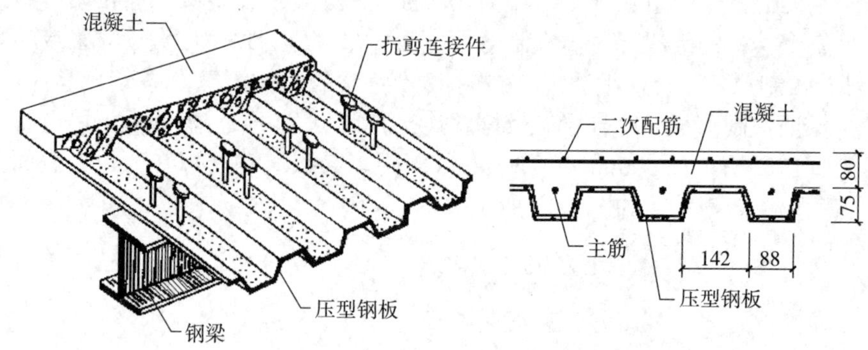

图 4-13　压型钢衬板组合楼板

（1）压型钢衬板组合楼板的特点　压型钢板以衬板形式作为混凝土楼板的永久性模板，简化了施工程序，加快了施工进度。

钢衬板宽一般为 500~1000mm，肋或肋高为 35~150mm，板的表面除镀锌外，背面为了防腐可再涂一层塑料或油漆保护层。可利用压型钢衬板肋间的空隙敷设室内电力管线，也可在钢衬板底部焊接架设悬吊管道、通风管和吊顶棚的支托，从而充分利用了楼板结构中的空间。

（2）压型钢衬板组合楼板的构造　压型钢衬板组合楼板主要由楼面层、组合板和钢梁三部分组成，组合板包括现浇混凝土和钢衬板部分，组合楼板的跨度为 1.5~4.0m，其经济跨度为 2.0~3.0m 之间。

组合楼板的构造形式较多，根据压型钢衬板形式的不同有单层钢衬板支承的楼板和双层孔格式支承的楼板之分，如图 4-14 所示。

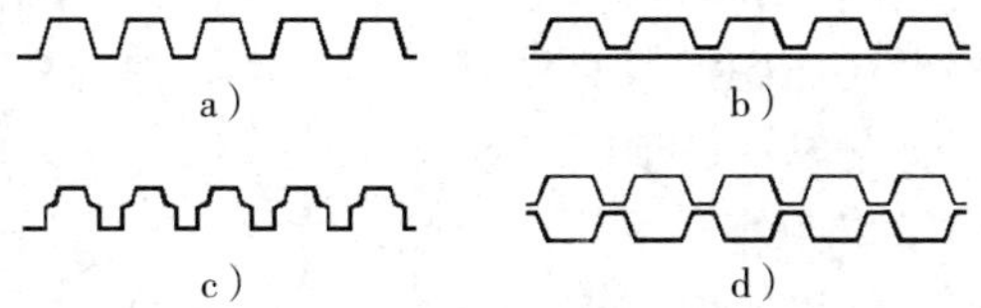

图 4-14　压型钢衬板的形式

a）槽形板　b）槽形板与平板形成孔格式衬板　c）肢形压型板　d）由两块槽形板形成孔格式衬板

钢衬板之间的连接以及钢衬板与钢梁的连接，一般是采用焊接、自攻螺钉、膨胀铆钉或压边咬接的方式，如图 4-15 所示。

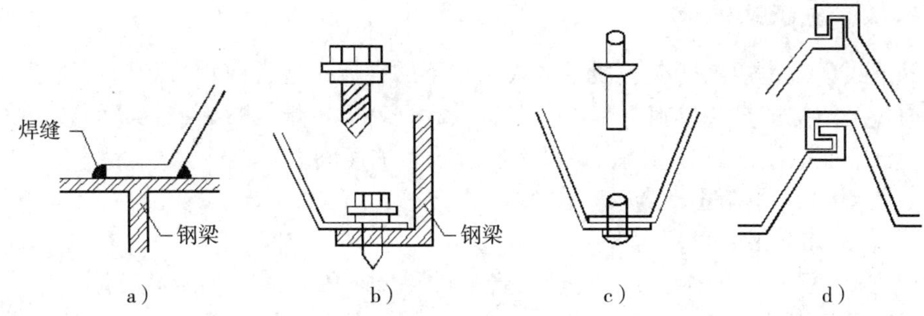

图 4-15　钢衬板与钢梁及钢衬板之间的连接方式

a）焊接　b）自攻螺钉　c）膨胀铆钉　d）压边咬接

4.3　顶棚构造

顶棚是楼板层下面的构造层，对顶棚的基本要求是光洁、美观，能通过反射光照来改善室内采光和卫生状况，对某些房间还要求具有防火、隔声、保温、隐蔽管线等功能。

一般顶棚多为水平式，但根据房间用途的不同，可做成弧形、凹凸形、高低形、折线形等各种形状，顶棚按构造方式不同有直接式顶棚和悬吊式顶棚两种类型。设计时应根据建筑物的使用功能、装修标准和经济条件来选择适宜的顶棚形式。

4.3.1　直接式顶棚

直接式顶棚是指直接在钢筋混凝土楼板下做饰面层而形成的顶棚。这种顶棚构造简单，施工方便，造价较低，适用于多数房间。

1. 直接喷刷涂料顶棚

当楼板底面平整、室内装饰要求不高时，可在楼板底面填缝刮平后直接喷刷涂料，以增强顶棚的反射光照作用。

2. 抹灰顶棚

当楼板底面不够平整或室内装修要求较高时，可在楼板底抹灰后再喷刷涂料。顶棚抹灰可用纸筋灰、水泥砂浆和混合砂浆等。

3. 粘贴顶棚

对于某些有保温、隔热、吸声要求的房间，以及楼板底不需要敷设管线而装修要求又高的房间，可于楼板底面用砂浆打底找平后，用胶粘剂粘贴墙纸、泡沫塑料板、铝塑板或装饰吸声板等，形成粘贴顶棚。

此外，还有将结构暴露在外，不另做顶棚，称为“结构顶棚”。例如网架结构，构成网架的杆件本身很有规律，有结构自身的艺术表现力，能获得优美的韵律感；又如拱结构屋盖，结构自身具有优美曲面，可以形成富有韵律的拱面顶棚。结构顶棚的装饰重点，在于巧妙地组合照明、通风、防火、吸声等设备，以显示出顶棚与结构韵律的和谐，形成统一的、优美的空间景观。结构顶棚广泛用于体育建筑及展览大厅等公共建筑。

4.3.2 悬吊式顶棚

悬吊式顶棚是指悬挂在屋顶或楼板结构下的顶棚，通常由骨架和面板所组成，简称吊顶。吊顶构造复杂、施工麻烦、造价较高，一般用于装修标准较高而楼板底部不平或楼板下面敷设管线的房间，以及有特殊要求的房间。

1. 吊顶的作用与设计要求

1）装饰和美化房间。

2）满足音响效果的要求。对于有音响效果要求的建筑，如影院、剧场、音乐厅中的厅堂吊顶应满足音响方面的要求，吊顶的形式、做法应考虑吸声和反射的功能。

3）满足照明方面的要求。房间中的灯具，一般应安装在顶棚上，因而顶棚上要充分考虑安装灯具的要求。若采用吸顶式安装，吊顶应配合灯具的位置设计；若采用吊杆式安装，吊顶应在结构层上做好拉结；若采用暗槽式安装，应充分考虑光线的反射，灯具的形式与安装方法是吊顶装饰的主要组成部分。

4）封闭管线。为保证通风设备的安装，建筑中的通风管线设备一般放在楼板或屋面板的下面，直接影响室内的装饰效果，故经常采用吊顶将其封闭，形成暗装做法。此外在等级较高的建筑中，烟感器、火灾报警器也多装于吊顶上。

5）考虑隔绝固体传声时，结合室内空间的要求，可在楼板下设置吊顶；吊顶还应满足防火要求。

6）承重要求。吊顶面层上有时需安装灯具、吊扇，有时需上人检修，因此要求吊顶应有一定的承载能力。

2. 吊顶的形式

常见的吊顶形式有如下几种。

（1）连片式 这种做法的特点是将整个吊顶做成平直或弯曲的连续体，常用于室内面积较小、层高较低或有较高的清洁卫生和光线反射要求的房间，如居室、手术室、教室和卫生间等。

（2）分层式 在同一室内空间，根据使用要求，将局部吊顶降低或升高，构成不同形状、不同层次的小空间，利用错层来布置灯槽、送风口等设施。分层式吊顶适用于中型或大型室内空间，这种吊顶可以结合声、光、电、空调的要求，形成不同高度、不同反射角、不向效果的吊顶。

（3）立体式　将整个吊顶按一定规律或图形进行分块，安装成具有凹凸变化而形成船形、锥形、箱形外观的预制块体，安装后使吊顶具有良好的韵律感和节奏感。在布置时，还可以结合灯具、风口、消防等要求进行布置，它适用于大厅和录音室中使用。

（4）悬空式　这种做法是把杆件、板材或薄片吊挂于结构层下，形成格栅状、井格状或自由状的悬空层，上邻的天然光或照明灯光，通过悬挂件的漫反射或光影交错，使室内照度均匀、柔和，富于变化，并具有良好的深度感。这种做法多用于供娱乐用的房间，可以活跃室内气氛。图 4-16 为几种吊顶形式的示意图。

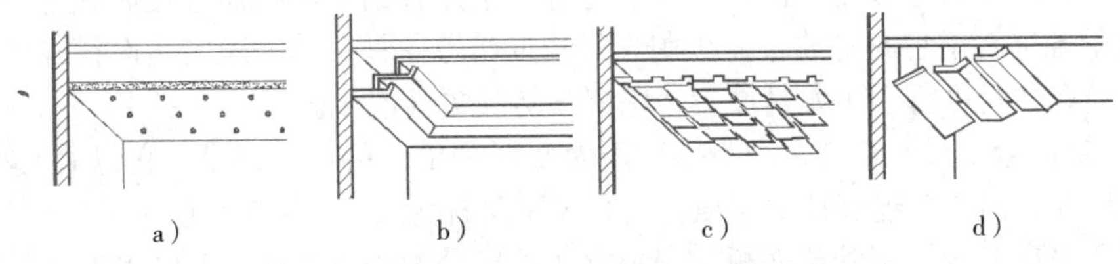

图 4-16　吊顶形式示意图

a）连片式　b）分层式　c）立体式　d）悬空式

3. 吊顶的构造组成

吊顶由基层和面层两大部分组成。

（1）基层　基层承受吊顶的荷载，并通过吊筋传给屋顶或楼板承重结构。基层构件由吊筋、主龙骨（主格栅）和次龙骨（次格栅）组成。上人吊顶的检修走道应铺放在主龙骨上。吊顶与主体结构的吊挂应有安全构造措施，重物或有振动等的设备应直接吊挂在建筑承重结构上，并应进行结构计算，满足现行相关标准的要求；当吊杆长度大于 1.5m 时，宜设钢结构支撑架或反支撑。吊顶系统不得吊挂在吊顶内的设备管线或设施上。

（2）面层　吊顶面层材料很多，大体可以分为传统做法与现代做法两大类。传统做法包括板条抹灰、苇箔抹灰、钢板网抹灰、木丝板、纤维板等；现代做法包括纸面石膏板、穿孔石膏吸声板、水泥石膏板（穿孔或不穿孔）、钙塑板、矿棉板、铝合金条板等。

4. 吊顶基层构造

考虑防火要求，现在吊顶都采用金属基层。

（1）吊筋　吊筋一般采用ϕ6 钢筋，上端固定于钢筋混凝土板上或板缝中（图 4-17），吊筋间距为 900~1200mm，吊筋前端应套螺纹，安装龙骨后用螺母固定。

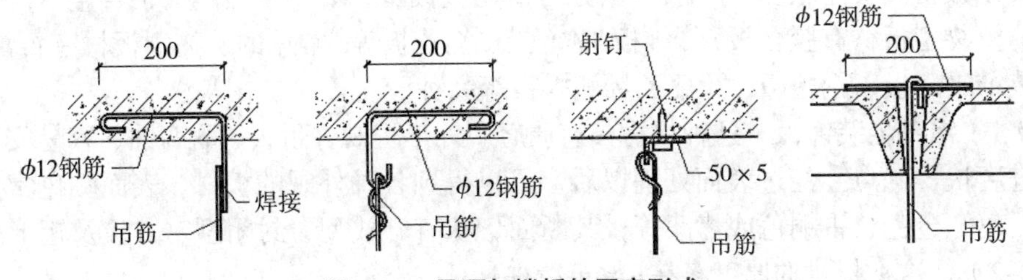

图 4-17　吊顶与楼板的固定形式

（2）轻钢龙骨 轻钢龙骨是用薄壁镀锌钢压制而成，轻钢龙骨断面有U形和T形两大系列。

U形系列由主龙骨、次龙骨、横撑龙骨、吊挂件、接插件、挂插件等配件装配而成。主龙骨又根据上人吊顶、不上人吊顶及吊点距离的不同分为38系列（38mm高）、50系列（50mm高）、60系列（60mm高）三种。

38系列轻钢龙骨，适用于吊点距离为900~1200mm的不上人吊顶；50系列轻钢龙骨，适用于吊点距离为900~1200mm的上人吊顶；60系列轻钢龙骨，适用于吊点距离为1500mm的上人吊顶。

吊顶龙骨的安装顺序是：吊筋吊住主龙骨，主龙骨的下部为通过挂插件连接的次龙骨，次龙骨垂直于主龙骨放置，次龙骨间装设横撑龙骨，其间距应与面料规格尺寸相配套，横撑龙骨平行于主龙骨放置，用支托与次龙骨连接。

（3）铝合金龙骨 铝合金龙骨由截面为L形和T形的构件组成。它包括主龙骨、次龙骨、横撑、吊钩、连接件等组成。这种体系又称为LT型龙骨吊顶体系。

铝合金吊顶龙骨，按其罩面板的安装方式可以分为龙骨外露与龙骨不外露两种方式。LT型龙骨系列用作上人吊顶时，吊筋可采用ϕ 8或ϕ 10钢筋（图4-18）。

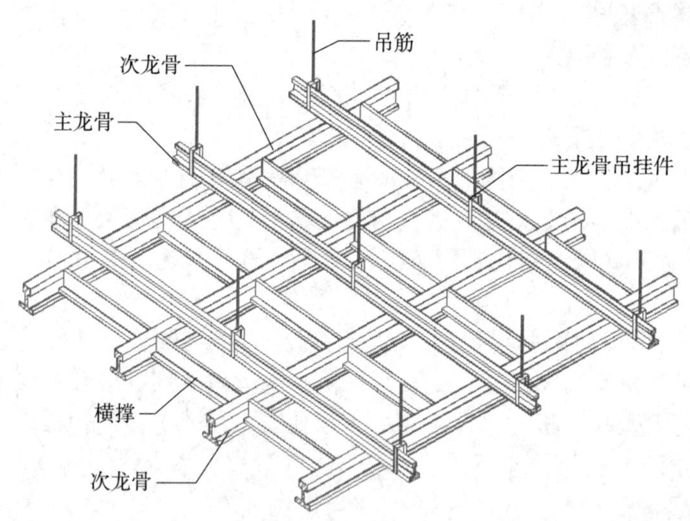

图4-18 铝合金龙骨安装示意图

5. 吊顶板材

吊顶板材的类型很多，一般可以分为植物型板材、矿物型板材、铝合金等类型。常见的植物型板材有胶合板、纤维板、木丝板、刨花板等；常见的矿物型板材有石膏板、矿棉装饰吸声板、钙塑板、聚氯乙烯塑料板等品种。

（1）铝合金装饰板 这种板材具有质轻、外形美观、耐久、耐腐蚀、容易安装、施工进度快等优点。经过表面处理以后，可以得到各种外观的板材。表面颜色常见的有银白色、金色、古铜色或烤漆等，其断面形状有开放型、封闭型、方板及矩形板等（表4-2），这种板材的厚度多在1mm左右。

表 4-2　铝合金吊顶板

板型	截 面 形 式	厚度 /mm
开放型		0.5~0.8
开放型		0.8~1.0
封闭型		0.5~0.8
封闭型		0.5~0.8
封闭型		0.5~0.8
方板		0.8~1.0
方板		0.8~1.0
矩形		1.0

（2）金属微孔吸声板　金属微孔吸声板可采用不锈钢板、防锈铝板、电化铝板、镀锌钢板等，孔形有圆形、方形、三角形等多种形式。

这种板材具有质轻、高强、耐高温、耐高压、耐腐蚀、防火、防潮、造型美观、色泽优雅、立体感强等特点。

常见的规格有 500mm × 500mm、750mm × 500mm、1000mm × 1000mm，厚度为 1mm 左右。

6. 吊顶板材与吊顶基层的连接

矿物板材的面层与吊顶基层连接采用粘结法时，应注意板材与基层之间的平整，去除油污，并保持干净。

采用钉子固定法应区分板材的类别，并注意有无压缝条、装饰小花等配件。常用的钉子有圆钉、扁头钉和自攻螺钉（用于轻钢龙骨）等。钉子的间距应不大于 150mm；采用塑料小花可以增加装饰效果，在 4 块板的交角处加装饰小花并钉接；压条有木压条、金属压条、塑料压条等。

吊顶上的其他构造

金属板材的面层与基层的连接，一般采用卡口连接或钉子连接。

室内吊顶应根据使用空间功能特点、高度、环境等条件合理选择吊顶的材料及形式。吊顶构造应满足安全、防火、抗震、防潮、防腐蚀、吸声等相关标准的要求。管线较多的吊顶应合理安排各种设备管线或设施，并应符合国家现行防火、安全及相关专业标准的规定；上人吊顶应满足人行及检修荷载的要求，并应留有检修空间，根据需要应设置检修道（马道）和便于进出入吊顶的人孔；不上人吊顶宜采用便于拆卸的装配式吊顶或在需要的位置设检修孔；当吊顶内敷设有水管线时，应采取防止产生冷凝水的措施；潮湿房间或环境的吊顶，应采用防水或防潮材料和防结露、滴水及排放冷凝水的措施；钢筋混凝土顶板宜采用现浇板。

4.4 地坪层构造

地坪层是指建筑物最底层房间与土壤交接处的水平构件，与楼板层类似，它承受着地坪上的荷载，并均匀地传递给地坪以下的地基土。

地坪层的基本组成部分有面层、结构层和垫层三部分（图 4-19），对有特殊要求的地坪，常在面层和垫层之间增设附加层（为满足房间特殊使用要求而设置的构造层次）。

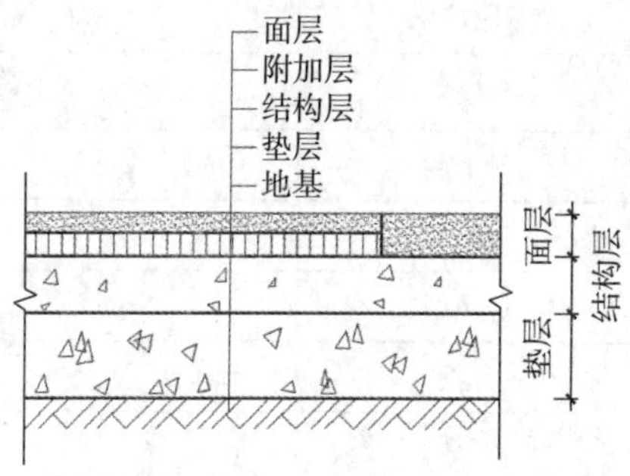

图 4-19 地层的基本构造

地坪的面层和楼面一样，是直接承受各种物理作用和化学作用的表面层，起着保护结构层和美化室内的作用。根据使用和装修要求的不同，有各种不同的面层和相应的做法。

结构层为地坪的承重部分，承受由地面传来的荷载，并传给地基。一般采用 60~100mm 厚 C10 以上素混凝土或焦渣混凝土等，其特点是受力后变形很小。

垫层为结构层与地基之间的找平层和填充层，主要起加强地基、帮助传递荷载的作用。土壤条件较好、地层上荷载不大时，垫层一般采用原土夯实或填土分层夯实；当地层上荷载较大时，则须对土壤进行换土或夯入碎砖、砾石等，如 100~150mm 厚 2：8 灰土，或 100~150mm 厚碎砖、道渣三合土等。

地坪垫层应铺设在均匀密实的地基上。针对不同的土体情况和使用条件采用不同的处理方法。对于淤泥、淤泥质土、冲填土等软弱地基，应根据结构的受力特征、使用要求、土质情况按现行国家标准的规定利用和处理，使其满足使用的要求。

附加层主要是为满足某些特殊使用要求而在面层与结构层间或垫层与结构层间设置的构造层次，如防潮层、防水层、保温层或管道敷设层等。

4.5 地面构造

4.5.1 地面的设计要求

1. 坚固耐久

地面直接与人接触，家具、设备也大多摆放在地面上，因而地面必须耐磨，行走时不起尘土、不起砂，并有足够的强度。

2. 保温性能好

应选用吸热系数小的材料做地面面层，或在地面上铺设辅助材料，用以减少地面的吸热，提高人体舒适度。

3. 具有一定弹性

当人行走时不致有过硬的感觉，同时，有弹性的地面对防撞击有利。

4. 防水要求

用水较多的厕所、盥洗室、浴室、实验室等房间，应满足防水要求。一般选用密实不透水的材料，并适当做排水坡度。在楼地面的垫层上部还应做防水层。

在进行地面设计时，应根据房间的使用功能和装修标准，选择合适的面层和附加层，采用恰当的构造措施。

4.5.2　楼、地层面层构造

楼层面层与地层面层构造做法大致相同，根据施工方式或材料的不同分为整体面层（如水泥砂浆面层、细石混凝土面层、菱苦土面层等）、块材面层（陶瓷锦砖面层、预制水磨石面层、缸砖面层等）、塑料面层、木地面以及其他特殊功能的楼地面面层等几类。

1. 整体面层

整体楼地面的面层无接缝，其面层是在施工现场整体浇筑而成。

（1）水泥砂浆面层　水泥砂浆面层通常是由水泥砂浆抹压而成，是目前普遍使用的一种低档面层做法，其构造简单、原料供应充足方便、造价低、坚固耐磨且耐水，但有易结露、易起灰、无弹性、热传导性高等缺点。

水泥砂浆楼地面构造做法如图 4-20 所示。

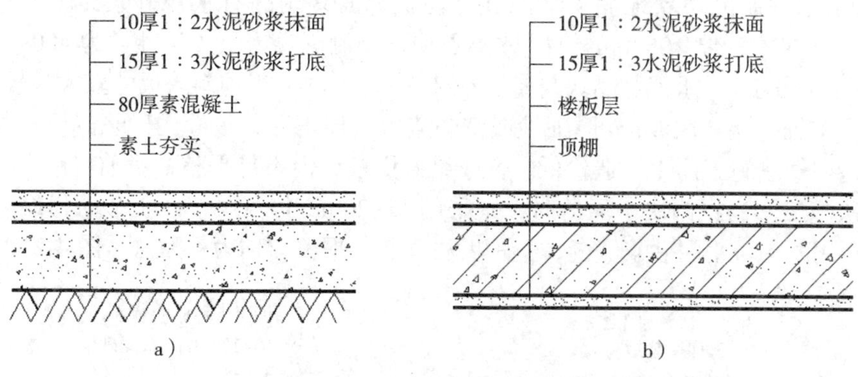

图 4-20　水泥砂浆楼地面构造做法

a）水泥砂浆地面构造做法示例　b）水泥砂浆楼面构造做法示例

（2）细石混凝土面层　细石混凝土面层做法是在基层上浇 30~40mm 厚细石混凝土，初凝后用铁滚子滚压出浆，待终凝前撒少量干水泥，用铁抹子不少于两次压光，其效果同水泥砂浆地面，耐磨性较好，多用于工业建筑。

（3）现浇水磨石面层　现浇水磨石面层具有良好的耐磨性、耐久性、防水和防火性，并具有质地美观、图案丰富、表面光洁、不起尘、易清洗等优点。通常应用于居住建筑的浴室、厨房、厕所和公共建筑门厅、走道及主要房间地面、墙裙等部位。

其做法是在基层上做 15mm 厚 1：3 水泥砂浆结合层（兼起找平层作用）；用 1：1 水泥砂浆嵌固 10~15mm 高的分格条（便于图案设计和防止面层开裂，常用材料有玻璃条、铝条或黄铜条等），固定高度约为分格条高度的 2/3，将地面分成方格或其他图案；用按设计配置好的 1：1.25~1 ：1.5 各种颜色的水泥石碴浆注入预设的分格内，水泥石碴浆厚度为 12~15mm （高于分格条 1~2mm），并均匀撒一层石碴，用滚筒压实，直至水泥浆被压出为止；待养护完毕后，通常进行粗、中、细三遍打磨，并及时修补；最后用草酸清洗、抛光、打蜡保护。

（4）整体涂布地面 涂布地面是指以合成树脂代替水泥或部分代替水泥，再加入颜料填料等混合而成的材料，在现场涂布施工硬化后形成的整体无接缝地面。特点是无缝，易于清洁，并具有良好的耐磨性、耐久性、耐水性、耐化学腐蚀性能。常用于办公场所、工业厂房、大卖场和体育场地等。

整体树脂楼地面根据胶凝材料可分为两大类：一类是用单纯的合成树脂为胶凝材料的溶剂型合成树脂涂料（如丙烯酸涂料、环氧树脂涂料、聚氨酯涂料等）涂刷形成楼地面面层；另一类是以水溶性树脂乳液与水泥复合组成的胶凝材料，如聚醋酸乙烯乳液楼地面。前一类面层的耐腐性、抗渗性、整体性好，适用于实验室、医院手术室、食品加工厂、运动场地等；后一类面层的耐水性、粘接性、抗冲击性好，适用于教室、办公室等场所。

2. 块材地面

块材面层通常是指用人造或天然的预制块材、板材镶铺在基层上所形成的地面。

（1）普通砖地面 普通砖地面用普通标准砖，有平砌和侧砌两种。这种地面施工简单，造价低廉，适用于要求不高或临时建筑地面以及庭园小道等。

（2）水泥制品块状地面 水泥制品块状地面常用的有水泥砂浆砖（尺寸常为150~200mm见方，厚10~20mm）、水磨石块、预制混凝土块（尺寸常为400~500mm见方，厚20~50mm）。水泥制品块与基层粘结有两种方式：当预制块尺寸较大且较厚时，常在板下干铺一层20~40mm厚细砂或细炉渣，待校正后，板缝用砂浆嵌填，称为干铺法，这种做法施工简单、造价低，便于维修更换，但不易平整，目前城市人行道常按此方法施工。当预制块小而薄时，则采用12~20mm厚1 ∶ 3水泥砂浆做结合层，铺好后再用1 ∶ 1水泥砂浆嵌缝，这种做法坚实、平整，称为粘贴法（图4-21）。

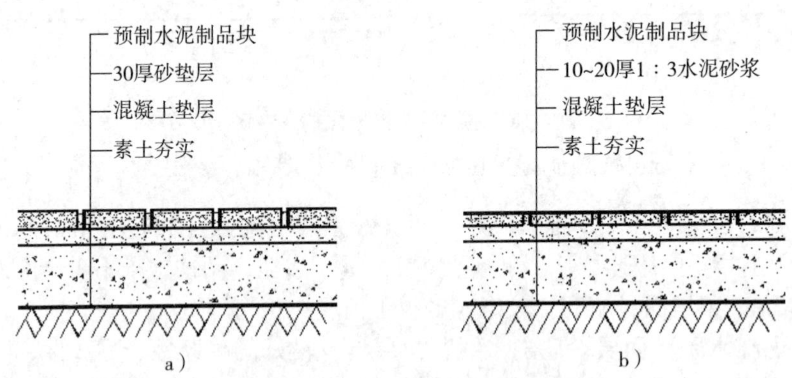

图4-21 水泥制品块状地面构造做法

a）干铺做法示例 b）粘贴做法示例

（3）陶瓷地砖、缸砖、陶瓷锦砖面层 陶瓷地砖的类型有釉面地砖、无光釉面砖和无釉防滑地砖及抛光同质地砖等，颜色多样，其色调均匀，砖面平整，抗腐耐磨，施工方便，且块大缝少，装饰效果好。陶瓷地砖一般厚6~10mm，其规格有500mm×500mm，400mm×400mm，300mm×300mm，250mm×250mm，200mm×200mm等几种。

缸砖是用陶土焙烧而成的一种无釉砖块，形状有方形（尺寸为 100mm × 100mm 和 150mm × 150mm，厚 10~19mm）、六边形、八角形等，颜色多样，由不同形状和色彩可以组合成各种图案。缸砖背面有凹槽，使砖块与基层粘结牢固。缸砖具有质地坚硬、耐磨、耐水、耐酸碱、易清洁等特点。

陶瓷锦砖又称陶瓷锦砖，是以优质瓷土烧制而成的小尺寸瓷砖，其特点与面砖相似。陶瓷锦砖有不同大小、形状和颜色，并由此可以组合成各种图案，使饰面能达到一定艺术效果。陶瓷锦砖块小缝多，主要用于防滑要求较高的卫生间、浴室等房间的地面。

其构造做法：在基层上用 15~20mm 厚 1∶3 水泥砂浆打底找平；再用 5mm 厚 1∶1 水泥砂浆（掺适量 108 胶）粘贴地面砖、缸砖、陶瓷锦砖，用橡胶锤敲击，以保证粘结牢固，避免空鼓；最后用素水泥擦缝。对于陶瓷锦砖面层还应用清水洗去牛皮纸，用白水泥浆擦缝。

（4）花岗石、大理石、碎石面层　此类面层块材自重较大，其做法是在基层上洒水润湿，刷一层水泥浆，随即铺 20~30mm 厚 1 ∶ 3 水泥砂浆的结合层，用 5~10mm 厚的 1 ∶ 1 水泥砂浆铺粘在面层石板的背面，将石板均匀铺在结合层上，随即用橡胶锤敲击块材，以保证粘结牢固，最后用水泥浆灌缝（板缝应不大于 1mm），待能上人后擦净，如图 4-22 所示。

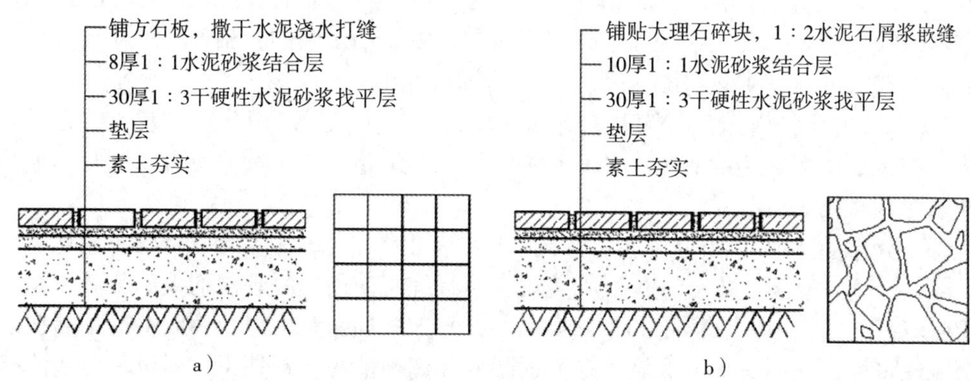

图 4-22　石材地面构造做法

a）方石板做法示例　b）碎拼大理石做法示例

3. 塑料地面

从广义上讲，塑料地面包括一切以有机物质为主制成的地面覆盖材料，如有一定厚度的平面状的块材或卷材形式的油地毡、橡胶地毡、涂饰地面。

各种块材的结合层厚度

塑料地面装饰效果好，色彩鲜艳，施工简单，维修保养方便，有一定弹性，脚感舒适，步行时噪声小，但它有易老化，日久失去光泽，受压后产生凹陷，不耐高热，硬物刻画易留痕等缺点。

常用的有乙烯类塑料地面以及涂料地面等。

1）软质聚氯乙烯塑料地毡的规格一般为宽 700~2000mm，长 10~20m，厚 1~6mm，可用胶粘剂粘贴在水泥砂浆找平层上，也可干铺。塑料地毡的拼接缝隙，通常切割成 V 形，用三角形塑料焊条、电热焊枪焊接，并均匀加压（图 4-23）。

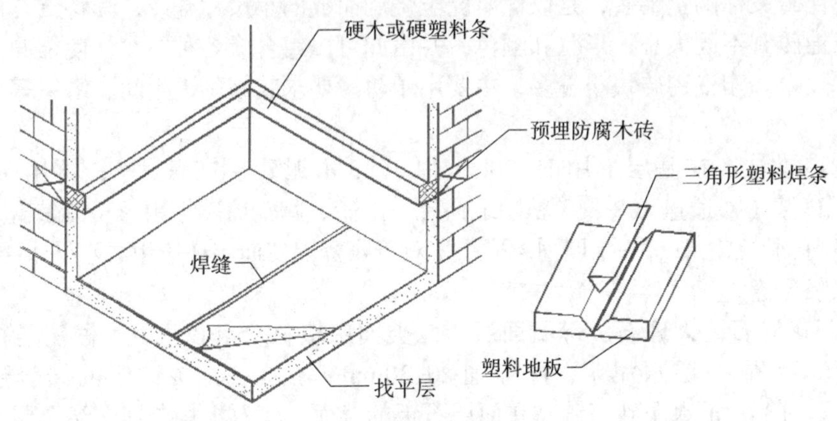

图 4-23　塑料地面

2）半硬质聚氯乙烯地板规格为 100mm × 100mm~700mm × 700mm，厚 1.5~1.7mm，胶粘剂与软质地面相同。施工时，先将胶粘剂均匀地刮涂在地面上，几分钟后，将塑料地板按设计图案贴在地面上，并用抹布抹去缝中多余的胶粘剂。尺寸较大者如 700mm × 700mm 者，可不用胶粘剂，铺平后即可使用。

3）橡胶地毡是以橡胶粉为基料，掺入填充料、防老剂、硫化剂等制成的卷材。耐磨、防滑、耐湿、绝缘、吸声并富有弹性。橡胶地毡可以干铺，也可以用胶粘剂粘贴在水泥砂浆找平层上。

4）地毯类型较多，按地毯面层材料不同，有化纤地毯、羊毛地毯、棉织地毯等。地毯柔软舒适、吸声、隔声、保温、美观，而且施工简便，是理想的地面装修材料，但价格较高。铺设方法有固定和不固定两种，固定式通常是将地毯用胶粘剂粘贴在地面上，或将地毯四周钉牢，为增强地面的弹性和消声能力，地毯下可铺设一层泡沫橡胶材垫。

5）丙烯酸涂料（有防水层）的做法是在楼板上做水泥浆一道（内掺建筑胶），1∶3 水泥砂浆找平层 20mm 厚，聚氨酯防水层 1.5mm 厚，1∶3 水泥砂浆或 C20 细石混凝土找坡层最薄处 30mm 厚抹平，水泥浆一道（内掺建筑胶），1∶2.5 水泥砂浆 20mm 厚，表面涂丙烯酸地板涂料 200μm。

4. 木地面

木地面是一种传统的地面装饰，其主要特点是易于加工，有弹性、不起火、不返潮、热导率小，是一种较为高档的地面装修，常用于住宅、宾馆、体育馆、剧院舞台等建筑。

木地面按面层使用材料的不同，分为实木地板、强化复合地板、软木地板和竹材地板等。按其构造方法分为空铺与实铺两类做法。空铺木地面的木龙骨固定在地垄墙的垫木上或结构层上。实铺木地面是直接在实体基层上铺设木地板，这种做法省去了龙骨，构造简单，但应注意保证粘贴质量和基层平整。

（1）空铺木地板构造　在基层上进行简单的处理（如找平、防水、防潮等）后，直接固定木龙骨，然后在木龙骨上直接钉铺面板。空铺木地板是目前装修中使用较多的一种方法，构造如图 4-24 所示。木龙骨铺在钢筋混凝土楼板上，间距一般为 300~400mm，为增强整体性，应设横撑，间距为 800~1200mm。木龙骨与基层应牢固连接。

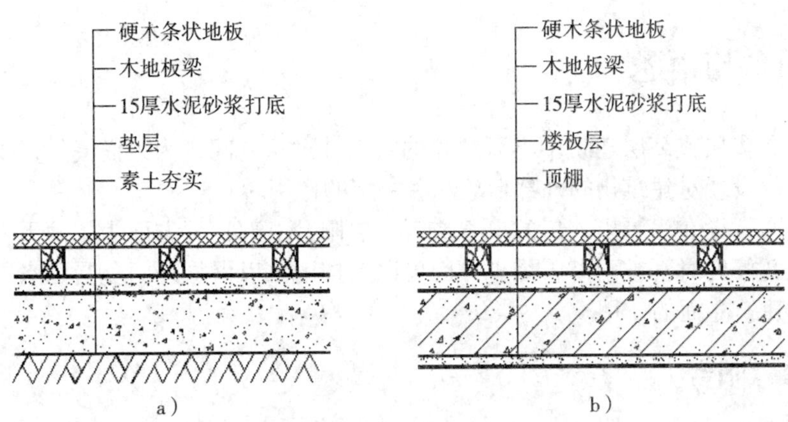

图 4-24　空铺木楼地面构造

a）空铺木地面构造做法　b）空铺木楼面构造做法

（2）实铺木地板构造　实铺木地板无龙骨，复合木地板多采用浮铺，如图 4-25 所示，在铺设时，常在基层找平层的基础上，先铺一层聚乙烯泡沫塑料垫，以增加弹性。对有防潮、防静电要求的，还可以在垫层上贴一层铝箔纸。

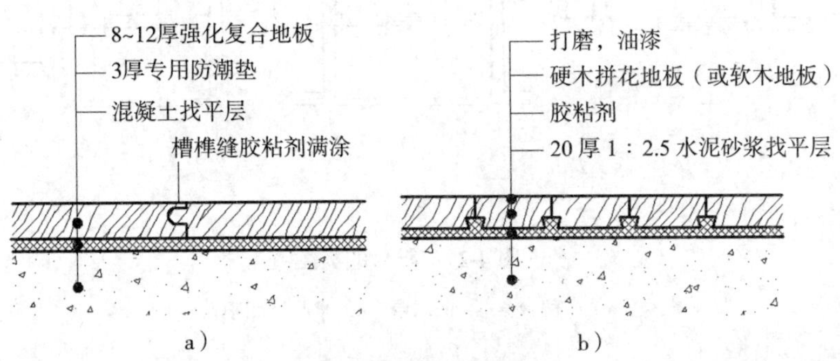

图 4-25　实铺式木地板

a）浮铺式　b）胶粘式

各种木地板的接缝形式通常有平口缝、错口缝、企口缝、销板缝等（图 4-26）。

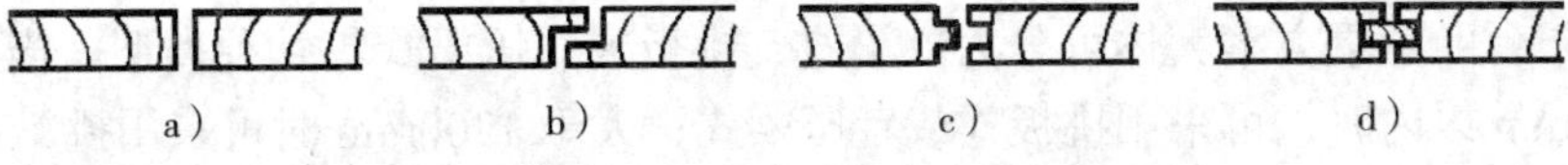

图 4-26　木地板板缝形式

a）平口缝　b）错口缝　c）企口缝　d）销板缝

地面其他构造处理
特殊楼地面的构造处理

4.6 阳台与雨篷

阳台是多层或高层建筑中不可缺少的室内外过渡空间，为人们提供户外活动的场所，阳台的设置对建筑物的外部形象起着一定的作用。

雨篷通常设在房屋出入口的上方或者顶层阳台上部，一方面为了雨天人们在出入口处做短暂停留时不被雨淋，另一方面可以遮挡雨水以保护外门免受雨水侵蚀，同时还有丰富建筑立面的作用。

4.6.1 阳台

1. 阳台的类型

阳台是连接室内外空间的平台，主要用于观景、远眺、休息、晾晒等，是住宅和旅馆等建筑中不可缺少的一部分。

阳台按与外墙的位置关系可分为凸阳台、凹阳台与半凸半凹阳台（图 4-27）。

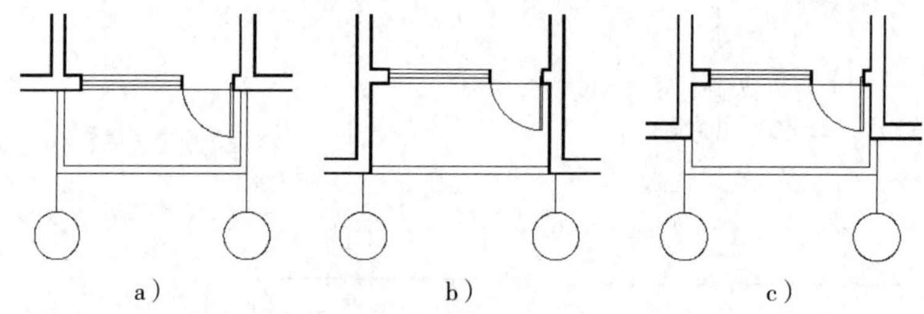

图 4-27 阳台的类型

a）凸阳台 b）凹阳台 c）半凸半凹阳台

2. 阳台的结构布置

凹阳台实为楼层的一部分，所以它的承重结构布置可按楼板层的受力分析进行，采用搁板式布板方法。而凸阳台的受力构件为悬挑构件，涉及结构受力、倾覆等问题，构造上要特别重视。

凸阳台的承重方案大体可分为挑梁式、挑板式、压梁式等几种类型。当出挑长度在 1200mm 以内时，可采用挑板式或者压梁式；大于 1200mm 时可采用挑梁式。

（1）搁板式 在凹阳台中，将阳台板搁置于阳台两侧凸出来的墙上，即形成搁板式阳台，阳台板型和尺寸与楼板一致，施工方便。

（2）挑板式　挑板式阳台的一种做法是利用楼板从室内向外延伸，即形成挑板式阳台。这种阳台构造简单，施工方便，是纵墙承重住宅阳台的常用做法，阳台的长宽可不受房屋开间的限制。

挑板式阳台的另一种做法是将阳台板与墙梁和楼板整浇在一起。这种形式的阳台底部平整，长度可调整，但须注意阳台板的稳定。

（3）压梁式　阳台板与墙梁现浇在一起，墙梁可用加大的圈梁来代替，阳台板靠墙梁和梁上的墙体来抗倾覆，由于墙梁受扭，故阳台出挑不宜过长，一般为 1200mm 左右，并在墙梁两端设拖梁压入墙内，来增加抗倾覆力矩。

（4）挑梁式　当结构布置为横墙承重时，可选择挑梁式，即从横墙内向外伸挑梁，其上搁置楼板，阳台荷载通过挑梁传给纵、横墙，由压在挑梁上的墙体和楼板来抵抗阳台的倾覆力矩，挑梁压在墙中的长度应不小于 1.5 倍的挑出长度。为美观起见，可在挑梁端头设置面梁，既可以遮挡挑梁头，又可以承受阳台栏杆重量，还可以加强阳台的整体性。

阳台的结构布置形式如图 4-28 所示。

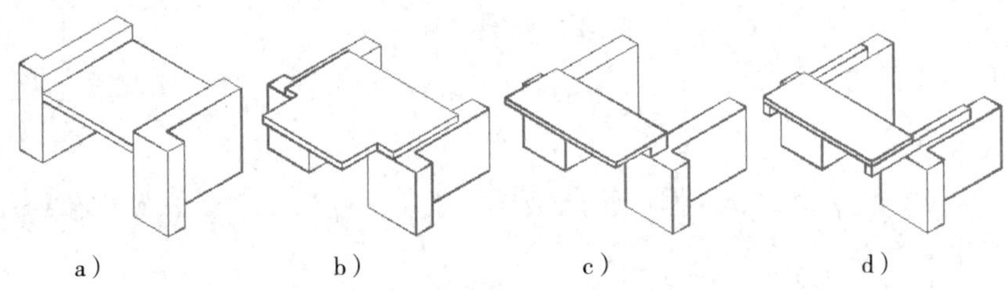

图 4-28　阳台的结构布置形式

a）搁板式　b）挑板式　c）压梁式　d）挑梁式

3. 阳台的细部构造

（1）阳台的栏杆与扶手　栏杆是在阳台外围设置的垂直构件，其作用有两个方面：一方面是承担人们推倚的侧向力，以保证人的安全；另一方面是对建筑物起装饰作用。栏杆在构造上要求坚固和美观，栏杆的高度应高于人体的重心，对于多层建筑不应低于 1050mm，高层建筑不应低 1100mm，但不宜超过 1200mm。

栏杆形式根据构造形式分为三种，即空花式、混合式以及实心式（图 4-29）；材料可用砖、钢筋混凝土、金属和钢化玻璃等。

砖砌栏板通常一般为 120mm 厚，为确保安全，常在栏板中配置通长钢筋或外侧固定钢筋网，在栏板顶部采用现浇钢筋混凝土扶手。

钢筋混凝土栏杆可与阳台板整浇在一起，也可采用预制栏杆，借预埋钢件相互焊牢，并与阳台板或梁焊牢。钢筋混凝土栏杆造型丰富，可虚可实，耐久性和整体性好。

金属栏杆多为圆钢、方钢、扁钢等，与阳台板中预埋的通长扁钢焊牢或直接插入阳台板的预留孔内。钢栏杆自重小，造型轻巧，须做防锈处理。

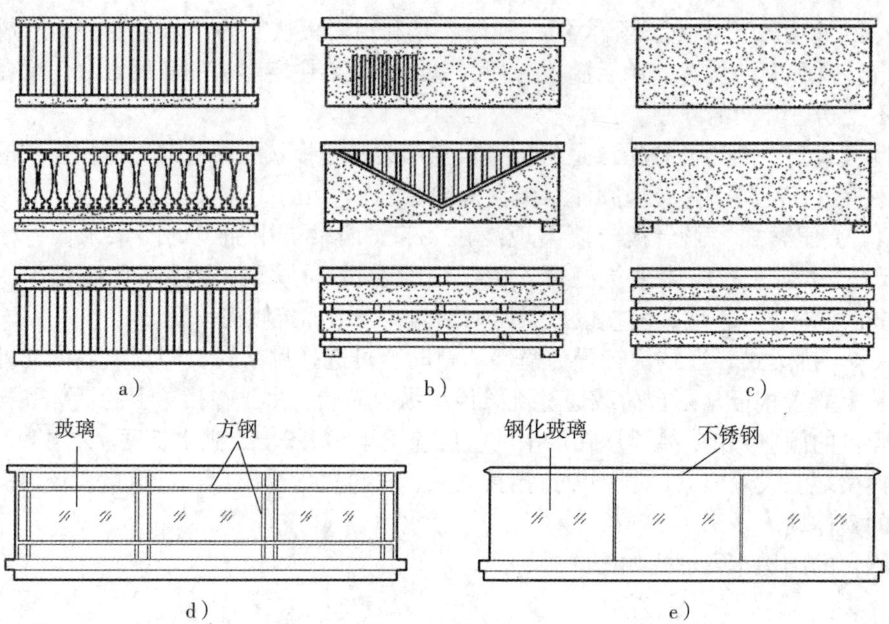

图 4-29　阳台栏杆形式

a）空花式　b）混合式　c）实心式　d）方钢玻璃栏杆　e）玻璃不锈钢栏杆

玻璃栏板一般采用 10mm 厚的钢化玻璃，上下与不锈钢管扶手和面梁用结构密封胶固结（图 4-30）。

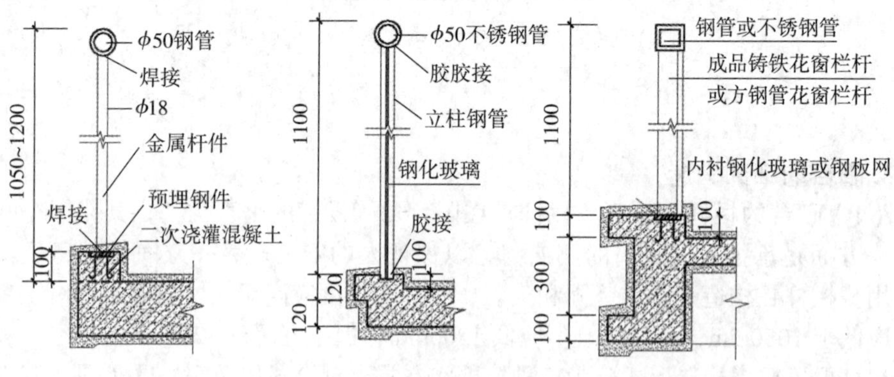

图 4-30　阳台栏杆与扶手

扶手有金属和钢筋混凝土两种，金属扶手一般为ϕ 50 钢管与金属栏杆焊接。钢筋混凝土扶手一般直接用作栏杆压顶，宽度有 80mm、120mm、160mm 等。

（2）阳台的排水　由于阳台为室外构件，须采取必要的措施以保证地面排水通畅。阳台地面一般低于室内地面 30mm 以上，并在排水口处设 0.5%~1% 的排水坡，以防止雨水倒灌室内。阳台排水有外排水和内排水两种，外排水有两种处理方法

（图 4-31），南方多雨地区常与水落管相连；北方少雨地区一般是在阳台外侧设置泄水管（水舌）将水排出，泄水管为ϕ40~ϕ50 镀锌钢管或塑料管，外挑长度不少于 80mm，以防雨水溅到下层阳台。内排水适用于高层和高标准建筑，即在阳台内侧设置排水立管和地漏，将雨水直接排入地下管网，保证建筑物立面美观。

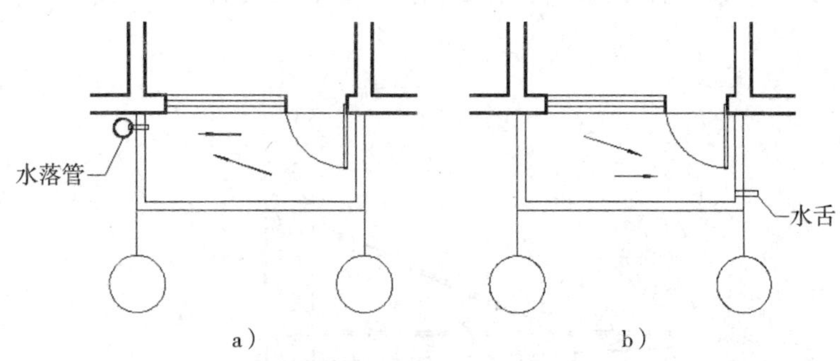

图 4-31　阳台外排水构造

a）多雨地区　b）少雨地区

4.6.2　雨篷

雨篷位于建筑物出入口的上方，用来遮雨雪，提供一个从室外到室内的过渡空间。由于房屋的性质、出入口的大小和位置、地区气候特点以及立面造型的要求等因素的影响，雨篷的形式可做成多种多样，可采用钢筋混凝土雨篷、钢构架金属雨篷或钢与玻璃组合的雨篷。大型雨篷下常加立柱形成门廊。

1. 小型雨篷

小型雨篷常为挑板式，由雨篷梁悬挑雨篷板组成，雨篷梁兼作过梁。板悬挑长度一般为 700~1500mm；板根部厚度不小于挑出长度的 1/12 且不小于 70mm，端部不小于 50mm；雨篷宽度比门洞每边宽 250mm。雨篷顶面距过梁顶面 250mm 高，板底抹灰可抹 1 ∶ 2 水泥砂浆内掺 5% 防水剂的防水砂浆 15mm 厚，多用于次要出入口。挑出长度较大时，一般做成挑梁式，为使底板平整，可将挑梁上翻（图 4-32）。

雨篷排水方式可采用无组织排水和有组织排水两种。

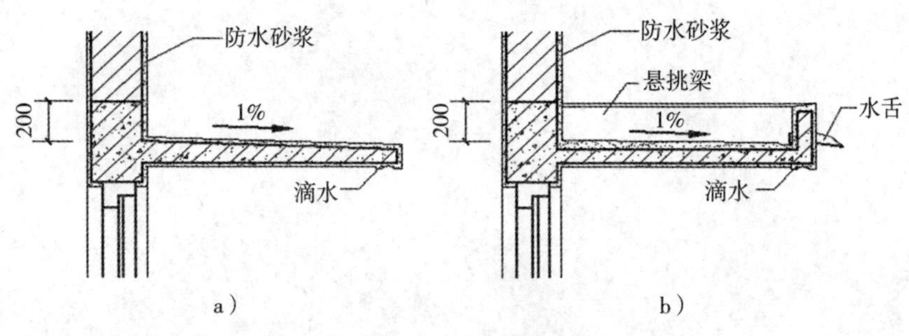

图 4-32　雨篷构造

a）悬挑板式雨篷　b）悬挑梁板式雨篷

雨篷在构造上须解决好两个问题；一是防倾覆，保证雨篷梁上有足够的压重；二是板面上要做好排水和防水，通常沿板四周用砖砌或现浇混凝土做凸檐挡水，板面用防水砂浆抹面，并向排水口做出 1% 的坡度，防水砂浆应顺墙上抹至少 300mm。

有些小型雨篷采用玻璃—钢组合式的做法，这种雨篷常采用钢斜拉杆以抵抗雨篷的倾覆（图 4-33），还有在钢结构骨架外包铝塑板等做法。

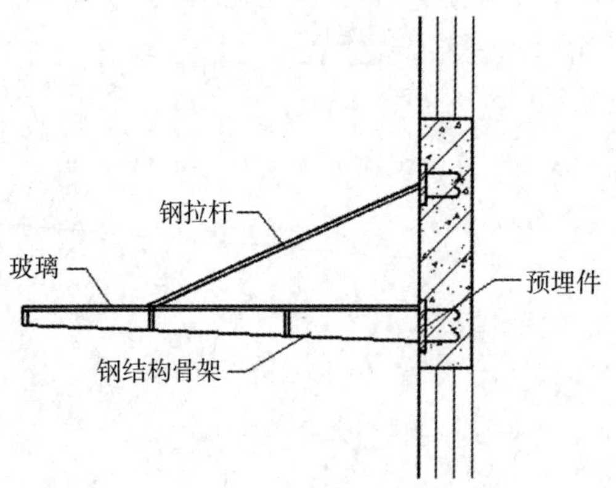

图 4-33　玻璃—钢组合雨篷示意

2. 大型雨篷

所谓大型雨篷是指有立柱支承的雨篷。采用这种雨篷多为大型或高层建筑的主要入口，为与主体建筑相协调做出外伸较大的雨篷，此时应有立柱支承，立柱除了起结构支承作用外尚有强调入口的装饰作用。

第 5 章　楼梯、电梯与扶梯

在建筑中，不同楼层之间以及存在不同高差的房间之间需要有垂直交通设施，这些设施包括楼梯、电梯、自动扶梯、台阶、坡道等。

楼梯是解决不同楼层之间垂直交通和人员紧急疏散的重要设施；

电梯主要用于层数较多或有特殊需要的建筑（如高层建筑、医院病房楼、多层工业厂房）中，一些标准较高的低层建筑中也有使用；

自动扶梯一般用于人流量较大的公共建筑（如商场、客运站等）；

台阶用于室内外高差之间和室内局部高差之间的联系；有车辆通行要求以及有无障碍要求的高差之间则设置坡道来加强联系；爬梯则主要做消防检修之用。

5.1　概述

楼梯是建筑物中联系竖向交通的构件，布置楼梯的空间称为楼梯间，在我国北方地区，当楼梯间兼作出入口时，要注意楼梯间的防寒问题，一般可设置门斗或双层门。

楼梯间的门应开向人流疏散方向。

底层宜有直接对外的出口。

另外楼梯间要注意采光和通风。

5.1.1　楼梯的组成

楼梯是由连续行走的梯级、休息平台和维护安全的栏杆（或栏板）、扶手以及相应的支承结构组成的作为楼层之间垂直交通用的建筑部件。楼梯主要由楼梯段、楼梯平台、栏杆扶手三部分组成，如图 5-1 所示。

1. 楼梯段

设有踏步供人在楼层之间上下行走的通道段称为楼梯段。踏步可分为踏面（供行走时踏脚的水平部分）和踢面（形成踏步高差的垂直部分），踏步尺寸决定了楼梯的坡度。为了构造设计的合理性和减轻疲劳，梯段的踏步级数一般不宜超过 18 级，但也不宜少于 3 级。

楼梯段及平台围合的空间为楼梯　梯井一般是为楼梯施工方便和消防要求而设置的，建筑内的公共疏散楼梯，其两梯段及扶手间的水平净距不宜小于 150mm。托儿所、幼儿园、中小学校及其他少年儿童专用活动场所，当楼梯井净宽大于 0.2m 时，必须采取防止少年儿童坠落的措施。

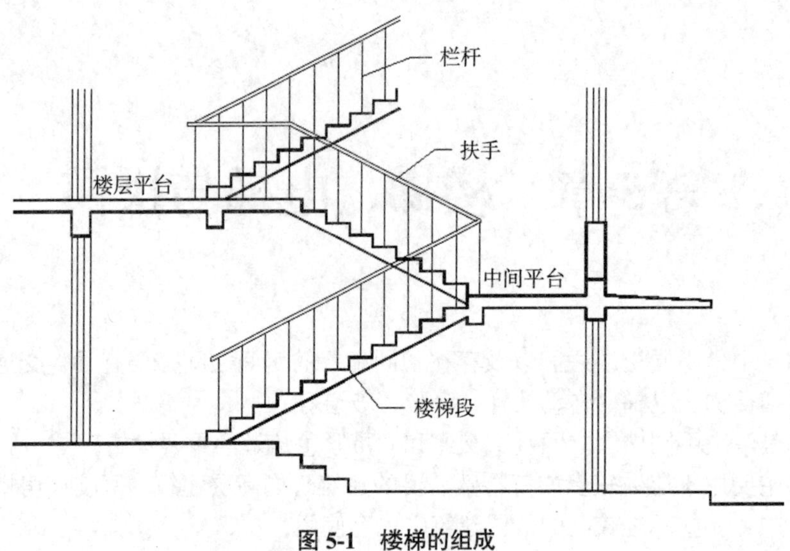

图 5-1　楼梯的组成

2. 楼梯平台

楼梯平台是指连接两梯段之间的水平部分，平台主要用于楼梯转折、连通某个楼层或供使用者在行走一定距离后稍事休息用。与楼层标高相一致的平台称为楼层平台，介于两个楼层之间的平台称为中间平台。

3. 栏杆扶手

栏杆是具有一定的安全高度，用以保障人身安全或分隔空间用的防护分隔构件，通常布置在楼梯梯段和平台边缘处；栏杆或栏板顶部供人们行走倚扶用的连续构件，称为扶手。楼梯应至少于一侧设扶手，梯段净宽达三股人流（1650mm）时应两侧设扶手，达四股人流（2200mm）时宜加设中间扶手。扶手也可设在墙上，称为靠墙扶手。

5.1.2　楼梯的种类

楼梯按其所在位置可分为室内楼梯和室外楼梯；按其使用性质可分为主要楼梯、辅助楼梯、疏散楼梯等；按主体结构所用材料可分为木楼梯、钢楼梯和钢筋混凝土楼梯、钢木楼梯等。按结构形式分，有梁式楼梯、板式楼梯、悬臂楼梯、悬挂楼梯和墙承式楼梯。

楼梯按照其外观形式和构造特点可分为直跑式、双跑式、三跑式、多跑式及弧形和螺旋式各种形式。楼梯形式的选择取决于所处的位置、楼梯间的平面形状与大小、楼层高低与层数、人流多少与缓急等因素。当楼梯的平面为矩形时，适合做成双跑式；接近正方形的平面，可以做成三跑式或多跑式；圆形的平面可以做成螺旋式楼梯；有时楼梯的形式还要考虑到建筑物内部的装饰效果，如做在建筑物正厅的楼梯常常做成双分式和双合式等形式（图 5-2，图 5-3）。双跑楼梯是最常用的一种。

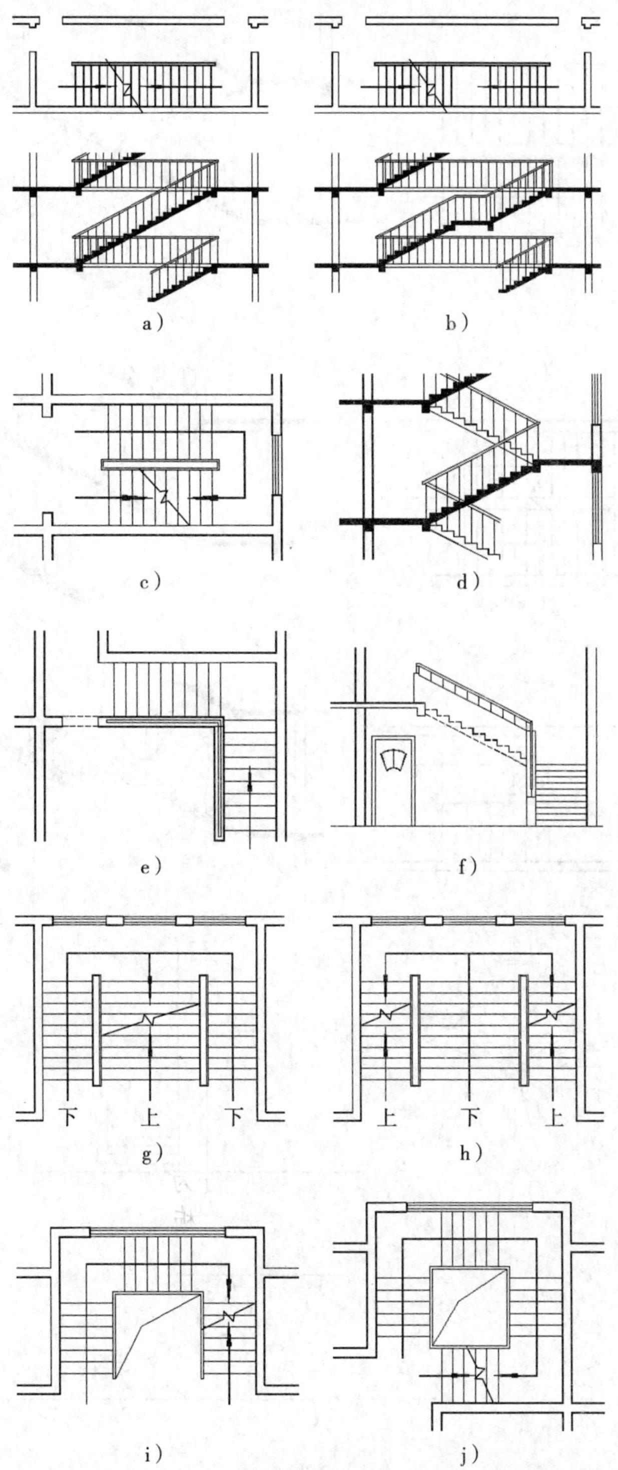

图 5-2　楼梯形式一

a）直行单跑楼梯　b）直行多跑楼梯　c）平行双跑楼梯平面图　d）平行双跑楼梯剖面图
e）折行双跑楼梯平面图　f）折行双跑楼梯剖面图　g）平行双分楼梯　h）平行双合楼梯
i）折行三跑楼梯　j）折行四跑楼梯

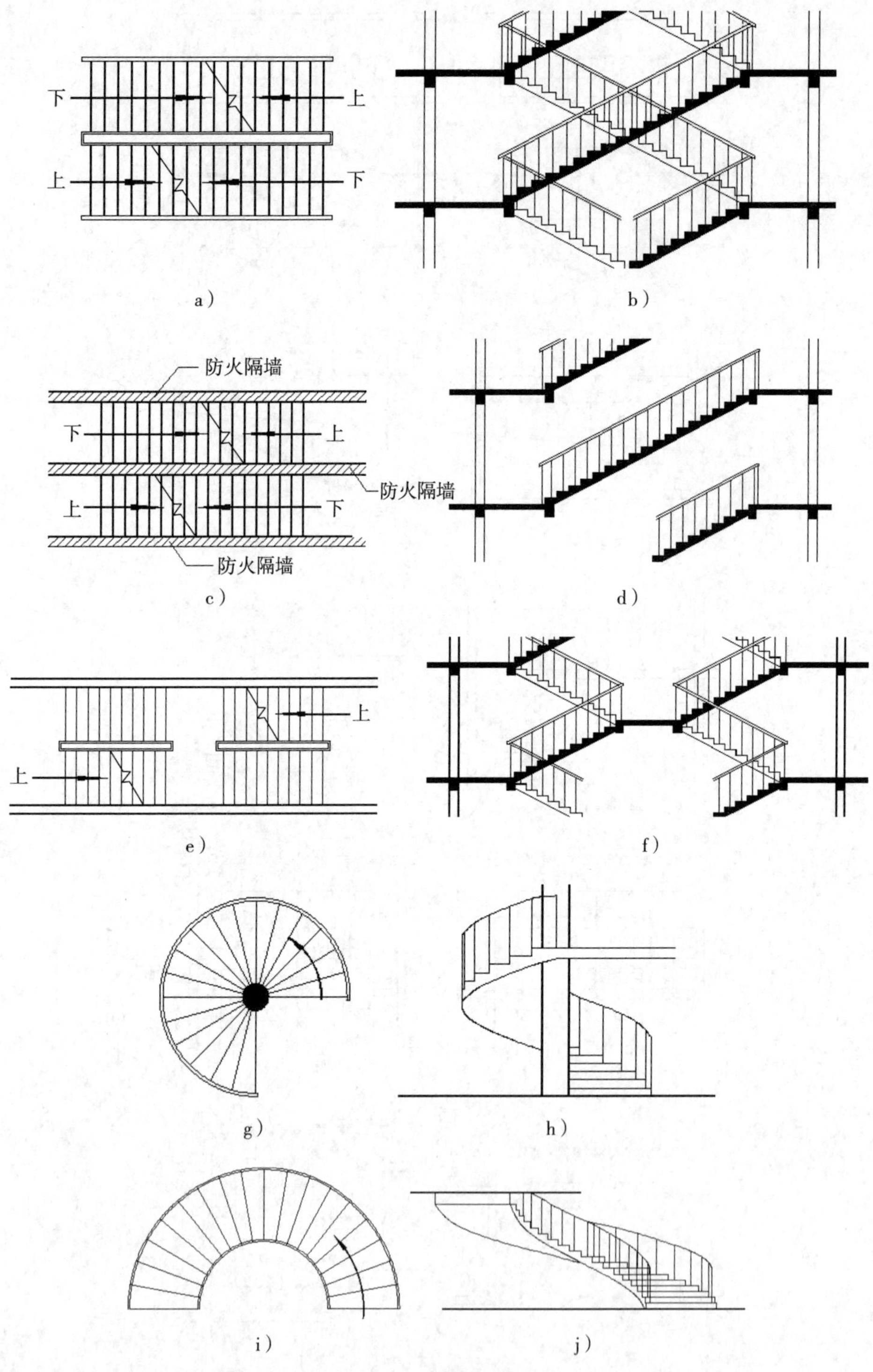

图 5-3　楼梯形式二

a）剪刀楼梯平面图　b）剪刀楼梯剖面图　c）剪刀楼梯（防火梯）平面图　d）剪刀楼梯（防火梯）剖面图　e）交叉跑楼梯平面图　f）交叉跑楼梯剖面图　g）螺旋楼梯平面图　h）螺旋楼梯立面图　i）弧形楼梯平面图　j）弧形楼梯立面图

5.1.3　楼梯的坡度

楼梯的坡度是指楼梯段沿水平面倾斜的角度。一般楼梯的坡度应当兼顾使用性和经济性要求，根据具体情况合理进行选择。对人流集中、交通量大的建筑，楼梯的坡度应小些，如医院、影剧院等。对使用人数较少的居住建筑或辅助性楼梯、室外疏散消防梯，楼梯的坡度可以略大些。

楼梯的允许坡度范围在 20° ~45°，常用的坡度宜为 30° 左右，室内楼梯的适宜坡度为 23° ~38°；坡度大于 45° 时，由于坡度较陡，需要借助扶手助力，此时称为爬梯，一般只是在通往屋顶、电梯机房等非公共区域采用；坡度小于 20° 时，只需把其处理成斜面就可以解决通行的问题，此时称为坡道，由于坡道占地面积较大，在建筑内部应用较少，在室外应用较多。室内坡道坡度不宜大于 1∶8，室外坡道坡度不宜大于 1∶10；当室内坡道水平投影长度超过 15.0m 时，宜设休息平台，平台宽度应根据使用功能或设备尺寸所需缓冲空间而定。

楼梯、爬梯、坡道的坡度范围如图 5-4 所示。

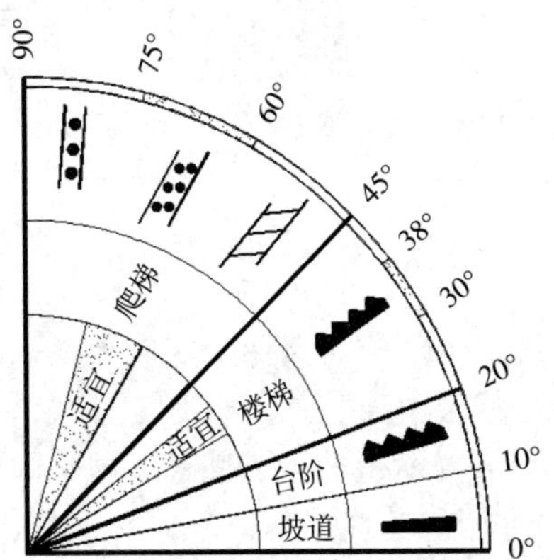

图 5-4　坡道、楼梯、爬梯的坡度范围

楼梯的坡度有两种表示方法：一种是用楼梯段和水平面的夹角表示；另一种是用踏面和踢面的投影长度之比表示。

5.1.4　楼梯的设计要求

楼梯既是楼房建筑物的垂直交通枢纽，也是进行安全疏散的主要工具。楼梯的数量、位置、梯段净宽和楼梯间形式应满足使用方便和安全疏散，楼梯的设计必须满足如下要求。

1. 功能方面的要求

主要是指楼梯数量、宽度尺寸、平面式样、细部做法等均应满足功能要求。例如作为主要楼梯，应与主要出入口邻近，且位置明显；同时还应避免垂直交通与水平交通在交接处拥挤、堵塞。

2. 结构、构造方面的要求

楼梯应有足够的承载能力，有良好的自然采光，较小的变形等。

3. 必须满足防火要求

楼梯间四周墙壁应满足规范要求的耐火极限，对防火要求高的建筑物特别是高层建筑，应设计成封闭式楼梯或防烟楼梯。楼梯间除允许直接对外开窗采光外，不得向室内任何房间开窗。建筑的楼梯间宜通至屋面，通向屋面的门或窗应向外开启。

5.2 楼梯的设计

对于楼房来说，楼梯是至关重要的构件之一，楼梯类型的选择、楼梯数量以及楼梯位置的确定；楼梯间形式以及楼梯各部分尺寸的确定是楼梯设计的关键内容。

5.2.1 楼梯数量、位置的设置

1. 楼梯数量与出入口的确定

楼梯数量与出入口的确定，除了满足人员正常通行以外，还要满足消防疏散的要求。

公共建筑设置 1 个安全出口或 1 部疏散楼梯的条件

公共建筑内每个防火分区或一个防火分区的每个楼层，其安全出口的数量应经计算确定，且不应少于 2 个。

2. 楼梯位置的确定

楼梯应放在明显和易于找到的部位。楼梯间应能天然采光和自然通风，并宜靠外墙设置。公共建筑楼梯间应在首层直通室外，确有困难时，可在首层采用扩大的封闭楼梯间或防烟楼梯间前室。当层数不超过 4 层且未采用扩大的封闭楼梯间或防烟楼梯间前室时，可将直通室外的门设置在离楼梯间不大于 15m 处。

楼梯间宜在各层的同一位置，以便于使用和紧急疏散，也不致因移位而浪费面积。特殊情况需要错位的必须有直接的衔接，不允许出现因寻找和不便而造成对紧急疏散的危害、影响。为保证高层住宅建筑的安全疏散，常考虑设置剪刀楼梯。剪刀楼梯不但具有相当于两部楼梯的疏散能力，也能在火灾发生的情况下形成互不干扰的双向疏散。地下室和半地下室与地上层不应共用楼梯间，当必须共用楼梯间时，应在首层与地下和半地下的出入口处，用耐火极限不低于 2.00h 的隔墙和乙级防火门隔开，并应有明显标志。

5.2.2 楼梯的尺度

1. 楼梯段

（1）楼梯梯段宽度和长度 梯段净宽是指墙体装饰面至扶手中心的水平距离或同一梯段两侧扶手中心之间的水平距离。梯段净宽除应符合现行国家标准《建筑设计防火规范》[GB 50016—2014（2018）] 及国家现行相关专用建筑设计标准的规定外，供日常主要交通用的楼梯的梯段净宽应根据建筑物使用特征按人流股数确定（图 5-5），以每股人流宽度为 0.55m+（0~0.15）m 计算，并不应少于两股人流。

（0~0.15）m 为人流在行进中人体的摆幅，公共建筑人流众多的场所应取上限值。中小学为 600mm/ 每股人流。仅供单人通行的楼梯，必须满足单人携带物品通过的需要，其梯段净宽应不小于 900mm。各类建筑疏散楼梯最小宽度见表 5-1。

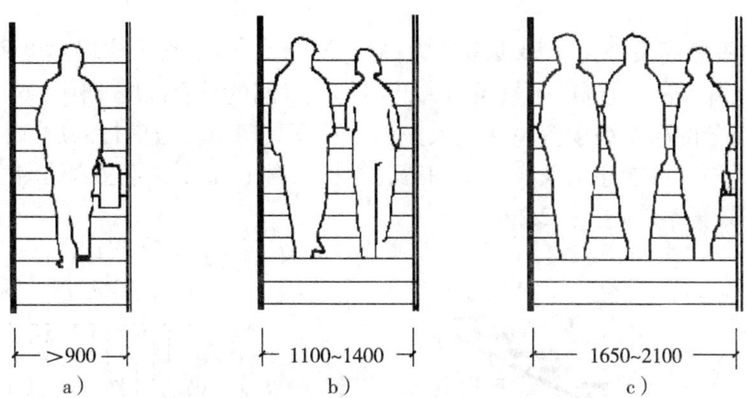

图 5-5　满足不同人流股数通行的梯段宽度

a）单人通行　b）双人通行　c）三人通行

表 5-1　各类建筑疏散楼梯最小宽度　　（单位：m）

建筑类型			梯段净宽	休息平台宽
居住建筑	套内楼梯		一边临空 ≥ 0.75 两侧有墙 ≥ 0.90	—
	剪刀梯		≥ 1.10	≥ 1.30
	6 层及以下单元住宅且一边设有栏杆的楼梯		≥ 1.00	≥ 1.20
	7 层及以上住宅		≥ 1.10	≥ 1.20
	老年住宅		≥ 1.20	≥ 1.20
公共建筑	汽车库、修车库		≥ 1.10	—
	老年人建筑、宿舍、一般高层公建、体育建筑、幼年及儿童建筑		≥ 1.20	≥ 1.20
	医院病房楼、医技楼、疗养院	次要楼梯	≥ 1.30	—
		主要楼梯、疏散楼梯	≥ 1.65	—
	铁路旅客车站		≥ 1.60	≥ 1.60

注：本表内容摘自《建筑设计防火规范》（GB 50016）、《老年居住建筑设计标准》（GB/T 50340—2016）、《住宅设计规范》（GB 50096—2011）、《综合医院设计规范》（GB 51039—2014）、《铁路旅客车站建筑设计规范》[GB 50226—2007（2011 年版）]、《汽车库、修车库、停车场设计防火规范》（GB 50067—2014）。

梯段长度（L）是每一梯段的水平投影长度。

$$L = b(N-1)$$

式中 b——踏面水平投影步宽；

N——梯段踏步数。

（2）梯段净高及净空 梯段净高为自踏步前缘（包括每个梯段最低和最高一级踏步前缘线以外 0.3m 范围内）量至上方凸出物下缘间的垂直高度（图 5-6）。

楼梯各部分的净空高度应该保证人流通行和家具搬运。考虑行人肩扛物品的实际需要，防止行进中可能碰头及产生压抑感，楼梯平台上部及下部过道处的净高不应小于 2.0m，梯段净高不应小于 2.2m。

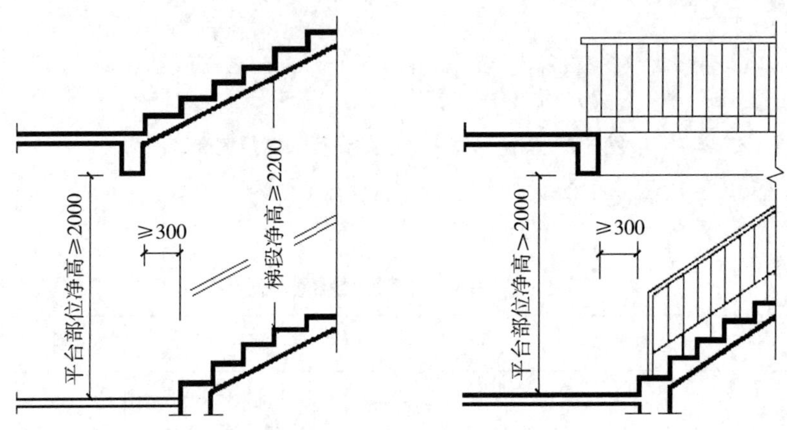

图 5-6 梯段及平台部位净高要求

（3）梯段踏步的尺寸 计算踏步高度和宽度的一般公式：

$$2h + b = s = 600\text{mm}$$

式中 b——踏步高度；

h——踏步宽度；

s——600mm，是成人平均跨步长度。

依据《民用建筑设计统一标准》（GB 50352—2019），楼梯踏步的宽度和高度应符合表 5-2 的规定。

2. 楼梯平台宽度

楼梯平台包括楼层平台和中间平台两部分。楼梯平台宽度指墙体装饰面至扶手中心之间的水平距离。

除开放楼梯外，封闭楼梯和防火楼梯其楼层平台深度应与中间平台深度一致。中间平台形状可变化多样，除满足楼梯间艺术需要外，还要适应不同功能及步伐规律所需尺度要求。

表 5-2　楼梯踏步最小宽度和最大高度　　　　（单位：m）

楼梯类别		最小宽度	最大高度	步距
住宅楼梯	住宅公共楼梯	0.260	0.175	0.61
	住宅套内楼梯	0.220	0.200	0.62
宿舍楼梯	小学宿舍楼梯	0.260	0.150	0.56
	其他宿舍楼梯	0.270	0.165	0.60
老年人建筑楼梯	住宅建筑楼梯	0.300	0.150	0.60
	公共建筑楼梯	0.320	0.130	0.58
托儿所、幼儿园楼梯		0.260	0.130	0.52
小学校楼梯		0.260	0.150	0.56
人员密集且竖向交通复杂的建筑和大、中学校楼梯		0.280	0.165	0.61
其他建筑楼梯		0.260	0.175	0.61
超高层建筑核心筒内楼梯		0.250	0.180	0.61
检修及内部服务楼梯		0.220	0.200	0.62

注：1. 螺旋楼梯和扇形踏步离内侧扶手中心 0.250m 处的踏步宽度不应小于 0.220m。

2. 建筑中的公共疏散楼梯，两梯段及扶手间的水平净距宜≥ 150mm。

当梯段改变方向时，扶手转向端处的平台最小宽度不应小于梯段净宽，并不得小于 1.2m。当有搬运大型物件需要时，应适量加宽。直跑楼梯的中间平台宽度不应小于 0.9m。

3. 栏杆扶手的高度

梯段栏杆扶手高度是指踏步前缘到扶手顶面的垂直距离。楼梯应至少一侧有扶手；梯段净宽达 3 股人流时应设两侧扶手，梯段净宽达 4 股人流时宜加设中间扶手。扶手高度一般不应低于 0.9m，靠楼梯井一侧水平扶手超过 0.5m 时，高度不应小于 1.05m。室外疏散楼栏杆扶手的高度不应小于 1.10m。供儿童使用的楼梯应在 500~600mm 高度增设幼儿扶手。

5.2.3　楼梯间的类型

通常建筑物的楼梯间有以下三种形式。

1. 开敞式楼梯间

建筑高度不大于 21m 的住宅建筑可采用开敞式楼梯间；当建筑高度大于 21m、不大于 33m 的住宅建筑采用开敞式楼梯间时，要求开向楼梯间的户门应为乙级防火门，且楼梯间应靠外墙，并应有直接天然采光和自然通风（图 5-7）。

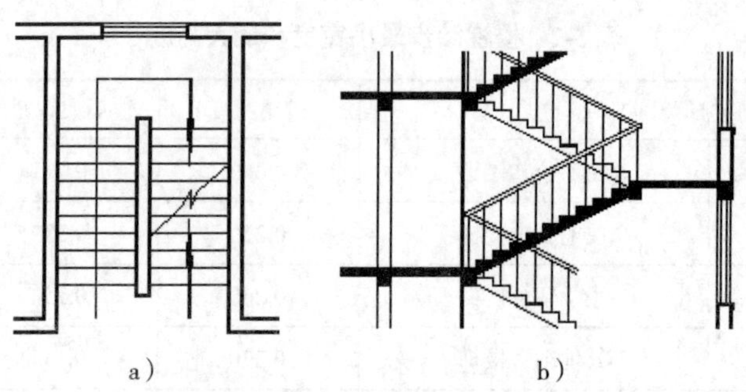

图 5-7　开敞式楼梯间

a）平面图　b）剖面图

2. 封闭式楼梯间

封闭式楼梯间是在楼梯间入口设置门，以防止火灾的烟和热气进入的楼梯间。

下列多层公共建筑的疏散楼梯，除与敞开式外廊直接相连的楼梯间外，均应采用封闭式楼梯间：

1）医疗建筑、旅馆及类似使用功能的建筑。

2）设置歌舞娱乐放映游艺场所的建筑。

3）商店、图书馆、展览建筑、会议中心及类似使用功能的建筑。

4）6 层及以上的其他建筑。

楼梯间的首层可将走道和门厅等包括在楼梯间内形成扩大的封闭式楼梯间，但应采用乙级防火门等与其他走道和房间分隔。

高层建筑的裙房和建筑高度不大于 32m 的二类高层公共建筑，其疏散楼梯应采用封闭式楼梯间。

封闭式楼梯间形式如图 5-8 所示。

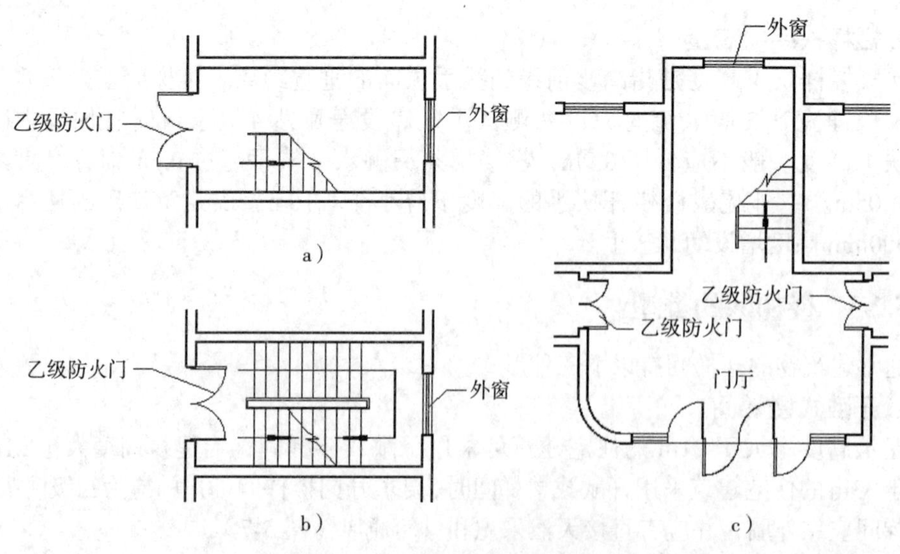

图 5-8　封闭式楼梯间形式

a）首层平面图　b）标准层平面图　c）扩大封闭楼梯间

3. 防烟楼梯间

防烟楼梯间是在楼梯间入口处设置防烟的前室、开敞式阳台或凹廊（统称前室）等设施，且通过前室和楼梯间的门均为防火门，以防止火灾的烟和热气进入楼梯间。

防烟楼梯间（图 5-9）适用于一类高层公共建筑和建筑高度大于 32m 的二类高层公共建筑，建筑高度大于 33m 的住宅建筑。其特点如下。

1）应设置防烟设施。

2）前室可与消防电梯间前室合用。

3）前室的使用面积：公共建筑、高层厂房（仓库），不应小于 6.0m^2；住宅建筑，不应小于 4.5m^2。与消防电梯间前室合用时，合用前室的使用面积：公共建筑、高层厂房（仓库），不应小于 10.0m^2；住宅建筑，不应小于 6.0m^2。

4）疏散走道通向前室以及前室通向楼梯间的门应采用乙级防火门，并应向疏散方向开启。

5）除住宅建筑的楼梯间前室外，防烟楼梯间和前室内的墙上不应开设除疏散门和送风口外的其他门、窗、洞口。

6）楼梯间的首层可将走道和门厅等包括在楼梯间前室内形成扩大的前室，但应采用乙级防火门等与其他走道和房间分隔。

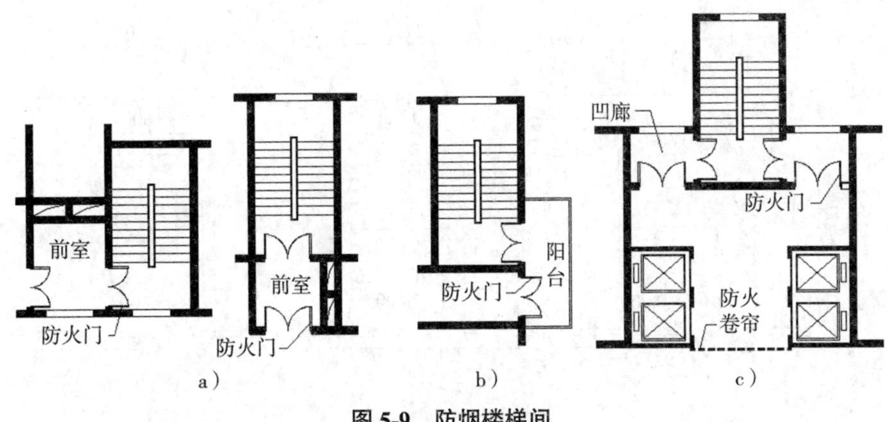

图 5-9　防烟楼梯间

a）设封闭前室的防烟楼梯间　b）设阳台的防烟楼梯间　c）设凹廊的防烟楼梯间

5.2.4　楼梯间设计实例

楼梯间设计主要包括平面设计和剖面设计两大部分，其中平面设计主要是确定空间的开间与进深，而剖面设计则主要是解决净高问题。

［**实例 1**］设计实例（在已知层高、楼梯间的开间和进深的前提下进行多层住宅楼梯间设计）。

某住宅楼梯间的开间尺寸为 2700mm，进深尺寸为 5400mm；层高 2800mm；内外墙均为 240mm，轴线居中；室内外高差 750mm；假定中间平台梁的高梁（包括平台板厚度）为 250mm，楼梯间底部有出入口，按 3 层楼设计。

1）住宅层高为 2800mm，初步确定步数为 16 步。

2）踏步高度 h=2800/16=175（mm），踏步宽度 b 取 260mm。

3）由于楼梯间下部开门，故取第一跑步数多，第二跑步数少的两跑楼梯。步数多的第一跑取 10 步，第二跑取 6 步。二层以上则各取 8 步。

4）楼梯间的开间净尺寸为 2700-2×120=2460（mm），取梯井（扶手中心线之间的距离）为 160mm。

5）梯段宽 B_1=（2460-160）/2=1150（mm）。

6）确定休息平台净宽度 L_2。由于楼梯平台净宽不应小于梯段净宽，且不小于 1200，因此，取 L_2=1200+130=1330（mm）（130 为 1/2b，作用是方便扶手转弯）。

7）计算梯段投影长度，以最多步数的一段为准。

$$L_1=260\times(10-1)=2340\ (\mathrm{mm})$$

8）校核。

进深净尺寸 L=5400−2×120=5160（mm）。

则：$L-L_2-L_1-L_2$=5160−1330−2340−1330=160（mm）> 0，说明进深满足。

高度尺寸：175mm×10=1750mm，室内外高差 750mm 中，600mm 用于室内，150mm 用于室外。

1750+600=2350（mm），可以满足开门及梁下通行高度，符合要求。

楼梯平面图如图 5-10 所示，剖面图如图 5-11 所示。

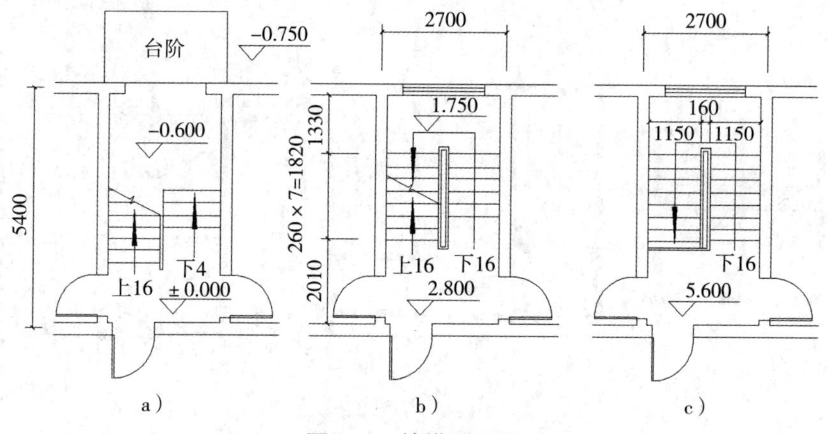

图 5-10 楼梯平面图

a）首层平面图 b）二层平面图 c）三层平面图

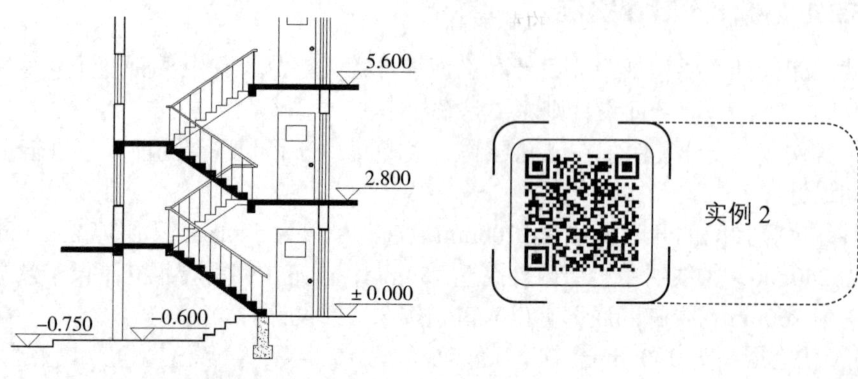

图 5-11 楼梯剖面图

5.3　钢筋混凝土楼梯

钢筋混凝土的耐火性和耐久性均较木材和钢材好，故在一般建筑的楼梯中应用最为广泛，钢筋混凝土楼梯按施工方式可分为现浇式和预制装配式。

5.3.1　现浇钢筋混凝土楼梯

现浇钢筋混凝土楼梯为在施工现场支模，绑钢筋和浇筑混凝土而成。这种楼梯的整体性强，刚度大；但施工工序多，湿作业量大，工期较长。现浇钢筋混凝土楼梯根据其结构承力方式有两种做法：一种是板式楼梯，一种是梁式楼梯。

1. 板式楼梯

板式楼梯段相当于整浇板斜向搁置于平台梁上，平台梁之间的距离即为板的跨度；也有带平台板的板式楼梯，即把两个或一个平台板与一个梯段组合成一块折形板，这样处理，平台下净空扩大的同时，也增加了斜板跨度，如图 5-12 所示。

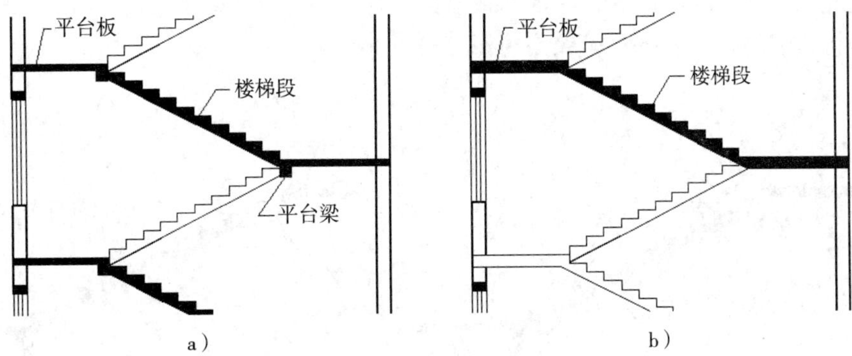

图 5-12　现浇板式楼梯

a）带平台梁的楼梯　b）折板式楼梯

板式楼梯段的底面平整，便于装修，外形简洁，便于支模。但当荷载较大，楼梯段斜板跨度较大时，斜板的截面高度也将增大，钢筋和混凝土用量增加，经济性下降，所以板式楼梯常用于楼梯荷载较小，楼梯段的跨度也较小的建筑物中（设计时，对于楼梯段水平投影长度不超过 3m，多采用板式楼梯）。

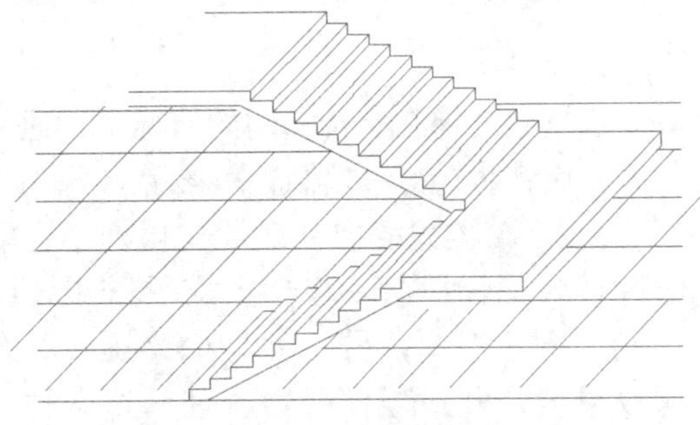

图 5-13　悬臂板式楼梯示意图

近年来悬臂板式楼梯也被较多采用（图 5-13），其特点是梯段和平台均无支承，完全靠上下梯段与平台组成空间板式结构与上下层楼板结构共同来受力，因而造型新颖，空间感好，多作为公共建筑和庭园建筑的外部楼梯。

2. 梁式楼梯

梁式楼梯与板式楼梯相比，钢材和混凝土的用量少、自重轻，当荷载或楼梯跨度较大时，采用梁式楼梯比较经济（设计时，对于楼梯段水平投影长度超过 3m，多采用梁式楼梯）。

梁式楼梯由踏步板、楼梯斜梁、平台梁和平台板组成。在结构上有双梁布置和单梁布置之分。

（1）双梁式楼梯 将梯段斜梁布置在踏步的两端，这时踏步板的跨度便是梯段的宽度，也就是楼梯段斜梁间的距离，梁式楼梯的梯段板跨度小，在板厚相同的情况下，梁式楼梯可以承受较大的荷载；反之，荷载相同的情况下，梁式楼梯的板厚可以比板式楼梯的板厚减薄。梁式楼梯按斜梁所在的位量不同，分为正梁式（明步）和反梁式（暗步）两种（图 5-14）。

1）正梁式。梯梁在踏步板之下，踏步板外露，又称为明步。明步楼梯形式较为明快，但在板下露出的梁的阴角容易积灰。

2）反梁式。梯梁在踏步板之上，形成反梁，踏步包在里面，又称为暗步。暗步楼梯段底面平整，洗刷楼梯时污水不致污染楼梯底面。但梯梁占去了一部分梯段宽度，应尽量将边梁做得窄一些，必要时可以与栏杆结合。

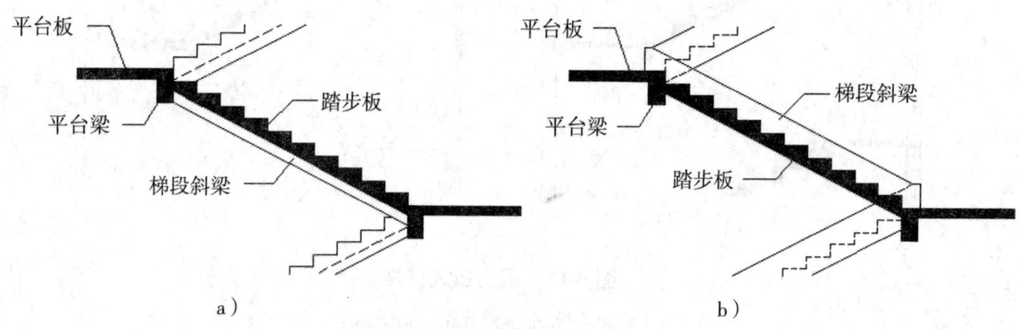

图 5-14 钢筋混凝土梁式楼梯

a）正梁式 b）反梁式

双梁式楼梯在有楼梯间的情况下，通常在楼梯段靠墙的一边不设斜梁，用承重墙代替，而踏步板另一端搁在斜梁上。

（2）单梁式楼梯 在梁式楼梯中，单梁式楼梯已在一些公共建筑中较多采用，这种楼梯的梯段由一根梯梁支承踏步（图 5-15）。梯梁布置有两种方式，一种是单梁悬臂式楼梯，另一种是单梁挑板式楼梯。单梁楼梯受力复杂，单梁挑板式楼梯较单梁悬臂式楼梯受力合理。这两种楼梯外形轻巧、美观，常为建筑空间造型所采用。

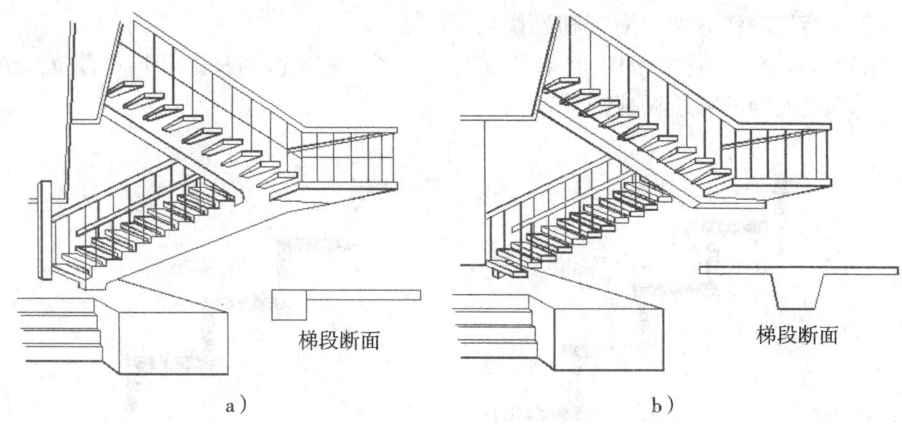

图 5-15　单梁式楼梯示意图

a）单梁悬臂式　b）单梁挑板式

5.3.2　预制装配式钢筋混凝土楼梯

预制装配式钢筋混凝土楼梯是指用预制厂生产的构件安装拼合而成的楼梯。预制装配式楼梯工业化施工水平较高，节约模板，简化操作程序，较大幅度地缩短了工期。但预制装配式钢筋混凝土楼梯的整体性、抗震性、灵活性等不及现浇钢筋混凝土楼梯。

预制装配式钢筋混凝土楼梯有多种不同的构造形式。按楼梯构件的拼合程度一般可分为小型、中型和大型预制构件装配式楼梯。

1. 小型构件装配式楼梯

小型构件装配式楼梯是将楼梯按组成分解为若干小构件，如将梁板式楼梯分解成预制踏步板、预制斜梁、预制平台梁和预制平台板。每一构件体积小，重量轻，易于制作，便于运输和安装。缺点是安装次数多，安装节点多，速度慢，湿作业多，需要较多的人力且工人劳动强度较大。这种小型构件装配式楼梯，适合于机械化程度低的施工现场采用。

（1）预制踏步　钢筋混凝土预制踏步根据其断面形式不同，一般包括一字形、L形（包括正L形和反L形两种）和三角形三种（图 5-16）。

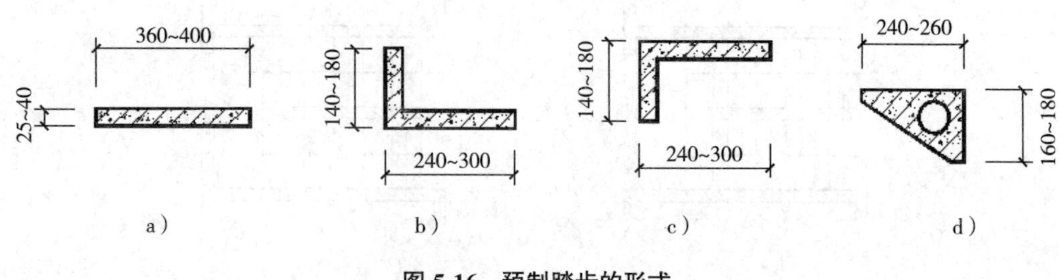

图 5-16　预制踏步的形式

a）一字形　b）正L形　c）反L形　d）三角形

一字形踏步制作方便，简支和悬挑均可。

L 形踏步有正反两种，即正 L 形和反 L 形（图 5-17）。两种踏步均可简支或悬挑。悬挑时须将压入墙的一端做成矩形截面。

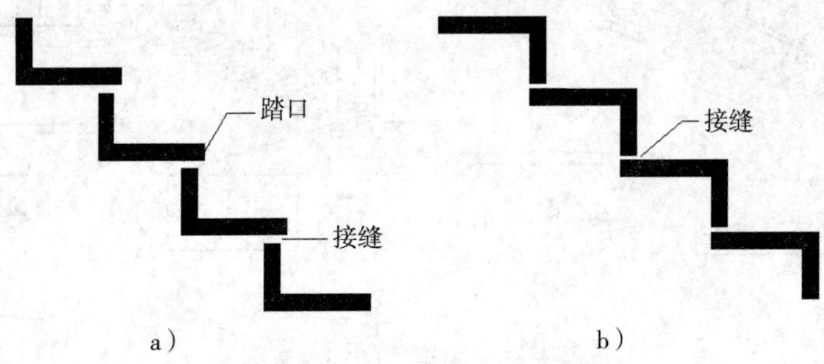

图 5-17　L 形踏步板的拼接示意图

a）正 L 形　b）反 L 形

三角形踏步的最大特点是安装后底面严整。为减轻踏步自重，踏步内可抽孔。预制踏步多采用简支的方式。

（2）预制踏步的支承结构　预制踏步的支承有三种形式，墙承式、梁承式以及悬挑式。

1）墙承式。踏步两端均由墙体支承，需要时设靠墙扶手。由于每块踏步板直接安装入墙体，对墙体砌筑和施工速度影响较大，且由于在梯段之间有墙，搬运家具不方便，也阻挡视线，通常在中间墙上开设观察口，以使上下人流视线流通，这种方式对抗震不利，施工也较麻烦（图 5-18）。

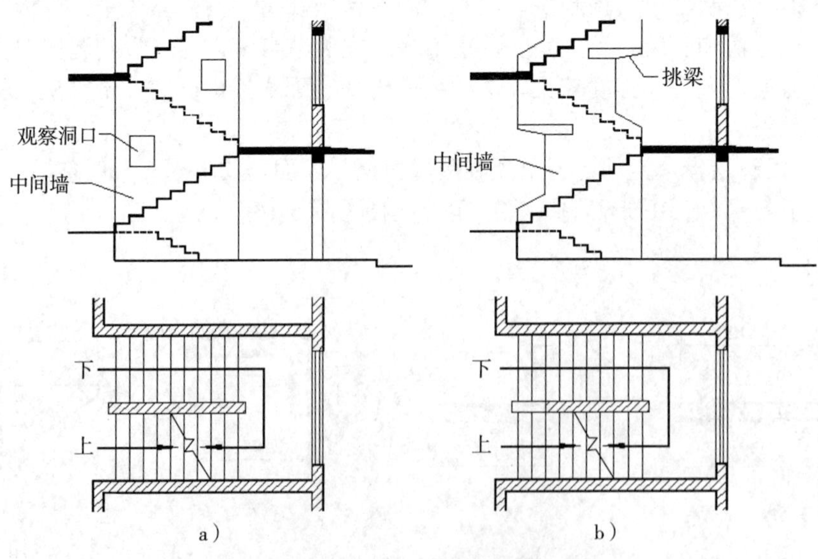

图 5-18　墙承式预制装配楼梯

a）中间墙上设观察洞口　b）中间墙局部收进

2）梁承式。梁承式楼梯的支承构件是斜向的梯梁，预制梯梁的外形随支承踏步的形式而变化。当梯梁支承三角形踏步时，梯梁为上表面平齐的等截面矩形梁；如果梯梁支承一字形或 L 形踏步时，梯梁上表面须做成锯齿形（图 5-19）。

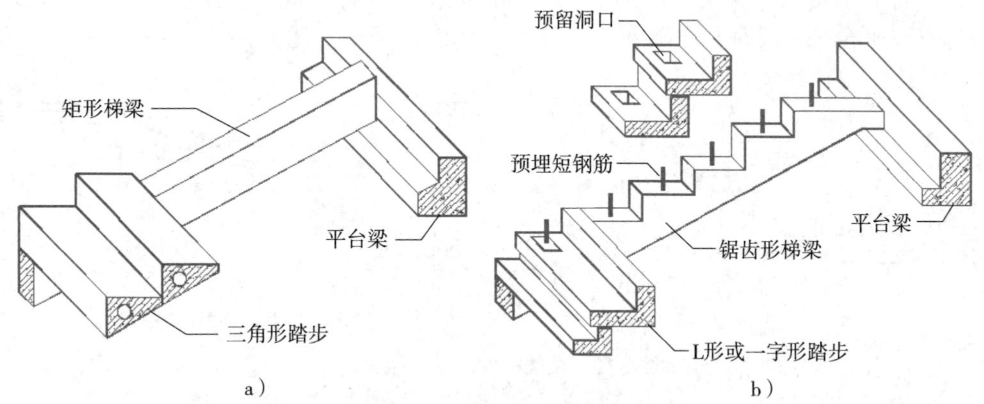

图 5-19　梁承式预制装配楼梯

a）矩形梯梁　b）锯齿形梯梁

3）悬挑式。预制装配悬挑式钢筋混凝土楼梯是指预制钢筋混凝土踏步板一端嵌固于楼梯间侧墙上，另一端凌空悬挑的楼梯形式（图 5-20）。

悬挑式楼梯要求悬挑长度不超过 1.5m，支承墙体厚度不小于 240mm。

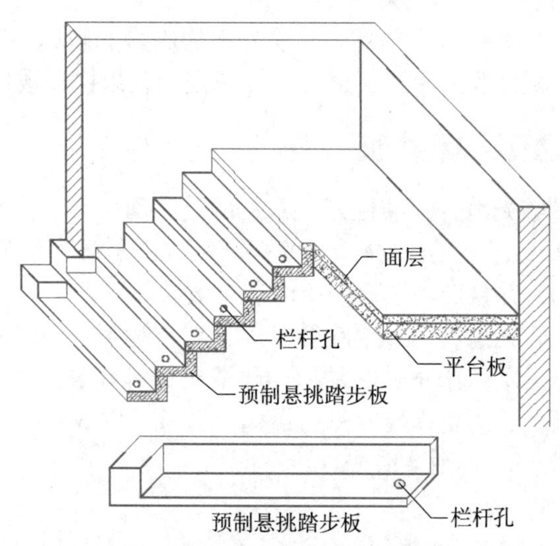

图 5-20　悬挑式预制装配楼梯

2. 中型构件装配式楼梯

中型构件装配式楼梯一般由楼梯段和带平台梁的平台板两个构件组成，带梁平台板将平台板与平台梁合并成为一个构件，当起重能力有限时，可将平台梁和平台板分开，这种构造做法的平台板，可以与小型构件装配式楼梯的平台板相同，采用预制钢筋混凝土槽形板或空心板两端直接支承在楼梯间的横墙上；或采用小型预制钢筋混凝土平板，直接支承在平台梁和楼梯间的纵墙上。

3. 大型构件装配式楼梯

大型构件装配式楼梯是将整个梯段与平台预制成一个构件，按结构形式不同，有板式楼梯和梁板式楼梯两种（图 5-21）。为减轻构件的重量，可以采用空心楼梯段，楼梯段与平台这一整体构件支承在钢支托或钢筋混凝土支托上。

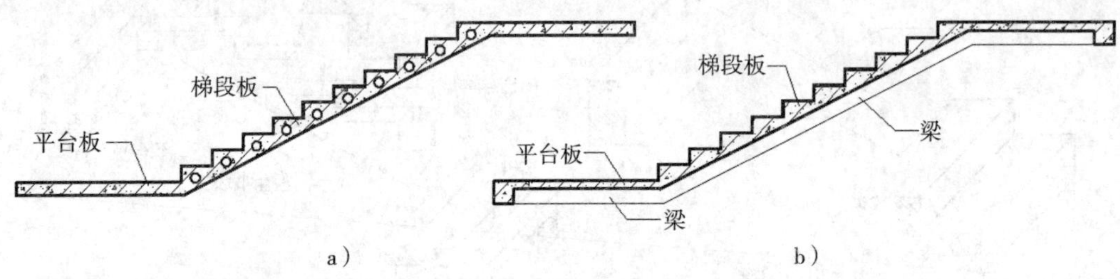

图 5-21　大型构件装配式楼梯形式

a）板式楼梯　b）梁板式楼梯

大型构件装配式楼梯构件数量少，装配化程度高，施工速度快，但施工时需要大型的起重运输设备，主要用于大型装配式建筑中。

5.4　楼梯细部处理

梯段在使用过程中磨损大，并且容易受到人为因素的破坏，所以应当对楼梯的踏步面层、踏步细部、栏杆和扶手进行适当的构造处理，以保证楼梯的正常使用。

5.4.1　踏步面层及防滑处理

踏步面层应当平整光滑，耐磨性好。常见的踏步面层有水泥砂浆、水磨石、地面砖、各种天然石材等，公共建筑楼梯踏步的面层经常与走廊地面面层采用相同的材料。面层材料要便于清扫，并且应当具有一定的装饰效果。

由于踏步面层比较光滑，因此要在踏步上设置防滑条，同时起到保护踏步阳角的作用。其设置位置靠近踏步阳角处。常用的防滑条材料有水泥铁屑、金刚砂、金属条（铸铁、铝条、铜条）、陶瓷锦砖及带防滑条缸砖等（图 5-22），防滑条应凸出踏步面 2~3mm，但不能太高，否则会造成行走不便。

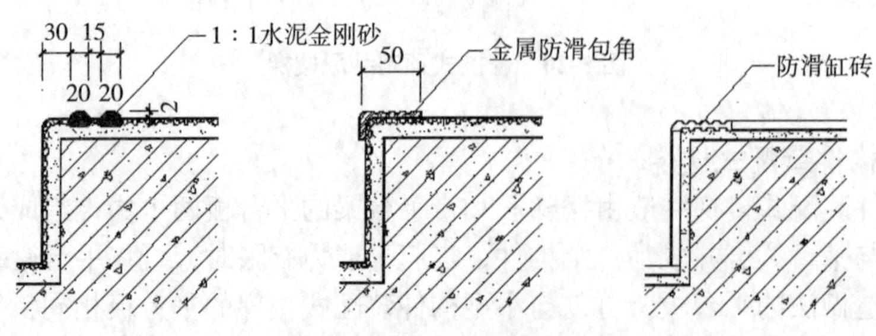

图 5-22　踏步防滑构造示意图

5.4.2　栏杆、栏板和扶手构造

1. 栏杆、栏板形式

栏杆、栏板形式可分为空花式、栏板式、混合式等，需根据材料、经济、装修标准和使用对象的不同进行合理的选择和设计。

空花式楼梯栏杆以栏杆竖杆作为主要受力构件，一般常采用钢材制作，有时也采用木材、铝合金型材、不锈钢材等制作。这种类型的栏杆具有重量轻、轻巧的特点，是楼梯栏杆的主要形式，一般用于室内楼梯。

图 5-23 为部分空花栏杆示例，在构造设计中应保证其竖杆具有足够的强度以抵抗侧向冲击力，杆件形成的空花尺寸不宜过大，以避免不安全感，特别是供少年儿童使用的楼梯，杆件净距不应大于 0.11m。

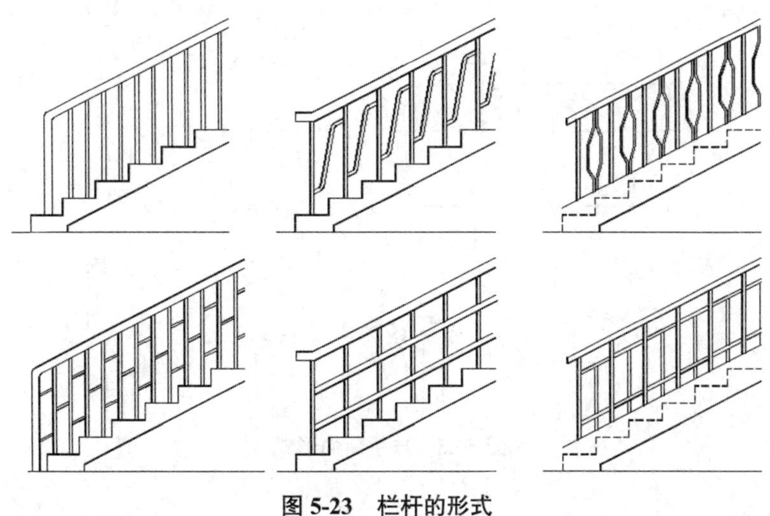

图 5-23　栏杆的形式

栏板式取消了杆件，免去了空花栏杆的不安全因素，但板式构件应能承受侧向推力。栏板材料常采用钢丝网水泥抹灰、现浇栏板、玻璃栏板等。

钢丝网（或钢板网）水泥栏板以钢筋作为骨架，然后将钢丝网或钢板网绑扎，用高强度等级水泥砂浆双面抹灰，这种做法需注意钢筋骨架与梯段构件应有可靠连接。

混合式是指空花式和栏板式两种栏杆形式的组合，栏杆竖杆作为主要抗侧力构件，栏板则作为防护和美观装饰构件，其栏杆竖杆常采用钢材或不锈钢等材料，其栏板部分常采用轻质美观材料制作，如木板、塑料贴面板、铝板、有机玻璃板和钢化玻璃板等，图 5-24 为几种常见做法。

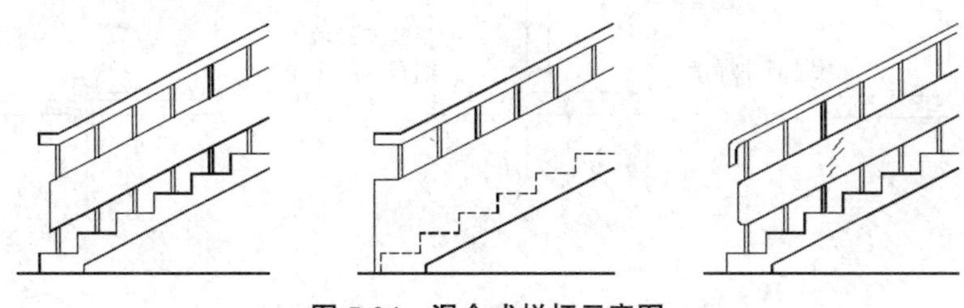

图 5-24　混合式栏杆示意图

2. 扶手形式

楼梯扶手常用木材、塑料、金属管材（钢管、铝合金管、铜管和不锈钢管等）制作，木扶手和塑料扶手具有手感舒适、断面形式多样的优点，使用最为广泛。

木扶手常采用硬木制作；塑料扶手可选用生产厂家定型产品，也可另行设计加工制作；金属管材扶手由于其可弯性，常用于螺旋形、弧形楼梯扶手，但其断面形式较为单一。

扶手断面形式和尺寸的选择既要考虑人体尺度和使用要求，又要考虑与楼梯的尺度关系和加工制作可能性，图 5-25 为几种扶手断面形式。

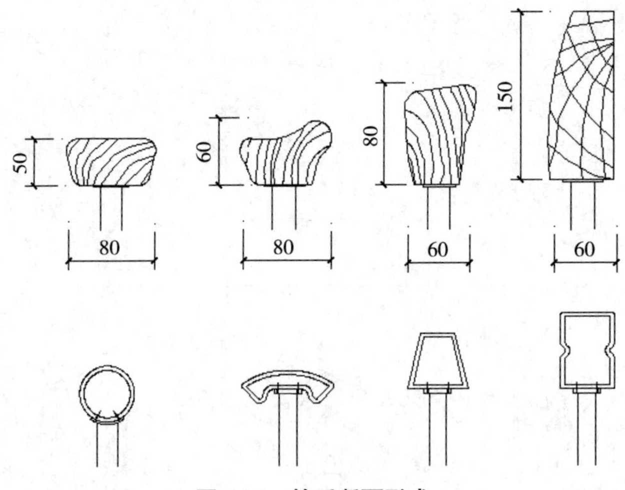

图 5-25　扶手断面形式

3. 栏杆、栏板与扶手的处理形式

（1）栏杆与扶手连接　空花式和混合式栏杆当采用木材或塑料扶手时，一般在栏杆竖杆顶部设通长扁钢与扶手底面或侧面槽口连接，用螺钉固定。金属管材扶手与栏杆竖杆连接一般采用焊接或铆接，采用焊接时需注意扶手与栏杆竖杆用材一致。

（2）栏杆与梯段、平台连接　栏杆竖杆与梯段、平台的连接一般在梯段和平台上预埋钢板焊接或预留孔插接。为了保护栏杆免受锈蚀和增强美观，常常在竖杆下部装设套环，覆盖栏杆与梯段或平台的接头，如图 5-26 所示。

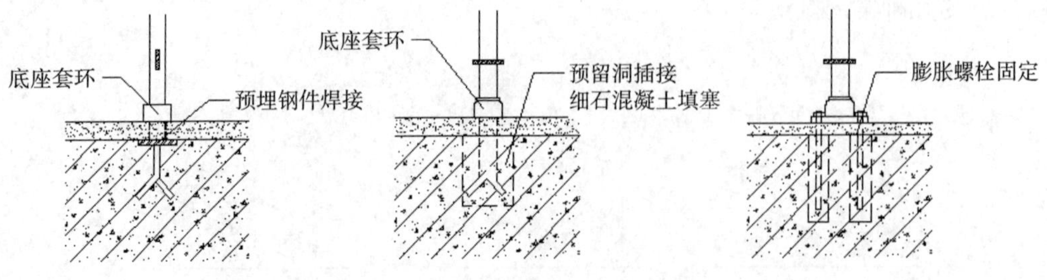

图 5-26　栏杆与楼梯段、平台的连接

（3）栏杆与墙体的连接　当直接在墙上装设扶手时，扶手应与墙面保持 80~100mm 的距离。一般在砖墙上留洞，将扶手连接杆件伸入洞内，用细石混凝土嵌固；当扶手与钢筋混凝土墙或柱连接时，一般采取预埋钢板焊接，如图 5-27 所示。

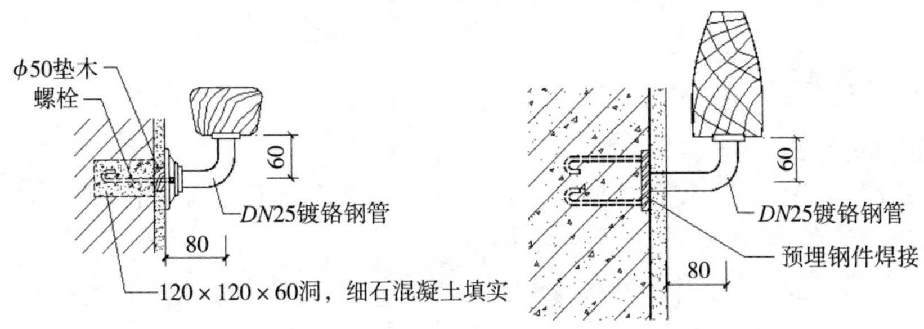

图 5-27　扶手与墙的连接

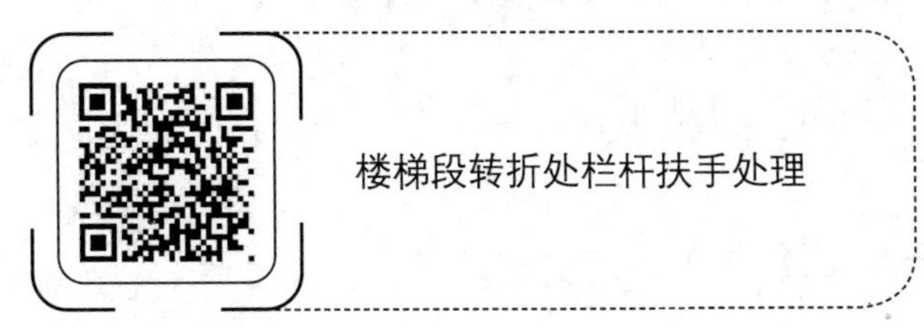

5.4.3　楼梯的基础

首层楼梯的第一段与地面接触处需设基础（即梯基），梯基的做法有两种：一种是梯段支承在钢筋混凝土基础梁上；另一种是直接在梯段下设砖、石材或混凝土基础，当地基持力层较浅时这种做法较经济，但地基的不均匀沉降会影响楼梯（图 5-28）。

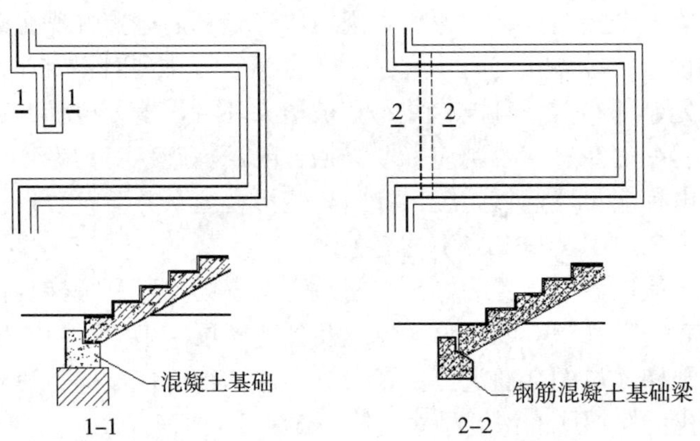

图 5-28　楼梯的基础形式

5.5 电梯与自动扶梯

电梯主要用于层数较多或有特殊需要的建筑（如医院病房楼、多层工业厂房）中；自动扶梯一般用于人流量较大的公共建筑。自动扶梯和电梯不应计作安全疏散设施。

5.5.1 电梯

1. 电梯的类型

按使用性质分类，主要有客梯、货梯，还有在发生火灾等紧急情况下做安全疏散人员和消防人员紧急救援使用的消防电梯。

按电梯行驶速度可分低速电梯（4m/s 以下）、快速电梯（4~12m/s）和高速电梯（12m/s 以上）。

还有其他分类，如按单台、双台分；按轿厢容量分；按电梯门开启方向分等。观光电梯是把竖向交通工具和登高流动观景相结合的电梯，透明的轿厢使电梯内外景观相互沟通。

电梯的平面类型如图 5-29 所示。

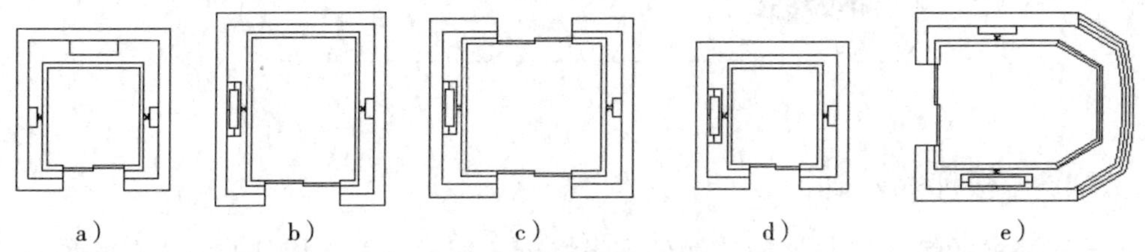

图 5-29 电梯的平面类型

a）客梯 b）专用电梯 c）货梯 d）小型杂物梯 e）观光梯

2. 电梯的设置

电梯不应作为安全出口；电梯台数和规格应经计算后确定并满足建筑的使用特点和要求；电梯的设置，单侧排列时不宜超过 4 台，双侧排列时不宜超过 2 排 ×4 台；电梯不应在转角处贴邻布置，且电梯井不宜被楼梯环绕设置；电梯井道和机房不宜与有安静要求的用房贴邻布置，否则应采取隔振、隔声措施；专为老年人及残疾人使用的建筑，其乘客电梯应设置监控系统，梯门宜装可视窗，并应符合现行国家标准《无障碍设计规范》（GB 50763—2012）的有关规定。

多群组电梯一般以集中布置为好，并使易于发现候梯厅及呼梯装置。分区服务的电梯，始发站要有明显标识，明示分区情况及到达楼层。多组群控电梯的布置，应避免候梯厅成为非乘梯人员的交通过道。多台对列的两组群控电梯，为避免不同楼层区域的乘客相互干扰，候梯厅的深度尺寸应按表 5-3 适当加大。

表 5-3　电梯厅最小深度要求

电梯类别	布置方式	候梯厅深度	备注
住宅电梯	单台	≥ B，且≥ 1.5m	老年居住建筑≥ 1.6m
	多台单侧布置	≥ B_1，且≥ 1.8m	B 为轿厢深度，B_1 为最大轿厢深度，货梯候梯厅深度同单台住宅电梯 本表摘自《住宅设计规范》（GB 50096—2011）、《民用建筑设计统一标准》（GB 50352—2019）、《无障碍设计规范》（GB 50763—2012）
	多台双排布置	≥相对电梯 B_1 之和，且 <3.5m	
一般用途电梯	单台	≥ 1.5B，且≥ 1.8m	
	多台单侧布置	≥ 1.5B_1，且≥ 2.0m 当电梯群为 4 台时应≥ 2.4m	
	多台双排布置	≥相对电梯 B_1 之和，且< 4.5m	
病床电梯	单台	≥ 1.5B	
	多台单侧布置	≥ 1.5B_1	
	多台双排布置	≥相对电梯 B_1 之和	
无障碍电梯	多台或单台	≥ 1.5m	

3. 电梯的组成

电梯由轿厢、电梯井道及控制设备系统三大部分组成。从建筑的角度来说，包括电梯井道、机房、地坑、门套、缓冲层、隔声层等。

（1）电梯井道　电梯井道是电梯垂直运行的通道，电梯井道内除安装轿厢外，还有垂直导轨、平衡锤及缓冲器等。

电梯井道可以用砖砌筑或用钢筋混凝土浇筑而成，在每层楼面应留出门洞，并设置专用门。

井道平面尺寸应根据电梯的型号、机器设备的大小和检修需要来确定，一般井道净尺寸为 1800mm × 2100mm、1900mm × 2300mm、2200mm × 2200mm、2400mm × 2300mm、2600mm × 2300mm、2600mm × 2600mm 等。

（2）电梯机房　电梯机房应有隔热、通风、防尘等措施，宜有自然采光；电梯机房一般设置在电梯井道的顶部，少数设在顶层、底层或地下，如液压电梯的机房位于井道的底层或地下。机房尺寸须根据机械设备尺寸及管理、维修等需要来确定，可向两个方向扩大，一般至少有两个方向每边扩出 600mm 以上的宽度，高度多为 2.5~3.5m，电梯机房与井道的平面关系如图 5-30 所示。

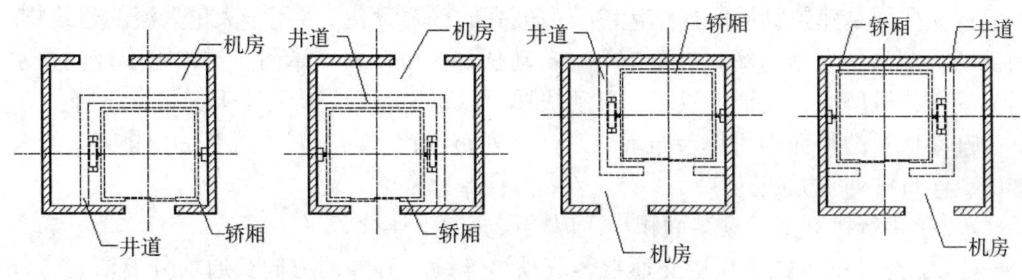

图 5-30　电梯机房与井道的平面关系

（3）地坑 井道内设地坑主要是为检修和缓冲，其尺寸与运行速度有关，通常地坑深度为 1.4~3m。

井道地坑的地面设有缓冲器，以减轻电梯轿厢停靠时与坑底的冲撞。坑底一般采用混凝土垫层，厚度据缓冲器反力确定，地坑壁及地坑底均需做防水处理。消防电梯的井道地坑还应有排水设施。为便于检修，须在坑壁设置爬梯和检修灯槽。坑底位于地下室时，宜从侧面开检修用小门，坑内预埋件按电梯厂要求确定。

4. 消防电梯

消防电梯是在火灾发生时供运送消防人员及消防设备，抢救受伤人员用的垂直交通工具。下列建筑应设消防电梯。

1）一类高层公共建筑。

2）建筑高度大于 32m 的二类高层公共建筑。

3）建筑高度大于 33m 的住宅建筑。

4）5 层及以上且总建筑面积大于 3000m^2（包括设置在其他建筑内 5 层及以上楼层）的老年人照料设施。

5）设置消防电梯的建筑的地下或半地下室，埋深大于 10m 且总建筑面积大于 3000m^2 的其他地下或半地下建筑（室）。

消防电梯应分别设置在不同防火分区内，且每个防火分区不应少于 1 台。符合消防电梯要求的客梯或货梯可兼作消防电梯。消防电梯的行驶速度，应按从首层到顶层的运行时间不超过 60s 计算。消防电梯载重量不应小于 800kg。消防电梯应每层停靠。

5. 无障碍电梯

无障碍电梯的候梯厅深度不宜小于 1.50m，公共建筑及设置病床梯的候梯厅深度不宜小于 1.80m；呼叫按钮高度为 0.90~1.10m；电梯门洞的净宽度不宜小于 900mm；电梯出入口处宜设提示盲道；候梯厅应设电梯运行显示装置和抵达音响。

无障碍电梯的轿厢门开启的净宽度不应小于 800mm；在轿厢的侧壁上应设高 0.90~1.10m 带盲文的选层按钮，盲文宜设置于按钮旁；轿厢的三面壁上应设高 850~900mm 扶手；轿厢内应设电梯运行显示装置和报层音响；轿厢正面高 900mm 处至顶部应安装镜子或采用有镜面效果的材料；轿厢的最小规格为深度不应小于 1.40m，宽度不应小于 1.10m；中型规格为深度不应小于 1.60m，宽度不应小于 1.40m；医疗建筑与老人建筑宜选用病床专用电梯；电梯位置应设无障碍标志。

5.5.2 自动扶梯

自动扶梯是建筑物层间连续运输效率最高的载客设备，多用于大量人流的建筑物，如机场、车站、大型商场、展览馆等。自动扶梯由电动机械牵引，梯级踏步连同扶手同步运行，机房搁置在地面以下，自动扶梯可以正逆运行，既可上升又可以下降。

自动扶梯的平面中可单台布置或双台并列布置；竖向布置形式有平行排列、交叉排列、连贯排列等方式。

（1）平行排列式 安装面积小，但楼层交通不连续。

（2）交叉排列式 楼层交通乘客流动可连续、升降两方向交通均分离清楚，外观豪华，但占地面积大。

（3）连贯排列式　楼层交通乘客流动可以连续。

（4）集中交叉式　乘客流动升降两方向均为连续，且升降客流不发生混乱，安装面积小。

图 5-31 为自动扶梯布置方式的示意图。

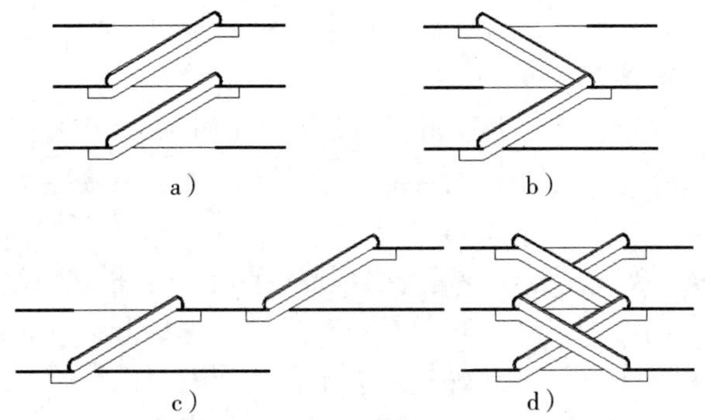

图 5-31　自动扶梯的布置方式

a）平行排列式　b）交叉排列式　c）连贯排列式　d）集中交叉式

自动扶梯的倾斜角不宜超过 30°，额定速度不宜大于 0.75m/s；当提升高度不超过 6.0m，倾斜角小于等于 35° 时，额定速度不宜大于 0.5m/s；当自动扶梯速度大于 0.65m/s 时，在其端部应有不小于 1.6m 的水平移动距离作为导向行程段。

自动扶梯宽度根据建筑物使用性质及人流量决定，一般为 600~1000mm。在人员密集、距离较长的空港、客运港等建筑中，自动扶梯可以做成水平运行或坡度平缓（≤ 12°）的自动人行道。

自动扶梯栏板分为全透明型、透明型、半透明型、不透明型四种。

自动扶梯的机械装置悬在楼板下，楼板应留有足够的安装洞口，楼层下做装饰外壳处理，底层则需做地坑，自动扶梯的基本尺寸如图 5-32 所示。

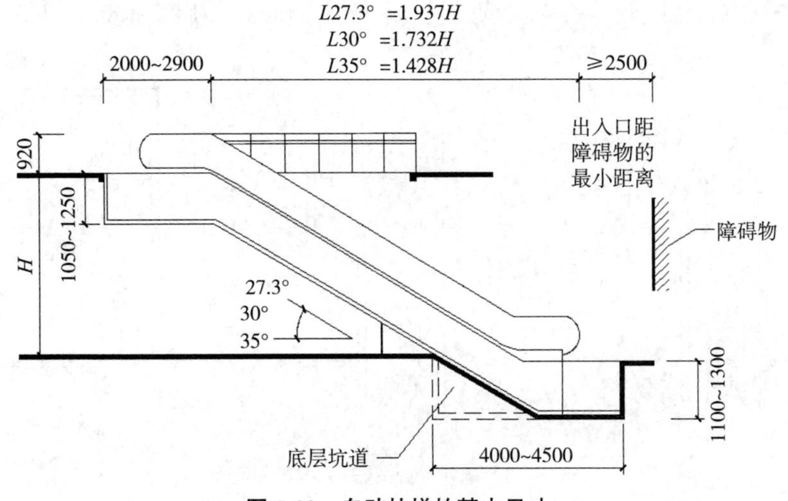

图 5-32　自动扶梯的基本尺寸

自动扶梯应符合下列规定：

1）自动扶梯不应作为安全出口。

2）出入口畅通区的宽度从扶手带端部算起不应小于 2.5m，人员密集的公共场所其畅通区宽度不宜小于 3.5m。

3）扶梯与楼层地板开口部位之间应设防护栏杆或栏板。

4）栏板应平整、光滑和无凸出物；扶手带顶面距自动扶梯前缘、自动人行道踏板面或胶带面的垂直高度不应小于 0.9m。

5）扶手带中心线与平行墙面或楼板开口边缘间的距离：当相邻平行交叉设置时，两梯（道）之间扶手带中心线的水平距离不应小于 0.5m，否则应采取措施防止障碍物引起人员伤害。

6）自动扶梯的梯级、自动人行道的踏板或胶带上空，垂直净高不应小于 2.3m。

出于对防火安全的考虑，在室内每层设有自动扶梯的开口处，四周敞开的部位均须设防火卷帘及水幕喷头，自动扶梯停运时不得计作安全疏散梯。当自动扶梯和层间相通的自动人行道单向设置时，应就近布置相匹配的楼梯。当自动扶梯或倾斜式自动人行道呈剪刀状相对布置时，以及与楼板、梁开口部位侧边交错部位，应在产生的锐角口前部 1.0m 范围内设置防夹、防剪的预警阻挡设施，以保证安全。

5.5.3 其他处理

1. 井道的防火

井道是穿通各层的垂直通道，火灾事故中火焰及烟气容易从中蔓延。因此井道的围护构件应根据有关防火规定进行设计，多采用钢筋混凝土墙。井道内严禁铺设可燃气、液体管道；消防电梯井、机房与相邻电梯井、机房之间应设置耐火极限不低于 2.00h 的防火隔墙，隔墙上的门应采用甲级防火门。

2. 井道的隔声、隔振

为了减轻机器运行时对建筑物产生振动和噪声，应采取适当的隔声和隔振措施。一般情况下，只在机房机座下设置弹性垫层来达到隔声和隔振目的，电梯运行速度超过 1.5m/s，除弹性垫层外，还应在机房或井道间设隔声层，高度为 1.5~1.8m，如图 5-33 所示。

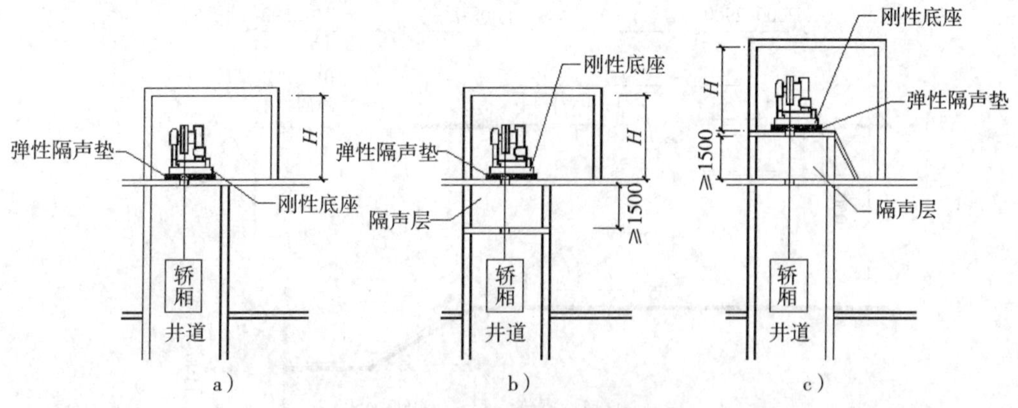

图 5-33 电梯机房隔声、隔振处理

a）设弹性隔声垫 b）设弹性隔声垫和隔声层 c）设弹性隔声垫和隔声层（隔声层凸出机房地面）

此外，电梯井道外侧应避免作为居室，否则应采取合适的隔声措施，最好楼板与井道壁脱离开，另做隔声层；也可以只在井道外加砌混凝土块衬墙。

3. 井道的通风

井道设排烟口的同时，还要考虑电梯运行中井道内的空气流动问题。一般运行速度在 2m/s 以上的乘客电梯在井道的顶部和地坑应有不小于 300mm× 600mm 的通风孔，上部可以和排烟口结合，排烟口面积不小于井道面积的 3.5%，层数较多的建筑，中间也可酌情增加通风孔。

4. 电梯门套

电梯门套装修的构造做法应与电梯厅的装修统一考虑，可用水泥砂浆抹灰，水磨石或木板装修，高级的还可采用大理石或金属装修等。

电梯门一般为双扇推拉门，宽 800~1500mm，有中央分开推向两边、双扇推向同一边两种。推拉门的滑槽安置于门套下楼板边梁上，边梁部分通常处理成牛腿状向井道内挑出，如图 5-34 所示。

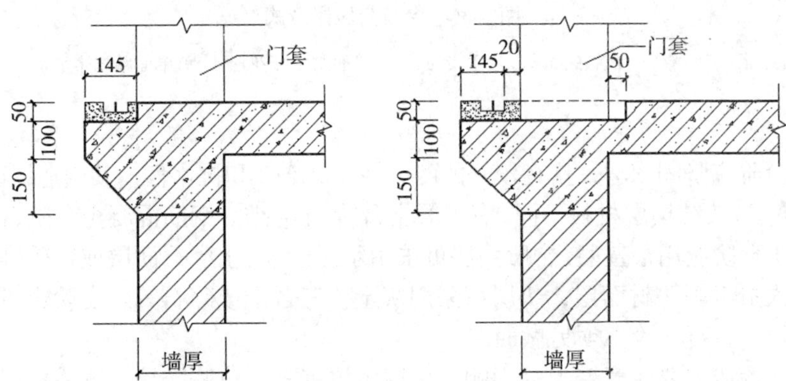

图 5-34　厅门处牛腿部位构造处理

5.6　台阶与坡道

对于建筑物入口处，室内外不同标高地面的交通联系一般多采用台阶，当有车辆通行、室内外地面高差较小或有无障碍要求时，可采用坡道。台阶和坡道在入口处对建筑物的立面具有一定的装饰作用，设计时既要考虑实用，还要注意美观。

5.6.1　台阶的构造

台阶是连接室外或室内的不同标高的楼面、地面，供人行的阶梯式交通道。台阶的坡度比楼梯小，通常不超过 20°。设计时，底层台阶要考虑防水、防冻，楼层台阶要注意与楼层结构的连接。

台阶一般由踏步和平台两部分组成。

公共建筑室内外台阶踏步宽度不宜小于 0.3m，踏步高度不宜大于 0.15m，且不宜小于 0.1m。室内台阶踏步数不宜少于 2 级，当高差不足 2 级时，宜按坡道设置。台阶总高度超过 0.7m 时，应在临空面采取防护设施。踏步应采取防滑措施。

平台位于出入口与踏步之间，起缓冲作用，平台深度一般按照单扇门宽加 500mm 考虑，同时不小于 900mm。为防止雨水积聚或溢水，平台表面宜比室内地面低 20~60mm，并向外找坡 1%~3%，以利排水。

室外台阶的形式有三面踏步式、单面踏步带垂带石、方形石、花池等形式，大型公共建筑还常将可通行汽车的坡道与踏步结合，形成壮观的大台阶，台阶与坡道形式如图 5-35 所示。

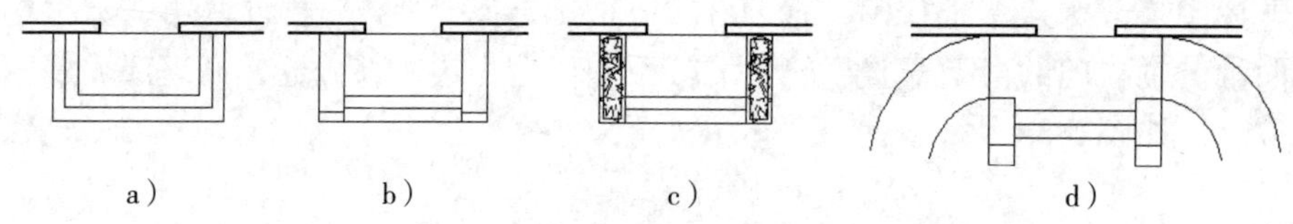

a）　　b）　　c）　　d）

图 5-35　台阶与坡道形式

a）三面踏步　b）单面踏步带垂带石　c）单面踏步带花坛　d）单面踏步带坡道

室外台阶应坚固耐磨，具有较好的耐久性、抗冻性和抗水性，其构造层次为面层、结构层、垫层。按结构层材料不同，有混凝土台阶、石台阶、钢筋混凝土台阶、砖台阶等，其中混凝土台阶应用最普遍。台阶面层可采用水泥砂浆、水磨石面层或缸砖、陶瓷锦砖、天然石及人造石等块材面层；垫层可采用灰土、三合土或碎石等。台阶也可采用毛石或条石砌筑，条石台阶不须另做面层。

台阶在构造上要注意变形的影响。房屋主体沉降、热胀冷缩、冰冻等因素，都有可能造成台阶的变形，常见的是平台向主体倾斜，造成平台的倒返水或某些部位开裂等，解决方法有两种：一是加强房屋主体与台阶之间的联系，以形成整体沉降（将台阶与主体结构相连）；二是将台阶和主体完全断开，加强缝隙节点处理。

在严寒地区，若台阶地基为冻胀土（如黏土、亚黏土），则容易使台阶出现开裂等破坏，对于实铺的台阶，为保证其稳定，可以采用换土法，自冰冻线以下至所需标高换上保水性差的砂、石类土或混凝土做垫层，以减少冰冻影响。

5.6.2　坡道的构造

坡道是连接室外或室内的不同标高的楼面、地面，供人行或车行的斜坡式交通道。坡道多为单面形式，坡道的坡度与使用要求、面层材料和做法有关。室内坡道坡度不宜大于 1∶8，室外坡道坡度不宜大于 1∶10；当室内坡道水平投影长度超过 15.0m 时，宜设休息平台，平台宽度应根据使用功能或设备尺寸所需缓冲空间而定；坡道应采取防滑措施；当坡道总高度超过 0.7m 时，应在临空面采取防护设施；供轮椅使用的坡道应符合现行国家标准《无障碍设计规范》（GB 50763—2012）的有关规定。

坡道与台阶类似，也应采用耐久、耐磨和抗冻性好的材料，一般多采用混凝土坡道，也可采用天然石坡道等。坡道的构造要求和做法与台阶相似，也要注意变形的处理，但由于坡道平缓，故对防滑要求较高，大于 1/8 的坡道需做防滑设施，可设防滑条或做成锯齿形；天然石坡道可对表面做粗糙处理。坡道构造如图 5-36 所示。

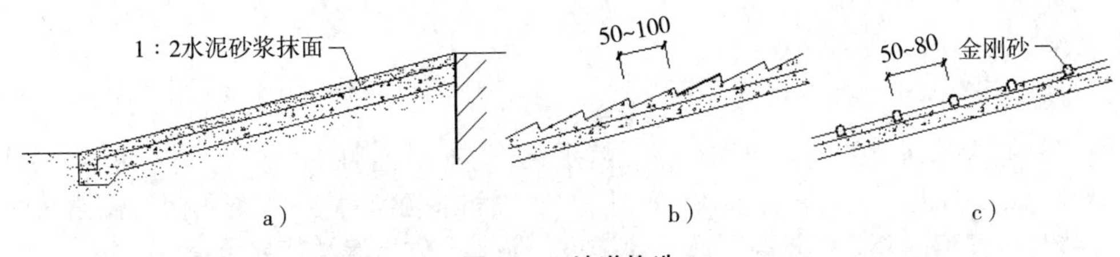

图 5-36　坡道构造

a）混凝土坡道　b）锯齿形坡道　c）防滑条坡道

有高差处的无障碍设计

第 6 章　门窗与遮阳

门窗作为建筑物的围护构件，在保持了建筑空间完整性的同时，更多地体现了其功能性，如交通出入、分隔、联系建筑空间及通风和采光作用等。根据不同的使用条件，还可能具有保温、隔热、隔声、防水、防火、防尘及防盗等功能要求。

设计门窗时应考虑其大小比例、尺度、造型、组合方式，应满足坚固耐用，开启方便，关闭紧密，功能合理，便于维修等要求。

遮阳作为门窗的附属功能，其设计的功能性主要受到地域、气候、文化以及建筑的装饰性限制。

6.1　概述

门窗是建筑物中的一个重要组成部分，在本小节中，将着重讨论门窗的作用、类型、设计要求和布置等内容。

6.1.1　门窗的作用

门是建筑物中的一个重要组成部分，门的主要作用是交通联系和分隔建筑空间，也兼有采光和通风作用。窗的主要作用是采光、通风、日照、眺望。门窗是围护构件，除满足基本使用要求，还应具有保温、隔热、隔声、防护等功能。此外，门窗的设计还直接影响到建筑外观和室内环境的美学效果。

6.1.2　门窗的设计要求

1. 交通要求

在设计中，应根据建筑物的性质、人流量的多少确定门的数量、大小、位置、开启方式与开启方向等，使其满足通行要求。

门的位置要充分考虑到室内人员流动的特点和家具布置的要求。对于面积大、人流量集中的房间，例如剧院观众厅，其门的位置通常均匀设置，以利于迅速安全地疏散人流；对于人数较少的房间，一般要求门向房间内开启，以免影响走廊的交通；使用人数较多的房间，考虑疏散的安全，门应开向疏散方向。

2. 采光、通风要求

采光是为保证生活、工作或生产活动具有适宜的光环境，使建筑物内部使用空间取得的天然光照度满足使用、安全、舒适、美观等要求的措施。通风是为保证生活、工作或生产活动具有适宜的空气环境，采用自然或机械方法，对建筑物内部使用空间进行换气，使空气质量满足卫生、安全、舒适等要求的技术。

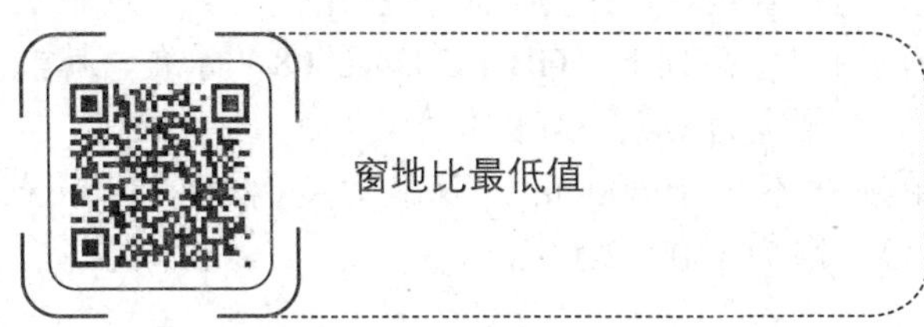

3. 围护方面的要求

门窗在设计时，应考虑保温、隔热、隔声、防护等方面的要求。根据不同地区的特点，选择适当的材料、构造形式可起到较好的围护作用。

4. 美观方面的作用

门窗是建筑物造型的重要组成部分，门窗的尺寸和比例关系对建筑立面影响极大，立面设计中所讲求的“虚实对比”手法，在很大程度上是借助于门窗洞口的数量、排列方式以及相关尺度来体现的。

5. 工业化的要求

门窗的工业化生产对建筑工业化的影响巨大，门窗的形式多样，大小不一，在建筑工业化中，尺寸设计宜符合《建筑模数协调标准》（GB/T 50002—2013）的规定，以适应建筑工业化生产的需要。

6.1.3　门窗的尺寸

1. 门的尺寸

门的尺度通常是指门洞的高宽尺寸。门洞是指墙体上安设门的预留开口。其尺度取决于人的通行要求，家具器械的搬运及与建筑物的比例关系等，并要符合规范关于门窗洞口高度宜采用竖向基本模数和竖向扩大模数数列，且竖向扩大模数数列宜采用 *nM* 的要求。

（1）门的高度　一般民用建筑门的高度不宜小于 2100mm，如门设有亮子时（亮子高度一般为 300~600mm），门洞高度为门扇高加亮子高，再加门框及门框与墙间的缝隙尺寸，即门洞高度一般为 2100~3000mm，公共建筑大门高度可视需要适当提高。

（2）门的宽度

1）单扇门为 700~1000mm。单股人流通行最小宽度一般根据人体尺寸定为 550~600mm，所以门的最小宽度为 600~700mm，如浴厕、储藏室等门的宽度；阳台和厨房的门可为 800mm 宽；大多数房间必须考虑到一人携带物品通行，或者两人通过，因此主要房间的门宽通常为 900~1000mm。

2）双扇门为 1200~1800mm。

3）宽度在 2100mm 以上时，则做成三扇、四扇门或双扇带固定扇的门，因为门扇过宽易产生翘曲变形，同时也不利于开启。

2. 窗的尺寸

为了使窗的设计与建筑设计、工业化和商业化生产，以及施工安装相协调，国家颁布了《建筑门窗洞口尺寸系列》（GB/T 5824-2008）标准。其中，窗洞口的高度和宽度（是指标志尺寸）规定为 1*M*、3*M* 的倍数。

通常平开窗单扇宽不大于 600mm，双扇宽度为 900~1200mm，三扇窗宽度为 1500~1800mm；高度一般为 1500~2100mm。

6.1.4 门窗的类型

1. 按照开启方式分类

（1）门的开启方式 门按其开启方式通常有平开门、弹簧门、推拉门、折叠门、转门、卷帘门等。

1）平开门。平开门是水平开启的门，它的铰链装于门扇的一侧与门框相连，使门扇围绕铰链轴转动。其门扇有单扇、双扇，向内开和向外开之分。平开门构造简单，开启灵活，加工制作简便，易于维修，是建筑中最常见、使用最广泛的门（图 6-1）。

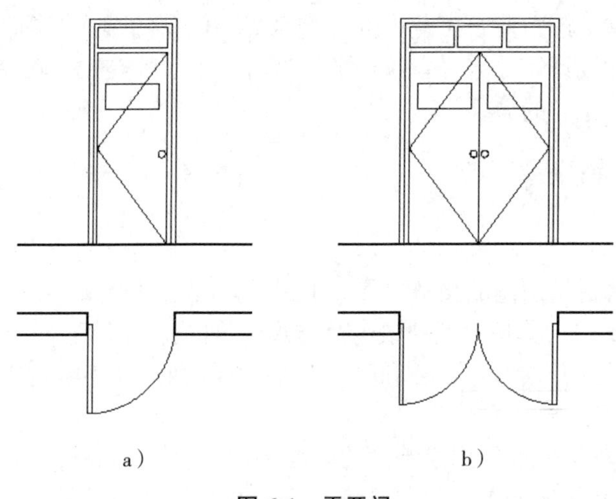

图 6-1 平开门

a）单扇平开门（外开） b）双扇平开门（外开）

2）弹簧门。弹簧门的开启方式与普通平开门相同，不同之处是以弹簧铰链代替普通铰链，借助弹簧的力量使门扇能向内、向外开启并可经常保持关闭。弹簧门使用方便，美观大方，广泛用于商店、学校、医院、办公等，为避免人流相撞，门扇或门扇上部应镶嵌玻璃（图 6-2）。

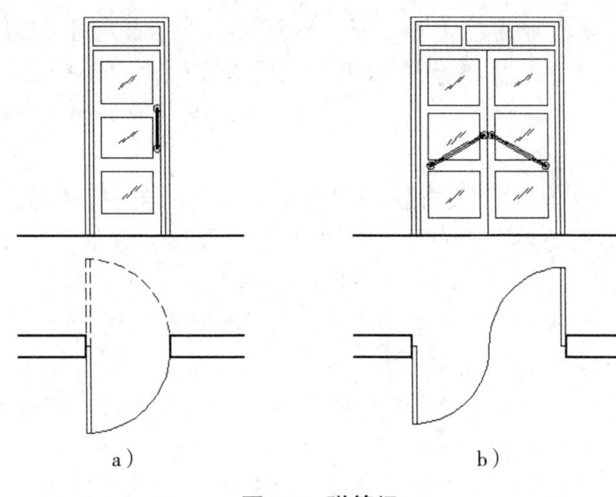

图 6-2　弹簧门

a）单扇弹簧门　b）双扇弹簧门

3）推拉门。推拉门开启时门扇沿轨道向左右滑行，通常为单扇和双扇，也可做成双轨多扇或多轨多扇，开启时门扇可隐藏于墙内或悬于墙外（图 6-3）。

图 6-3　推拉门的设置位置

根据轨道的位置，推拉门可分为上挂式和下滑式（图 6-4）。当门扇高度小于 4m 时，一般采用上挂式推拉门，即在门扇的上部装置滑轮，滑轮吊在门过梁的预埋钢轨（上导轨）上；当门扇高度大于 4m 时，一般采用下滑式推拉门，即在门扇下部装滑轮，将滑轮置于预埋在地面的钢轨（下导轨）上。为使门保持垂直状态下稳定运行，导轨必须平直，并有一定刚度，下滑式推拉门的上部应设导向装置，较重型的上挂式推拉门则在门的下部设导向装置。

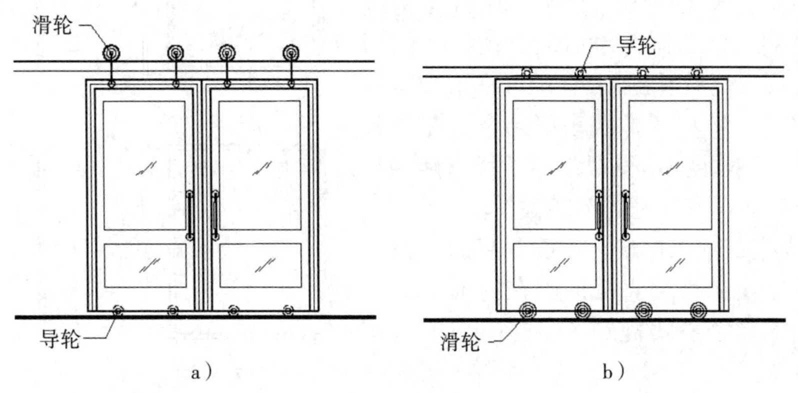

图 6-4　推拉门的形式

a）上挂式推拉门　b）下滑式推拉门

推拉门开启时不占空间，受力合理，不易变形，但在关闭时难以严密，构造也较复杂，较多用于工业建筑中的仓库和车间大门。在民用建筑中，一般采用轻便推拉门分隔内部空间，在人流众多的地方，还可以用光电管或触动式设施等使推拉门自动启闭。

4）折叠门。可分为侧挂式折叠门和推拉式折叠门两种，由多扇门构成，每扇门宽度 500~1000mm，一般以 600mm 为宜，适用于宽度较大的洞口。侧挂式折叠门与普通平开门相似，只是门扇之间用铰链相连而成，当用普通铰链时，一般只能挂两扇门，不适用于宽大洞口，如侧挂门扇超过两扇时，则需使用特制铰链。

推拉式折叠门与推拉门构造相似，在门顶或门底装滑轮及导向装置，每扇门之间连以铰链，开启时门扇通过滑轮沿着导向装置移动。折叠门开启时占用空间少，但构造较复杂，一般用作商业建筑的门。

5）转门。转门是由两个固定的弧形门套和垂直旋转的门扇构成，门扇可分为两扇、三扇或四扇，绕竖轴旋转。转门对隔绝室外气流有一定作用，可作为寒冷地区公共建筑的外门，但不能作为疏散门。当设置在疏散口时，需在转门两旁另设疏散用门。转门构造复杂，造价高，不宜大量采用。

6）卷帘门。卷帘门的门扇由金属页片、木页片或金属空格组成，开启时由门洞上部的卷动转轴将门扇页片或空格卷起，可用电动或人力操作。当采用电动时，也必须考虑停电时手动操作的可能性。

卷帘门不占室内空间，常用于非频繁开启的高大门洞，加工制作和安装要求较高，对于厂房、库房、商店门面等使用较多。

7）上翻门。适用于不经常开关的车库门，可利用上部空间，不占用使用面积。五金和安装要求高。

8）升降门。适用于空间较高的工业建筑，一般不经常开关。须设传动装置及导轨。

（2）窗的开启方式

1）平开窗。铰链安装在窗扇一侧与窗框相连，向外或向内水平开启，有单扇、双扇、多扇以及向内开与向外开之分。平开窗构造简单，开启灵活，制作维修均方便，在民用建筑中使用较广泛（图 6-5）。现在平开窗扇和窗框之间一般均用橡胶密封压条，在门窗扇关闭后，橡胶压条压得很紧，几乎没有空隙，很难形成对流，有较好的节能效果。

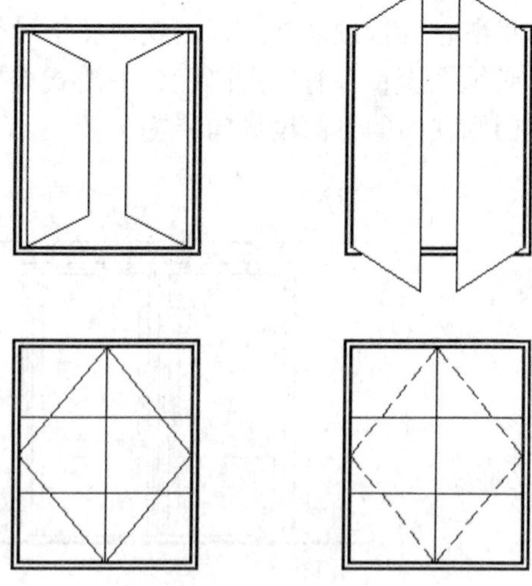

图 6-5　平开窗

a）外开窗　b）内开窗

2）固定窗。无窗扇、不能开启的窗为固定窗，固定窗的玻璃直接嵌固在窗框上。固定窗构造简单，密闭性好，多与门亮子和开启窗配合使用。

3）悬窗。根据铰链和转轴位置的不同，可分为上悬窗、中悬窗和下悬窗。

上悬窗铰链安装在窗扇的上边，一般向外开，防雨好，多用作外门和窗上的亮子；下悬窗铰链安在窗扇的下边，一般向内开，通风较好，但不防雨，一般不能用作外窗；中悬窗是在窗扇两边中部装有水平转轴，窗扇绕水平轴旋转，开启时窗扇上部向内，对挡雨、通风有利，并且开启易于机械化，故常用作大空间建筑的高侧窗（图 6-6）。

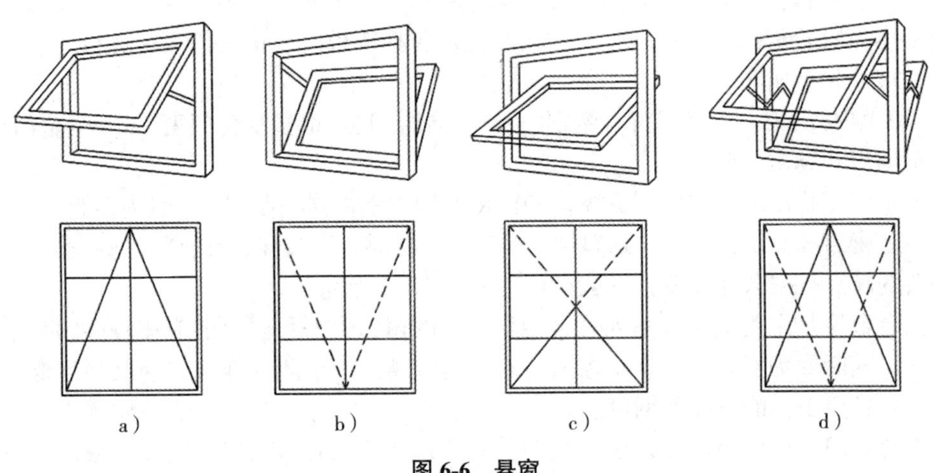

图 6-6　悬窗

a）上悬窗　b）下悬窗　c）中悬窗　d）联动上下悬窗

4）立旋窗。这是一种可以绕竖轴转动的窗，竖轴沿窗扇的中心垂线而设，或略偏于窗扇的一侧。这种窗可以引导风向，通风效果好，但不够严密，防雨、防寒性能差（图 6-7）。

5）推拉窗。可以左右或者垂直推拉的窗（图 6-8）。水平推拉窗须上下设轨槽，垂直推拉窗须设滑轮和平衡重。推拉窗开关时不占室内空间，但推拉窗不能全部同时开启，可开面积最大不超过 1/2 的窗面积。水平推拉窗扇受力均匀，所以窗扇尺寸可以较大，但五金配件相对价格较高。

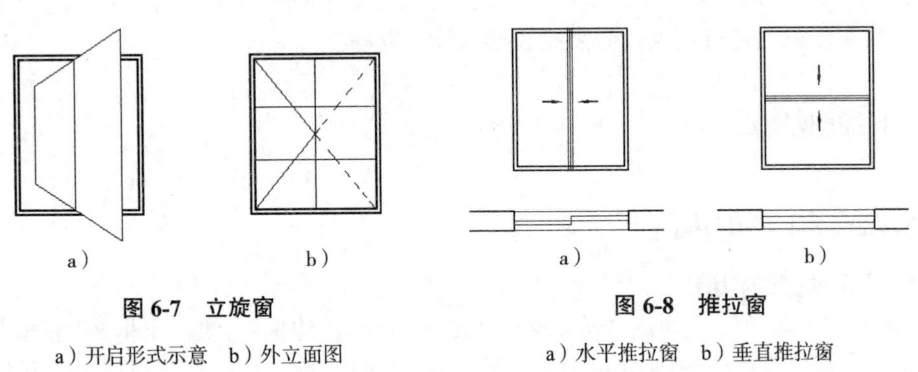

图 6-7　立旋窗

a）开启形式示意　b）外立面图

图 6-8　推拉窗

a）水平推拉窗　b）垂直推拉窗

6）百叶窗。利用木质或金属薄片作为百叶片遮挡阳光和视线，通风效果好，用于需要通风的房间或者遮阳地区。

2. 按照制作材料分类

（1）木门窗 因为易于取材且便于加工，木材是传统的门窗用料。木材的热导率低，隔热保温性能较好，但木材本身易变形会引起气密性不良，又属于易燃材料，所以现在木门窗慢慢被新型材料门窗替代。

木门种类较多，大致可分为三类：木质普通门、木质工艺门和镶嵌门。木质普通门包括木质胶合板门、拼板门等；木质工艺门包括镶板门、拼纹门等；镶嵌门的镶嵌材料有玻璃、金属花饰等。

（2）型材门窗 型材门窗有塑钢门窗、铝合金门窗、铝塑复合门窗、木塑复合门窗、玻璃钢门窗、钢木门窗等。

塑钢门窗是用硬质塑料制成窗框和窗扇并用型钢加强而制成，一般为多腔式结构，其优点是密封和热工性能好、耐腐蚀、不变形，材料色彩多样，具有很好的发展前景。但塑料的缺点是耐久性较差，一般设计寿命为10~20年。

铝合金窗是采用铝镁硅系列合金钢材制成的窗，也是我国目前应用较多的基本窗型之一，其断面为空腹。铝合金窗质量轻、挺拔精致、密闭性能好，但其强度低、易变形，并且热工性能不如塑钢窗。

铝合金门主要用于商业建筑和大型公共建筑物的主要出入口，表面呈银白色或深青铜色，给人以轻松、舒适的感觉。

铝塑复合门窗也称断桥铝门窗，采用隔热断桥铝型材和中空玻璃，具有节能、隔声、防噪、防尘、防水等功能。断桥铝门窗的传热系数K值为2W/（m^2·K）以下，比普通门窗热量散失减少一半，可降低取暖费用30%左右，隔声量达29dB以上，水密性、气密性良好。

木塑复合门窗将塑料与木材复合作为门窗框材料，传热系数可达1.72W/（m^2·K），隔声量达30.5dB。

玻璃钢门窗抗老化、高强度、耐腐蚀，玻璃钢型材的空腹腹腔内不用钢板作为内衬，不需要任何单体材料辅助增强，完全依靠自身结构支撑。玻璃钢门窗寿命长，与建筑物基本同寿命，可减少更换门窗的麻烦，节省开支。

（3）玻璃门窗 玻璃门窗便于大面积自然采光。

（4）钢筋混凝土门 此类门主要用于人防工程等特殊场合。用于人防地下室的密闭门较多，缺点是自重大，必须妥善解决连接问题。

6.2 门窗构造

6.2.1 木门窗的构造

1. 平开木窗的构造

木窗主要是由窗框、窗扇、五金及附件组成。窗框由边框、上框、下框、中横框（中横档）、中竖框组成；窗扇由上冒头、下冒头、边梃、窗芯、玻璃等组成。窗五金零件有铰链、风钩、插销等；附件有贴脸、筒子板、盖缝条等。

（1）窗框

1）窗框的安装。窗框位于墙和窗扇之间，木窗窗框的安装方式有两种，一种是窗框和窗扇分离安装，另一种成品窗安装。分离安装也有两种方法，其一是立口法，即先立窗框，后砌墙，为使窗框与墙体连接得紧固，应在窗口的上下框各伸出 120mm 左右的端头，俗称“羊角”或“走头”。其二是先砌筑墙体，预留窗洞，然后将窗框塞入洞口内，即塞口法。不论是立口法还是塞口法，都要等墙体建完后再进行窗扇的整修和安装。

成品窗的安装方式是窗框和窗扇在工厂中生产，预先装配成完整的成品窗，然后将成品窗塞口就位固定，将周边缝隙密封。

窗框在墙洞口中的安装位置有三种（图 6-9）：一是与墙内表面平（内平）；二是位于墙厚的中部（居中），在北方墙体较厚，窗框的外缘多距外墙外表面 120mm（1/2 砖）；三是与墙外表面平（外平），外平多在板材墙或外墙较薄时采用。

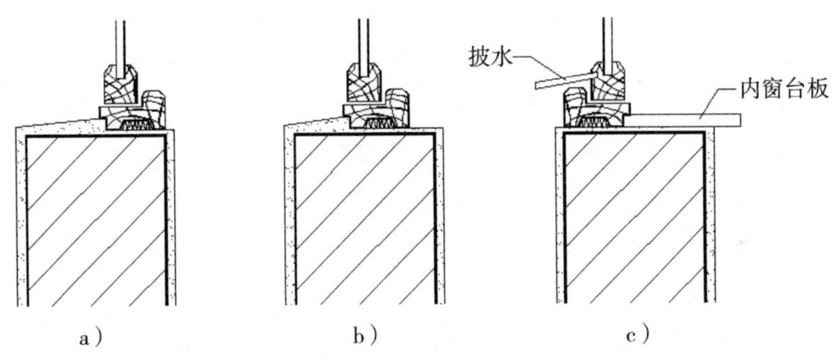

图 6-9　窗框在墙中的位置关系

a）窗框内平　b）窗框居中　c）窗框外平（内开窗用）

2）窗框的断面形状和尺寸。常用木窗框断面形状和尺寸主要应考虑横竖框连接和受力的需要；框与墙、扇结合封闭（防风）的需要，防变形和最小厚度处的劈裂等。一般窗扇与窗框之间既要开启方便，又要关闭紧密，通常在窗框上做裁口，深为 10~12mm，为了提高防风雨的能力，可以适当提高裁口深度（约 15mm），或在裁口处订密封条，或在窗框背面留槽，形成空腔。

木窗的用料采用经验尺寸，南北各地略有差异。单层窗窗框用量较小，一般为（40~60）mm×（70~95）mm；双层窗窗框用料稍大，一般为（45~60）mm×（100~120）mm。

3）墙与窗框的连接。墙与窗框的连接主要应解决固定和密封问题，温暖地区墙洞口边缘采用平口，施工简单；在寒冷地区的有些地方常在窗洞两侧外缘做高低口（图 6-10），以增强密闭效果。木窗框的两侧外角做裁口，可以增强窗框与抹灰的结合与密封，框墙间可填塞松软弹性材料，增强密封程度，如防风毛毡、麻丝或聚乙烯泡沫棒材、管材等封闭型弹性材料。木窗框靠墙面可能受潮变形，且不宜干燥，所以当窗框宽超过 120mm 时，背面应做凹槽，以防卷曲，并做沥青防腐处理。

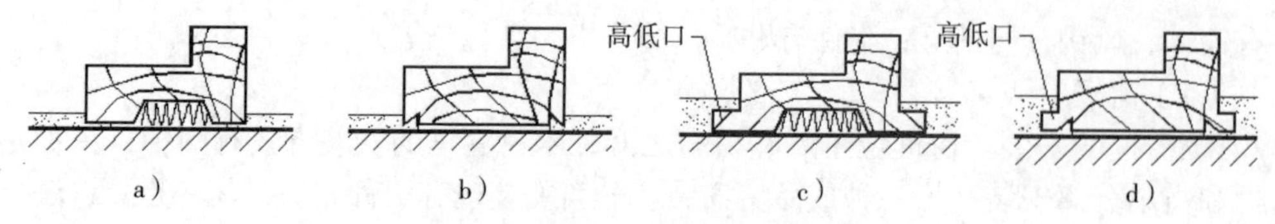

图 6-10　窗框与墙缝隙的构造处理

a）平口、背面开槽　b）平口、边缘裁口　c）高低口、背面开槽　d）高低口、边缘裁口

木窗框与墙体之间的固定方法视墙体的材料而异，砖墙常用预埋木砖固定窗框；先立口施工法也可以先在窗框外固定钢脚；混凝土墙体常用预埋木砖或预埋螺栓、钢件固定窗框。

（2）窗扇　平开窗扇常见的种类有玻璃扇、纱扇、百叶扇等，玻璃窗扇应用最为普遍。

1）玻璃窗扇的断面形式与尺寸。玻璃窗扇的窗梃和冒头断面约为 40mm×55mm，窗芯断面尺寸约为 40mm×30mm。窗扇也要有裁口，以便安装玻璃，裁口宽不小于 14mm，高不小于 8mm。为减少挡光，在裁口的另一侧做成有一定坡度的线脚，为了使窗扇关闭紧密，两窗扇的接缝处一般做高低缝盖口，必要时加钉盖缝条。

内开的窗扇为防止雨水流入室内，在下冒头处应设披水条，同时窗框上应设积水槽和排水孔，披水条板常用木材制作，也可用镀锌钢板。

2）玻璃的选择及安装。多层建筑风压不大，单块玻璃面积可以控制在 0.8m² 以内，若尺寸过大时，应采用 4mm 或 5mm 的较厚玻璃，同时应加大窗扇各杆件用料的断面尺寸，以增强窗扇刚度。

窗玻璃可根据不同要求，选择磨砂玻璃、压花玻璃、夹丝玻璃、吸热玻璃、有色玻璃、镜面反射玻璃等各种不同特性的玻璃。玻璃用富有弹性的玻璃密封膏在玻璃外侧密封，有利于排除雨水和防止渗漏。

（3）窗用五金配件　平开木窗常用五金配件有合页（铰链）、插销、撑钩、拉手和铁三角等，采用品种根据窗的大小和装修要求而定。

合页又称铰链或折页，是连接窗扇与窗框的零件，借助于合页，窗扇可以固定在窗框上自由开启。合页有普通合页、抽心合页及长脚合页之分，抽心合页易于装卸窗扇，便于擦洗和维修；长脚合页开启角度大，能贴平墙身。

插销和撑钩为固定窗扇的零件，拉手为开关窗扇用，铁三角则用于加固窗扇冒头与边挺的连接处。

2. 平开木门的构造

门由门框、门扇、亮子、五金零件及附件组成。木门框由上框、边框、中横框、中竖框组成，一般不设下框；门扇有镶板门、夹板门、拼板门、玻璃门、百叶门和纱门等；亮子位于门的上方，起辅助采光及通风的作用；有时还设有贴脸板和筒子板等附件（图 6-11）。

（1）门框　门框是由两个竖向边框和上部横框组成的，门上设亮子时还有中横框，两扇以上的门还设有中竖框，有时根据需要下部还设有下框（一般称为门槛），设门槛时有利于保温、隔声、防风雨，无门槛时有利于通行和清扫。

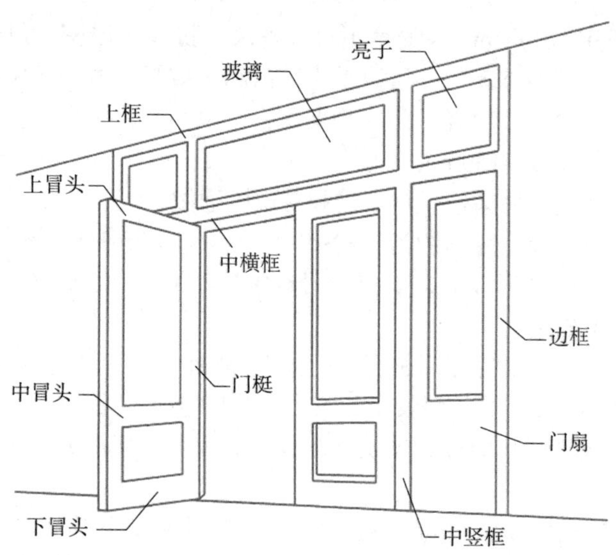

图 6-11　木门的组成

门框断面尺寸与门的总宽度、门扇类型、厚度、重量及门的开启方式等有关。一般单、双扇平开门，用于内门时可采用 57mm × 85mm，用于外门时为 57mm × 115mm；四扇门边框为 57m ×（125~145）mm，中竖框加厚为 75mm；采用自由门时，门框应加厚，一般为 67mm ×（125~145）mm，中竖框则为 85mm ×（125~145）mm。

门框的安装与窗框的安装相似，也是有立口和塞口两种方法，只是两边框的下端应埋入地面；设门槛时，部分门槛埋入地面。

（2）门扇　门扇的种类很多，如镶板门、夹板门、拼板门、玻璃门、百叶门和纱门等（图 6-12）。

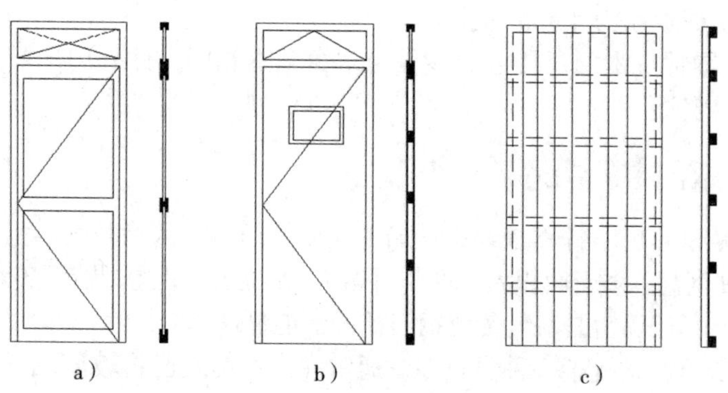

图 6-12　几种门扇示意图

a）镶板门　b）夹板门　c）拼板门

1）镶板门。镶板门应用较为广泛，其门扇的构造简单，加工制作方便，适用于一般民用建筑的内门和外门。

镶板门门扇的骨架由边梃、上冒头、中冒头、下冒头组成，在骨架内镶门芯板，门芯板可为木板、胶合板、硬质纤维板、玻璃、百叶等。

木门芯板一般用10~15mm厚的木板拼成整块，拼缝要严密，以防止木材干缩露缝；当采用玻璃时，即为玻璃门，可以是半玻门和全玻门；若门芯板换成塑料纱（或钢纱），即为纱门，由于纱门轻，门扇骨架用料可以小些，边框与上、中冒头可采用30~70mm，下冒头采用30~150mm。

门芯板与框的镶嵌可用暗槽、单面槽和双边压条做法。

门扇边梃和上冒头断面尺寸约为（40~50）mm×（100~120）mm，下冒头加大至（40~50）mm×（170~200）mm，以减少门扇变形。随着门芯板材料不同，门扇骨架断面应按照具体情况确定。

门扇的安装通常在地面完成后进行，门扇下部距地面应留出5~8mm缝隙。

2）夹板门。夹板门是用断面较小的方木做成骨架，然后两面粘贴面板而成。门扇面板可采用胶合板、塑料面板和硬质纤维板。面板和骨架形成一个整体，共同抵抗变形。

夹板门的骨架一般用厚30mm、宽30~60mm的木料做边框，中间的肋条用厚约30mm、宽10~25mm的木条，可以是单向排列、双向排列或密肋形式，间距一般为200~400mm，为使门扇内通风干燥，避免因内外温、湿度差而产生变形，在骨架上须设通风孔，为节约木材，也可用蜂窝形浸塑纸来代替肋条。夹板门的形式可以是全夹板门、带玻璃或带百叶门。

由于夹板门构造简单，可利用小料、短料，自重轻，外形简单，便于工业化生产，在一般民用建筑中被广泛用作建筑的内门，但不宜用于建筑的外门和公共浴室等湿度较大的房间门。

3）拼板门。拼板门的门扇由骨架和条板组成。有骨架的拼板门称为拼板门，而无骨架的拼板门称为实拼门。

拼板厚12~15mm，其骨架断面尺寸为（40~50）mm×（95~105）mm；无骨架拼板门（实拼门）的板厚为45mm左右。

（3）五金零件 木门所用五金零件与木窗基本相同，此外门还要加设门锁和拉手等，在此不再赘述。

6.2.2 彩板门窗的构造

彩板门窗是以彩色镀锌钢板经机械加工而成的门窗，因涂敷耐候型高抗蚀面层，具有质量轻、硬度高、采光面积大、防尘、隔声、保温密封性好、造型美观、色彩绚丽、耐腐蚀等特点。彩板门窗是替代传统钢门窗的节能型门窗。

彩板门窗断面形式复杂，种类较多，通常在出厂前就已将玻璃装好，在施工现场进行成品安装。

彩板门窗目前有两种类型，即带副框和不带副框的两种。当外墙面为花岗石、大理石等贴面材料时，常采用带副框的门窗。安装时，先用自攻螺钉将连接件固定在副框上，并用密封胶将洞口与副框及副框与窗樘之间的缝隙进行密封（图6-13）。当外墙装修为普通粉刷时，常用不带副框的做法，即宜用膨胀螺钉将门窗樘子固定在墙上（图6-14）。

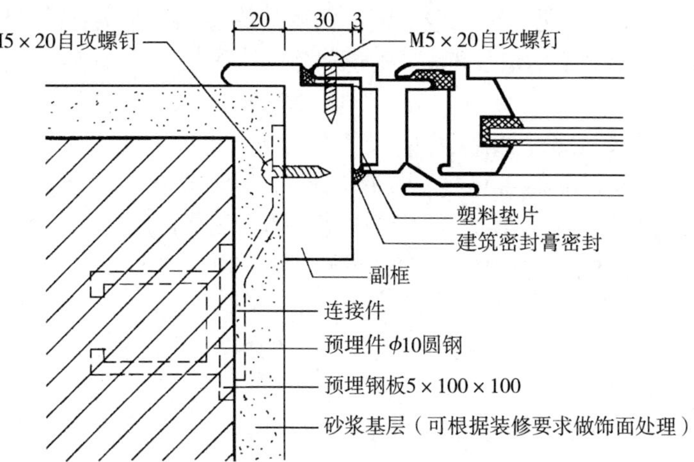

图 6-13　带副框彩板门窗

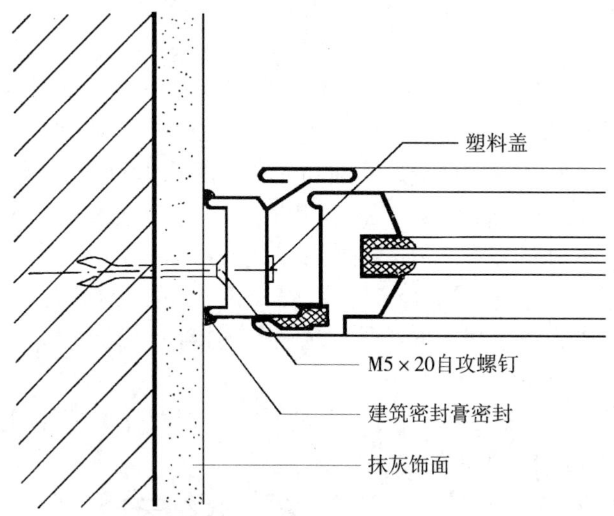

图 6-14　不带副框彩板门窗

6.2.3　铝合金及塑钢门窗的构造

随着建筑的发展，木门窗、钢门窗已不能满足现代建筑对门窗的越来越高的要求，铝合金门窗、塑料门窗以其用料省、质量轻、密闭性好、耐腐蚀、坚固耐用、色泽美观、维修费用低而得到广泛的应用。

1. 铝合金门窗的构造

（1）铝合金门窗的特点

1）质量轻。铝合金门窗用料省、质量轻，较钢门窗轻 50% 左右。

2）性能好。密封性好，气密性、水密性、隔声性、隔热性均较钢、木门窗有显著的提高。因此，在装设空调设备的建筑中，对防火、隔声、保温、隔热等有特殊要求的建筑中，以及多台风、多暴雨、多风沙地区的建筑中更适合用铝合金门窗。

3）耐腐蚀、坚固耐用。铝合金门窗不需要外涂涂料，氧化层不褪色、不脱落，表面不需要维修；铝合金门窗强度高，刚度大，坚固耐用，开闭轻便灵活，无噪声，安装速度快。

4）色泽美观。铝合金门窗框料型材表面经过氧化着色处理后，既可保持铝材的银白色，又可以制成各种柔和的颜色或带色的花纹，如古铜色、暗红色、黑色等。还可以在铝材表面涂刷一层聚丙烯酸树脂保护装饰膜，制成的铝合金门窗造型新颖大方，表面光洁，外形美观、色泽牢固，增加了建筑立面和内部的美观。

（2）铝合金门窗的设计要求

1）应根据使用和安全要求确定铝合金门窗的风压强度性能、雨水渗漏性能、空气渗透性能综合指标。

2）组合门窗设计宜采用定型产品门窗作为组合单元。非定型产品的设计应考虑洞口最大尺寸和开启门窗扇最大尺寸的选择与控制。

3）外墙门窗的安装高度应有限制。通常，外墙铝合金门窗安装高度小于等于60m（不包括玻璃幕墙），层数小于等于20层；若高度大于60m或层数大于20层，则应进行更细致地设计，必要时还应进行风洞模型试验等。

（3）铝合金门窗框料系列 系列名称是以铝合金门窗框的厚度构造尺寸来区别各种铝合金门窗的称谓，如：平开门门框厚度构造尺寸为50mm宽，即称为50系列铝合金平开门，推拉窗框厚度构造尺寸90mm宽，即称为90系列铝合金推拉窗等。

铝合金门窗设计通常采用定型产品，选用时应根据不同地区、不同气候、不同环境、不同建筑物的不同使用要求，选用不同的门窗框系列。

（4）铝合金门窗的安装 铝合金门窗是表面处理过的铝材经下料、打孔、铣槽、攻螺纹等加工，制作成门窗框料的构件，然后与连接件、密封件、开闭五金件一起组合装配成门窗（图6-15）。

门窗安装时，将门窗框在抹灰前立于门窗洞口，与墙内预埋件对正，然后用木楔将三边固定，经检验确定门窗框水平、垂直、无翘曲后，用连接件将铝合金框固定在墙（柱、梁）上，连接件固定可采用焊接、膨胀螺栓或射钉等方法。

门窗框固定好后与门窗洞四周的缝隙，一般采用软质保温材料填塞，如泡沫塑料条、泡沫聚氨酯条、矿棉毡条和玻璃丝毡条等，分层填实，外表留5~8mm深的槽口用密封膏密封。这种做法主要是为了防止门、窗框四周形成冷热交换区产生结露，影响防寒、防风的正常功能和墙体的寿命，也影响了建筑物的隔声、

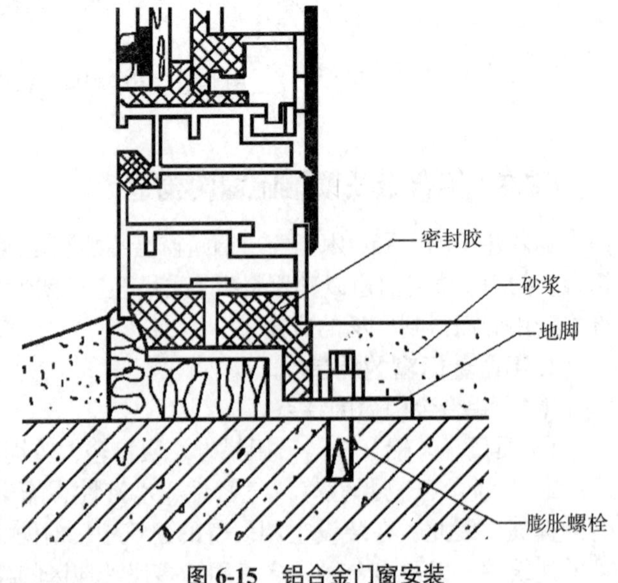

图6-15 铝合金门窗安装

保温等功能，同时避免了门窗框直接与混凝土、水泥砂浆接触，消除了碱性物质对门窗框的腐蚀。

门窗框与墙体等的连接固定点，每边不得少于两点，且间距不得大于 0.7m。在基本风压大于等于 0.7kPa 的地区，不得大于 0.5m；边框端部的第一固定点距端部的距离不得大于 0.2m。

铝合金窗玻璃镶嵌可采用干式装配、湿式装配或混合装配（图 6-16）。

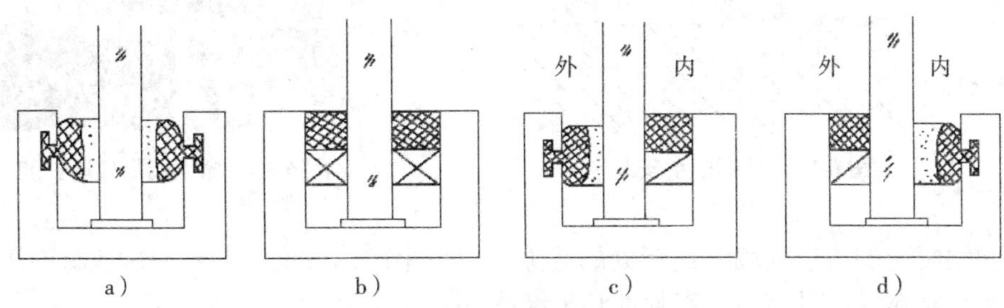

a）　　b）　　c）　　d）

图 6-16　玻璃镶嵌方式

a）干式装配　b）湿式装配　c）混合装配（内侧装玻璃）　d）混合装配（外侧装玻璃）

干式装配是采用密封条嵌入玻璃与槽壁的空隙将玻璃固定；湿式装配是在玻璃与槽壁的空腔内注入密封胶填缝，密封胶固化后将玻璃固定，并将缝隙密封起来；混合装配是一侧空腔嵌入密封条，另一侧空腔注入密封胶填缝密封固定。混合装配分为从外侧安装玻璃和从内侧安装玻璃两种，从内侧安装玻璃时，外侧先固定密封条，玻璃定位后，对内侧空腔注入密封胶填缝固定。湿式装配的水密性能、气密性能均优于干式装配，而且当使用的密封胶为硅酮密封胶时，其寿命远比采用密封条长。

2. 塑钢门窗的构造

塑钢门窗是以聚氯乙烯、改性聚氯乙烯或其他树脂为主要原料，轻质碳酸钙为填料，添加适量助剂和改性剂，经挤压机挤成各种截面的空腹门窗异型材，再根据不同的品种规格选用不同截面异型材料组装而成。由于塑料的变形大、刚度差，一般在型材内腔加入钢或铝等，以增加抗弯能力，即所谓的塑钢门窗，较之全塑门窗刚度更好，质量更轻。

塑钢门窗线条清晰、挺拔，造型美观，表面光洁细腻，不但具有良好的装饰性，而且有良好的隔热性和密封性，其气密性为木窗的 3 倍，铝合金窗的 1.5 倍；热损耗为金属窗的 1/1000；隔声效果比铝合金窗高 30dB 以上。同时，塑料本身具有耐腐蚀等功能，无需涂涂料，可节约施工时间及费用，因此在建筑上得到大量应用，塑钢门安装如图 6-17 所示。

塑钢门窗先在门窗扇型材内侧凹槽内嵌入密封条，并在四周安放橡塑垫衬或垫底，等玻璃安放到位后，再将带密封条的嵌条将其固定压紧，如图 6-18 所示。

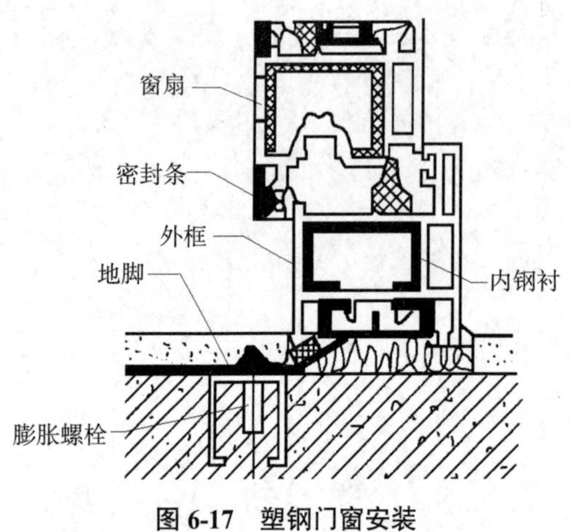

图 6-17　塑钢门窗安装

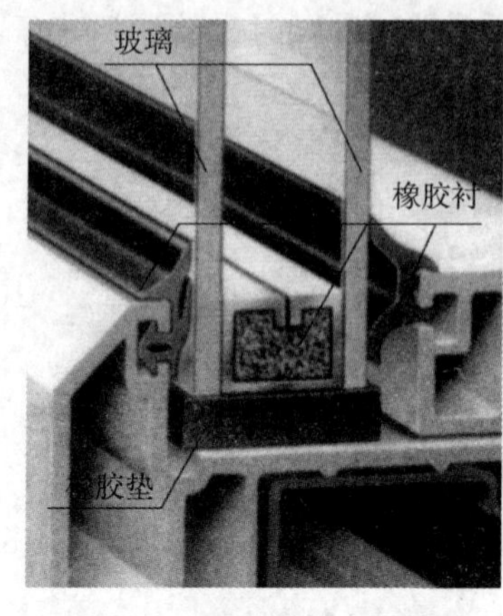

图 6-18　塑钢门窗玻璃安装

塑钢门窗的边框与墙体连接处的缝隙，应采用矿棉或泡沫塑料等软质材料填充，再用密封胶封缝，以提高其密封性和绝缘性。

6.3　遮阳

炎热的夏季，阳光会直接射入室内使室内温度升高，并且产生眩光；室内的过高温度及眩光将直接影响人们的正常工作、学习和生活，遮阳设施是为防止阳光直接进入室内而采取的一种建筑措施。

在窗外设置遮阳设施对室内通风和采光均会产生不利影响，对建筑造型和立面设计也会产生影响，因此，遮阳构造设计时应结合采光、通风、遮阳、美观等统一考虑。

6.3.1　遮阳的类型

建筑遮阳是采用建筑构件或安置设施遮挡进入室内的太阳辐射的措施。遮阳方法很多，如室外绿化、室内窗帘、设置百叶窗等均是有效方法，但对于太阳辐射强烈的地区，特别是朝向不利的墙面上的门窗等洞口，应采用专用遮阳措施。

1. 简易式遮阳

简易式遮阳包括在窗前植树或种植攀缘植物，窗口悬挂窗帘，置百叶窗、挂苇席帘，支撑遮阳篷布等措施（图 6-19）。

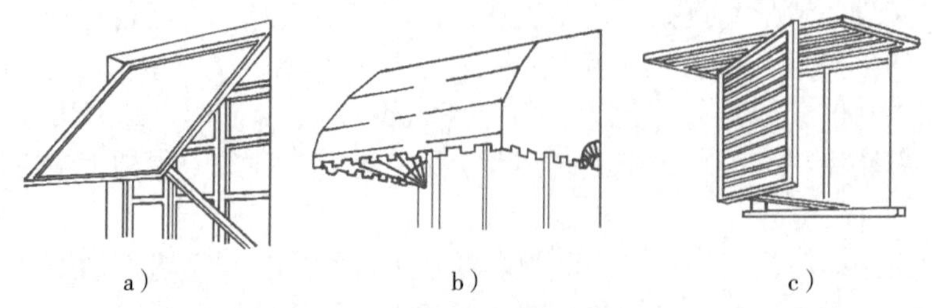

图 6-19　简易式遮阳

a）苇席遮阳　b）篷布遮阳　c）旋转百叶遮阳

此外，还可利用雨篷、挑檐、阳台、外廊及墙面花格进行遮阳。

2. 构件式遮阳

结合窗过梁等构件，在窗前设置遮阳板进行遮阳，形成构件式遮阳。窗户遮阳根据其形状和位置可分为水平遮阳、垂直遮阳、综合遮阳及挡板遮阳四种基本形式，如图 6-20 所示。

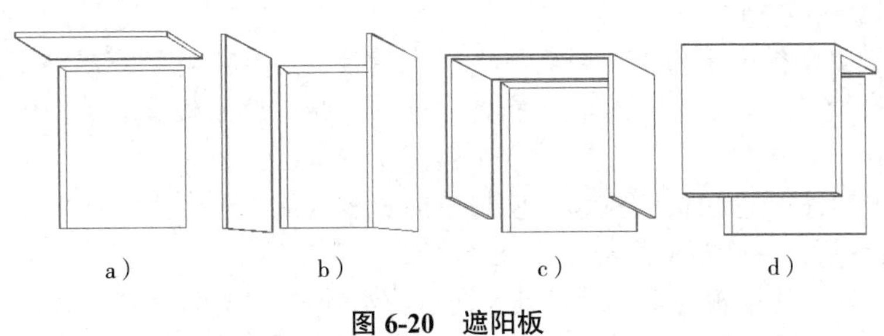

图 6-20　遮阳板

a）水平遮阳　b）垂直遮阳　c）综合遮阳　d）挡板遮阳

（1）水平遮阳　在窗上方设置一定宽度的水平方向的遮阳板，能够遮挡从窗口上方照射来的阳光，适用于南向及偏南向的窗口、北回归线以南的低纬度地区的北向及偏北向的窗口，水平遮阳板可做成实心板也可做成网格板或者百叶板。

（2）垂直遮阳　在窗口两侧设置垂直方向的遮阳板，能够遮挡从窗口两侧斜射过来的阳光。根据阳光的来向可采取不同的做法，如垂直遮阳板可垂直墙面，也可以与墙面形成一定的垂直夹角，垂直遮阳适用于偏东、偏西的南向或北向窗口。

（3）综合遮阳　综合遮阳是水平遮阳和垂直遮阳的综合形式，能够遮挡从窗口两侧及窗口上方射进的阳光，遮阳效果比较均匀，综合遮阳适用于南向、东南向及西南向的窗口。

（4）挡板遮阳　挡板遮阳是在窗口前方离窗口一定距离设置与窗口平行的垂直挡板，垂直挡板可以有效地遮挡高度角较小的正射窗口的阳光，主要适用于西向、东向及其附近的窗口。挡板遮阳遮挡了阳光，但也遮挡了通风和视线，所以遮阳挡板可以做成格栅式或百叶式挡板。

以上四种基本遮阳形式，还可以组合成各种各样的样式，设计时应根据不同的纬度地区、不同的窗口朝向、不同的房间使用要求和建筑立面造型等来选用具体的形式。

6.3.2　遮阳的构造设计

1. 遮阳的构造设计原则

遮阳的效果与遮阳形式、构造处理、安装位置、材料与颜色等因素有很大关系。

1）遮阳板在满足阻挡直射阳光的前提下，可以考虑不同的板面组合，选择对通风、采光、视野、构造和立面处理等要求更为有利的形式。

2）遮阳板的安装位置对防热和通风的影响很大，因此应减少遮阳构件的挡风作用，最好还能起导风入室的作用。

3）为了减轻自重，遮阳构件宜采用轻质材料，活动遮阳板要轻便灵活，以便调节或拆除，材料的外表面对太阳辐射的吸收系数以及内表面辐射系数都要小。遮阳构件的颜色对隔热效果也有影响。遮阳板向阳面应涂以浅色发光涂层，而背光面应涂以较暗的无光泽油漆，避免炫光。

4）活动遮阳的材料现在常用铝合金、塑料制品、玻璃钢和吸热玻璃等。活动遮阳可采用手动或机械控制等方式。

2. 水平遮阳构造

1）水平遮阳板由于阳光照射后将产生大量辐射热会影响到室内温度，为此可将水平遮阳板做在距窗口上方 180mm 高处，这样可减少遮阳板上的热空气被风吹入室内（图 6-21）。

2）为减轻水平遮阳板的重量和使热量能随着气流上升散发，可将水平遮阳板做成空格式百叶板。百叶板格片与太阳光线垂直。

3）实心水平遮阳板与墙面交接处应注意防水处理，以免雨水渗入墙内。

4）当设置多层悬挑式水平遮阳板时，应留出窗扇开启时所占空间，避免影响窗户的开启使用。

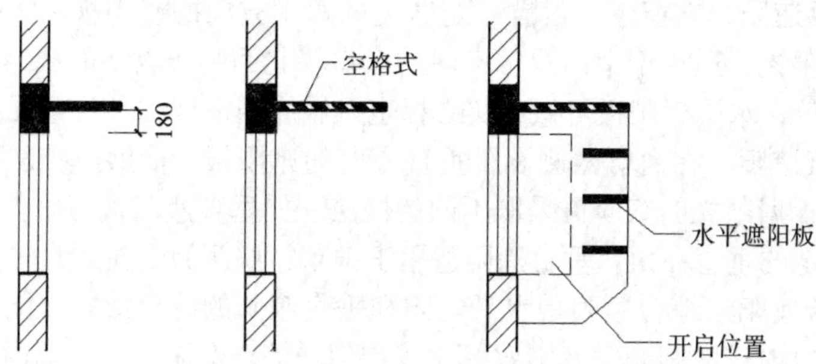

图 6-21　水平遮阳板构造处理示意图

第 7 章　屋顶

屋顶是建筑的重要组成部分，主要起围护作用，用以抵御自然界的风霜雪雨、太阳辐射、气温变化以及其他一些外界的不利因素对内部空间使用的影响。屋顶的形式也是建筑形象的重要部分。

屋顶设计应满足坚固耐久、防水排水、保温隔热、形象美观、抵御外界侵蚀的要求，同时还应自重轻、构造简单、施工方便以及经济等。

7.1　概述

本小节主要讲述屋顶的作用、设计要求、屋顶的分类以及屋顶的排水方式和排水设计等内容。

7.1.1　屋顶的作用及设计要求

屋顶作为建筑物必不可少的组成部分，担负着多重功能（如功能性、结构、建筑艺术等）。屋顶构造设计须满足以下设计要求：

1. 强度和刚度要求

屋顶既是房屋的围护结构，同时又是房屋的承重结构，所以要求其首先要有足够的强度，以承受作用于其上的各种荷载的作用；其次要有足够的刚度，适应主体结构的受力变形和温差变形；承受风、雪荷载的作用不产生破坏；防止过大的变形导致屋面防水层开裂而渗水。

2. 防水排水要求

屋顶应具有良好的排水功能和阻止水侵入建筑物内的作用，屋顶的构造设计主要是依靠“防”和“排”的共同作用来完成防水要求，“防”即用不透水的材料相互搭接而铺满整个屋面，形成一个水无法通过的覆盖层，防止水的渗漏；“排”即利用屋面适宜的坡度，使得降于屋面的水能顺势很快地撤离屋面。无论是平屋面还是坡屋面，都利用了“防”与“排”之间依赖补充的关系，来进行屋面防水排水的构造设计。

3. 保温隔热要求

屋顶作为建筑物最上层的外围护结构，应具有良好的保温隔热性能。在严寒和寒冷地区，屋顶构造设计应主要满足冬季保温，减少建筑物的热损失和防止结露的要求；在温暖和炎热地区，应主要满足夏季隔热，降低建筑物对太阳辐射热的吸收的要求，避免室外高温及强烈的太阳辐射对室内生活和工作的不利影响。我国冬冷夏热地区，在屋顶构造设计中，应同时兼顾冬季保温和夏季隔热的双重要求。

4. 美观要求

屋顶的外形直接影响到建筑物的整体造型，所以在屋顶的构造设计中，对于它的形式及细部处理都应仔细推敲，以同时满足建筑外形美观和使用的要求。在中国的古建筑中，各类特征不同的建筑物就主要体现在变化多样的屋顶外形和装修精美的屋顶细部构造上，在建筑技术日益先进的今天，如何应用新型的建筑结构和种类繁多的建筑材料来处理好屋顶的形式和细部，提高建筑物的整体美观效果，是建筑设计中不容忽视的问题。

5. 其他要求

随着社会的进步和建筑科技的发展，对屋顶提出了更高的要求。如要具有阻止火势蔓延的性能；为改善生态环境，要求能利用屋顶开辟园林绿化空间；现代超高层建筑出于消防扑救的需要，要求能在屋顶设置直升机的停机坪等设施；某些有幕墙的建筑要求在屋顶设置擦窗机轨道；部分“节能型”建筑，需利用屋顶安装太阳能集热器等。

总之，屋面设计时应综合考虑上述各种要求，协调好各要求之间的关系，以期最大限度地发挥屋顶的综合效益。

7.1.2 屋顶的组成与形式

1. 屋顶的组成

屋顶主要解决承重、保温隔热、防水三方面问题。由于各种材料性能上的差异，目前很难用一种材料兼备以上三种功能，因此，形成了屋顶的多层次构造特点，即将承重、保温隔热、防水多种材料叠合在一起，各尽其能。

从某种意义上讲，屋顶属于一种特殊楼层，尤其是对于平屋顶的上人屋面。因此，屋顶的组成具有楼层的基本构造层次（顶棚、结构层、面层）；同时，由于屋顶与室外接触，所以还应当具有围护结构的功能，如防水、排水、保温、隔热、隔声、防火等功能要求，所有这些层次可以简称为浮筑层（或者辅助层）；所以，通常屋顶的基本构造层次可以归纳为顶棚、结构层、辅助层、面层，如图 7-1 所示。

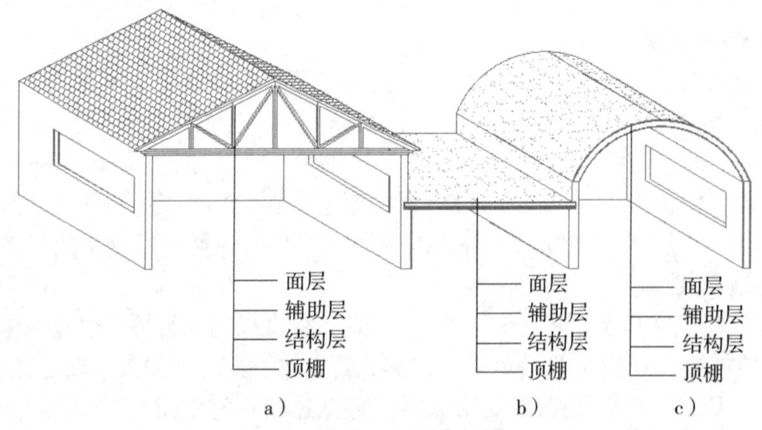

图 7-1 屋顶的基本组成

a）坡屋顶 b）平屋顶 c）曲面屋顶

2. 屋顶的类型

屋顶的形式主要与房屋的使用功能、屋面材料、结构形式、经济及建筑造型要求等有关，并且随地域、民族、宗教、时代和科学技术水平的不同而千差万别，但归纳起来大致可分为以下几个方面。

（1）按功能划分　保温屋顶、隔热屋顶、采光屋顶、蓄水屋顶、种植屋顶等。

（2）按屋面材料划分　钢筋混凝土屋顶、金属屋顶、瓦屋顶、玻璃屋顶等。

（3）按结构类型划分　平面结构，常见的有梁板结构、屋架结构，空间结构，包括折板、壳体、网架、悬索、薄膜等结构。

（4）按外观形式划分　平屋顶、坡屋顶及其他形式屋顶（例如拱形屋顶、壳形屋顶、悬索屋顶、膜结构屋顶等）等多种形式。

1）平屋顶。平屋顶通常是指屋面坡度小于 10% 的屋顶，常用坡度范围为 1%~3% 和 3%~5%。其一般构造是用现浇或预制的钢筋混凝土屋面板作基层，上面铺设卷材防水层或其他类型防水层。

平屋顶是广泛采用的一种屋顶形式，较为经济合理，其主要优点是可以节约建筑空间，提高预制安装程度，加快施工速度。另外，平屋顶还可用作上人屋面，给人们提供一个休闲活动场所，图 7-2 为几种常见的平屋顶形式。

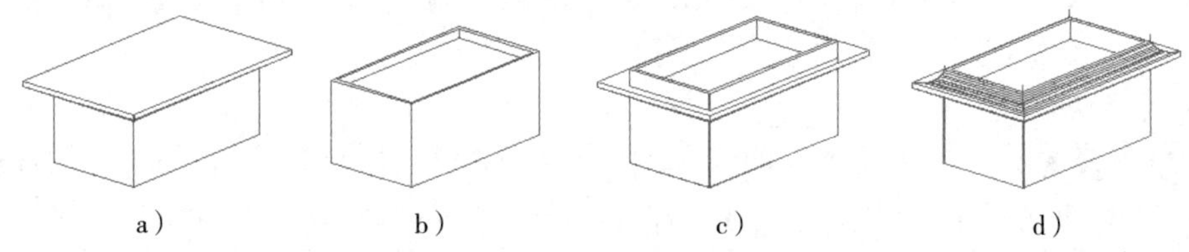

图 7-2　常见的平屋顶形式

a）挑檐　b）女儿墙　c）女儿墙带挑檐　d）盝顶

2）坡屋顶。从防水角度上坡屋顶通常是指屋面坡度大于 10% 的屋顶，是一种传统的屋顶形式，屋顶造型效果丰富，还充分体现了“排防结合”的原则。

坡屋顶在我国有着悠久的历史，它容易就地取材，并且符合传统的审美要求，在现代建筑中也常采用，图 7-3 为几种常见的坡屋顶形式。

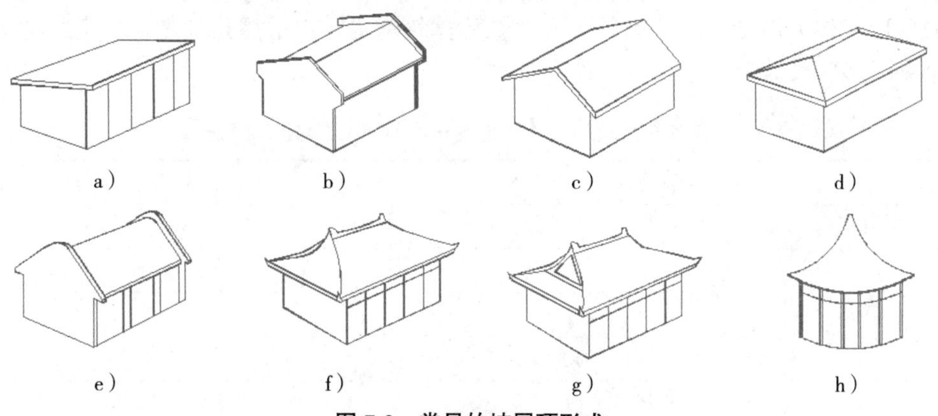

图 7-3　常见的坡屋顶形式

a）单坡屋面　b）硬山双坡屋面　c）悬山双坡屋面　d）四坡屋面　e）卷棚屋面　f）庑殿　g）歇山　h）圆攒尖顶

3）其他形式的屋顶。随着建筑科学技术的发展，出现了许多新型的空间结构形式，也相应出现了许多新型的屋顶形式，如拱结构、薄壳结构、悬索结构和网架结构等，这类屋顶一般用于较大体量的公共建筑，如图 7-4 所示。

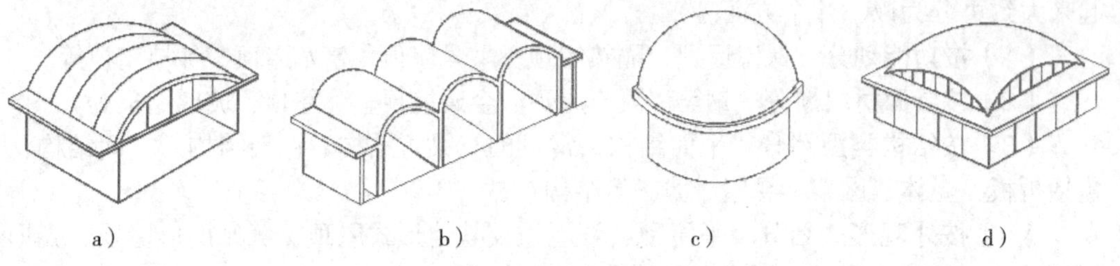

a）　　b）　　c）　　d）

图 7-4　其他形式的屋顶

a）双曲拱屋顶　b）筒壳屋顶　c）球形网壳屋顶　d）扁壳屋顶

7.1.3　屋顶的坡度

屋顶是建筑的围护结构，在降雨时屋面应具有防水的能力，并应尽快在短时间内将雨水排出屋面，以免发生渗漏，因此屋面应具有一定的坡度。坡度的确定受多种因素影响，坡度太小易漏水，因此必须根据采用的屋面防水材料和当地降水量以及结构形式、建筑造型、经济条件等因素来考虑。

1. 影响坡度的因素

（1）屋面防水材料与坡度的关系　屋面防水材料接缝较多时，漏水可能性大，应采用大坡度，使排水速度加快，减少漏水机会，所以瓦屋面常采用较陡的屋面形式；整体的防水层接缝较少，屋面坡度可以小一些，如卷材防水屋面常用平屋顶形式。恰当的坡度既能满足防水要求，又能做到经济适用。如表 7-1 所示。

（2）降雨量的大小与坡度的关系　降雨量大的地区，为防止屋面积水过深，水压力增大而引起渗漏，屋顶坡度常选取大一些，以便雨水迅速排除；降雨量小的地区，屋顶坡度可选取小一些。

（3）建筑造型与坡度的关系　使用功能决定建筑的外形，结构形式的不同也影响建筑的造型，所有这些最终会体现在建筑屋顶形式上。结构选型的不同，可决定建筑屋顶形成较大坡度甚至反坡等。如拱结构建筑常为较大的屋顶坡度，悬索结构建筑甚至可以形成反坡。

表 7-1　屋面的排水坡度（《民用统一设计标准》GB 50352—2019）

屋面类型		屋面排水坡度 /（%）
平屋顶	防水卷材屋面	≥ 2，＜ 5
瓦屋面	块瓦	≥ 30
	波形瓦	≥ 20
	沥青瓦	≥ 20
金属屋面	压型金属屋面、金属夹芯板	≥ 5
	单层防水卷材金属屋面	≥ 2

（续）

屋面类型		屋面排水坡度 /（%）
种植屋面	种植屋面	≥ 2，＜ 5
采光屋面	玻璃采光顶	≥ 5

2. 坡度形成的方法

屋顶的坡度形成有材料找坡和结构找坡两种方式，如图 7-5 所示。

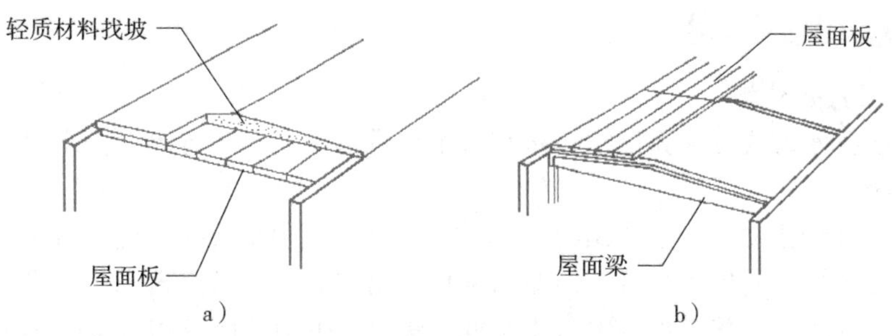

图 7-5　屋面排水坡度的形成方式

a）材料找坡　b）结构找坡

（1）材料找坡　又称构造找坡、建筑找坡等，是指屋顶坡度由轻质垫坡材料形成，一般用于坡度较小的屋面，通常选用炉渣等，对于找坡保温屋面也可根据情况直接采用保温材料找坡。

（2）结构找坡　又称搁置找坡，是指屋顶结构自身有排水坡度，一般采用在上表面呈倾斜的屋面梁或屋架上安装屋面板，也可采用在顶面倾斜的山墙上搁置屋面板，使结构表面形成坡面。这种做法不需另加找坡材料，构造简单，不增加屋面荷载，其缺点是室内的顶棚是倾斜的，空间不够规整，有时需加设吊顶。某些坡屋顶、曲面屋顶常用结构找坡。

平屋顶排水坡度，当建筑功能允许时，宜采用结构找坡，且结构找坡不宜小于 3%；采用材料找坡时，宜采用质量轻、吸水率低和有一定强度的材料，坡度宜为 2%。

3. 排水坡度的确定

屋面排水坡度应根据屋顶结构形式、屋面基层类别、防水构造形式、材料性能及当地气候等条件确定，一般应符合表 7-1 的规定，并应符合下列规定：

1）瓦屋面坡度大于 100% 以及大风和抗震设防烈度大于 7 度的地区，应采取固定和防止瓦材滑落的措施。

2）卷材防水屋面檐沟、天沟纵向坡度不应小于 1%，金属屋面集水沟可无坡度。

3）当种植屋面的坡度大于 20% 时，应采取固定和防止滑落的措施。

4. 屋顶坡度的表示方法

常用的坡度表示方法有角度法、斜率法和百分比法（图 7-6）。角度法以倾斜面与水平面所成夹角的大小来表示；斜率法以屋顶倾斜面的垂直投影长度与水平投影长度之比来表示；百分比法以屋顶倾斜面的垂直投影长度与水平投影长度之比的百分比值来表示。坡屋顶多采用斜率法，平屋顶多采用百分比法，而角度法则应用较少。

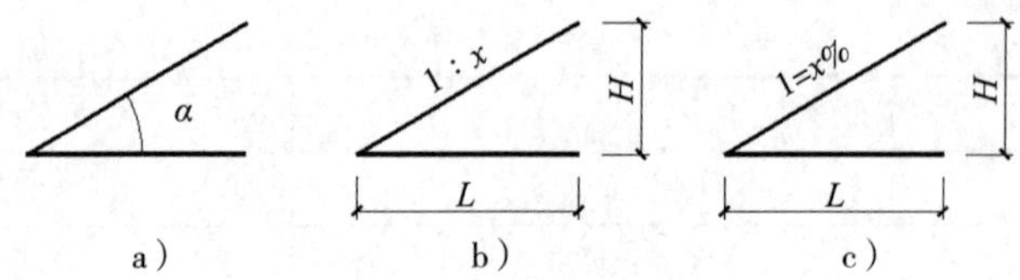

图 7-6　坡度的表示方法

a）角度法　b）斜率法　c）百分比法

7.1.4　屋顶的排水方式

1. 排水方式分类

屋顶的排水方式分为无组织排水和有组织排水两大类。有组织排水时，宜采用雨水收集系统。

（1）无组织排水　无组织排水又称自由落水，即雨水直接从檐口落至室外地面。这种排水方式构造简单、经济，但屋面雨水自由落下时会溅湿勒脚及墙面，影响外墙的耐久性，因此无组织排水一般常用于低层建筑、少雨地区及积灰较多的工业厂房等（图 7-7）。

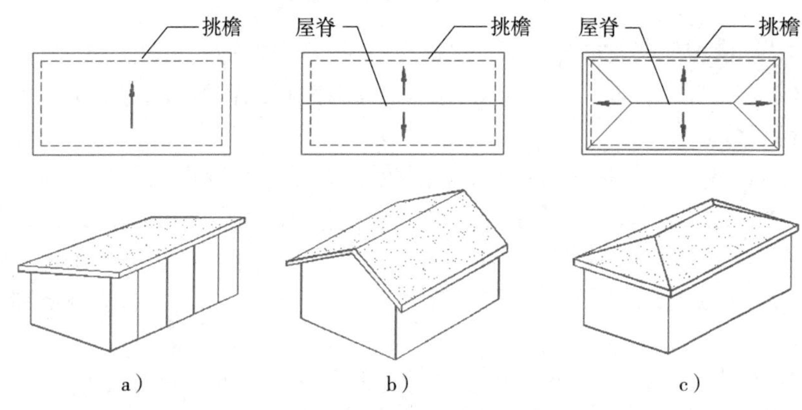

图 7-7　无组织排水示意图

a）单坡屋面　b）双坡屋面　c）四坡屋面

（2）有组织排水　有组织排水是指将屋面划分成若干个排水区，雨水沿一定方向流到檐沟或天沟内，再通过雨水口、雨水斗、落水管排至地面，最后排往市政地下排水系统的排水方式。这种方式具有不溅湿墙面、不妨碍行人交通等优点，因而应用较广泛。有组织排水又可分为外排水和内排水两种。

1）外排水。外排水是水落管装设在室外的一种排水方式，其优点是水落管不影响室内空间的使用和美观，构造简单，是屋顶常用的排水方式。一般为檐沟外排水、女儿墙外排水、檐沟女儿墙外排水等多种形式，檐沟的纵向排水坡度一般不应小于 1%。

将屋顶做成双坡或四坡，天沟设在墙外，称为檐沟外排水；天沟设在女儿墙内，称为女儿墙外排水；为了屋面上人或建筑造型需要也可在外檐沟内设置易于泻水的女儿墙，称为檐沟女儿墙外排水（图 7-8）。

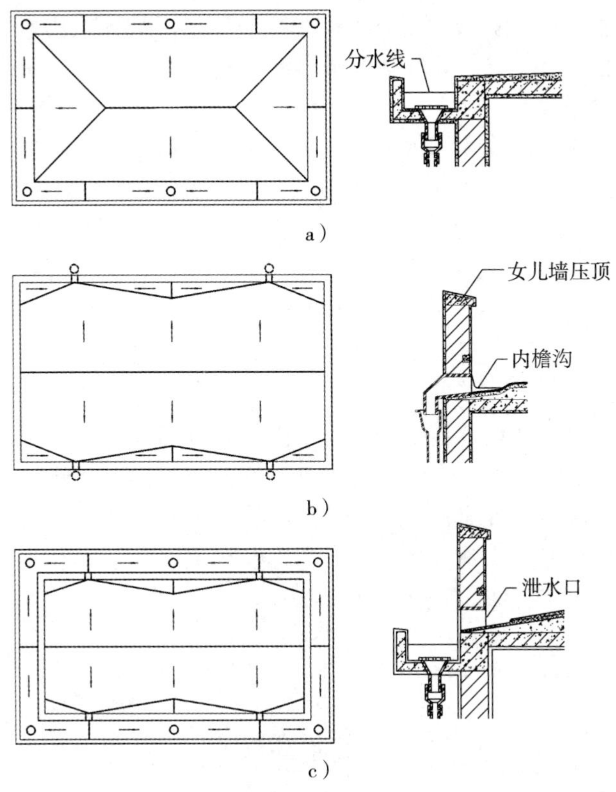

图 7-8　有组织外排水示意图

a）檐沟外排水　b）女儿墙外排水　c）檐沟女儿墙外排水

2）内排水。内排水是水落管装设在室内的一种排水方式，在大面积多跨屋面、高层建筑以及有特殊需要时采用。水落管可设在跨中的管道井内；也可设在外墙内侧（图 7-9）。

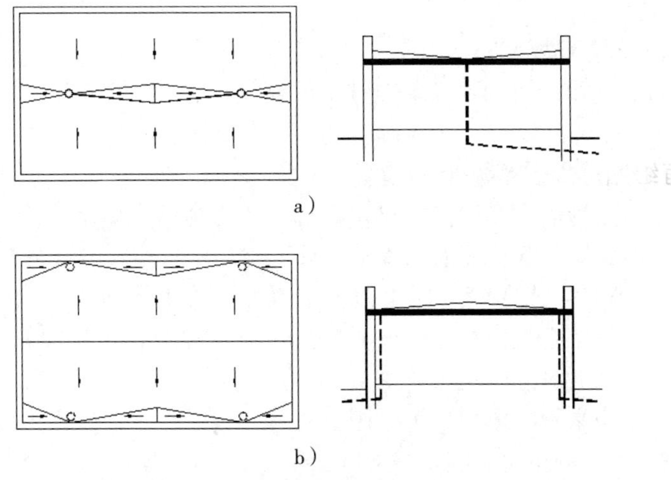

图 7-9　有组织内排水示意图

a）水落管设于跨中　b）水落管设于外墙内侧

建筑屋面雨水排水系统将屋面雨水排至室外非下沉地面或雨水管渠，当设有雨水利用系统的蓄存池（箱）时，可以排到蓄存池（箱）内。

2. 排水方式的选择

在民用建筑中选择适宜的排水方式，采用无组织排水时，必须做挑檐；采用有组织排水时，须设置檐沟、雨水口和水落管。

屋面排水方式的选择，应根据建筑物屋顶形式、气候条件、使用功能等因素确定。

屋面排水结合气候环境优先采用外排水，当天沟过长时，可采用部分外排水和部分内排水的混合排水系统；严寒地区应采用内排水，寒冷地区、高层建筑、多跨及集水面积较大的屋面，建筑立面要求较高的建筑宜采用内排水，屋面雨水管的数量、管径应通过计算确定。

当上层屋面雨水管的雨水排至下层屋面时，应有防止水流冲刷屋面的设施；屋面雨水排水系统宜设置溢流系统，溢流排水口的位置不得设在建筑出入口的上方；当屋面采用虹吸式雨水排水系统时，应设溢流设施，集水沟的平面尺寸应满足汇水要求和雨水斗的安装要求，集水沟宽度不宜小于300mm，有效深度不宜小于250mm，集水沟分水线处最小深度不应小于100mm；屋面雨水天沟、檐沟不得跨越变形缝和防火墙；屋面雨水系统不得和阳台雨水系统共用管道。屋面雨水管应设在公共部位，不得在住宅套内穿越。

屋面雨水系统主要分类

7.1.5 屋面的排水设计

屋面排水设计的主要任务是：首先将屋面划分成若干个排水区，然后通过适宜的排水坡和排水沟，分别将雨水引向各自的落水管，再排至地面。其目的是选择合适的排水装置并进行合理的布置，达到屋面排水线路简捷、雨水口负荷均匀、排水通畅。

具体步骤是：

1. 确定排水坡面数目

根据屋面宽度及造型的要求确定排水坡面数目。一般情况下，单坡排水的屋面宽度控制在12m以内；宽度大于12m时，宜采用双坡或四坡排水。

2. 划分排水区域及布置排水装置

根据屋顶的投影面积及确定的排水坡面数，考虑每个雨水口、水落管的汇水面积及屋面变形缝的影响，合理地划分排水区域，确定排水装置的规格并进行布置。

1）每个雨水口、水落管的屋面最大汇水面积为150~200m^2（水平投影）。当屋面有高差时，若高屋面的投影面积小于100m^2，可将高屋面的雨水直接排至低屋面上，但需对低屋面受水冲刷的部位做好防护措施（平屋顶可加铺卷材，再铺300~500mm宽的细石混凝土滴水板，坡屋顶可采用镀锌薄钢板泛水）；若高屋面的投影面积大于100m^2，应设置独自的排水系统。

2）檐沟的形式和材料可根据屋面类型的不同有多种选择。如坡屋顶中可用钢筋混凝土、镀锌薄钢板、石棉水泥瓦等做成槽形或三角形檐沟；平屋顶中可采用钢筋混凝土槽形檐沟或女儿墙 V 形自然檐沟。

3）檐沟、天沟的过水断面，应根据屋面汇水面积的雨水流量经计算确定。钢筋混凝土檐沟、天沟净宽不应小于 300mm，分水线处最小深度不应小于 100mm；沟内纵向坡度不应小于 1%，沟底水落差不得超过 200mm；檐沟、天沟排水不得流经变形缝和防火墙。金属檐沟、天沟的纵向坡度宜为 0.5%。

4）落水管内径不小于 75mm，常见有 75mm、100mm、125mm、200mm 等几种，其间距控制在 30m 以内。落水系统按材料分为金属和树脂两类，金属落水常采用彩铝、彩钢等材料，树脂落水常采用耐候树脂和乙烯基改性 PVC 材料。一般民用建筑常用管径为 100mm 的 PVC 管。水落口周围 500mm 直径范围内坡度不应小于 5%，水落管应位于建筑的实墙处，距墙面不应小于 20mm，管身用管箍与墙面固定，管箍的竖间间距不大于 1200mm，水落管下端出水口距散水距离不应大于 200mm。

3. 绘制屋顶排水图

考虑上述各事项后，即可准确地绘制屋顶平面图（图 7-10）。

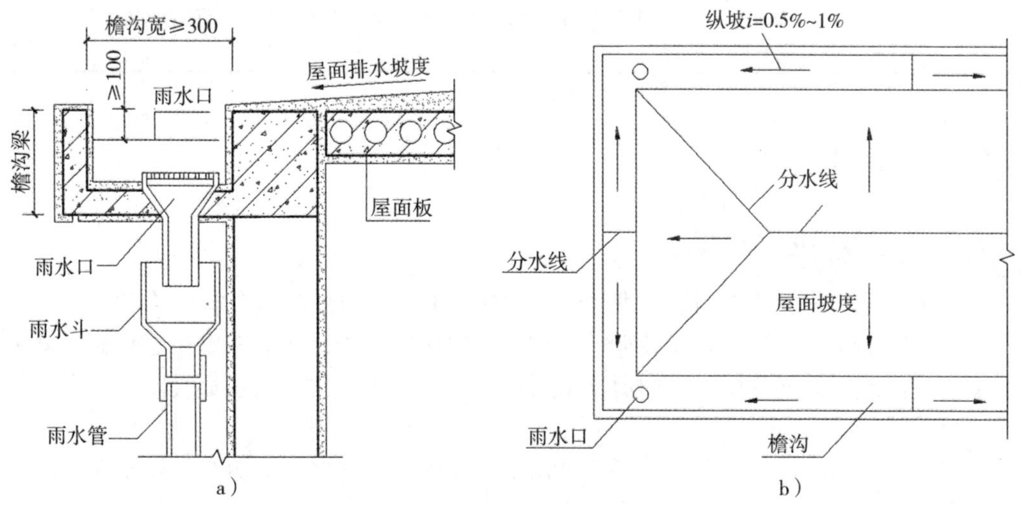

图 7-10　平屋顶檐沟外排水矩形天沟

a）挑檐沟断面　b）屋顶平面图

7.1.6　屋面的防水设计

1. 屋面防水设计的原则

屋面工程设计应遵照“保证功能、构造合理、防排结合、优选用材、美观耐用”的原则。屋面工程的基本功能不仅为建筑的耐久性和安全性提供保证，而且成为防水、节能、环保、生态及智能建筑技术健康发展的平台。

屋面构造层次较多，除应考虑相关构造层的匹配和相容外，还应研究构造层间的相互支持，方便施工和维修。构造合理是提高屋面工程寿命的重要措施。

防水和排水需统筹考虑，考虑防水的同时应先考虑让水顺利、迅速地排走，不使屋面积水，减轻防水压力，故需要设计简捷合理的排水线路，选择屋面、天沟、檐沟的恰当坡度，确定合适的水落管管径、数量、位置。

新型建筑材料的不断涌现既提供了便利也给设计提出更高的要求。应根据不同工程部位、主体功能要求、工程环境、工程标准合理选材。

2. 防水等级和设防要求

屋面防水工程应根据建筑物的类别、重要程度、使用功能要求确定防水等级，并应按相应等级进行防水设防；对防水有特殊要求的建筑屋面，应进行专项防水设计。屋面防水等级和设防要求见表 7-2。

表 7-2　屋面防水等级和设防要求

项目	屋面防水等级	
	Ⅰ级	Ⅱ级
建筑物类别	重要的建筑和高层建筑	一般建筑
设防要求	两道防水设防	一道防水设防
防水做法	卷材防水层和卷材防水层、卷材防水层和涂膜防水层、复合防水层	卷材防水层、涂膜防水层、复合防水层

7.2　平屋顶

7.2.1　平屋顶的辅助层

由于地域差异、建筑功能要求的不同，各地平屋顶的构造层次也不尽相同。

平屋顶的构造设计中除了顶棚、结构层、保护层以外，还应考虑在寒冷地区设保温层、炎热地区设隔热层、室内湿度大时需设隔汽层等，所有这些都可以归结为辅助层（又称浮筑层）。

根据建筑物的性质、使用功能、气候条件等因素，遵照屋面防水设计原则，可以对屋面的基本构造层次进行组合（表 7-3）。

表 7-3　屋面的基本构造层次

屋面类型	基本构造层次（自上而下）
卷材、涂膜屋面	保护层、隔离层、防水层、找平层、保温层、找平层、找坡层、结构层
	保护层、保温层、防水层、找平层、找坡层、结构层
	种植隔热层、保护层、耐根穿刺防水层、防水层、找平层、保温层、找平层、找坡层、结构层
	架空隔热层、防水层、找平层、保温层、找平层、找坡层、结构层
	蓄水隔热层、隔离层、防水层、找平层、保温层、找平层、找坡层、结构层
瓦屋面	块瓦、挂瓦条、顺水条、持钉层、防水层或防水垫层、保温层、结构层
	沥青瓦、持钉层、防水层或防水垫层、保温层、结构层

（续）

屋面类型	基本构造层次（自上而下）
金属板屋面	压型金属板、防水垫层、保温层、承托网、支承结构
	上层压型金属板、防水垫层、保温层、底层压型金属板、支承结构
	金属面绝热夹芯板、支承结构
玻璃采光顶	玻璃面板、金属框架、支承结构
	玻璃面板、点支承装置、支承结构

注：1. 表中结构层包括混凝土基层和木基层；防水层包括卷材和涂膜防水层；保护层包括块体材料、水泥砂浆、细石混凝土保护层。

2. 有隔汽要求的屋面，应在保温层与结构层之间设隔汽层。

1. 找平层

通常，在进行下一道工序之前，如果基层不平整，需在基层上设置一道找平层。卷材、涂膜防水层的基层宜设找平层，找平层应留设分格缝，缝宽宜为 5~20mm，纵横缝的间距不宜大于 6m，分格缝内宜嵌填密封材料。找平层厚度和技术要求应符合表 7-4 的规定。

表 7-4　找平层厚度和技术要求

类别	基层种类	厚度 /mm	技术要求
水泥砂浆找平层	整体现浇混凝土	15~20	1∶2.5~1∶3（水泥∶砂）体积比，宜掺抗裂纤维
	整体或板状材料保温板	20~25	
	装配式混凝土板	20~30	
细石混凝土找平层	板状材料保温层	30~35	混凝土强度等级 C20
混凝土随浇随抹	整体现浇混凝土	—	原浆表面抹光、压光

2. 隔汽层

隔汽层是阻止室内水蒸气渗透到保温层内的构造层，其主要作用是防止室内的水蒸气向屋顶保温层渗透而影响保温层的保温性能，以及可能对防水层产生的破坏作用。

当严寒及寒冷地区屋面结构冷凝界面内侧实际具有的蒸汽渗透阻力小于所需值，或其他地区室内湿气有可能透过屋面结构层进入保温层时，应设置隔汽层。隔汽层应设置在结构层上、保温层下。对于纬度在 40° 以北地区且空气湿度常年大于 75%，或其他地区室内空气湿度常年大于 80% 时（如浴室、厨房的蒸煮间），如采用吸湿性保温材料做保温层，应选用气密性、水密性好的防水材料或防水涂料做隔汽层。隔汽层的卷材铺贴宜采用空铺法。隔汽层应沿墙面向上连续铺设，高出保温层上表面不得小于 150mm，并与屋面的防水层相连接，形成全封闭的整体。

3. 保温层

保温层主要用于严寒及寒冷地区，作用是防止室内热量由屋顶向室外散失。保温层应根据屋面所需传热系数或热阻选用吸水率低、密度和热导率小，并有一定强度的保温材料；保温层及其保温材料应符合表 7-5 的规定。保温层厚度应根据所在地区现行建筑节能设计标准，经计算确定；屋面热桥部位，当内表面温度低于室内空气的露点温度时，均应做保温处理。

表 7-5　保温层和保温材料

保温层	保温材料
板状材料保温层	聚苯乙烯泡沫塑料，硬质聚氨酯泡沫塑料，膨胀珍珠岩制品，泡沫玻璃制品，加气混凝土砌块，泡沫混凝土砌块
纤维材料保温层	玻璃棉制品，岩棉、矿渣棉制品
整体材料保温层	喷涂硬泡聚氨酯，现浇泡沫混凝土

4. 隔热层

隔热层的作用是隔绝热，即防止和减少太阳辐射热传入室内，以降低屋顶热量对室内的影响，在我国南方屋顶设隔热层尤为重要。屋面隔热层设计应根据地域、气候、屋面形式、建筑环境、使用功能等条件，采取种植、架空和蓄水等隔热措施。

5. 防水层

防水层的主要作用是阻止落在屋面上的雨水及融化后的雪水渗入建筑内部。防水卷材可选用合成高分子防水卷材和高聚物改性沥青防水卷材，防水涂料可选用合成高分子防水涂料、聚合物水泥防水涂料和高聚物改性沥青防水涂料。

每道卷材防水层最小厚度应符合表 7-6 的规定。

表 7-6　每道卷材防水层最小厚度　　（单位：mm）

防水等级	合成高分子防水卷材	高聚物改性沥青防水卷材		
		聚酯胎、玻纤胎、聚乙烯胎	自粘聚酯胎	自粘无胎
Ⅰ级	1.2	3.0	2.0	1.5
Ⅱ级	1.5	4.0	3.0	2.0

每道涂膜防水层最小厚度应符合表 7-7 的规定。

表 7-7　每道涂膜防水层最小厚度　　（单位：mm）

防水等级	合成高分子防水涂膜	聚合物水泥防水涂膜	高聚物改性沥青防水涂膜
Ⅰ级	1.5	1.5	2.0
Ⅱ级	2.0	2.0	3.0

复合防水层最小厚度应符合表 7-8 的规定。

表 7-8　复合防水层最小厚度　　（单位：mm）

防水等级	合成高分子防水卷材＋合成高分子防水涂膜	自粘聚合物改性沥青防水卷材＋合成高分子防水涂膜	高聚物改性沥青防水卷材＋高聚物改性沥青防水涂膜	聚乙烯丙纶卷材＋聚合物水泥防水胶结材料
Ⅰ级	1.2+1.5	1.5+1.5	3.0+2.0	（0.7+1.3）×2
Ⅱ级	1.0+1.0	1.2+1.0	3.0+1.2	0.7+1.3

6. 保护层

设置保护层的目的是为了延长防水层的使用耐久年限。

卷材或涂膜防水层上应设置保护层，保护层设计与防水层的性能与屋面使用功能有关。采用水泥砂浆、细石混凝土做保护层时应设分格缝。

保护层材料的适用范围和技术要求见表 7-9。

表 7-9　保护层材料的适用范围和技术要求

保护层材料	适用范围	技术要求
浅色涂料	不上人屋面	丙烯酸系反射涂料
铝箔	不上人屋面	0.05mm 厚铝箔反射膜
矿物粒料	不上人屋面	不透明的矿物粒料
水泥砂浆	不上人屋面	20mm 厚 1：2.5 或 M15 水泥砂浆
块体材料	上人屋面	地砖或 30mm 厚 C20 细石混凝土预制块
细石混凝土	上人屋面	40mm 厚 C20 细石混凝土或 50mm 厚 C20 细石混凝土内配ϕ 4@100mm 双向钢筋网片

7. 隔离层

隔离层是消除相邻两种材料之间的粘结力，机械咬合力、化学反应等不利影响的构造层。在刚性保护层与卷材、涂膜防水层之间应设置隔离层。

屋面辅助层应符合的构造规定

卷材、涂膜防水层上设置块体材料或水泥砂浆保护层时，隔离层可采用干铺塑料膜、土工布或卷材；当保护层是细石混凝土时，采用铺抹低强度等级的砂浆做隔离层。

7.2.2　平屋顶的防水构造

平屋面防水层一般采用柔性防水层。柔性防水层是指采用有一定韧性的防水材料在屋面隔绝雨水，防止雨水渗透。由于柔性材料允许有一定变形，所以在屋面基层结构变形不大的条件下可以使用。

柔性防水主要选用防水卷材和防水涂料两类。

1. 卷材防水屋面

采用卷材作为防水层的屋面，称为卷材防水屋面（图 7-11）。卷材防水屋面是利用防水卷材与胶粘剂结合，形成连续致密的构造层来防水的一种屋顶。

（1）防水卷材材料 按屋面工程用防水材料标准，主要的防水卷材有合成高分子防水卷材及高聚物改性沥青防水卷材。

合成高分子防水卷材的特点是低温柔性好，适应变形能力强。合成高分子防水卷材包括以合成橡胶、合成树脂或它们两者的共混体为基料制成的卷材，如三元乙丙丁基橡胶防水卷材、聚氯乙烯防水卷材、氯化聚乙烯橡胶共混防水卷材等。

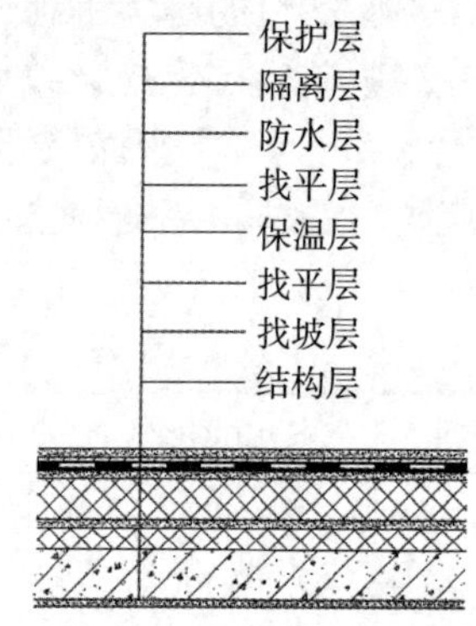

图 7-11 卷材防水屋面构造层次

高聚物改性沥青防水卷材的特点是有较好的低温柔性和延伸率。它以纤维织物或纤维毡为胎基，以合成高分子聚合物改性沥青为涂盖层，以粉状、粒状、片状或薄膜材料为覆盖材料制成的卷材，如 SBS 改性沥青卷材、APP 改性沥青卷材等。

防水卷材的选择应根据当地历年最高气温、最低气温、屋面坡度和使用条件等因素，选择耐热度、低温柔性相适应的卷材；应根据地基变形程度、结构形式、当地年温差、日温差和振动等因素，选择拉伸性能相适应的卷材；应根据屋面卷材的暴露程度，选择耐紫外线、耐老化、耐霉烂相适应的卷材。

按屋面形式和使用功能选用防水材料

（2）卷材防水屋面防水层的构造 防水层是能够隔绝水而不使水向建筑物内部渗透的构造层。由防水卷材和相应的卷材胶粘剂粘结而成。

1）基层要求。卷材防水层基层应坚实、干净、平整，并涂刷与卷材配套使用的基层处理剂（该层次称为结合层），以保证防水层与基层粘结牢固。

2）卷材的铺贴方向与铺贴顺序。卷材防水层施工时，应先进行细部构造处理，然后由屋面最低标高向上铺贴；檐沟、天沟卷材施工时，宜顺檐沟、天沟方向铺贴，搭接缝应顺流水方向；卷材宜平行屋脊铺贴，上下层卷材不得相互垂直铺贴。当屋面坡度小于 3% 时，卷材宜平行于屋脊铺设；当坡度在 3%~15% 时，卷材可平行或垂直屋脊铺贴；当坡度在 15% 以上时，卷材采用垂直于屋脊铺贴。

3）铺贴方法。卷材的铺贴工艺有冷粘、热粘、热熔、自粘、焊接、机械固定等铺贴形式。

卷材防水层易拉裂部位，宜选用空铺、点粘、条粘或机械固定等施工方法；铺贴防水卷材时，卷材与基层间若仅在四周一定宽度内粘接称为空铺法；若将胶粘剂涂成条状（每条宽度不小于 150mm）进行粘接称为条粘法；若将胶粘剂涂成点状（每点面积 100mm × 100mm ）进行粘接称为点粘法。结构易发生较大变形、易渗漏和损坏的部位，应设置卷材或涂膜附加层；在坡度较大和垂直面上粘贴防水卷材时，宜采用机械固定和对固定点进行密封的方法。

4）卷材的搭接。卷材搭接时，平行屋脊的搭接缝应顺流水方向，搭接宽度应符合表 7-10 的规定；同一层相邻两幅卷材短边搭接缝错开不应小于 500mm；上下层卷材长边搭接缝应错开，且不应小于幅宽的 1/3；叠层铺贴的各层卷材，在天沟与屋面的交接处，应采用叉接法搭接，搭接缝应错开；搭接缝宜留在屋面与天沟侧面，不宜留在沟底。

表 7-10 卷材搭接宽度 （单位：mm）

卷材类别		搭接宽度
合成高分子防水卷材	胶粘剂	80
	胶粘带	50
	单缝焊	60，有效焊接宽度不小于 25
	双缝焊	80，有效焊接宽度 10 × 2+ 空腔宽
高聚物改性沥青防水卷材	胶粘剂	100
	自粘	80

（3）卷材防水屋面的细部构造

1）女儿墙泛水构造。为防止雨水从屋面防水层的收头处渗入屋面或防止大风将防水层掀起，必须在屋面防水层与垂直墙面交接处做防水构造处理，称为泛水。女儿墙、山墙、烟囱、高低屋面之间的墙与屋面的交接处等均需做泛水处理。泛水应有一定的高度，以防止雨水四溢造成渗漏，泛水高度从保护层算起一般不小于 250mm（图 7-12）。

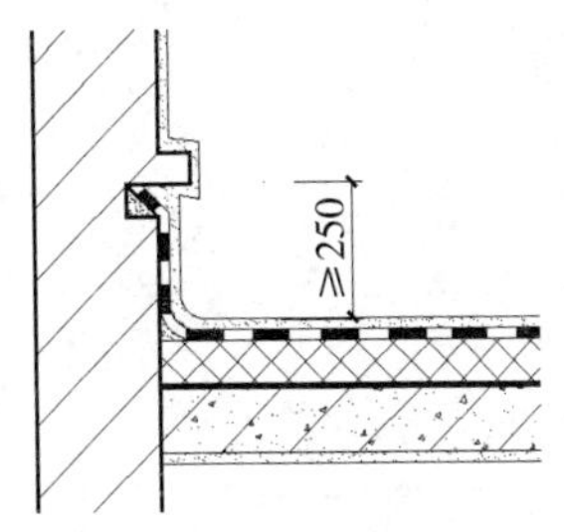

图 7-12 泛水高度的起止点

泛水构造做法是在屋面与墙体的交界处，先用水泥砂浆或细石混凝土将直角处理成圆弧（$R \geqslant 150$mm）或 45° 斜面，以防止粘贴卷材时因直角转弯而折断或未铺实；再刷胶粘剂铺贴卷材，卷材垂直墙面粘贴高度大于 250mm，为了增加泛水处的防水能力，应在底层加铺一层卷材；卷材粘贴在墙上的收口，极易脱落，为压住卷材收口，通常有钉木条、砂浆嵌固、油膏嵌固、压砖块、压混凝土和盖镀锌薄钢板等处理方法，为防止雨水顺垂直墙面流进卷材收口而造成渗漏，应在泛水上口挑出 1/4 砖，并做水泥砂浆斜口或滴水。

当女儿墙较低时，卷材收头可直接铺压在女儿墙压顶下，压顶做好防水处理；当女儿墙为砖墙时，在砖墙上预留凹槽，卷材收头压入凹槽内固定密封；当女儿墙为钢筋混凝土时，卷材收头直接用压条固定于墙上，用金属或合成高分子盖板做挡雨板，并用密封材料封固缝隙，以防雨水渗漏（图 7-13）。

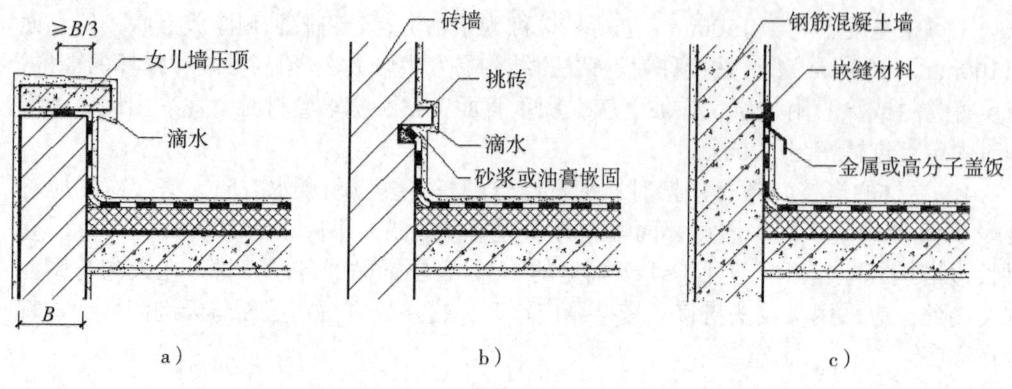

图 7-13　卷材泛水收头处理方法

a）处理方法一　b）处理方法二　c）处理方法三

2）檐口构造。卷材防水屋面的檐口一般有无组织的自由落水檐口和有组织的排水檐口。有组织的排水檐口有钢筋混凝土预制挑檐沟檐口和现浇挑檐沟檐口及女儿墙带檐沟檐口等。在檐口构造中，卷材防水层收头处易开裂渗水，因此须做好防水层在檐口处的收头。

无组织排水檐口卷材收头应固定密封，在距檐口卷材收头 800mm 范围内卷材应采取满粘法，无组织排水檐口如图 7-14 所示。

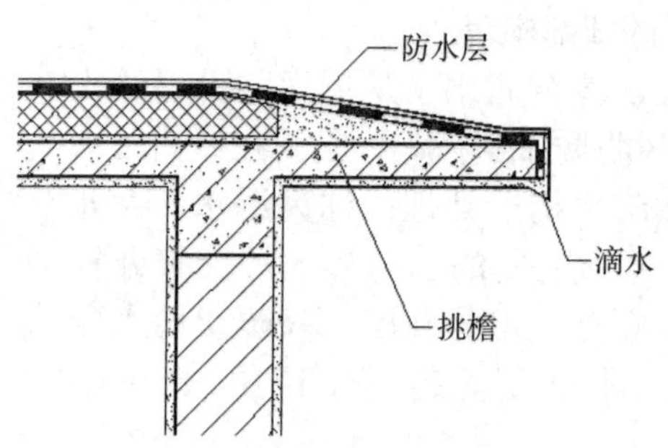

图 7-14　无组织排水挑檐檐口构造示意图

有组织排水挑檐口常常将檐沟布置在出挑部位，现浇钢筋混凝土檐沟板可与圈梁连成整体；预制檐沟板则须搁置在钢筋混凝土屋架挑牛腿上。

挑檐沟要求檐沟加铺 1~2 层附加卷材；沟内转角部位的找平层应做成圆弧形或 45° 斜面；为了防止檐沟壁面上的卷材下滑，通常在檐沟边缘用水泥钉钉压条，将卷材的收头处压牢，再用油膏或砂浆盖缝；有组织排水在檐沟与屋面交接处应增铺附加层，且附加层宜空铺，空铺宽度应为 200mm，卷材收头应密封固定，同时檐口饰面要做好滴水。

有组织排水挑檐沟檐口构造如图 7-15 所示，女儿墙挑檐檐沟防水构造如图 7-16 所示。

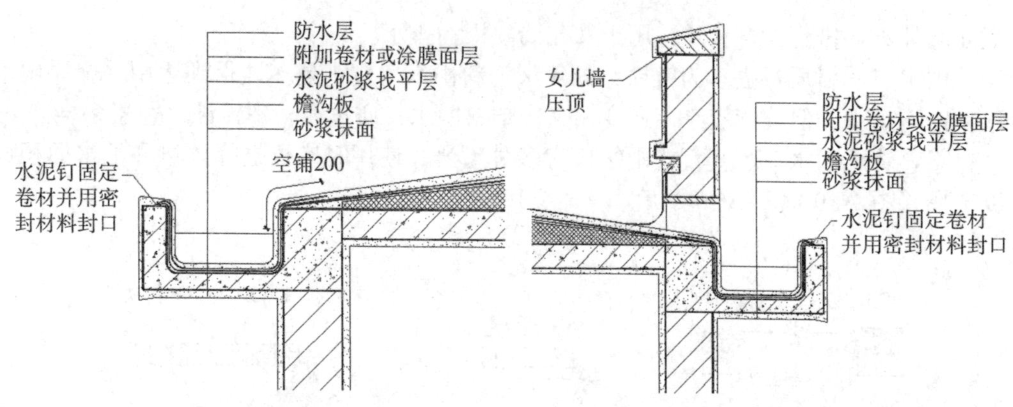

图 7-15　挑檐沟檐口构造示意图　　**图 7-16　女儿墙挑檐檐沟构造示意图**

3）内天沟构造。屋顶上的内排水沟称为内天沟，有两种设置方式，一种是利用屋顶倾斜坡面的低洼部位做成三角形断面天沟，另一种是用专门的槽形板做成矩形天沟。

①三角形天沟。采用女儿墙外排水的民用建筑一般跨度（进深）不大，采用三角形天沟的较为普遍。其构造简单，施工方便，通常沿天沟长向需用轻质材料垫成 0.5%~1% 的纵坡，使天沟内的雨水迅速排入雨水口即可，图 7-17 为三角形天沟构造示意图。

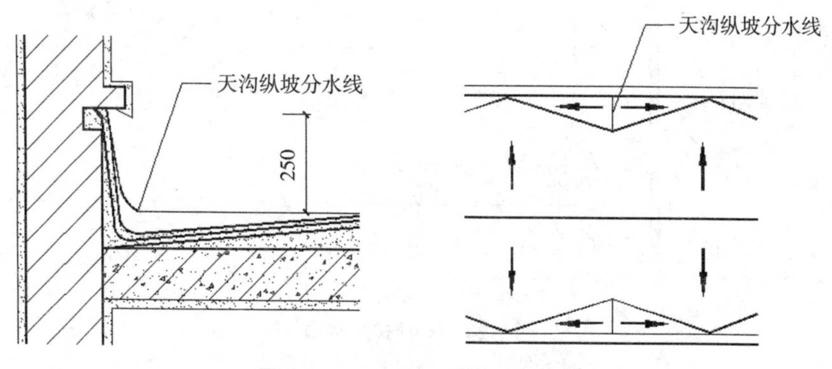

图 7-17　三角形天沟构造示意图

②矩形天沟。多雨地区或跨度大的房屋，为了增加天沟的汇水量，常采用断面为矩形的天沟。天沟处用专门的钢筋混凝土预制天沟板取代屋面板（图 7-18），天沟内设纵向排水坡，防水层铺到高处的墙上形成泛水。

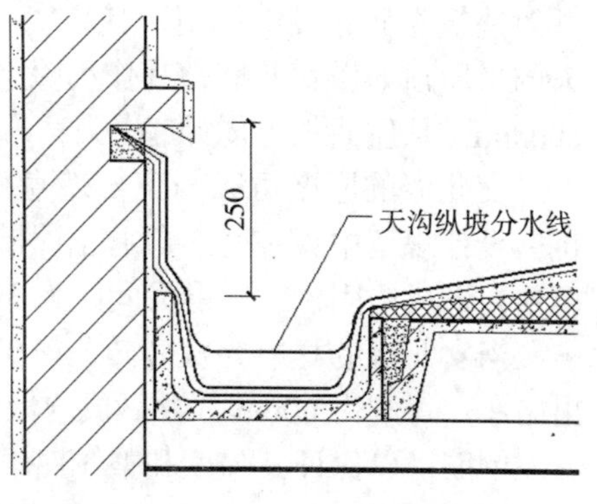

图 7-18　矩形天沟构造示意图

4）雨水口构造。雨水口是为了将屋面雨水排至雨水管而在檐口处或檐沟内开设的洞口，在构造上要求排水通畅，不易堵塞和渗漏。

雨水口通常为定型产品，分为直管式及弯管式两类，直管式适用于中间天沟、挑檐沟和女儿墙外天沟排水，弯管式适用于女儿墙内天沟排水。

雨水口的材质过去多为铸铁，近年来塑料雨水口越来越多地得到运用。金属雨水口易锈不美观，但管壁较厚，强度较高；塑料雨水口质量轻，不锈蚀，色彩多样。

①直管式雨水口。直管式雨水口有多种型号，使用时应根据降雨量和汇水面积加以选择（图 7-19）。

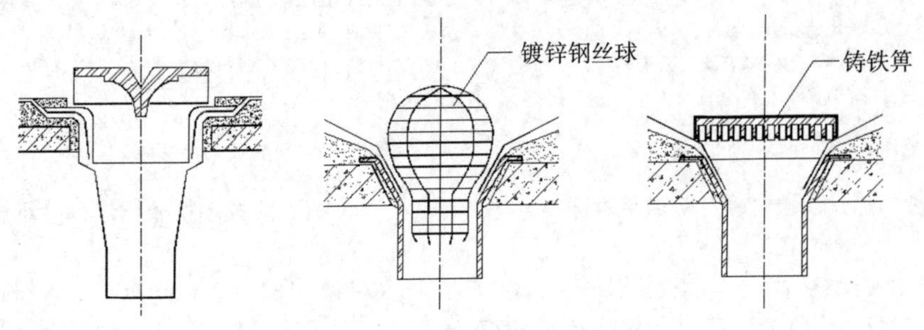

图 7-19　直管式雨水口

②弯管式雨水口。弯管式雨水口呈 90° 弯曲状，由弯曲套管和箅子两部分组成。弯曲套管置于女儿墙预留孔洞中，屋面防水层及泛水的卷材应铺贴到套管内壁四周，铺入深度不少于 100mm，套管口用箅子遮盖，以防污物堵塞水口（图 7-20）。

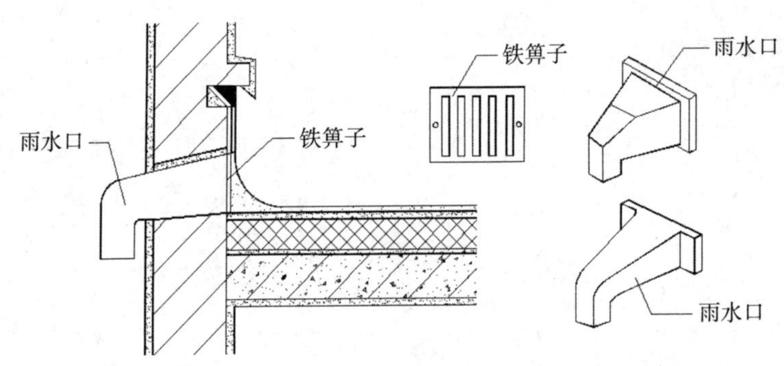

图 7-20　弯管式雨水口

5）女儿墙构造。上人的平屋顶一般要做女儿墙，女儿墙用以保护人员的安全，并对建筑立面起装饰作用，其高度一般不小于 1300mm（从屋面板上皮计起）；不上人的平屋顶如做女儿墙，其作用除立面装饰作用外，还要固定卷材，其高度应不小于 800mm（从屋面板上皮计起）。

女儿墙的厚度可以与下部墙身相同，但不应小于 240mm。当女儿墙的高度超出抗震设计规范中规定时，应有锚固措施，其常用做法是将下部的构造柱上伸到女儿墙压顶，形成锚固柱，其最大间距为 3900mm。

当女儿墙的材料为灰砂砖、粉煤灰砖等材料或加气混凝土块时，其压顶宽度应超出墙厚，每侧为 60mm，并做成内低、外高，坡向平顶内部。压顶用细石混凝土浇筑，内放钢筋，以保证其强度和整体性。

6）屋面检修孔、屋面出入口构造。不上人屋面须设屋面检修孔，检修孔四周的孔壁可用砖立砌，也可在现浇屋面板时将混凝土上翻制成，其高度一般为300mm，壁外侧的防水层应做成泛水并将卷材用镀锌薄钢板盖缝钉压牢固（图7-21）。

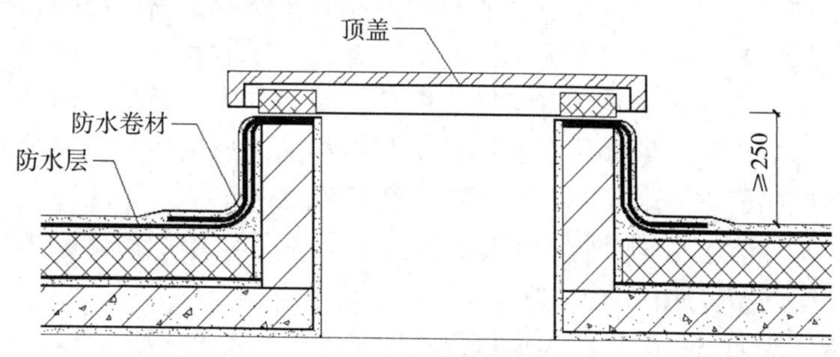

图7-21 屋面检修孔

出屋面楼梯间一般需设屋顶出入口，如不能保证顶部楼梯间的室内地坪高出室外，就要在出入口设挡水的门槛，屋顶出入口处的构造类同于泛水构造，如图7-22所示。

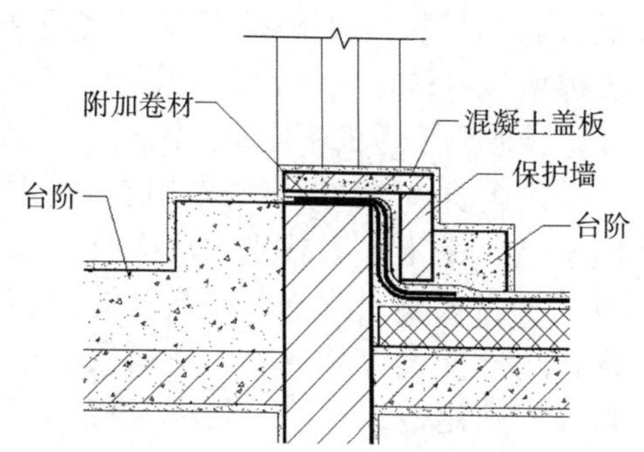

图7-22 屋顶出入口处构造处理

7）出屋面的烟囱、管道。凡管道、烟囱等伸出屋面的构件必须在屋顶上开孔时，为了防漏水应做泛水，泛水高度以不小于250mm为宜，通常是将卷材向上翻起，抹以水泥砂浆或再盖上镀锌薄钢板，起挡水作用（图7-23）。

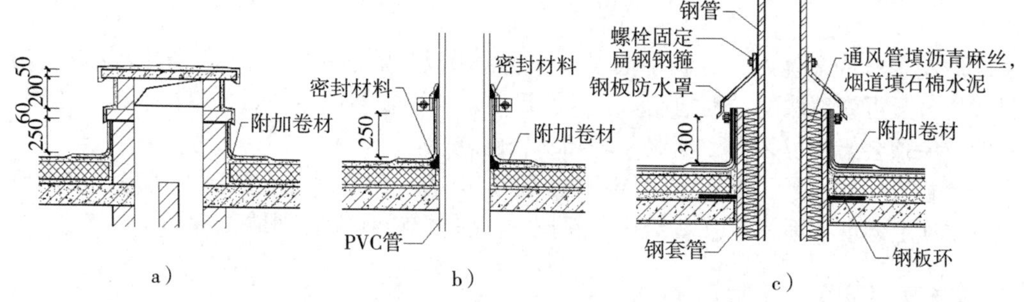

图7-23 出屋顶的管道构造

a）砖砌烟道、风道 b）透气管 c）金属烟道、风道

2. 涂膜防水屋面

涂膜防水屋面是用防水涂料涂刷在屋面基层上，利用涂料干燥或固化以后的不透水性达到防水的目的。涂膜防水具有防水、抗渗、粘结力强、延伸率大、弹性大、整体性好、施工方便等优点。

应根据当地历年最高气温、最低气温、屋面坡度和使用条件等因素，选择耐热性、低温柔性相适应的涂料；根据地基变形程度、结构形式、当地年温差、日温差和振动等因素，选择拉伸性能相适应的涂料；根据屋面涂膜的暴露程度，选择耐紫外线、耐老化相适应的涂料。常用的涂膜防水材料有合成高分子防水涂膜、聚合物水泥防水涂膜和高聚物改性沥青防水涂膜。

涂膜防水层是通过分遍涂布，待先涂布的涂料干燥成膜后，涂布后一遍涂料，且前后两遍涂料的涂布方向应相互垂直，最后形成的一道防水层。

按屋面防水等级和设防要求选择防水涂料。对易开裂、渗水的部位，应留凹槽嵌填密封材料，并增设一层或多层带有胎体增强材料的附加层。找平层分格缝处应增设带有胎体增强材料的空铺附加层，其空铺宽度宜为 100mm。

为加强防水性能（特别是防水薄弱部位），可在涂层中加铺聚酯无纺布、化纤无纺布或玻璃纤维网布等胎体增强材料。

需铺设胎体增强材料时，如屋面坡度小于 15%，可平行屋脊铺设；如屋面坡度大于 15%，应垂直于屋脊铺设，以防止胎体增强材料下滑，并应由屋面最低处向上进行。胎体增强材料长边搭接宽度不得小于 50m，短边搭接宽度不得小于 70mm。采用两层胎体增强材料时，上下层不得垂直铺设，搭接缝应错开，其间距不应小于幅宽的 1/3。

涂膜防水层的基层应为混凝土或水泥砂浆，其质量同卷材防水屋面中找平层要求。

涂膜防水屋面应设置保护层。采用涂料做保护层时，应与防水层粘结牢固，厚薄应均匀。采用水泥砂浆、块体材料或细石混凝土时，应在涂膜与保护层之间设置隔离层。隔离层材料的适用范围和技术要求应符合相关规范规定。

涂膜防水屋面的细部构造

7.3 坡屋顶

坡屋顶有许多优点，它利于挡风、排水、保温、隔热；构造简单、便于维修、用料方便，又可就地取材、因地制宜；在造型上，大屋顶会产生庄重、威严、神圣之感，一般坡屋顶会给人以亲切、活泼、轻巧、秀丽之感。

随着技术的发展，原有的木结构坡屋顶正被钢、钢筋混凝土结构所代替，在传统的坡屋顶上体现了新材料、新结构、新技术。屋顶空间也做了很好的利用。

7.3.1 坡屋顶的组成

坡屋顶是一种沿用较久的屋面形式，种类繁多，多采用块状防水材料覆盖屋面，故屋面坡度较大，根据材料的不同坡度可取 10%~50%。

1. 坡屋顶的基本组成

坡屋顶一般由承重结构、屋面两部分组成，根据需要还有顶棚、保温隔热层等，如图 7-24 所示。

（1）承重结构 主要承受屋面各种荷载并传到墙或柱上，一般有木结构、钢筋混凝土结构、钢结构等。

（2）屋面 是屋顶上的覆盖层，起遮挡风雨、冰冻、太阳辐射等的作用，包括屋面盖料和基层，屋面基层有望板、卷材、顺水条、挂瓦条等；屋面盖料有平瓦、彩色钢板波形瓦、玻璃板、波形水泥石棉瓦、钢筋混凝土板等。

（3）顶棚　美化室内空间，增强光线反射，起到保温隔热和装饰作用。

（4）保温隔热层　根据建筑物使用功能的要求，可设置保温隔热层。

2. 坡屋顶的坡面组织

坡面组织由房屋平面和屋顶形式决定，屋顶坡面交接形成屋脊、斜沟、檐口等（图 7-25），对屋顶的结构布置和排水方式及造型均有一定影响。

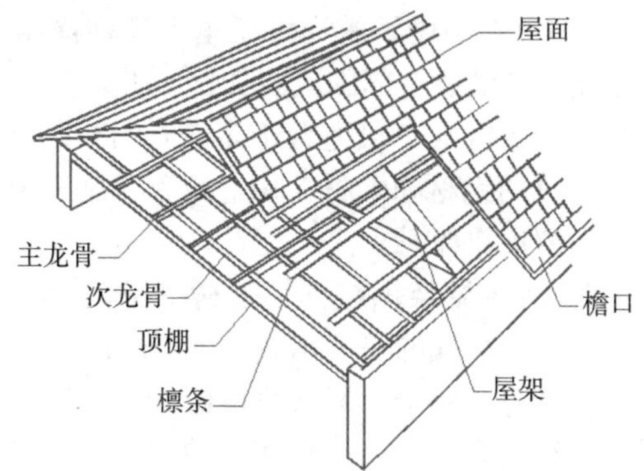

图 7-24　坡屋顶的组成示意图

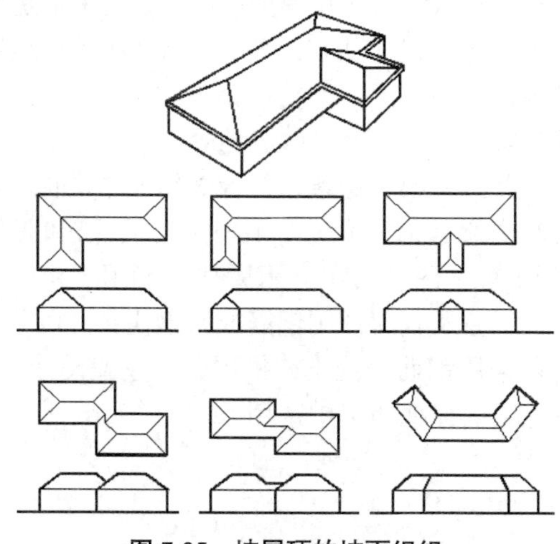

图 7-25　坡屋顶的坡面组织

7.3.2　坡屋顶的承重结构体系

1. 坡屋顶的承重结构类型

坡屋顶中常用的承重结构类型有山墙承重、屋架承重和梁架承重三类，如图 7-26 所示。

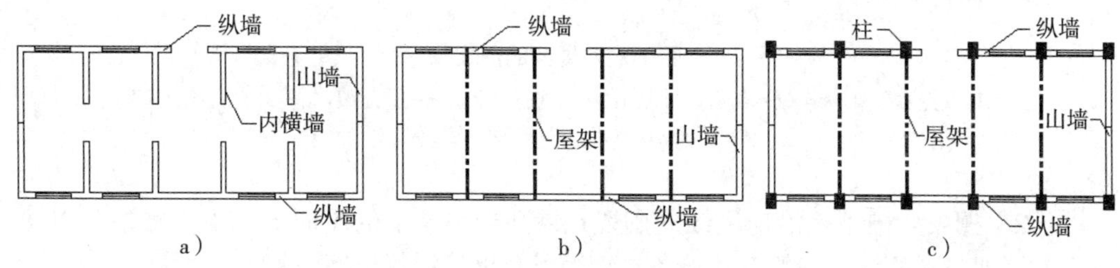

图 7-26　坡屋顶的承重结构

a）山墙承重　b）屋架承重　c）梁架承重

（1）山墙承重 山墙承重又称横墙承重或硬山搁檩，是指按屋顶设计所要求的坡度，将横墙上部砌成山尖形，在其上直接搁置檩条来承受屋顶重量的一种承重方式。这种承重方式一般适合于多数开间相同且并列的房屋，如住宅、旅馆、宿舍等。其优点是节约钢材和木材，构造简单，施工方便，房间的隔声、防火效果好，是一种较为合理的承重体系。

（2）屋架承重 是指利用建筑物的外纵墙支承屋架，然后在屋架上搁置檩条来承受屋面荷载的一种承重方式。这种承重方式多用于要求有较大空间的建筑，如食堂、教学楼等。屋架一般按房屋的开间等间距排列，其开间的选择与建筑平面以及立面设计都有关系。屋架承重体系的主要优点是建筑物内部可以形成较大的空间，结构布置灵活，通用性大。

（3）梁架承重 随着房间进深的加大，单纯利用纵墙已不足以支撑整个屋盖系统，需设置承重柱来承载，而纵墙则只起围护作用。梁架承重是我国传统的结构形式，在古建筑中利用檩条和连系梁（舫）将房屋组成一个整体的骨架，这种承重系统的主要优点是结构牢固，抗震性好。

2. 坡屋顶的承重构件

坡屋顶的承重构件主要有屋架、檩条以及椽式屋面中的椽条等。

（1）屋架 屋架形式通常为三角形，由上弦、下弦和腹杆组成，所用材料有木材、钢材及钢筋混凝土等（图 7-27）。木屋架一般用于跨度不超过 12m 的建筑；如果将木屋架中受拉力的下弦及直腹杆用钢筋或型钢代替，可用于跨度不超过 18m 的建筑；当跨度更大时，可采用钢筋混凝土或钢屋架。屋架设计一般可根据屋架跨度和所受荷载大小直接从各地区的标准图集中选用。

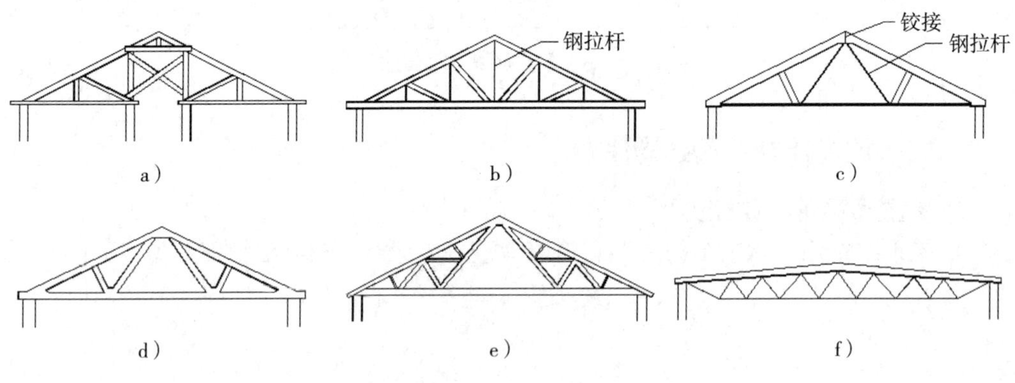

图 7-27 屋架的形式

a）四支点木屋架 b）钢木组合豪式屋架 c）钢筋混凝土三铰式屋架 d）钢筋混凝土屋架
e）芬克式屋架 f）梭形轻钢屋架

（2）檩条 檩条是沿房屋纵向搁置在屋架或山墙上的屋面支承梁。檩条所用材料应与屋架材料相同，一般有木檩条、钢檩条及钢筋混凝土檩条等。

檩条的断面尺寸应根据屋架间距、檩条间距及所受荷载，由结构计算确定，同时还要验算其最大挠度不能超过允许范围。木檩条的跨度一般在 4m 以内，钢及钢筋混凝土檩条可达6m，檩条的间距根据屋面防水材料及基层的构造处理而定，一般范围为700~1500mm，常见檩条形式如图7-28所示。

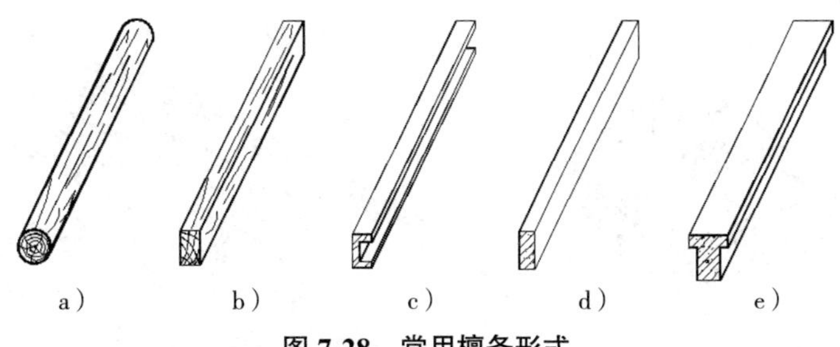

图7-28　常用檩条形式

a）、b）木檩条　c）钢檩条　d）、e）钢筋混凝土檩条

（3）椽条　在椽式结构的坡屋面中，椽条垂直搁置在檩条上，以此来支承屋面材料，椽条一般用木料，与檩条的连接一般采用钢钉，图7-29为不同截面的檩条与椽条的连接形式。

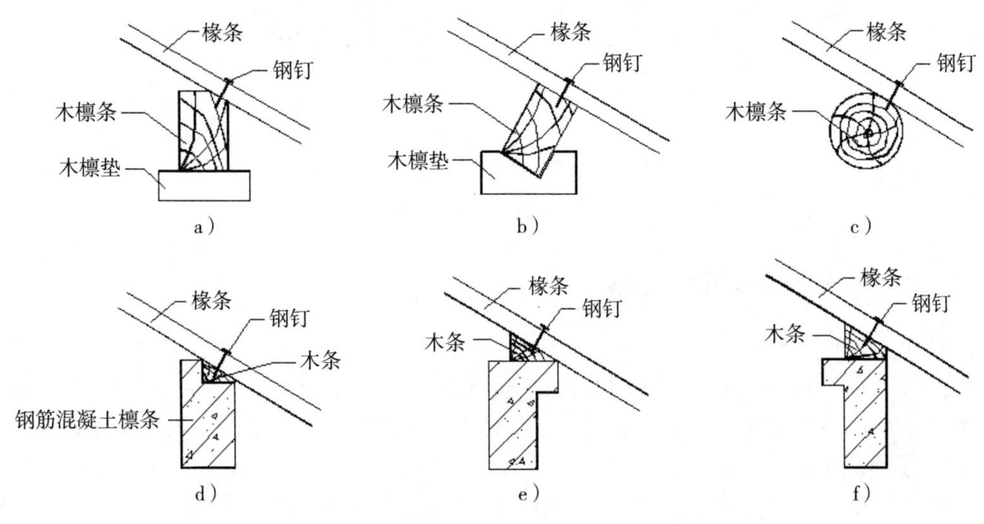

图7-29　檩条与椽条的连接形式

a）正方木方檩条　b）斜方木方檩条　c）圆木檩条　d）、e）、f）钢筋混凝土檩条

3. 承重体系布置

坡屋顶承重体系的布置主要是指屋架和檩条的布置，其布置方式应视屋顶形式而定。屋架一般按建筑物的开间等距离排列，以便统一屋架类型和檩条尺寸。

当建筑物的内部有纵向墙或柱时，墙、柱可作为屋架的支点。双坡屋顶的屋架按开间尺寸等间距布置即可。四坡屋顶尽端的三个斜面呈45°相交，在结构布置时，可把半屋架一端支承在外墙上，另一端支承在尽端的全屋架上，坡面相交处可以采用半屋架或大梁（图7-30a）；屋顶丁字形相交处的结构布置一般有两种做法：一种是把插入屋顶的檩条搁在与其垂直的屋顶檩条上，用于插入屋顶长度不大时

（图 7-30b）；另一种是用斜梁或半屋架，一端搁置在转角的墙上，另一端支承在屋架上（图 7-30c）；屋顶垂直转角处，一般先将两个对角屋架支撑在墙上，然后再将半屋架支承在对角屋架上（图 7-30d）。

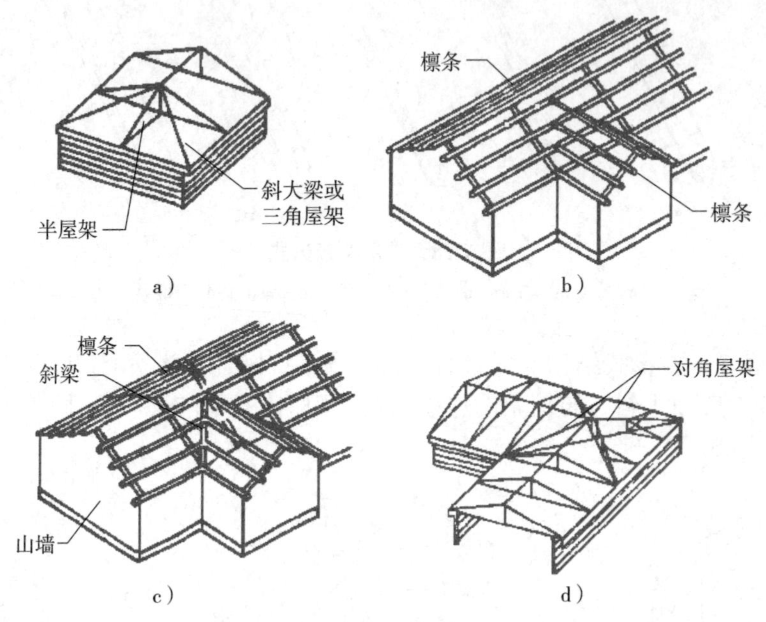

图 7-30　屋架与檩条的布置形式

a）四坡顶的屋架　b）、c）丁字形交接处屋顶　d）转角屋顶

7.3.3　坡屋顶的屋面面层

坡屋顶屋面包括屋面盖料和基层两部分，屋面盖料是指各种瓦材，如平瓦、波形瓦、小青瓦等，坡屋面是靠瓦片之间的搭接盖缝来完成防水要求；屋面基层是指屋面盖料之下、承重结构之上的构造组成部分，也称作“望板”。

1. 屋面基层

望板也称屋面板，传统坡屋顶中应用较多的是木望板，施工时可直接钉在檩条或椽条上，有密铺和稀铺两种。如木望板下面不设顶棚时，一般密铺，木望板的厚度为 15~20mm，底部刨光，以保证光洁、平整和美观；稀铺的望板，下面一般设顶棚，其间隙不大于 75mm。

2. 屋面盖料

根据屋面盖料的不同，常见的坡屋顶的屋面做法有以下几类：

1. 小青瓦屋面
2. 琉璃瓦屋面

（1）平瓦屋面　平瓦即机制平瓦，有水泥瓦和黏土瓦，其规格及要求如图 7-31 所示，平瓦屋面的瓦形小、接缝多，易因飘雨而渗漏，因此一般应在瓦下铺设油毡或垫以泥背避免渗漏。它适用于坡度不小于 20% 的屋面。

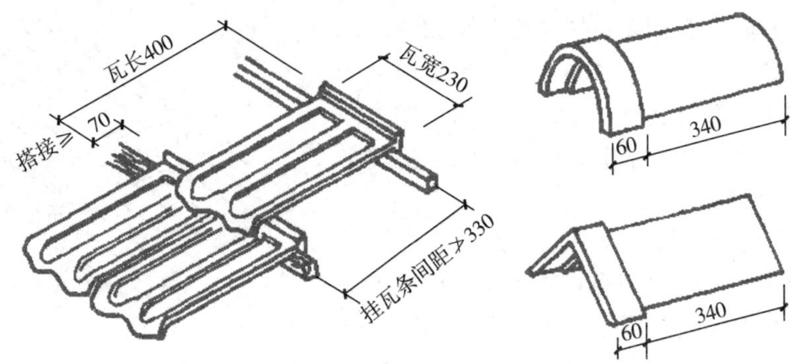

图 7-31　平瓦规格及要求

为防止下滑，瓦背后有凸出的挡头，可以挂在挂瓦条上，其上还穿有小孔，在风速大的地区或屋面坡度较大时，可用钢丝将瓦扎在挂瓦条上，保证瓦的可靠固定。

平瓦屋面根据基层的不同有空铺平瓦屋面（冷摊瓦屋面）、木望板平瓦屋面和钢筋混凝土挂瓦板平瓦屋面三种做法。

1）冷摊瓦屋面。在檩条或椽条上直接钉挂瓦条，并直接挂瓦。这种做法构造简单，造价低，但保温及防渗漏等效果差，多用于辅助性建筑（图 7-32）。

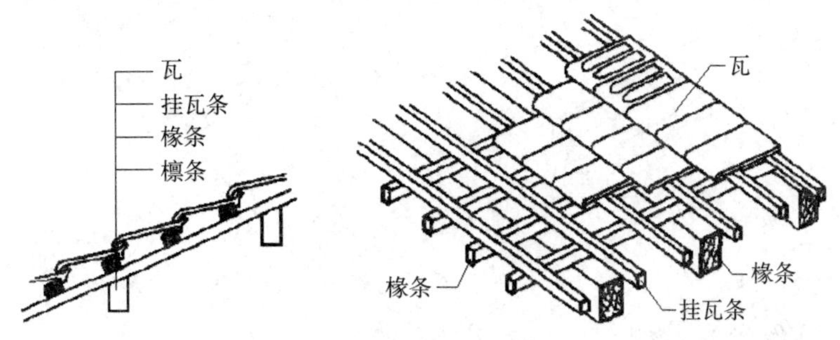

图 7-32　冷摊瓦屋面

为了保温、防漏，可以在椽条上铺芦苇、荆条或秫秸等编制的席子，上抹草泥，在草泥上卧瓦。这种做法能充分利用地方材料，造价低，保温、隔热、防渗漏效果较好，但自重大，在普通民居中使用较多（图 7-33）。

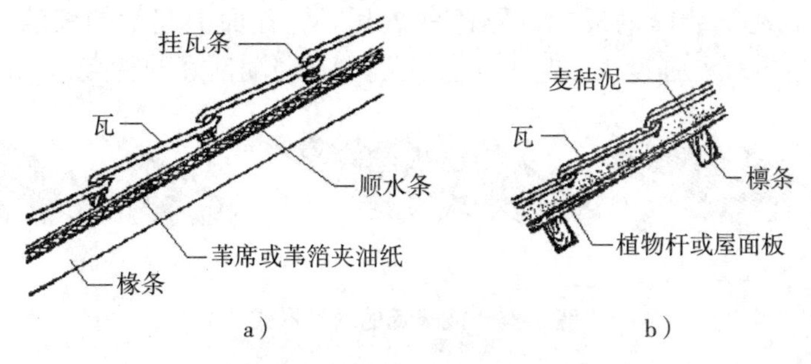

图 7-33　芦席、麦秸泥屋面

a）芦席或苇箔屋面　b）麦秸泥屋面

2）木望板平瓦屋面。在檩条上钉 20mm 厚木望板，檩条间距不大于 700 mm，在望板上干铺一层卷材，在卷材上钉顺水条，顺水条的方向与檩条方向垂直，在顺水条上钉挂瓦条，上铺平瓦，如图 7-34 所示。

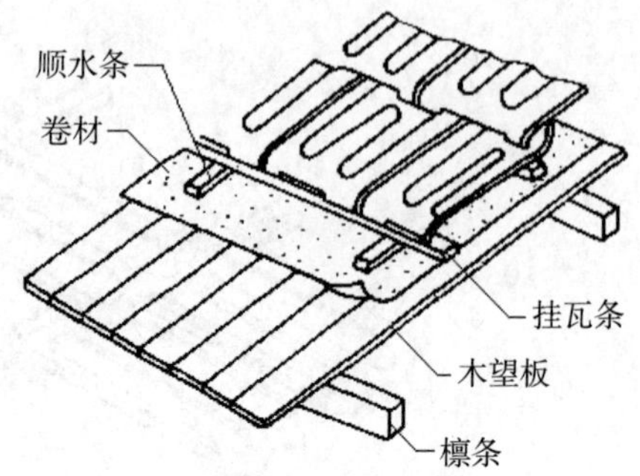

图 7-34 木望板平瓦屋面

3）钢筋混凝土挂瓦板平瓦屋面。这种屋面是将预应力或非预应力钢筋混凝土挂瓦板搁置在横墙上或屋架上，其上直接挂瓦。钢筋混凝土挂瓦板具有檩条、望板、挂瓦条三者的作用，可大大节省木材。板的基本形式有双 T 形、单 T 形、Π 形或 F 形，并在板肋上有泄水孔以便排除雨水（图 7-35）。

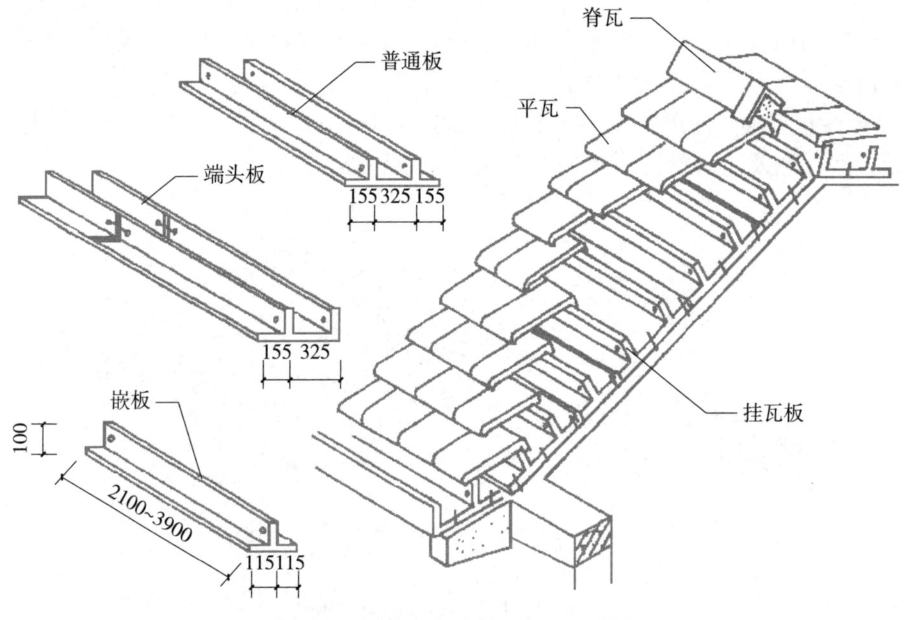

图 7-35 钢筋混凝土挂瓦板平瓦屋面

（2）波形瓦屋面 波形瓦按材料分为水泥石棉波形瓦、木质纤维波形瓦、防火瓦、钢丝网水泥瓦、镀锌钢板瓦、彩色钢板瓦等，瓦面上起伏的波浪，提高了薄瓦的刚度，具有自重轻、强度大、尺寸大、接缝少、防漏性好的特点（图 7-36）。

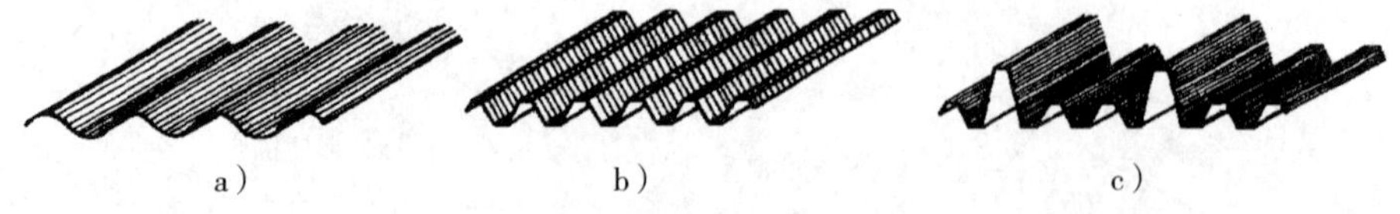

图 7-36 波形瓦的分类形式

a）弧形板（S 形板） b）梯形波（V 形板） c）不等波（富士波）

波形瓦可直接用瓦钉钉铺或钩子挂铺在檩条上，上下接缝至少搭接 100mm，横向搭接至少一波半。

1）水泥石棉瓦屋面。水泥石棉瓦屋面构造如图 7-37 所示。

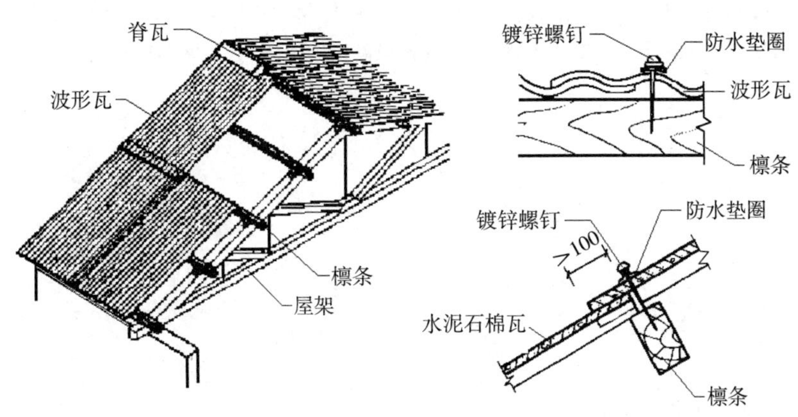

图 7-37　水泥石棉瓦屋面构造

2）金属瓦屋面。金属瓦屋面是用铝合金瓦或镀锌薄钢板做防水层，由檩条、木望板做基层的一种屋面。特点是自重轻，防水性能好，使用年限长，主要用于大跨度建筑的屋面。

金属瓦的厚度很薄（厚度在 1mm 以内），铺设时在檩条上铺木望板，望板上干铺一层油毡作为第二道防水，再用钉子将瓦材固定在木望板上，金属瓦间的拼缝通常采取相互交搭卷折成咬口缝，以避免雨水从缝中渗漏。

3）彩色压型钢板屋面。彩色压型钢板屋面简称彩板屋面，由于其自重轻、强度高且施工安装方便，色彩绚丽、质感好、艺术效果佳，被广泛用于大跨度建筑中。彩板除用于平直坡面的屋顶外，还可根据造型与结构形式的需要，在曲面屋顶上使用。

按彩板的功能构造分为单层彩板和保温夹芯彩板。

7.3.4　坡屋顶的构造处理

1. 纵墙檐口处理

坡屋顶的纵墙檐口一般有挑檐和包檐两种。

（1）挑檐　挑檐是指屋面伸出外墙的部分，对外墙起保护作用，一般南方多雨，出挑较大；北方少雨，出挑少些。挑檐的构造与出挑长度有关，一般有下列几种方式：

1）砖砌挑檐。出挑较少时可采用砖砌挑檐，即在檐口处将砖逐皮向外挑出 1/4 砖（60mm），直到挑出总长度不大于墙厚的一半为止（图 7-38a）。

2）挑椽挑檐。利用已有的椽条或另加椽条挑出作为檐口的支托（图 7-38b），挑出长度不宜超过 300mm，檐口处可将椽条外露或钉封檐板。

3）挑檐梁挑檐。当出挑长度较大时，以上两种方法均不足以支承挑檐重量，必须在屋架下或横墙中设置木或钢筋混凝土挑檐梁，在挑檐梁上安放檩条，支承挑出的屋面，在挑出的椽条上钉 20mm 厚 200mm 高的木封檐板，使檐口外形挺直，并可封闭檐口顶棚（图 7-38c、图 7-38d）。

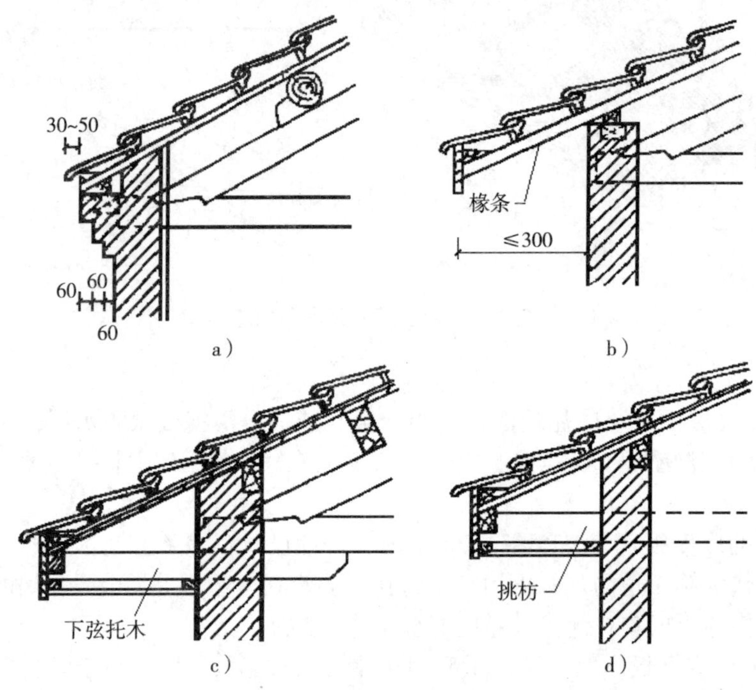

图 7-38　坡屋顶挑檐口构造

a）砖砌挑檐　b）挑椽挑檐　c）屋架下设托木挑檐　d）墙上设挑枋挑檐

4）钢筋混凝土挑檐沟。钢筋混凝土挑檐沟可采用现浇或预制装配两种方法，采用现浇方法一般与檐墙圈梁结合成一个整体，挑檐长度即檐沟的宽度，一般为 300~400mm（图 7-39a）；采用挂瓦板的屋面常用钢筋混凝土挑檐梁来支承预制檐沟板（图 7-39b）。檐口或檐沟板的出挑长度应根据需要和挑檐梁的承载能力而定。

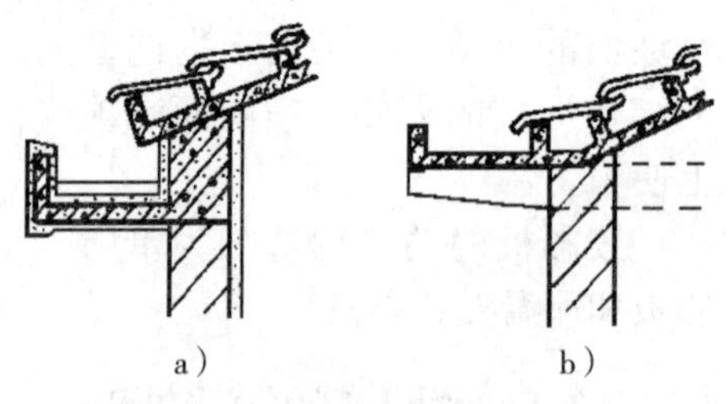

图 7-39　钢筋混凝土挑檐沟

a）现浇式　b）预制装配式

（2）包檐　包檐即将檐墙砌出屋面形成女儿墙，以遮挡檐口。女儿墙与屋架或山墙交接处须架设天沟。天沟多采用钢筋混凝土槽形天沟板，沟内铺设卷材防水层，并应将卷材直铺到女儿墙上形成泛水；另一种做法是采用镀锌薄钢板制作檐沟，薄钢板伸入瓦片下，并做好与女儿墙交接的泛水处理（图 7-40）。

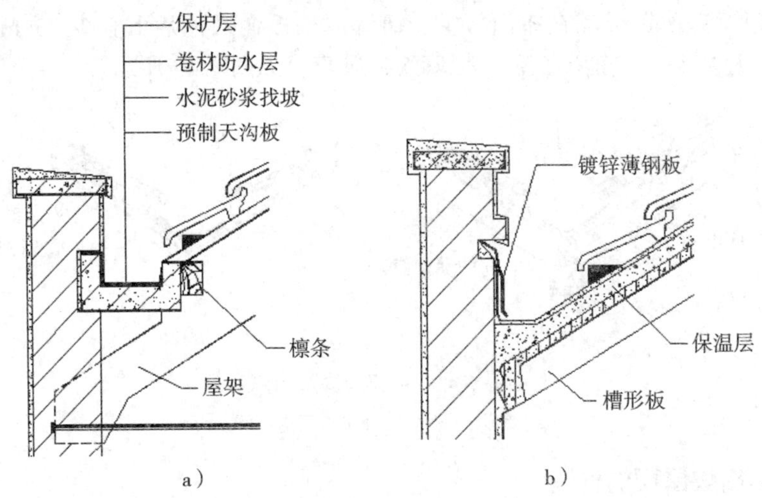

图 7-40　包檐构造

a）卷材天沟　b）镀锌薄钢板天沟

2. 山墙檐口处理

坡屋顶的山墙檐口也分挑檐和包檐两种。

（1）山墙挑檐　山墙挑檐称为“悬山”，一般用檩条出挑，或另加挑檐木出挑，其上做法与屋面相同。在檩条或挑檐木端头钉以封檐板，称为博风板。平瓦在山墙挑檐边隔块锯成半块，用 1 ：2 水泥麻刀或其他纤维砂浆抹成转角封边，称为“封山压边”或“瓦出线”，挑檐下也可以与纵墙挑檐相同，在檩条下钉顶棚搁栅做檐口顶棚，如图 7-41 所示。

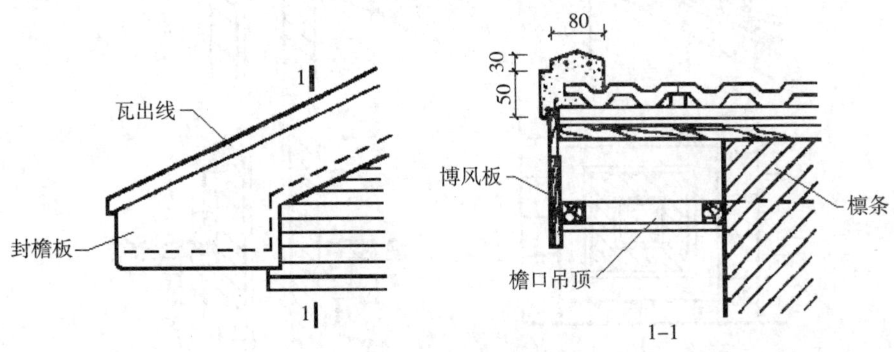

图 7-41　山墙挑檐构造

（2）山墙包檐　山墙包檐包括硬山和出山，硬山的做法是屋面与山墙平齐或挑出一二皮砖，然后用水泥砂浆抹压边瓦出线；出山的做法是将山墙砌出屋面，高达 500mm 以上时可做封火山墙，山墙与屋面交界处做泛水处理。

3. 天沟与斜沟

天沟是设在两跨屋面之间或高低跨屋面相交处的排水沟；斜沟则是由于两个坡屋面垂直相交时形成的斜向水沟。天沟和斜沟应有足够的截面面积来负担屋面雨水量，沟内多采用镀锌薄钢板铺在屋面板上，镀锌薄钢板伸入瓦片下至少 150mm；当排水量不大时，还可在沟底铺砌缸瓦，以麻刀灰卧牢，如图 7-42 所示。

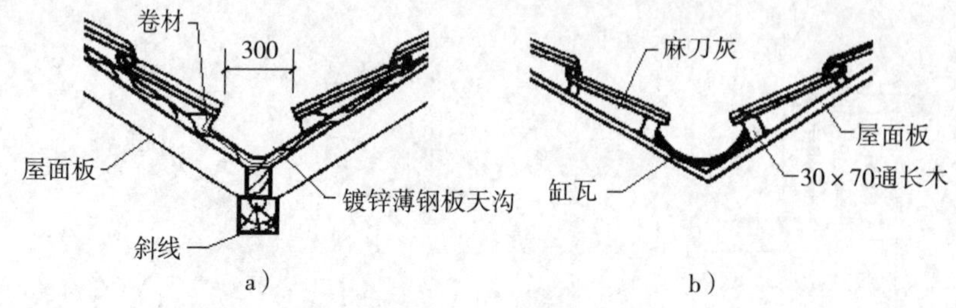

图 7-42　斜天沟构造示例

a）斜天沟示例一　b）斜天沟示例二

4. 烟囱出坡屋面的构造

当烟囱穿过坡屋面时，首先应注意屋面木构件的防火问题。结合防火规范的相关规定，通常木构件距烟囱外壁不小于 50mm，距烟囱内壁不小于 370mm，其构造如图 7-43 所示。

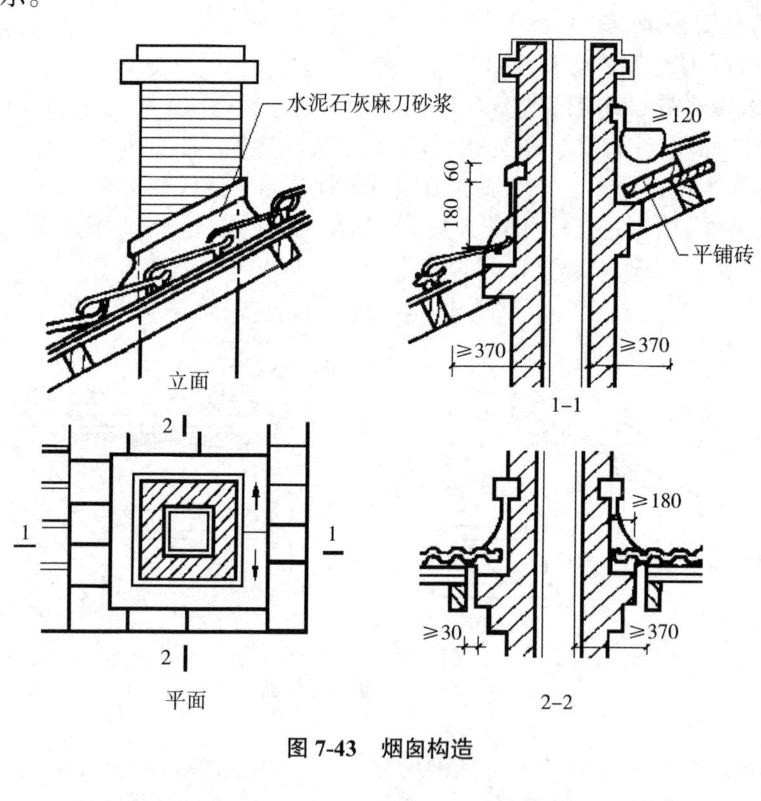

图 7-43　烟囱构造

第 8 章　变形缝

建筑物由于气候变化、荷载分布以及地震影响等不同原因，其内部会产生一些附加作用，使得建筑物有不同程度的破坏，比如裂缝、变形以及倒塌等现象，严重影响了正常使用和人身财物的安全。要消除这些影响，通常有两种解决办法：一种是预先在这些变形敏感部位将结构断开，预留一定缝隙，以保证各部分建筑物在这些缝隙处有足够的变形空间而不造成建筑物的破损，这种将建筑物垂直分隔开来的预留缝隙即为变形缝。第二种是加强建筑物的整体性，使之具有足够的强度和刚度来削弱和克服这些破坏应力，从而避免建筑物破坏。

在本章中，着重讲述关于变形缝的设置以及其构造处理等内容。

8.1　概述

在建筑中，变形缝主要是因受客观条件的限制，而防止一些外部因素造成建筑物的破坏所设。

8.1.1　变形缝的种类

变形缝适应建筑物由于气温的升降、地基的沉降、地震等外界因素作用下产生变形而预留的构造缝，是伸缩缝、沉降缝和防震缝的总称。

建筑物处于温度变化之中，在昼夜温度循环和较长的冬夏季节循环作用下，其形状和尺寸因热胀冷缩而发生变化。当建筑物长度超过一定限度时，会因变形大而开裂，为避免这种现象，通常沿建筑物长度方向每隔一定距离预留缝隙，将建筑物断开，这种为适应温度变化而设置的缝隙称为伸缩缝，也称温度缝。

由于地基的不均匀沉降，结构体系内将产生附加的应力，使建筑物某些薄弱部位发生竖向错动而开裂，为了避免这种状态的产生而设置的缝隙就是沉降缝。

在地震烈度为 6~9 度的地区，当建筑物体形比较复杂或建筑物各部分的结构刚度、高度以及重量相差较悬殊时，应在变形敏感部位设缝，将建筑物分割成若干规整的结构单元，每个单元的体形规则、平面规整、结构体系单一。这种防止在地震波作用下建筑各部分相互挤压、拉伸，造成变形和破坏所设置的缝隙称为防震缝。

8.1.2　变形缝的设置

变形缝包括伸缩缝、沉降缝和防震缝等，其设置应符合下列规定：

1）变形缝应按设缝的性质和条件设计，使其在产生位移或变形时不受阻，且不破坏建筑物。

2）根据建筑使用要求，变形缝应分别采取防水、防火、保温、隔声、防老化、防腐蚀、防虫害和防脱落等构造措施。

3）变形缝不应穿过厕所、卫生间、盥洗室和浴室等用水的房间，也不应穿过配电间等严禁有漏水的房间。

1. 伸缩缝

建筑中需设置伸缩缝的情况主要有三类：一是建筑物长度超过一定限度；二是建筑平面复杂，变化较多；三是建筑中结构类型变化较大。

设计中，伸缩缝的设置主要取决于建筑物的结构形式、结构所用材料、施工方法以及构件所处环境等因素。

对于砌体房屋有保温层或隔热层的楼盖或屋盖，伸缩缝的最大间距40~100m不等，钢筋混凝土结构根据框架结构、排架结构、剪力墙结构、挡土墙、地下室墙壁等类结构的不同，伸缩缝的最大间距也是不同的。

设置伸缩缝时，通常是沿建筑物长度方向每隔一定距离或结构变化较大处在垂直方向预留缝隙，将基础以上的建筑构件全部断开，分为各自独立的能在水平方向自由伸缩的部分。基础部分因受温度变化影响较小，一般不需断开。

2. 沉降缝

沉降缝是为了预防建筑物各部分由于地基承载力不同或各部分荷载差异较大等原因引起建筑物不均匀沉降、导致建筑物破坏而设置的变形缝。设置沉降缝时，必须将建筑的基础、墙体、楼层及屋顶等部分全部在垂直方向断开，使各部分形成能各自自由沉降的独立刚度单元。基础必须断开是沉降缝不同于伸缩缝的主要特征。

沉降缝设置主要与竖向变形有关，凡符合下列情况之一者，宜设置沉降缝。

1）建筑物建造在压缩性有显著差异的地基土上。

2）同一建筑物相邻部分高度相差在两层以上或部分高度差超过10m以上。

3）建筑物楼层荷载相差较大，造成部分基础底部压力值有很大差别。

4）在原有建筑物和扩建建筑物之间。

5）当相邻建筑的结构形式不同时。

6）在平面形状较复杂的建筑中，为了避免不均匀下沉，应将建筑物平面在转折部位划分成几个单元，在各个部分之间设置沉降缝。

沉降缝的设置位置如图8-1所示。

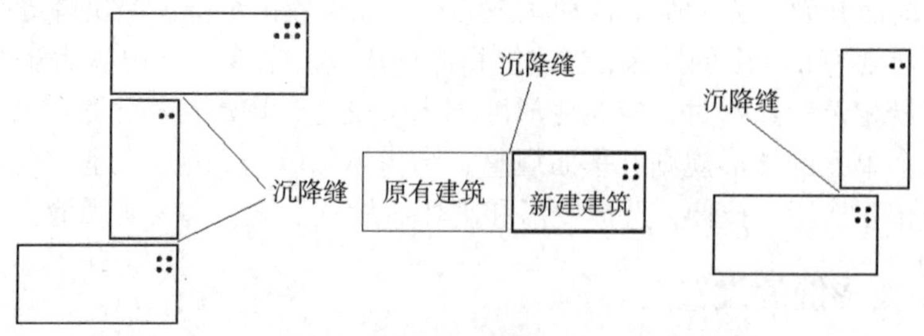

图8-1　沉降缝的设置位置示意图

沉降缝的宽度与地基情况及建筑高度有关，参见表8-1。地基越弱，建筑产生沉陷的可能越大；建筑越高，沉陷后产生的倾斜越大。

表 8-1　沉降缝的宽度

房屋层数	沉降缝的宽度 /mm
2~3 层	50~80
4~5 层	80~120
5 层以上	＞ 120

3. 防震缝

在地震区建造房屋，必须充分考虑地震对建筑造成的影响。对多层砌体房屋，应优先采用横墙承重或纵横墙混合承重的结构体系；对于高层钢筋混凝土房屋宜避免采用不规则建筑结构方案。在 8 度和 9 度抗震设防地区，有下列情况之一时宜设防震缝。

1）房屋立面高差在 6m 以上。

2）房屋有错层，且楼板高差较大。

3）各部分结构刚度截然不同。

防震缝应沿建筑物全高设置，将房屋分成若干个形体简单、结构刚度均匀的独立单元。一般情况下基础可以不分开，但当平面较复杂时，也应将基础分开。缝的两侧一般应布置双墙或双柱，以加强防震缝两侧房屋的整体刚度。

对于多层和高层钢筋混凝土结构房屋，其最小缝宽应符合下列要求。

1）当高度不超过 15m 时，缝宽 100mm。

2）当高度超过 15m 时，按不同设防烈度增加缝宽：

6 度区，建筑每增高 5m，缝宽增加 20mm；7 度区，建筑每增高 4m，缝宽增加 20mm；8 度区，建筑每增高 3m，缝宽增加 20mm；9 度区，建筑每增高 2m，缝宽增加 20mm。

8.2　变形缝的构造

8.2.1　伸缩缝

伸缩缝的宽度一般在 20~30mm，以保证缝两侧的建筑构件能在水平方向自由伸缩。

1. 墙体伸缩缝构造

墙体伸缩缝视墙体厚度、材料及施工条件不同，可做成平缝（墙厚在一砖以内）、错口缝、企口缝（墙厚在一砖以上）等截面形式，如图 8-2 所示。

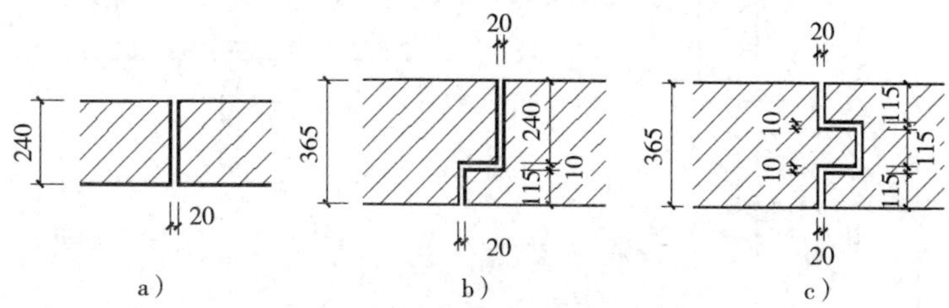

图 8-2　墙体伸缩缝的设置形式

a）平缝　b）错口缝　c）企口缝

为防止外界条件对墙体及室内环境的侵袭，伸缩缝外墙一侧，缝口处应填以防水、防腐的弹性材料，如沥青麻丝、木丝板、橡胶条、塑料条和油膏等。当缝隙较宽时，缝口可用镀锌薄钢板、彩色薄钢板、铝皮等金属调节片做盖缝处理。内墙常用具有一定装饰效果的金属调节盖板或木盖缝条单边固定覆盖，如图 8-3 所示。所有填缝及盖缝材料的安装构造均应保证结构在水平方向伸缩自由。

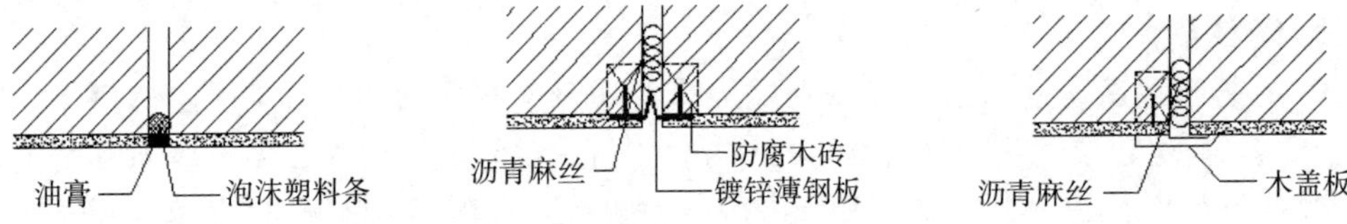

图 8-3　墙体伸缩缝处的构造处理

2. 楼地面伸缩缝构造

楼地面伸缩缝的位置和缝宽应与墙体、屋顶变形缝一致，缝内也要用弹性材料做封缝处理，上面再铺活动盖板（钢板、木板、橡胶或塑料地板等地面材料），以满足地面平整、防水和防尘等功能；在顶棚的盖缝条也只能单边固定，以保证构件两端能自由伸缩变形，如图 8-4、图 8-5 所示。

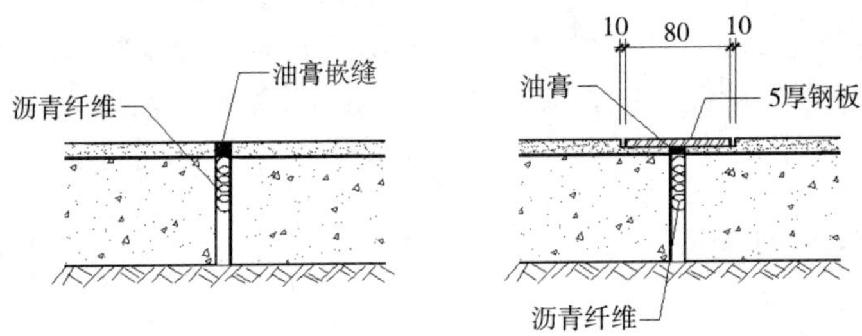

图 8-4　地面缩缝处的构造处理

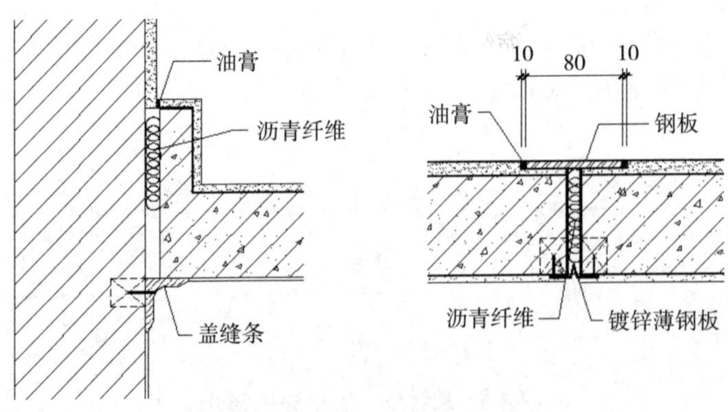

图 8-5　楼层缩缝处的构造处理

3. 屋面伸缩缝构造

屋面伸缩缝的位置和缝宽与墙体、楼地面的伸缩缝相对应，一般设在同一标高屋顶或建筑物的高低错落处。屋面伸缩缝要注意做好防水和泛水处理，其基本要求同屋顶泛水构造相似，不同之处在于盖缝处应能允许自由伸缩而不造成渗漏。

卷材防水屋面伸缩缝构造如图 8-6 所示。

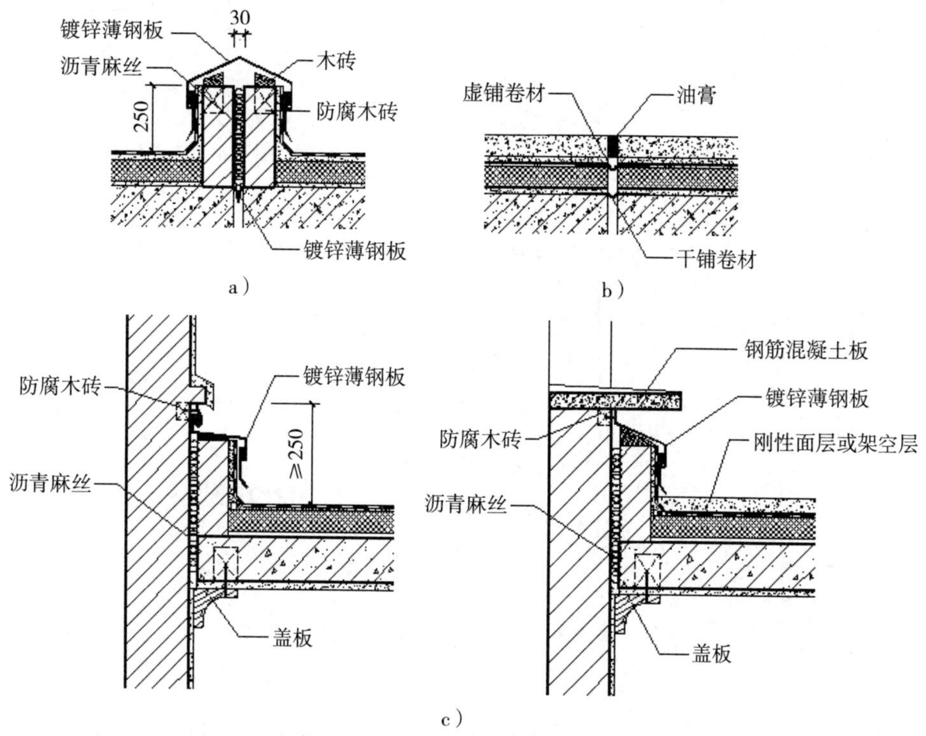

图 8-6　卷材防水屋面伸缩缝构造

a）不上人屋面平接变形缝　b）上人屋面平接变形缝　c）高低错落处屋面变形缝

8.2.2　沉降缝

1. 墙体处的沉降缝

由于沉降缝要同时满足伸缩缝的要求，所以墙体的沉降缝盖缝条应满足水平伸缩和垂直沉降变形的要求，如图 8-7 所示。

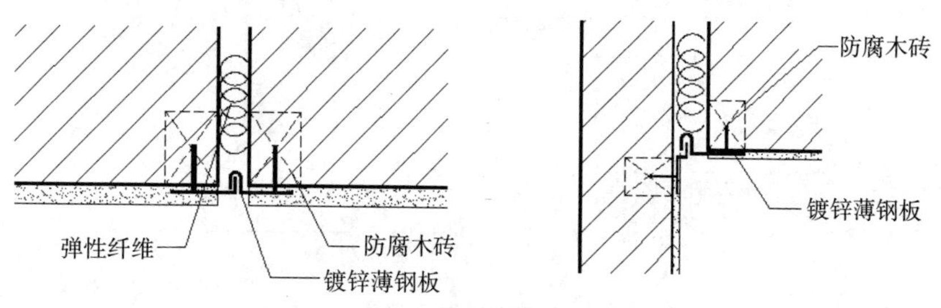

图 8-7　墙体沉降缝构造

2. 屋顶处的沉降缝

屋顶沉降缝处的金属调节盖缝条或其他构件应考虑沉降变形与维修余地，如图 8-8 所示。

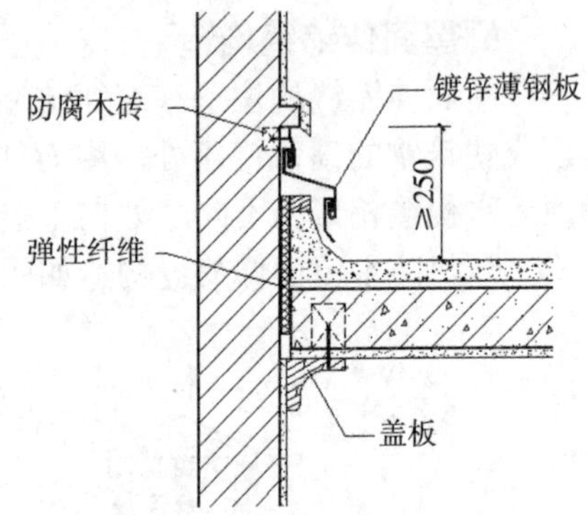

图 8-8　屋顶沉降缝构造

3. 基础处的沉降缝

对于基础沉降缝的处理形式，常见的有三种。

（1）双墙偏心基础　双墙偏心基础是将双墙下的基础放脚断开留缝（图 8-9），此时基础处于偏心受压状态，地基受力不均匀，有可能向中间倾斜，只适用于低层、耐久年限短且地质条件较好的情况。

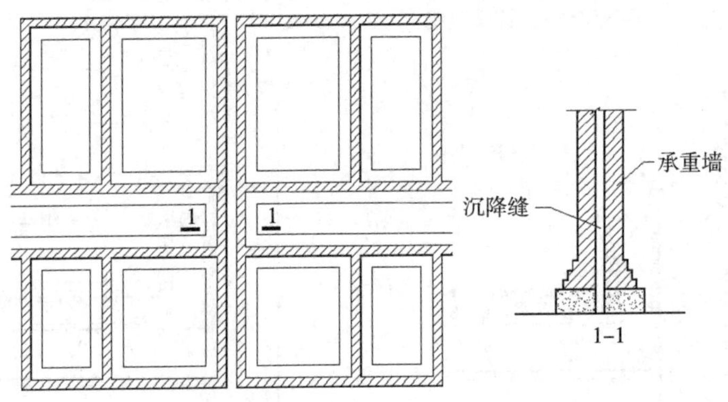

图 8-9　沉降缝双墙偏心基础

（2）双墙交叉排列基础　沉降缝两侧墙下均设置基础梁，基础放脚分别伸入另一侧基础梁下，两侧基础各自独立沉降，互不影响（图 8-10）。这种做法使地基受力大大改善，但施工难度大、工程造价较上一种基础形式偏高。

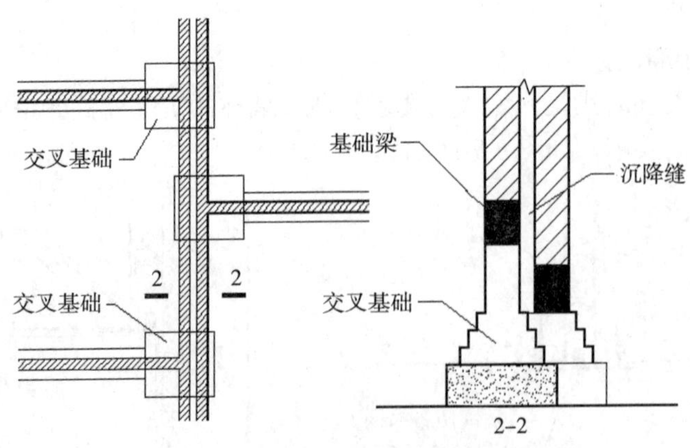

图 8-10　沉降缝双墙交叉排列基础

（3）悬挑梁基础　当沉降缝两侧基础埋深相差较大或新建建筑与原有建筑相毗连时，可采用此方案。即将沉降缝一侧的基础和墙按一般基础和墙处理，而另一侧采用挑梁支承基础梁，墙砌筑在基础梁上（图 8-11）。由于墙体的荷载由挑梁承受，应尽量选择轻质墙以减少挑梁承受的荷载。

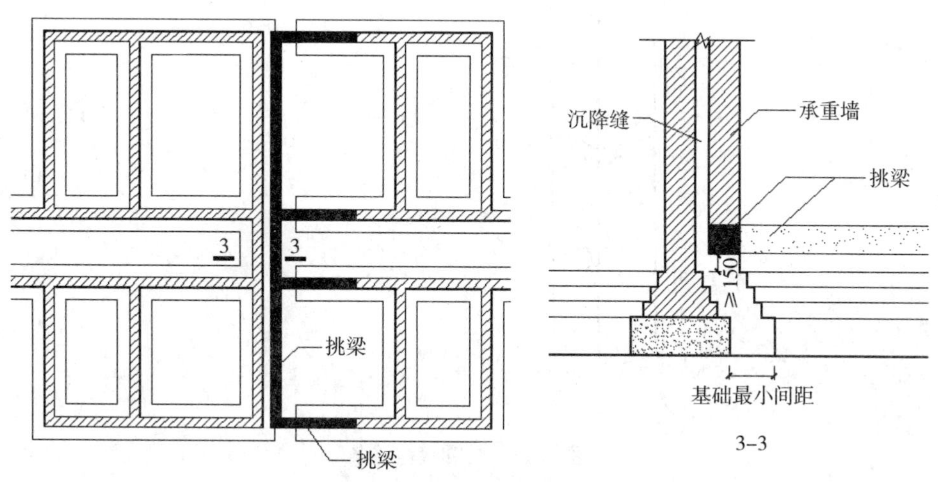

图 8-11　沉降缝悬挑梁基础

8.2.3　防震缝

建筑物的抗震，一般只考虑水平地震作用的影响，所以防震缝构造及要求与伸缩缝相似，但墙体不应处理成错口和企口缝，如图 8-12 所示。

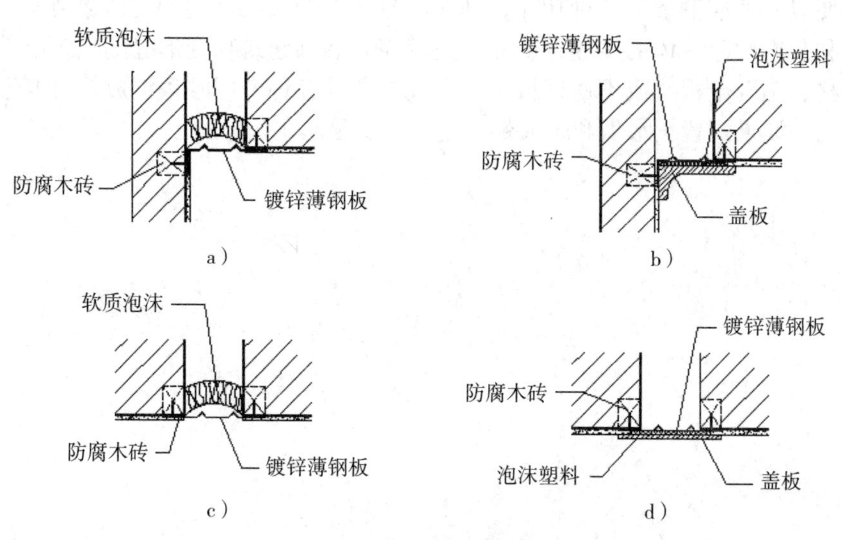

图 8-12　防震缝构造

a）外墙转角　b）内墙转角　c）外墙平缝处　d）内墙平缝处

由于防震缝一般较宽，通常采取覆盖的做法，盖缝条应满足牢固、防风和防水等要求，同时还应具有一定的适应变形的能力，如图 8-13 所示。

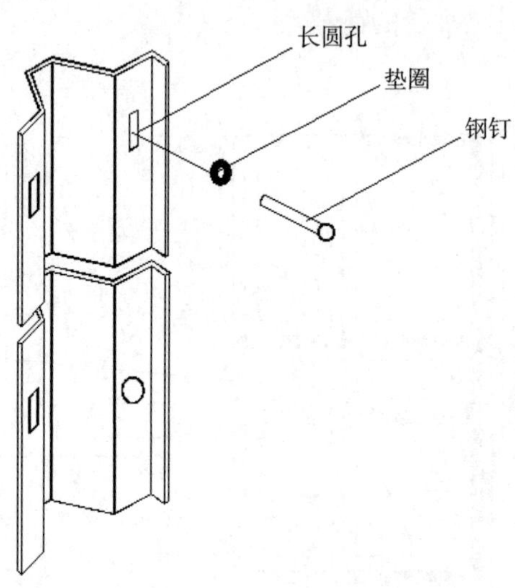

图 8-13　防震缝盖缝条

盖缝条两侧钻有长形孔，加垫圈后打入钢钉，钢钉不能钉实，应给盖板和钢钉之间留有上下少量活动的余地，以适应沉降要求。盖板呈 V 形或 W 形，可以左右伸缩，以适应水平变形的要求。

随着建筑规模和高度的不断增加，使用功能和建筑造型的日趋复杂以及建筑内、外装修标准的提高，对变形缝构造设计的要求越来越高。为了更好地满足外形美观、施工简便以及适应变形等各种功能，现在已有新型的、成品化的变形缝装置，这是集实用性和装饰性于一体的工业化产品，是遮盖和装饰建筑物变形缝的建筑配件，由铝合金型材、铝合金板（或不锈钢板）、橡胶嵌条及各种专用胶条组成，对变形缝起到保护作用。如果配置止水带和阻火带，还可以满足防水、防火、保温等要求。

第 9 章　建筑节能构造设计

建筑节能是未来建筑发展的一个基本趋势，也是建筑技术的一个新的发展目标。建筑节能构造设计可以改善建筑围护结构的热工性能，夏季可以隔绝室外热量进入室内，冬季可以防止室内热量流失到室外，属于被动式节能措施。这样做可以使建筑室内温度尽可能接近人体所感知的舒适度，另一方面，又可以降低供暖及制冷设备的用电负荷以达到建筑整体节能的目标。

9.1　概述

9.1.1　建筑节能的概念

建筑能耗包括建造过程的能耗和使用过程的能耗两个方面，建造过程的能耗包括建筑材料、建筑构配件、建筑设备的生产和运输，以及建筑施工和安装的能耗；使用过程的能耗包括建筑使用期间供暖、通风、空调、照明、家用电器和热水供应的能耗。

在一般情况下，日常使用能耗与建造能耗之比约为 4：1 以上，而使用过程的能耗，通常是以其中的供暖和空调能耗为主，因此建筑节能的重点多为节约供暖和降温能耗。

1. 建筑能耗

按照国际通行的分类，建筑能耗专指民用建筑（包括居住建筑和公共建筑）使用过程中对能源的消耗，主要包括供暖、空调、通风、热水供应、照明、炊事、家用电器等方面的能耗；其中以供暖和空调能耗为主，各部分能耗大体比例为：供暖、空调占 65%，热水供应占 15%，电气设备占 14%，炊事占 6%。

建筑能耗产生的主要原因是由于建筑外围护结构向外界进行热交换造成的，受气候、房屋建筑规模、家用电器和建筑舒适度要求等多方面因素的影响。随着我国家用电器数量增多，供暖区扩大，对舒适度要求越来越高，建筑能耗持续增加是不可避免的趋势。但能耗增长速度与建筑节能关系密切，因此节能工作大有作为。

2. 建筑节能

2018 年修订的《中华人民共和国节约能源法》，对“节能”的法律规定是指加强用能管理，采取技术上可行、经济上合理以及环境和社会可以承受的措施，从能源生产到消费的各个环节，降低消耗、减少损失和污染物排放、制止浪费，有效、合理地利用能源。

节约资源是我国的基本国策。建筑节能是社会经济发展的需要，是减轻大气污染的需要，是改善热环境的需要。建筑工程的建设、设计、施工和监理单位应当遵守建筑节能标准。国家鼓励在新建建筑和既有建筑节能改造中使用新型墙体材料等节能建筑材料和节能设备，安装和使用太阳能等可再生能源利用系统。

建筑节能是以满足建筑热环境和保护人居环境为目的，通过建筑设计手段及改善建筑围护结构的热工性能，并充分利用自然能，使建筑能耗最小化的科学和技术手段。

建筑节能设计的内容和标准既具有普遍性，也具有特殊性。针对不同的社会经济发展水平、不同的气候条件、不同的建筑种类及用途等都会对其建筑节能设计的内容和标准做出不同的具体规定。

1. 我国建筑节能的发展
2.《近零能耗建筑技术标准》GB/T 51350 的颁布

9.1.2 我国的气候特点

我国幅员辽阔，南北跨越热温寒几个气候带，气候类型多种多样，但大部分地区属于东亚季风气候，冬夏盛行风向交替变更，冬季多干冷的偏北风，夏季多暖湿的偏南风；同时，我国气候还有很强的大陆性气候特征，即气温年较差大，冬季平均温度大大低于同纬度地区，而夏季平均温度又略高于同纬度地区，这些气候特点，对我国建筑节能工作有着重大的影响。

1. 温度

我国 0℃等温线，也即亚热带气候北界，在我国东部大体上位于秦岭、淮河一线，比欧洲地中海地区偏南约 10 个纬度。

我国冬季气温较低，南北温差很大，为世界上同纬度地区最冷的地方。我国各地 1 月平均气温普遍低于世界同纬度地区平均气温。与世界同纬度地区的平均温度相比，大体上我国东北偏低 14~18℃，黄河中下游偏低 10~14℃，长江以南偏低 8~10℃，华南沿海偏低 5℃左右。由于冬季常有寒潮滞留，我国不仅冬天气温较低，而且冷季时间很长。

夏季，我国北方与南方的温差远较冬季小得多，与同纬度的世界其他地区相比，除了沙漠干旱地带以外，我国又是夏季最暖热的国家。只有华南沿海一带和同纬度的平均温度接近，其他地区都要比世界各地同纬度的平均温度高一些，一般高 1.3~2.5℃。我国夏天气候还有一个特点，即极端最高气温很高，从华北平原到江南地区以至甘新戈壁沙漠地带，极端最高气温都超过 40℃。

2. 湿度

在暑热和冬寒的日子，空气相对湿度过高，会使人更加不适。例如，在湿热天气里，人体排汗不易散发，使人感到闷热；而在湿冷的天气里，人体皮肤接触到较多寒凉水汽，衣被潮湿，处处使人感到阴冷。

我国的气候除西部和西北地区全年都相当干燥以外，整个东部经济发达地区最热月平均湿度均较高，一般达 75%~81%；这些地区到了最冷月，在华北北部湿度较低，而长江流域一带仍保持较高湿度，达 73%~83%。由此可见，湿度过高，伴随着冬寒夏热的气候条件，使得改善我国建筑热舒适环境成为一个需要迫切解决的问题。

3. 太阳辐射

在气候资源方面，太阳辐射对建筑节能是个有利因素，我国占有一定优势。与许多发达国家、尤其欧洲国家相比，我国北方寒冷的冬季晴天较多，日照时间普遍较长，太阳辐射强度较大。比如 1 月份北京的日照时数为 204.7h，总辐射为 283.4MJ/m^2，兰州日照时数为 188.9h，总辐射为 253.5MJ/m^2。在欧洲除南欧冬季日照较多以外，其他地区由于纬度较高，冬季白天时间甚短，加上阴雨天相当多，因此冬季每天日照时间平均只有 1~2h。如 1 月份伦敦的日照总时数只有 43.4h，总辐射只有 70.1MJ/m^2，1 月份斯德哥尔摩的日照时数也只有 37.2h，总辐射只有 40.2MJ/m^2，比我国北方少得很多。

另外，冬季太阳入射角较低（最低的日子是冬至日，我国北方冬至日太阳入射角低至 13°～30°），因此建筑南向窗户接收到的太阳辐射较多，并且越是寒冷的月份，南向受到的太阳辐射量越多，这对于外界的寒冷气候来说，反而构成了一种补偿；同时，由于太阳光的入射角较小，在窗玻璃表面反射回室外的光热所占的比例也较少，透过玻璃射入室内的光热就较多，而且我国建筑又多是以砖石、混凝土等重质材料建成，这就有利于太阳热能在室内更好地被吸收、蓄存，从而提高室内温度，节约采暖用能。

在我国，太阳能资源根据年太阳能辐射量的大小，分为资源丰富区、资源较丰富区、资源一般区和资源贫乏区等四区。

气候对建筑节能设计起决定作用，气候作为某一特定地点是一项已知条件，是设计必须遵守的客观前提。建筑节能设计应充分利用气候的已知条件，迎合气候因素，使气候成为建筑节能的有利因素。

9.1.3　我国的建筑气候分区及其设计要求

根据《民用建筑设计统一标准》（GB 50352），建筑气候分区对建筑的基本要求应符合表 9-1 的规定。

表 9-1　建筑气候分区对建筑的基本要求

建筑气候区划名称		热工区划名称	建筑气候区划主要指标	建筑基本要求
Ⅰ	ⅠA ⅠB ⅠC ⅠD	严寒地区	1 月平均气温≤ −10℃ 7 月平均气温≤ 25℃ 7 月平均相对湿度≥ 50%	1）建筑物必须充分满足冬季保温、防寒、防冻等要求 2）ⅠA、ⅠB 区应防止冻土、积雪对建筑物的危害 3）ⅠB、ⅠC、ⅠD 区西部，建筑物应防冰雹、防风沙
Ⅱ	ⅡA ⅡB	寒冷地区	1 月平均气温 −10~0℃ 7 月平均气温 18~28℃	1）建筑物应满足冬季保温、防寒、防冻等要求，夏季部分地区应兼顾防热 2）ⅡA 区建筑物应防热、防潮、防暴风雨、沿海地带应防盐雾侵蚀
Ⅲ	ⅢA ⅢB ⅢC	夏热冬冷地区	1 月平均气温 0 ~10℃ 7 月平均气温 25 ~30℃	1）建筑物应满足夏季防热、遮阳、通风降温要求，并应兼顾冬季防寒 2）建筑物应满足防雨、防潮、防洪、防雷电等要求 3）ⅢA 区应防台风、暴雨袭击及盐雾侵蚀 4）ⅢB、ⅢC 区北部冬季积雪地区建筑物的屋面应有防积雪危害的措施

（续）

建筑气候区划名称		热工区划名称	建筑气候区划主要指标	建筑基本要求
Ⅳ	ⅣA ⅣB	夏热冬暖地区	1 月平均气温＞ 10℃ 7 月平均气温 25 ~29℃	1）建筑物必须满足夏季遮阳、通风、防热要求 2）建筑物应防暴雨、防潮、防洪、防雷电 3）ⅣA 区应防台风、暴雨袭击及盐雾侵蚀
Ⅴ	ⅤA ⅤB	温和地区	1 月平均气温 0 ~13℃ 7 月平均气温 18 ~25℃	1）建筑物应满足防雨和通风要求 2）ⅤA 区建筑应注意防寒，ⅤB 区建筑应特别注意防雷电
Ⅵ	ⅥA ⅥB	严寒地区	1 月平均气湿 0– –22℃ 7 月平均气温＜ 18℃	1）建筑物应充分满足保温、防寒、防冻要求 2）ⅥA、ⅥB 区应防冻土对建筑物地基及地下管道的影响，并应特别注意防风沙 3）ⅥC 区的东部，建筑物应防雷电
	ⅥC	寒冷地区		
Ⅶ	ⅦA ⅦB ⅦC	严寒地区	1 月平均气温 -5 ~-20℃ 7 月平均气温≥ 18℃ 7 月平均相对湿度＜ 50%	1）建筑物必须充分满足保温、防寒、防冻的要求 2）除ⅦD 区外，应防冻土对建筑物地基及地下管道的危害 3）ⅦB 区建筑物应特别注意积雪的危害 4）ⅦC 区建筑物应特别注意防风沙，夏季兼顾防热 5）ⅦD 区建筑物应注意夏季防热，吐鲁番盆地应特别注意隔热、降温
	ⅦD	寒冷地区		

9.2 围护结构的节能保温设计

围护结构是指建筑物及房间各面的围挡物，分为非透明围护结构和透明围护结构。围护结构节能设计包括非透明围护结构（外墙、屋面、楼地面、地下室外墙）及透明围护结构（外窗、玻璃幕墙）等，应满足国家或地方相关节能设计要求。

围护结构的保温，主要表现在阻止热量传出的能力和防止在围护结构表面及内部产生凝结水的能力两大方面，在建筑物理学上属于建筑热工设计部分。

9.2.1 影响建筑耗热量的主要因素

1. 建筑的耗热量及耗热量指标

建筑的耗热量是指在一个供暖期内，为保持室内计算温度，需要由供暖设备供给建筑物的热量，单位是 kWh/a（a—每年，实际是指一个供暖期）。

建筑物的耗热量指标是指在供暖期室外平均温度条件下，为了保持室内计算温度，单位建筑面积在单位时间内消耗的、需要由供暖设备供给的热量，单位是 W/m^2，它是评价建筑物耗能水平的一个重要指标。

2. 居住建筑影响耗热量的主要因素

主要以严寒和寒冷地区为例进行说明（表 9-2）。

表 9-2　居住建筑影响建筑耗热量的主要因素

序号	因素	解释	与能耗关系	要求
1	建筑物的朝向	—	东西向多层住宅建筑的耗热量较南北向的约增加 5.5%	宜采用南北或者接近南北向，主要房间避开冬季主导风向
2	体形系数	建筑物与室外大气接触的外表面面积与其所包围的体积的比值。外表面面积中，不包括地面和不供暖楼梯间等公共空间内墙及户门的面积	在各部分围护结构传热系数和窗墙面积比不变的条件下，耗热量随体形系数的增大而急剧上升	详见《严寒和寒冷地区居住建筑节能设计标准》（JGJ 26）-2010
3	窗墙面积比	窗户洞口面积与房间立面单元面积（即建筑层高与开间定位线围成的面积）之比	在寒冷地区采用单层窗、严寒地区采用双层窗或双玻窗的条件下，耗热量随窗墙面积比的增大而上升	详见《严寒和寒冷地区居住建筑节能设计标准》（JGJ 26）-2010
4	围护结构的传热系数	在稳态条件下，围护结构两侧空气为单位温差时，单位时间内通过单位面积传递的热量	建筑物轮廓尺寸和窗墙面积比不变的条件下，耗热量随围护结构传热系数的减小而降低	详见《严寒和寒冷地区居住建筑节能设计标准》（JGJ 26）-2018
5	楼梯间	楼梯间开敞与否	多层住宅采用开敞式楼梯间时的耗热量，比有门窗的楼梯间增大 10%~20%	供暖建筑的楼梯间和外廊应设置门窗。建筑物入口处应设置门斗或其他避风措施
6	换气次数	单位时间内室内空气更换的次数	换气次数由 0.8 次 /h 降至 0.5 次 /h，耗热量降低 10% 左右	一般应保持≤ 0.5 次 /h

3. 公共建筑节能设计的综合要求

公共建筑的节能设计的综合要求如下。

（1）建筑位置和朝向　冬季能充分利用自然日照对建筑进行供暖，从而减少热负荷和供热量；夏季能最大限度利用自然通风来冷却降温，减少建筑的得热量和冷负荷。

（2）建筑体形系数　建筑形体的变化，与供暖和空调负荷及能耗的大小有密切关系。体形系数越大，单位建筑面积对应的建筑外表面面积越大，围护结构的负荷也越大；体形系数每增加 0.01，能耗指标约增加 2.5%。严寒和寒冷地区，公共建筑单栋建筑面积大于 800m^2 时，体形系数小于或等于 0.4。

（3）外窗（包括透明幕墙）　不同朝向的外窗（包括透明幕墙）传热系数 K、遮阳系数 SC 应满足《公共建筑节能设计标准》（GB 50189）的要求。窗墙面积比越大，供暖和空调的能耗也越大。严寒地区甲类公共建筑各单一立面窗墙面积比（包括透光幕墙）均不宜大于 0.60；其他地区甲类公共建筑各单一立面窗墙面积比（包括透光幕墙）均不宜大于 0.70。无论在北方还是南方，一年中都有相当长的时段可以通过自然通风来改善室内空气品质。通风换气是窗户的功能之一，利用外窗（包括透明幕墙）通风，既可以提高热舒适性，又可降低能耗。

（4）屋顶透明部分 屋顶透明部分面积越大，建筑能耗也越大；由于水平面上太阳辐射照度最大，造成传热负荷过大，对室内热环境有很大影响。屋顶透明部分面积应小于 20% 屋顶总面积。甲类公共建筑的屋顶透光部分面积不应大于屋顶总面积的 20%。当不能满足规定时，必须按规定的方法进行权衡判断。

（5）外门 严寒地区建筑的外门应设置门斗；寒冷地区建筑面向冬季主导风向的外门应设置门斗或双层外门，其他外门宜设置门斗或应采取其他减少冷风渗透的措施；夏热冬冷、夏热冬暖和温和地区建筑的外门应采取保温隔热措施。

9.2.2 提高围护结构热阻的措施

保温构造良好的围护结构是结构热阻值和热惰性指标较大，而且在结构中没有明显热桥的结构。

最小传热阻是指围护结构在规定的室外计算温度和室内计算温湿度条件下，为保证围护结构内表面温度不低于室内露点，从而避免结露，同时避免人体与内表面的辐射换热过多而引起不舒适感所必需的传热阻。提高围护结构热阻值可采取下列措施：

1）采用轻质高效保温材料与砖、混凝土、钢筋混凝土、砌块等主墙体材料组成复合保温墙体构造。

2）采用低热导率的新型墙体材料。

3）采用带有封闭空气间层的复合墙体构造。

外墙宜采用热惰性大的材料和构造。提高墙体热稳定性的措施有：采用内侧为重质材料的复合保温墙体；采用蓄热性能好的墙体材料或相变材料复合在墙体内侧。

9.2.3 围护结构的保温构造

1. 墙体保温构造

为提高建筑物的保温性能，要合理设计围护结构的构造方案。根据绝热处理方法的不同，保温构造大致有以下几种。

（1）单一材料的保温结构 作为单一材料的围护结构，最理想的是采用轻质、高强的保温材料，如陶粒混凝土、浮石混凝土、加气混凝土等，它们具有密度小、热导率低，强度和耐久性高的特性。采用单一材料的墙体，其厚度应由计算确定，并按模数统一尺寸，墙体内外侧宜做水泥砂浆抹面层或其他重质材料饰面层。

（2）复合材料的保温结构 当轻质、高强材料缺乏，或采用单一构造处理有困难时，可利用不同性能的材料进行组合，轻质材料专起保温作用，强度高的材料则用于承重，形成既能承重又可保温的复合结构，使不同性质的材料各自发挥其功能。

在这种结构中，保温材料放置的位置是构造设计中必须考虑的问题。由于是稳定传热，从保温效果考虑，较为理想的做法是将保温材料置于围护结构的低温一侧（一般是指室外一侧）为好。

复合保温构造主要有下列三种类型：外保温、内保温和夹心保温。

1）外保温墙体。保温材料设在低温一侧，能充分发挥保温材料的作用。主要是因为材料孔隙多，热导率低，单位时间内吸收或散失的热量小，保温效果显著；同时，将热容量大的结构材料放高温一侧，对房间内的热稳定性有利，因为材料蓄热系数越大，其表面温度波动越小，当供热不均匀，或室外气温变化较大时，可保证围护结构内表面的温度不致急剧下降，从而使室温不致下降很快。

保温材料放在外侧，使得墙体或屋顶的结构构件受到保护，避免了构件在较大温差应力作用下，缩短结构寿命的可能性。

保温层放置低温一侧，还将减少保温材料内部产生水蒸气凝结的可能性。

不过，保温材料放低温一侧，也有其不足之处。因为目前绝大多数保温材料不能防水，且耐久性差，保温材料靠室外一侧，就必须加保护层，对墙面需另加防水饰面，确保墙体的可靠性和耐久性。

2）内保温墙体。是指将保温层做在外墙内侧（高温一侧）。这种做法施工较为方便，构造简单、灵活，不受天气变化的影响，而且造价也较低，在节能住宅和旧房改造中使用较多。但是选用这种做法必须对热桥部位做保温处理，如框架结构中设置的钢筋混凝土柱与梁，外墙周边的钢筋混凝土柱与圈梁，以及屋顶檐口、墙体勒脚、楼板与外墙连接部位等。

内保温做法占用较多的室内使用面积，同时在墙上悬挂物件困难，尤其是进行二次装修时，损坏较多，严重影响保温效果。并且由于建筑结构外露，温度变化引起的内保温开裂，影响了墙体的蓄热性能，相比之下对保持房间的热稳定性不如外保温做法的效果好。

一般情况下，在基层墙体保温性能较好（如黏土多空砖墙等）以及部分有间歇供暖要求的房间，比如影剧院、体育馆等，由于属于临时供热，且又要求室温很快上升到所需标准的建筑，采用内保温对快速取暖有利。

外保温墙体的类型
内保温墙体的类型

3）夹心保温墙体。既要求保护层能防水，又要能防止室外各种因素的侵袭，于是设计时常采用半砖墙或其他板材结构作保护层，这样整个结构便成了夹心构件，即在双层结构中夹保温材料（图 9-1）。这种做法内外层墙之间必须采取可靠的拉结措施。

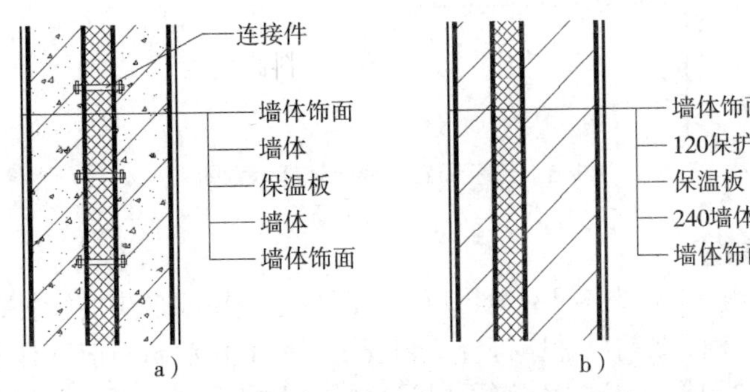

图 9-1　夹心保温墙体示例一

a）钢筋混凝土夹心墙　b）砖砌夹心墙

夹心层还可以采用夹空气间层的做法（图 9-2a），空气间层的厚度一般以 40~50mm 为宜。作为起保温作用的空气夹层要求处于密闭状态，另外为了提高空气层的保温能力，可利用强反射材料，粘贴在构件的内表面（或铺钉铝箔组合板），它可以将散失出去的热量反射回来，从而达到保温目的（图 9-2b）。

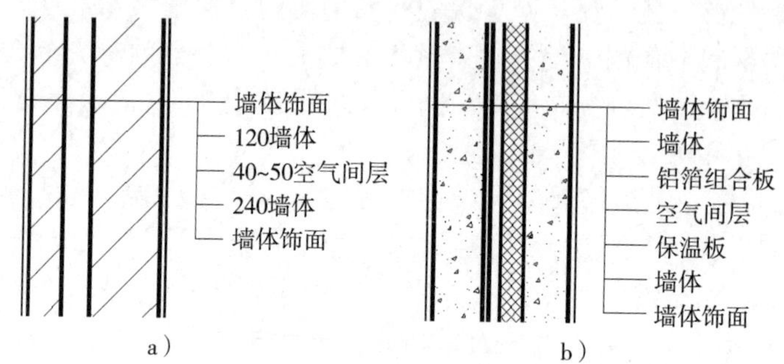

图 9-2　夹心保温墙体示例二

a）带空气间层的夹心墙　b）带铝箔组合板夹心墙

4）传热异常部位的保温构造。在外围护结构中，门窗洞口处、结构转角处、钢筋混凝土框架柱、过梁、圈梁等传热异常的构件或部位是保温的薄弱环节。这些部位的热损失比相同面积主体部分的热损失要多，所以它们的内表面温度比主体部分低，这些保温性能较低的部位通常称为“热桥”。热桥是围护结构中热流强度显著增大的部位。在热桥部位容易产生凝聚水，为了防止热桥部分内表面出现结露，热桥部位均采取相应的保温措施（图 9-3），并应保证热桥部位的内表面温度不低于室内空气设计温湿度条件下的露点温度，减小附加热损失，保证结构的正常热工状况和整个房间保温效果。

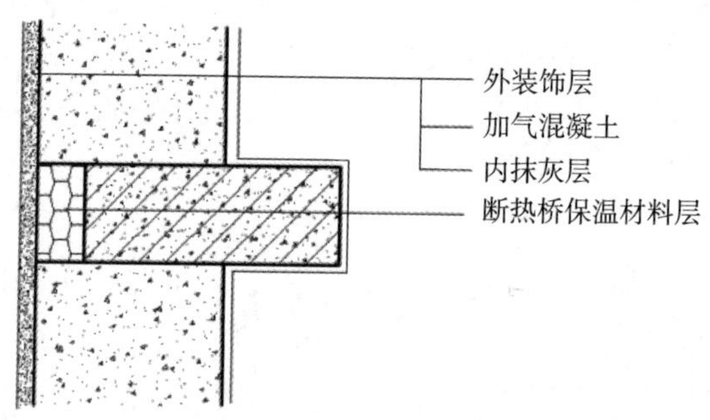

图 9-3　热桥局部做保温处理示意图

2. 屋顶保温构造

为了有效改善冬季顶层房间室内热环境，减少通过屋面散失的能耗，应对屋顶进行保温节能设计。屋面保温设计应符合下列规定：屋面保温材料应选择密度小、热导率低的材料，防止屋顶自重过大；屋面保温材料应严格控制吸水率，防止因保温材料吸水造成保温效果下降。根据结构层、防水层、保温层所处的位置不同，通常有以下几种构造做法。

（1）平屋顶保温构造　根据保温层位置的不同，平屋顶的保温构造通常有正置式与倒置式两种做法。

1）正置式保温屋顶。正置式保温屋顶是指保温层设在防水层之下，结构层之上，形成由多种材料和构造层次结合的封闭保温层做法（图 9-4）。这种形式构造简单，施工方便，目前广泛采用。

屋面保温材料一般选用空隙多、表观密度轻、热导率低的材料。有板状材料，如聚苯乙烯泡沫塑料，硬质聚氨酯泡沫塑料，膨胀珍珠岩制品，泡沫玻璃制品，加气混凝土砌块，泡沫混凝土砌块等；有纤维材料，如玻璃棉制品，岩棉、矿渣棉制品等；有整体材料，如喷涂硬泡聚氨酯，现浇泡沫混凝土等。

2）倒置式保温屋顶。倒置式保温屋顶是将保温层设置于防水层之上的做法（图 9-5），其优点是防水层在保温层之下，不受阳光及气候变化的影响，热温差较小，同时防水层不易受到来自外界的机械损伤。

该屋面保温材料宜采用吸湿性小的憎水材料，如聚苯乙烯泡沫塑料板或聚氨酯泡沫塑料板，而加气混凝土或泡沫混凝土吸湿性强，则不宜选用。

为防止保温层表面破损及延缓保温材料的老化过程，在保温层上应设保护层。保护层应选择有一定荷载并足以压住保温层的材料，使保温层在降雨时不致漂浮，一般可选择大粒径的石子或混凝土做保护层。

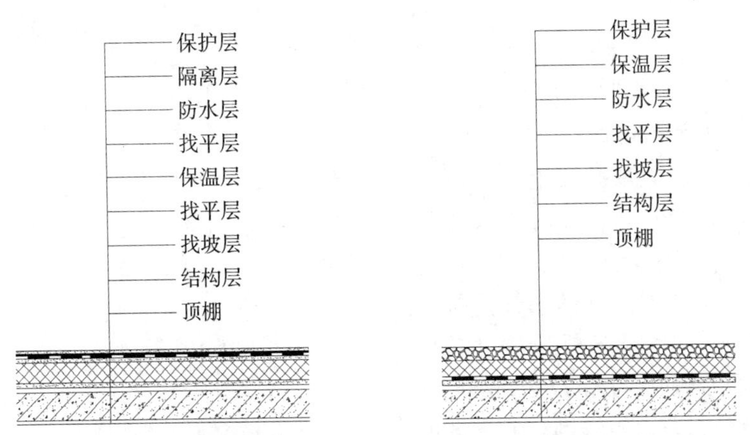

图 9-4　正置式保温屋顶构造层次　　**图 9-5　倒置式保温屋顶构造示例**

设计为间歇供暖或供冷的建筑，可采用内保温屋顶，但需要对热桥进行消除处理，并需要做好墙体内部结露验算，其他建筑不应采用内保温屋顶。

（2）坡屋顶保温构造

1）传统坡屋顶的保温层做法。传统坡屋顶的保温层一般做法是在檩条与瓦材间做一层厚厚的黏土麦草泥、麦秸泥等作为保温层，这样做比较经济（图 9-6a）；在平瓦屋面中，可将保温材料填充在檩条之间（图 9-6b）；有吊顶的坡屋顶，一般在吊顶的次搁栅上铺板，上设保温层，保温材料可选用无机散状材料，如矿渣、膨胀珍珠岩、膨胀蛭石等，也可选用地方材料，如糠皮、锯末等有机材料，下面最好用卷材做一隔汽层（图 9-6c）。

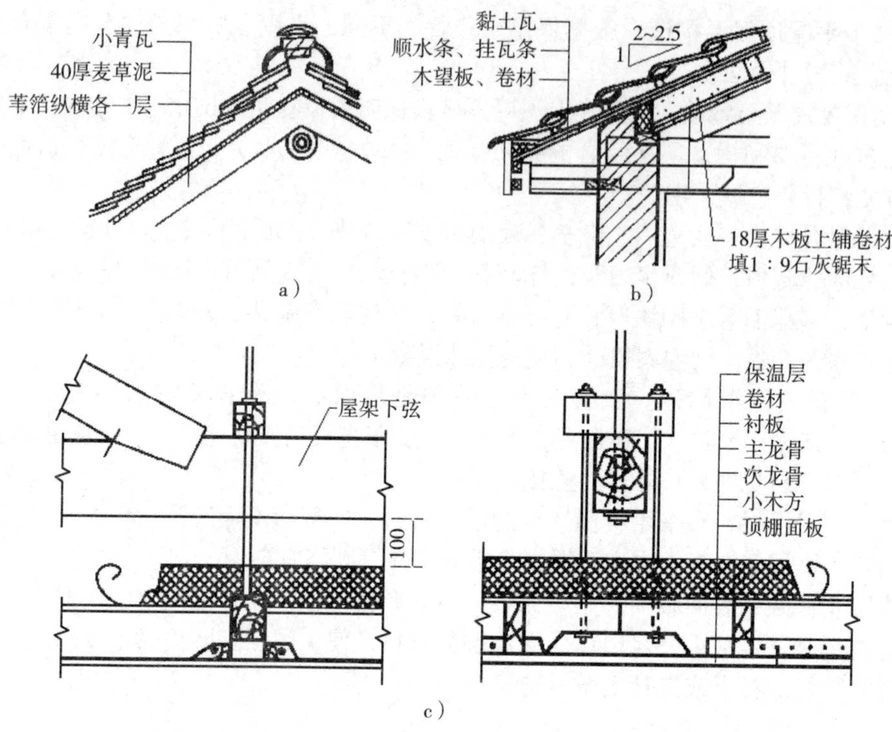

图 9-6　坡屋顶的保温构造

a）小青瓦保温屋面　b）平瓦保温屋面　c）吊顶保温

2）现浇坡屋顶保温构造。目前，大多数的坡屋顶采用现浇钢筋混凝土结构，并且在现浇屋面板上铺设各种保温绝热板，该做法的保温和防水性能都比较可靠（图 9-7）。保温板通常可选用挤塑型聚苯乙烯板、特制的岩棉板等。

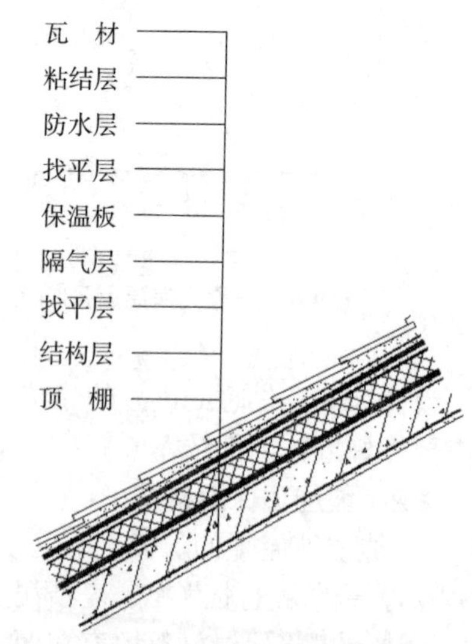

图 9-7　现浇坡屋面保温构造处理

3）彩钢保温夹心板屋面。彩钢保温夹心板是以上下两层 0.6mm 厚的彩色钢板为表层，以阻燃聚苯乙烯泡沫板为芯材，通过自动成型机，用特制的高强度胶粘剂粘合而成。

使用彩钢保温夹心板作屋面板，既是承重结构，又是围护结构。具有保温、隔声、阻燃、防振、防水等性能，且安装简易，吊装方便，施工速度快，可多次拆装重复使用。彩钢保温夹心板屋面构造如图 9-8 所示。

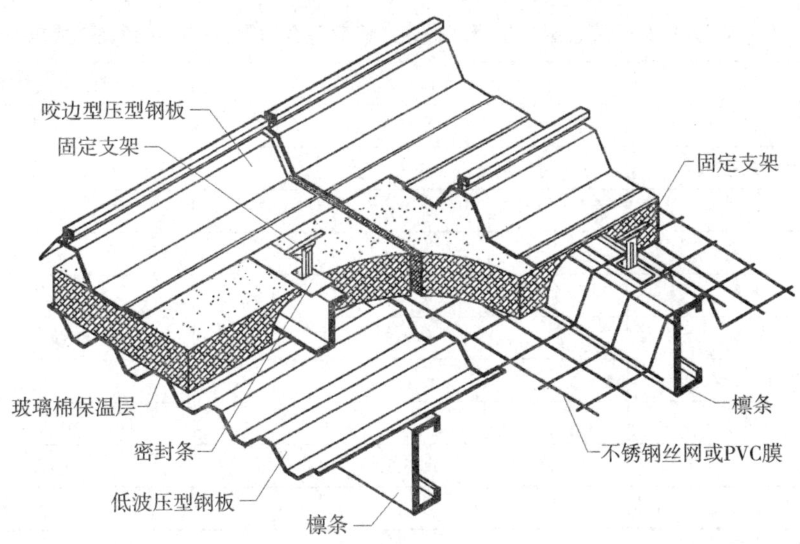

图 9-8　彩钢保温夹心板屋面构造

3. 围护结构的蒸汽渗透及隔蒸汽措施

当围护结构两侧出现蒸汽分压力差时，水蒸气分子便从压力高的一侧通过围护结构向分压力低的一侧渗透扩散，这种现象被称为蒸汽渗透。

水蒸气通过围护结构渗透过程中，由于围护结构两侧存在温度差，遇到露点温度时，蒸汽含量达到饱和并立即凝结成水，称为结露。如果蒸汽凝结发生在围护结构的表面，则称表面凝结；如果这种现象发生在围护结构内部产生凝聚水，称为内部凝结。当围护结构出现表面凝结时，会使室内表面装修发生脱皮、粉化甚至生霉，严重时会影响人体健康；当凝聚水产生于围护结构的保温层内时，由于水的热导率（约为 0.58W/m・K）远较空气的热导率（约为 0.023W/m・K）高，从而使保温材料失去保温能力，导致围护结构保温失效，并影响材料的使用寿命，因而在建筑构造设计中，必须重视保温围护结构的蒸汽渗透以及凝结等问题。

为防止在保温围护结构的内部产生凝聚水，在构造设计时，常在墙体结构的保温层靠高温一侧，即蒸汽渗入的一侧，设一道隔汽层（图 9-9），在屋顶，隔汽层应设置在结构层上、保温层下。这样可以使水蒸气流在抵达低温表面之前，其水蒸气分压力已得到急剧下降，从而避免了内部凝结的产生。

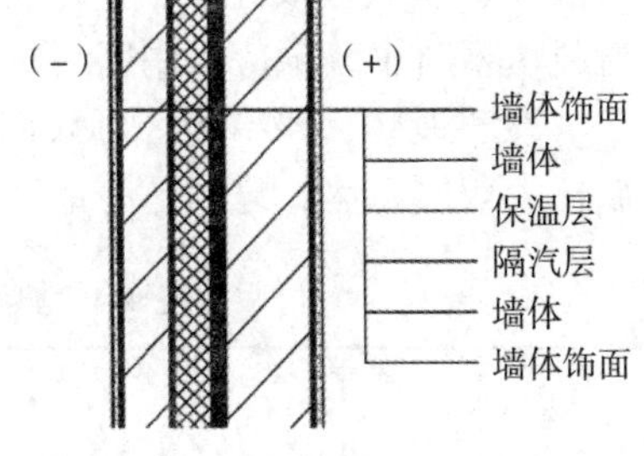

图 9-9　墙体隔汽层的设置

采用吸湿性保温材料做保温层时，应选用气密性、水密性好的防水材料或防水涂料做隔汽层。

4. 门窗保温构造

（1）门窗的保温性能　门窗的能耗在整个建筑能耗中占很大比例，根据《民用建筑热工设计规范》（GB 50176—2016），建筑外门窗、透光幕墙、采光顶传热系数应符合表 9-3 有关规定。

表 9-3　建筑外门窗、透光幕墙、采光顶传热系数的限值和抗结露验算要求

气候区	传热系数 [W/（m^2·K）]	抗结露验算要求
严寒 A 区	≤ 2.0	验算
严寒 B 区	≤ 2.2	验算
严寒 C 区	≤ 2.5	验算
寒冷 A 区	≤ 3.0	验算
寒冷 B 区	≤ 3.0	验算
夏热冬冷 A 区	≤ 3.5	验算
夏热冬冷 B 区	≤ 4.0	不验算
夏热冬暖区	—	不验算
温和 A 区	≤ 3.5	验算
温和 B 区	—	不验算

严寒地区、寒冷地区建筑应采用木窗、塑料窗、铝木复合门窗、铝塑复合门窗、钢塑复合门窗和断热铝合金门窗等保温性能好的门窗。严寒地区建筑采用断热金属门窗时宜采用双层窗。夏热冬冷地区、温和 A 区建筑宜采用保温性能好的门窗。

严寒地区、寒冷地区、夏热冬冷地区、温和 A 区的玻璃幕墙应采用有断热构造的玻璃幕墙系统，非透光的玻璃幕墙部分、金属幕墙、石材幕墙和其他人造板材幕墙等幕墙面板背后应采用高效保温材料保温。幕墙与围护结构平壁间（除结构连接部位外）不应形成热桥，并宜对跨越室内外的金属构件或连接部位采取隔断热桥措施。

有保温要求的门窗、玻璃幕墙、采光顶采用的玻璃系统应为中空玻璃、Low-E 中空玻璃、充惰性气体 Low-E 中空玻璃等保温性能良好的玻璃，保温要求高时还可采用三玻两腔、真空玻璃等（表 9-4）。传热系数较低的中空玻璃宜采用“暖边”中空玻璃间隔条。

严寒地区、寒冷地区、夏热冬冷地区、温和 A 区的门窗、透光幕墙、采光顶周边与墙体、屋面板或其他围护结构连接处应采取保温、密封构造；当采用非防潮型保温材料填塞时，缝隙应采用密封材料或密封胶密封。其他地区应采取密封构造。

严寒地区、寒冷地区可采用空气内循环的双层幕墙，夏热冬暖地区宜采用空气外循环的双层幕墙，夏热冬冷地区不宜采用双层幕墙。

表 9-4　典型玻璃配合不同窗框的整窗传热系数

玻璃品种及规格 /mm	玻璃中部传热系数 /[W/（m^2·K）]	整窗传热系数 /[W/（m^2·K）]		
		非隔热金属型材 K_f=10.8 W/（m^2·K） 框面积 15%	隔热金属型材 K_f=5.8 W/（m^2·K） 框面积 20%	塑料型材 K_f=2.7 W/（m^2·K） 框面积 25%
6 透明玻璃	5.7	6.5	5.7	4.9
12 透明玻璃	5.5	6.3	5.6	4.8
6 透明 +12A+6 透明	2.8	4.0	3.4	2.8

（续）

玻璃品种及规格 /mm	玻璃中部传热系数 /[W/（m²·K）]	整窗传热系数 /[W/（m²·K）]		
		非隔热金属型材 K_f=10.8 W/（m²·K） 框面积 15%	隔热金属型材 K_f=5.8 W/（m²·K） 框面积 20%	塑料型材 K_f=2.7 W/（m²·K） 框面积 25%
6 高透光 Low–E+12A+6 透明	1.9	3.2	2.7	2.1
6 中透光 Low–E+12A+6 透明	1.8	3.2	2.6	2.0
6 较低透光 Low–E+12A+6 透明	1.8	3.2	2.6	2.0
6 低透光 Low–E+12A+6 透明	1.8	3.2	2.6	2.0

为了减少晚间窗户散热，取得良好的节能效果，门窗保温还可以采用保温窗帘和窗盖板，使其与窗户之间形成基本密封的空气层，以增加热阻。

（2）门窗的气密性　气密性能是外门窗在正常关闭状态时，阻止空气渗透的能力。采用在标准状态下，压力差为 10 Pa 时的单位开启缝长空气渗透量 q_1 和单位面积空气渗透量 q_2 作为分级指标（表 9-5）。

外窗及敞开式阳台门应具有良好的密闭性能。严寒和寒冷地区外窗及敞开式阳台门的气密性等级不应低于国家标准《建筑外门窗气密、水密、抗风压性能分级及检测方法》（GB/T 7106—2019）中规定的 6 级。

表 9-5　建筑外门窗气密性能分级表

分级	1	2	3	4	5	6	7	8
单位缝长分级指标值 q_1/[m³/m·h]	$4.0 \geqslant q_1 > 3.5$	$3.5 \geqslant q_1 > 3.0$	$3.0 \geqslant q_1 > 2.5$	$2.5 \geqslant q_1 > 2.0$	$2.0 \geqslant q_1 > 1.5$	$1.5 \geqslant q_1 > 1.0$	$1.0 \geqslant q_1 > 0.5$	$q_1 \leqslant 0.5$
单位面积分级指标值 q_2/[m³/m²·h]	$12 \geqslant q_2 > 10.5$	$10.5 \geqslant q_2 > 9.0$	$9.0 \geqslant q_2 > 7.5$	$7.5 \geqslant q_2 > 6.0$	$6.0 \geqslant q_2 > 4.5$	$4.5 \geqslant q_2 > 3.0$	$3.0 \geqslant q_2 > 1.5$	$q_2 \leqslant 1.5$

（3）控制窗墙面积比　窗墙面积比是指窗户洞口面积与房间立面单元面积（即建筑层高与开间定位线围成的面积）之比。窗户的传热系数一般大于同朝向外墙的传热系数，因此供暖耗热量随窗墙面积比的增加而增加。严寒和寒冷地区居住建筑的窗墙面积比不应大于表 9-6 规定的限值。当窗墙面积比大于表 9-6 规定的限值时，必须按规范的规定进行围护结构热工性能的权衡判断。

表 9-6　窗墙面积比最大值

朝向	窗墙面积比	
	严寒地区（1 区）	寒冷地区（2 区）
北	0.25	0.30
东、西	0.30	0.35
南	0.45	0.50

注：摘自《严寒和寒冷地区居住建筑节能设计标准》（JGJ 26—2018）。

5. 地面保温构造

地面保温材料应选用吸水率小、抗压强度高、不易变形的材料。严寒地区供暖建筑底层地面，在建筑外墙内侧 0.5~1.0m 范围内应铺设保温层，其热阻不应小于外墙热阻。

（1）铺保温板 地面铺设保温板构造如图 9-10 所示。

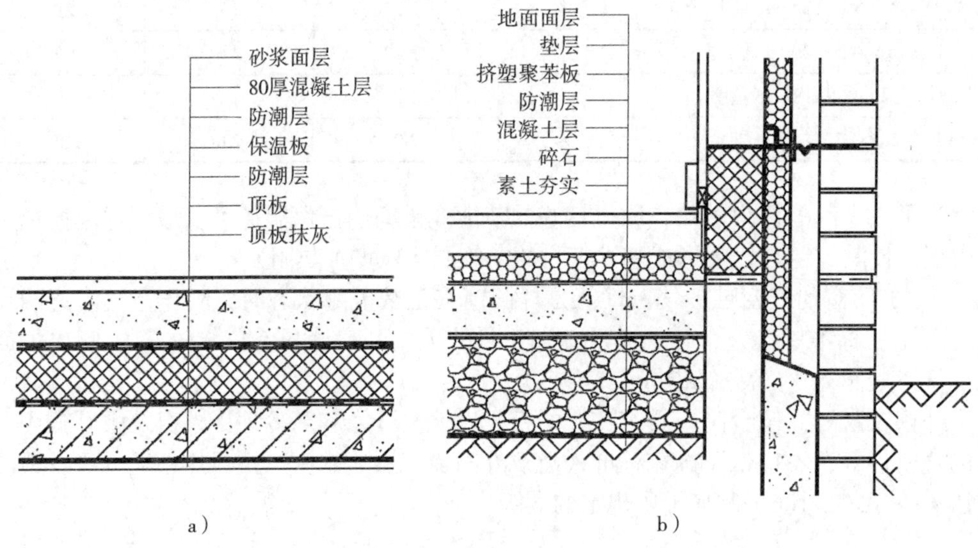

图 9-10 地面铺设保温板构造

a）普通聚苯板保温地面 b）保温板铺在防潮层上面

（2）采用低温辐射地板 低温辐射供暖地板是将新型塑料管、铝塑复合管等耐热耐压管，按照合理的间距盘绕，铺设在 30~40mm 厚聚苯板上面，然后将聚苯板铺设在混凝土地层。低温地板辐射供暖，有利于提高室内舒适度以及改善楼板保温性能。图 9-11 为低温辐射地板构造。

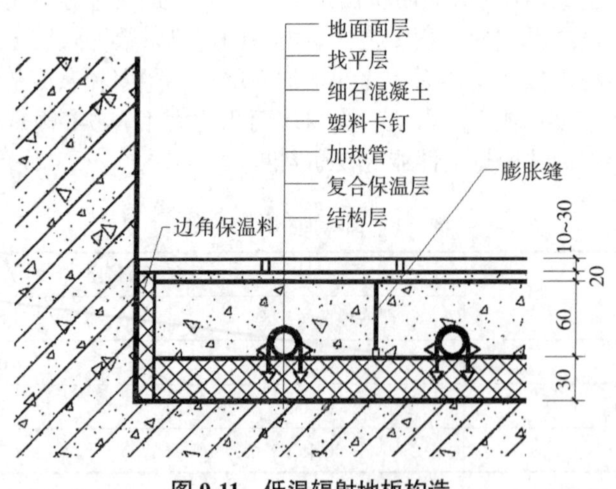

图 9-11 低温辐射地板构造

9.3　围护结构的节能隔热措施

夏季围护结构内的传热是以 24h 为周期的波动传热。在南方炎热地区，为了保持室内较好的热环境，以及降低空调降温能耗，就需要加强建筑物的隔热，提高其抵抗波动热作用的能力。

由于建筑物各朝向所受夏季太阳辐射作用的强度不同，屋顶是隔热重点，其次是西向、东向的墙体和窗户。

9.3.1　外墙隔热

外墙隔热宜提高围护结构的热惰性指标 D 值。外墙宜采用浅色饰面，反射太阳的辐射，以减少围护结构外表面对太阳辐射热的吸收率，从而降低围护结构外表面温度。通常，对同样构造的围护结构，只要改变外表面颜色，便可以取得较好的隔热效果。所以建筑的外表面宜选择对太阳辐射的吸收率（ρ_S）小的材料做饰面。

西向墙体可采用高蓄热材料与低热传导材料组合的复合墙体构造。采用复合墙体构造时，墙体外侧宜采用轻质材料，内侧宜采用重质材料。复合墙体设置封闭空气间层时，可在空气间层平行墙面的两个表面涂刷热反射涂料、贴热反射膜或铝箔。当采用单面热反射隔热措施时，热反射隔热层应设置在空气温度较高一侧。

利用隔热保温新型复合墙体材料技术，可以使建筑室内受室外温度波动影响减小，而且有利于保护主体结构，避免热桥的产生，如图 9-12 所示。

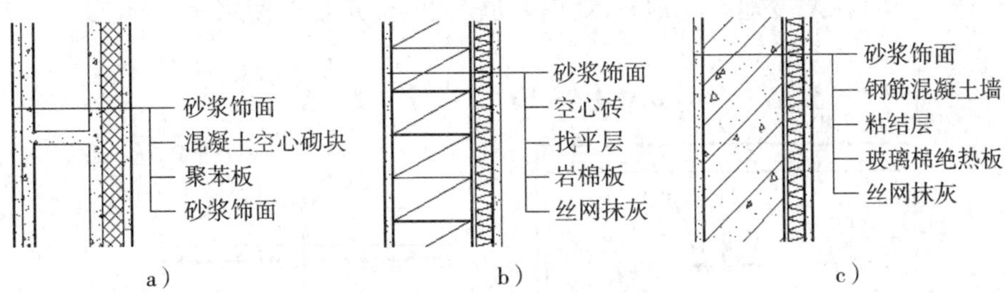

图 9-12　复合隔热外墙形式

a）空心砌块墙　b）空心砖墙　c）钢筋混凝土墙

可采用墙面垂直绿化及淋水被动蒸发墙面等，也可以采用通风墙、干挂通风幕墙等。将需要隔热的外墙做成空心夹层墙，利用热压原理，将通风墙的进风口和出风口之间的距离加大，增加通风效果以利降低墙体内表面温度（图 9-13）。

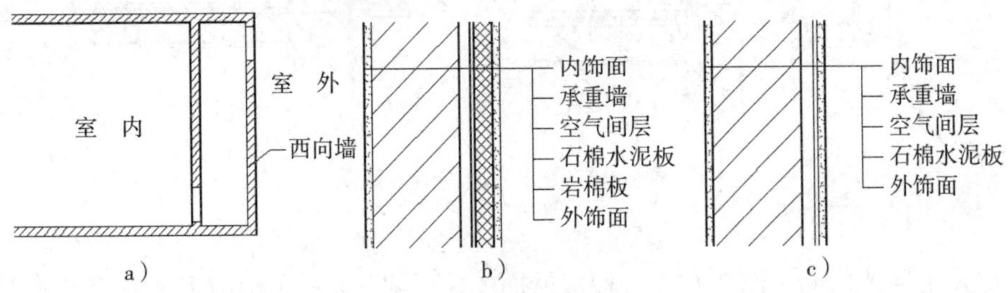

图 9-13　复合隔热外墙形式

a）通风墙示意图　b）有保温层通风墙　c）无保温层通风墙

通风间层厚度一般为 30~100mm。外墙加通风层后，其内表面最高温度可降低 1~2℃，而且日辐射照度越大，通风空气间层的隔热效果越明显，尤其对东西向墙更为显著。

9.3.2 屋顶隔热

从屋顶传入室内的热量远比从墙体传入的热量要多，使顶层室内热环境差，所以屋顶隔热设计非常重要。屋面隔热可采用下列措施：

屋顶宜采用浅色外饰面，通常采用屋面层铺设白色或浅色面砖等措施，以起到隔热降温作用。

宜采用通风隔热屋面。通风屋面的风道长度不宜大于 10m，通风间层高度应大于 0.3m，屋面基层应做保温隔热层，檐口处宜采用导风构造，通风平屋面风道口与女儿墙的距离不应小于 0.6m。

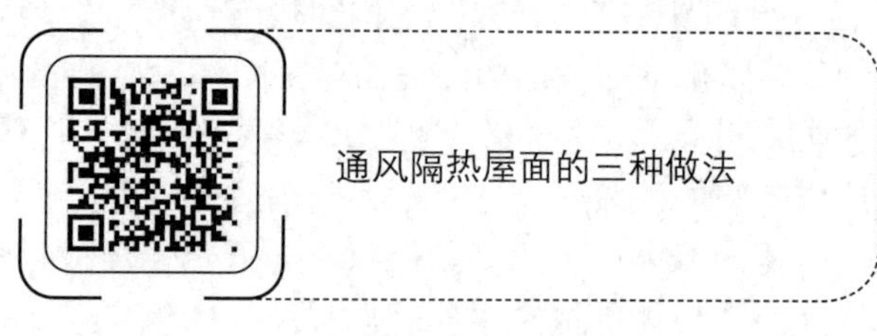

可采用蓄水屋面（图 9-14）。水面宜有水浮莲等浮生植物或白色漂浮物。水深宜为 0.15~0.2m。它利用水吸收大量太阳辐射热后蒸发散热，从而减少屋顶吸收的热能，达到降温隔热的目的。而且，水对太阳辐射还有一定的反射作用，而且热稳定性较好。但这种做法不宜在寒冷地区、地震区和振动较大的建筑物上使用。

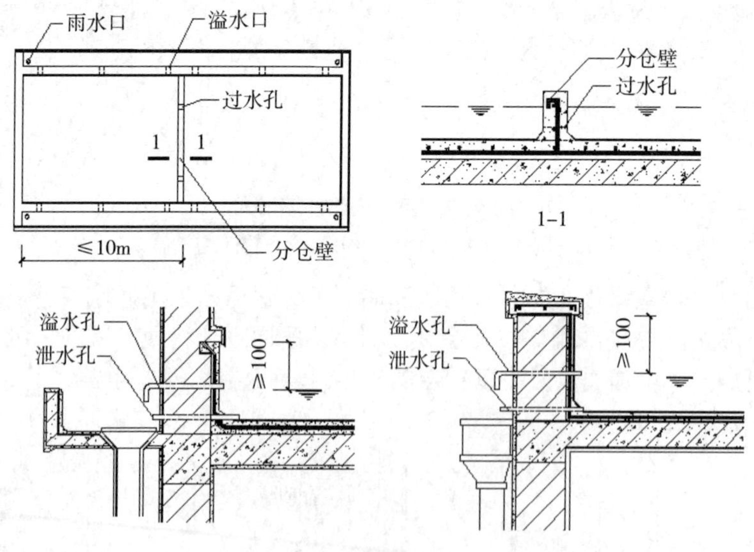

图 9-14　蓄水屋面构造示意图

宜采用种植屋面（图 9-15）。种植屋面的保温隔热层应选用密度小、压缩强度大、热导率低、吸水率低的保温隔热材料。种植屋面在降温效果上优于其他隔热屋面，而且能缓解建筑占地和绿化用地的矛盾，在美化环境、减轻污染方面有极其重要的作用。

种植屋面的构造可根据不同的种植介质确定，种植介质分有土种植与无土种植（蛭石、珍珠岩、锯末）等两类。种植屋面覆盖土层的厚度、重量要符合设计要求。用于种植屋面的坡度不宜大于 3%。

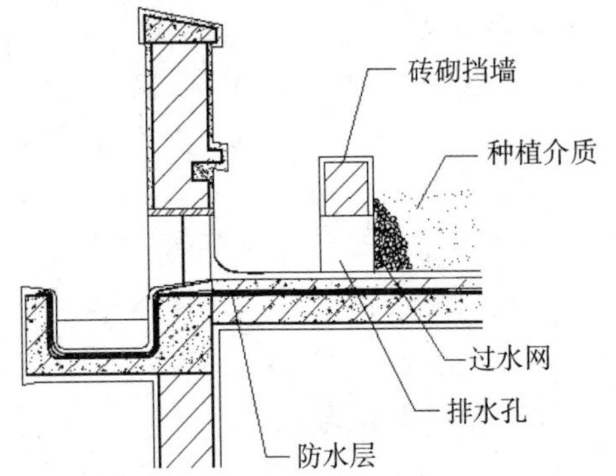

图 9-15　绿化种植屋面构造示意图

在现浇坡屋顶的构造设计中，可以在挂瓦条下面铺设防水的低辐射高效材料铝箔毡，该材料较一般防水材料厚，一面是毡料，另一面贴铝箔。对于平屋顶，为降低屋顶内表面的温度，也常在屋面板底部设铝箔板。铝箔屋面隔热做法既可隔热，又可保温，适合于夏热冬冷地区（图 9-16）。

如果在顶棚通风隔热的顶棚基层中加铺一层铝箔纸板，利用第二次反射作用，其隔热效果会更加显著，因为铝箔的反射率在所有材料中最高。

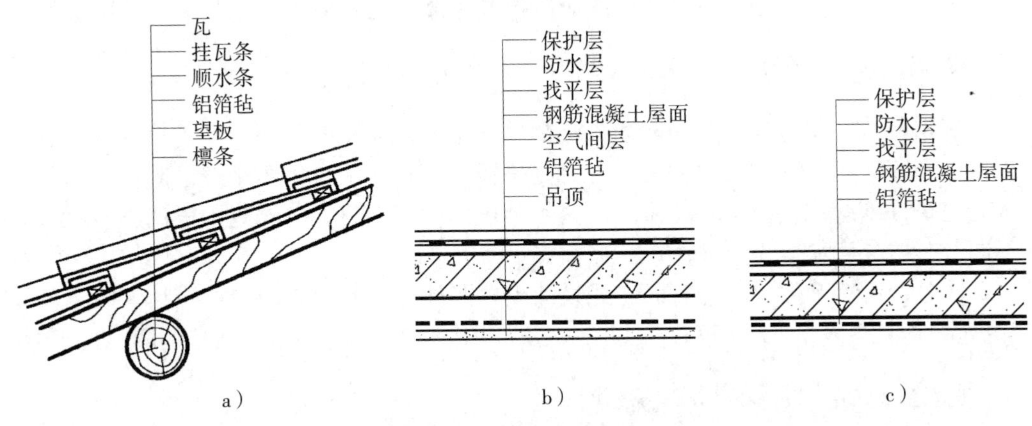

图 9-16　铝箔隔热屋面构造

a）坡屋顶铝箔隔热屋面　b）有空气间层的铝箔隔热屋面　c）直接贴于板底的铝箔隔热屋面

9.3.3　门窗隔热

对有空调要求的房间，提高窗户的气密性，可以减少换热所产生的能耗。特别在门窗制作、安装和加设密封材料等方面更应注意此类问题。对于无空调要求的房间，主要是做好开窗、通风，加强窗户的遮阳措施，以获得一定的隔热效果。

根据不同地区的气候条件以及不同的朝向来确定窗墙面积比，一般南向的窗墙比大些，朝北、朝东、朝西方向的窗墙比小些。

门窗型材可采用木与金属复合型材、塑料型材、隔热铝合金型材、隔热钢型材、玻璃钢型材等。

对遮阳要求高的门窗、玻璃幕墙、采光顶隔热宜采用着色玻璃、遮阳型单片 Low-E 玻璃、着色中空玻璃、热反射中空玻璃、遮阳型 Low-E 中空玻璃等遮阳型的玻璃系统。

向阳面的窗、玻璃门、玻璃幕墙、采光顶应设置固定遮阳或活动遮阳。固定遮阳设计可考虑阳台、走廊、雨棚等建筑构件的遮阳作用，设计时应进行夏季太阳直射轨迹分析，根据分析结果确定固定遮阳的形状和安装位置。活动遮阳宜设置在室外侧。

对于非透光的建筑幕墙，应在幕墙面板的背后设置保温材料，保温材料层的热阻应满足墙体的保温要求，且不应小于 1.0m^2 · K/W。

9.4 建筑遮阳

建筑遮阳是采用建筑构件或安置设施遮挡进入室内的太阳辐射的措施。建筑遮阳的目的是阻止阳光过分照射和加热建筑围护结构，以消除或缓解室内高温，降低空调的用电量。因此，针对不同朝向，在建筑设计中采取适宜、合理的遮阳措施是改善室内环境、降低空调能耗、提高节能效果的有效途径，而且良好的遮阳构件和构造做法是反映建筑高技术和现代感的重要因素。从效果上看，遮阳设计是不可缺少的一种适宜技术，具有很好的节能和提高室内舒适性的作用。特别是夏热冬冷地区，夏季强烈的太阳辐射是高温热量之源，而建筑遮阳是隔热最有效的手段。

9.4.1 遮阳类型

遮阳分类方式多样：按遮阳系统功能性质，分为专用的遮阳构件（百叶窗、遮阳板等）和兼顾遮阳的功能性构件（外廊、挑檐、凹廊、阳台等）；按遮阳设置位置，分为建筑外部绿化遮阳、外遮阳、内遮阳与形体遮阳。其中，外遮阳根据遮阳形式的不同，一般分为水平式、垂直式、综合式、挡板式四种。

同时，所有遮阳形式都有固定式及活动式两种。活动式遮阳轻便灵活、便于调节和拆除，但构造复杂、造价较高。因此，常常选用构造比较简单、造价较低的固定式遮阳。

9.4.2 遮阳构件的构造设计

1. 遮阳板面组合

应结合通风、采光、立面造型与视野等因素进行遮阳板设计，从而得到最佳的遮阳形式。板面可以采用单层、双层与多层的组合形式。设计组合形式时，应注意留出窗扇的开启空间（图 9-17）。

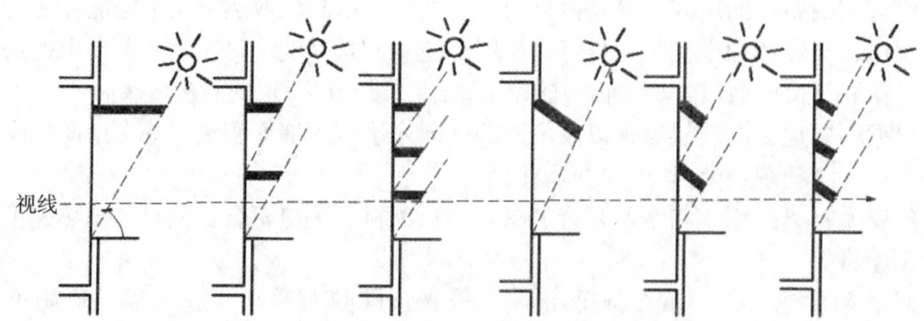

图 9-17 遮阳板的板面组合形式

2. 遮阳板面的安装

遮阳板的安装位置会影响整体通风与采光效果。能够导风的安装方式对热空气逸散有利。通常，建筑遮阳构件宜采用百叶或网格状。实体遮阳构件宜与建筑窗户、墙面和屋面之间留有间隙（图 9-18）。

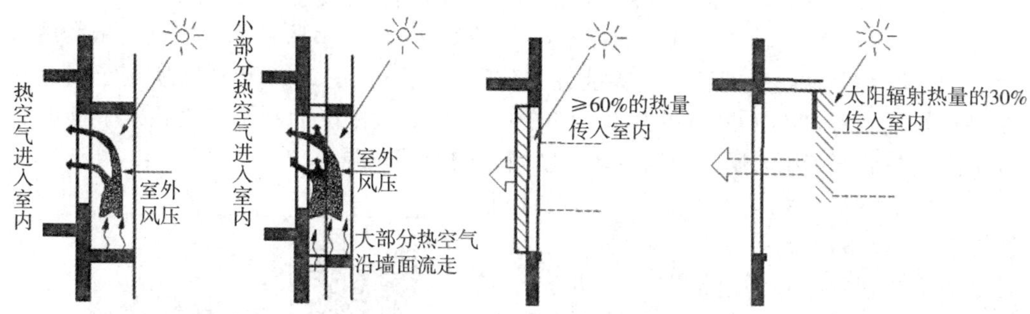

图 9-18　遮阳板面的安装位置

建筑遮阳设计，应根据当地的地理位置、气候特征、建筑类型、建筑功能、建筑造型、透明围护结构朝向等因素，选择适宜的遮阳形式，并宜选择外遮阳。

遮阳设计应兼顾采光、视野、通风、隔热和散热功能，严寒、寒冷地区不影响建筑冬季的阳光入射。宜利用建筑形体关系形成形体遮阳，进而达到减少屋顶和墙面受热的目的。

外遮阳设计应与建筑立面设计相结合，进行一体化设计，使遮阳装置构造简洁、经济适用、耐久美观，便于维护和清洁，并应与建筑物整体及周边环境相协调。采用内遮阳和中间遮阳时，遮阳装置面向室外侧宜采用能反射太阳辐射的材料，并可根据太阳辐射情况调节其角度和位置。

建筑不同部位、不同朝向遮阳设计的优先次序可根据其所受太阳辐射照度，依次选择屋顶水平天窗（采光顶），西向、东向、南向窗；北回归线以南的地区必要时还宜对北向窗进行遮阳。

遮阳设计应进行夏季和冬季的阳光阴影分析，以确定遮阳装置的类型。遮阳设计宜与太阳能热水系统和太阳能光伏系统相结合，进行太阳能利用与建筑一体化设计。

9.4.3　遮阳构件的材料选择

遮阳构件安装通常选择于窗户附近的墙面上，宜采用轻质材料以减轻荷载。暴露在室外的遮阳构件，应采用耐久坚固的材料，保护其不受损坏。

采用浅色且蓄热系数小的遮阳材料，遮阳系数小，透过外围护结构的太阳辐射量少，防热效果好；采用吸热玻璃、磨砂玻璃、有色玻璃、贴遮阳膜等，也可减少太阳辐射量。

9.5　太阳能的利用

“广义太阳能”不仅包括直接投射到地球表面上的太阳辐射能，而且还包括像水能、风能和海洋能等间接的太阳能资源，以及包括通过绿色植物的光合作用所固定下来的能量（生物质能），如石油、天然气、煤炭等；本节所介绍的内容仅限于直接投射到地球表面面的太阳辐射能，一般称为“狭义太阳能”。

太阳能在建筑上具有很大的利用潜力，通过对太阳能的光热转换和光电转换等技术的利用可以减少供暖、空调和照明以及提供生活热水所使用的常规能源。

目前，将太阳能转化为电能的技术正在不断完善，许多国家都提倡进一步发展所谓的“低能耗”“超低能耗”“零能耗”建筑，我国也在 2019 年颁布实施了《近零能耗建筑技术标准》（GB/T 51350 — 2019），把对太阳能的利用作为建筑节能的有效手段，并试图利用太阳能来提供建筑物所需的全部能源。

在建筑设计中利用太阳能已成为设计可持续发展建筑的有效手段之一。

太阳能的特点

太阳能建筑是指通过被动、主动方式充分利用太阳能的房屋。太阳能建筑技术是指将太阳能利用与建筑设计相结合的技术。太阳能建筑技术通过与建筑围护系统、建筑供能系统等有机集成，使建筑能够充分收集、转化、储存和利用太阳能，为建筑提供部分或全部运行能源，实现降低建筑使用能耗、营造健康室内环境的目标。

1. 太阳能建筑技术的分类

太阳能建筑技术按太阳能的利用方式可分为被动式太阳能建筑技术和主动式太阳能建筑技术。

被动式太阳能建筑技术的太阳能利用途径是通过场地利用、规划设计、形体优化、空间分区、围护结构设计和建筑构造设计等措施直接利用太阳能。如直接受益窗、附加阳光间、蓄热屋顶、极热蓄热墙、天井、中庭、通风烟囱、建筑遮阳、架空地面和屋面、墙体或屋面绿化等形式。它的原理是通过直接收集或者遮挡太阳能、蓄热或者蓄冷、自然通风等达到建筑冬暖夏凉的效果。其特点是直接利用，不易精准控制。

主动式太阳能建筑技术的太阳能利用途径是通过光热构件和光伏构件等收集设备将太阳能转化为热能和电能。如太阳能集热器、光伏组件、光热光伏一体化构件等，可应用于屋面、墙面、阳台等部位。它的原理是通过转换装置及系统生产出热水、热空气和电能等建筑能源，用于建筑供暖、制冷和电能供给。其特点是采用间接利用方式运行，通过转化装置将太阳能转化为电能、热能等，可灵活精准控制。

2. 太阳能建筑设计原则

（1）被动优先、主动优化的原则　太阳能建筑技术的显著特点是建筑物本身作为能源系统的关键部件，建筑供能系统将由常规能源系统、被动式太阳能系统和主动式太阳能系统组成。因此，首先需要通过被动式太阳能建筑技术和建筑节能设计大幅降低建筑的用能负荷，显著改善建筑室内环境的热舒适度；然后在技术经济性能指标约束下，优化主动式太阳能建筑技术，以提高太阳能对于建筑运行能源和二氧化碳减排的贡献；同时利用常规能源系统保障能源连续供应。

（2）因地制宜、整合设计的原则　太阳能建筑技术应用应遵循因地制宜的原则，结合所在地区的气候特征、资源条件、技术水平、经济条件和建筑的使用功能等要素，选择适宜的太阳能建筑技术。通过建筑整合设计将太阳能利用技术纳入建筑设计全过程，以达到经济、适用、绿色、美观的要求。采用模块化太阳能建筑构件，如屋面集热瓦和光伏瓦、遮阳型太阳能集热器或光伏组件等，既能较全面地应用主被动太阳能建筑技术，又让这些部件构成现代建筑的立面元素。

3. 被动式太阳能建筑

被动式太阳能建筑的工作原理是使阳光射入室内，不需要附加的供暖或制冷设备，不消耗常规能源，属于对自然提供的能量加以完整应用的建筑节能系统。

一般建筑从南窗所获得的太阳热占供暖负荷的一定比例，如果进一步加大南窗面积，改善围护结构热工性能，并且在室内设置必要的蓄热体，也可以理解为一幢无源太阳房。因此，被动式太阳建筑与一般建筑没有绝对的界限，只是利用太阳能多少而已。

被动式太阳能供暖集热方式的选择因素包括气象、建筑结构、房间使用性质和经济性。其基本的集热方式有直接受益式、集热蓄热墙式、附加阳光间式、对流环路式、蓄热屋顶式。

（1）直接受益式　直接受益式是建筑物利用太阳能供暖最普遍、最简单的方法，其原理是让阳光透过窗户直接照射进来，达到提高室温的目的，以节约常规能源。

这种方式构造简单，施工、管理及维修方便。室内光照好，也便于建筑立面处理。晴天时升温快，白天室温高，晚上降温快，室内温度波动较大，较适合于仅需要白天供热的房间。图 9-19 为直接受益式太阳能示意图。

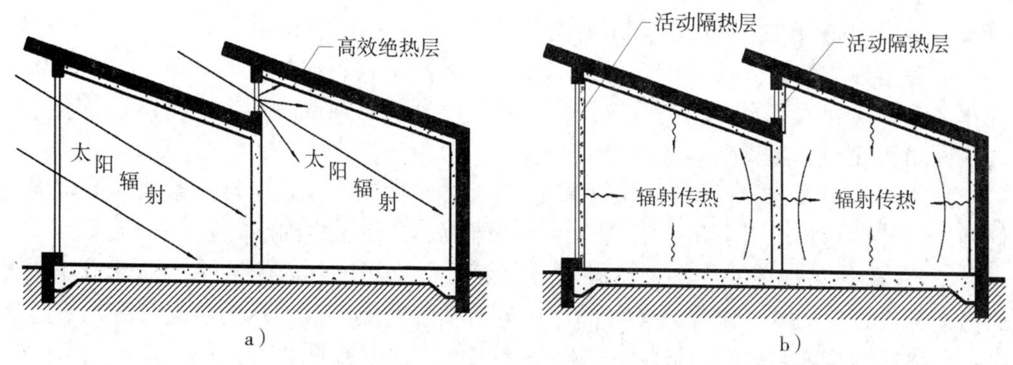

图 9-19　直接受益式太阳能示意图

a）白天得热方式　b）夜间散热方式

直接受益式太阳能技术主要应注意太阳得热和蓄热体两方面问题。建筑南向应先安装较大面积的玻璃窗，同时要求窗扇的密闭性能较好，窗户夜间必须用保温窗帘或保温板覆盖。夏季白天，窗户要有适当的遮阳措施，以防室内过热。另外，要求外围护结构具有较大的热阻，室内要有足够的蓄热性能好的重质材料，以便蓄存较多热量。

1）太阳得热。采热面（玻璃窗或墙体）尽量南向。由于夏季遮阳的原因，采热面应尽量避免东南和西南向，在寒冷地区，西向采热面得热效果也较明显。

选用透过率高的玻璃，并且玻璃窗与建筑的构件充分结合，尽量做到建筑的各个空间都有一个玻璃窗，包括设法将阳光照到北向的房间。

尽量使阳光能照到蓄热体，尤其应该重视直射光线对蓄热体的照射，如楼板、墙体，有时反射的阳光同样可以通过扩散照射到房间深处的蓄热体上，起温度稳定作用。

2）蓄热体。蓄热体的主要作用是在有日照时吸收并储存部分过剩的太阳辐射热，当白天无日照或在夜间时向室内放出热量，以提高室内温度，减小室温波动。蓄热体的基本要求是能储存大量的热量，有较高的热值。

按照材料类别及性能，蓄热体分为显热蓄热材料和潜热蓄热材料。

显热蓄热材料是指物质在温度上升或下降时吸收或放出热量，在此过程中物质本身不发生其他任何变化。通常有液体和固体两大类，即水、热媒等液体和卵石、砂、土、混凝土、砖等固体。

显热蓄热材料的蓄热量主要依赖于蓄热材料的质量及其比热容的大小。一般而言，建筑材料的蓄热系数越大其热稳定性就越好。反之，其热稳定性就越差。轻质材料的热稳定性较差，因此，太阳房不宜采用轻质材料做外墙，以免造成室内昼夜温度波动过大。在常用的显热蓄热材料中水的比热容最大，在被动式太阳房中常用水墙作为蓄热体。

潜热蓄热材料（又称相变材料）是利用某些化学物质发生相变时能吸收或放出大量热量这一性质来实现蓄热功能。相变材料一般有两种：一种是“固体—液体”两相间变化，即物质由固态溶解成液态时吸收热量，物质由液态凝结成固态时释放热量。另一种是“液体—气体”两相间变化，即物质由液态蒸发成气态时吸收热量，物质由气态冷凝成液态时放出热量。实际工程应用中一般采用第一种形式。

潜热蓄热材料要求其单位容积（或重量）蓄热量大，化学性能较稳定，无毒、无操作危险，废弃时不会对环境造成公害，对储存器无腐蚀或腐蚀作用小，容易吸热和放热，耐久性高，蓄热成本低，使用寿命长。

蓄热体的构造和布置将直接影响集热效果和室内温度的稳定性。蓄热体的位置宜均匀，且越多越好，当房间无阳光时，蓄热体散热是稳定室内房间温度的保证。

（2）集热蓄热墙式 主要由外侧玻璃面、空气间层和内侧蓄热体构成，并在蓄热体上开设相应的有一定高差的风门，以调节空气间层内被加热的热空气流入室内的量，最终达到控制室内温度环境的目的。常用的方式有特隆贝墙、充水墙等。

1）特隆贝墙。由法国人特隆贝（Trombe）发明的特隆贝墙，其基本做法是：以不小于240mm厚的重质材料（混凝土、砖石等）为被动式太阳房的蓄热墙主体，表面毛糙，并将墙体涂以深色，外加一层玻璃窗，两者之间留有不小于150mm的空隙形成空气间层，墙体上下设置通风口，竖向间距1.8m，在外窗上设置夏季散热孔。

在冬季，当阳光照射在墙体上时，墙体开始蓄热的同时，处于墙体与玻璃之间的空气被加热，热气流上升通过墙体开口进入室内，同时带动室内的冷空气自墙体的下风口进入空腔，形成循环，使房间加热。到了夏季，将墙体的上风口关闭，打开玻璃外窗的散热孔，向室外通风散热。其工作原理如图9-20所示。

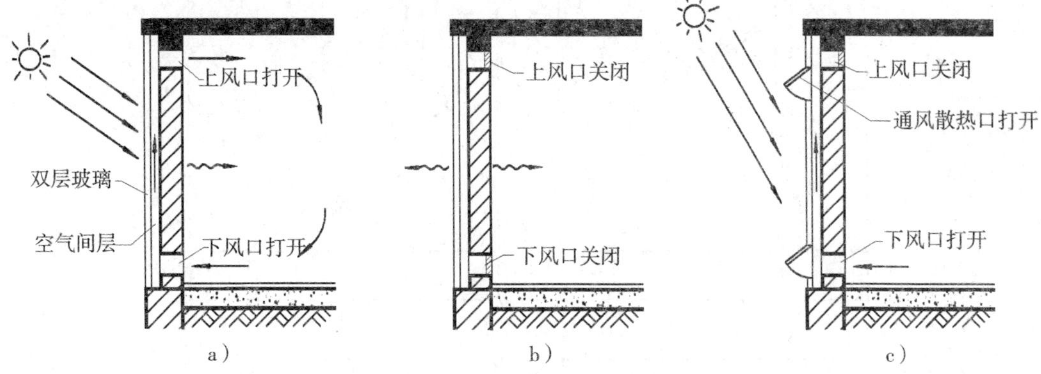

图 9-20　特隆贝墙工作原理示意图

a）冬季白天工作原理　b）冬季夜间工作原理　c）夏季白天工作原理

特隆贝墙构造简单、经济适用，容易与建筑相结合，但是由于进热效率低，立面处理矛盾较多，要保证底层集热墙一定的日照时数，会增大建筑间距，同时墙体构造不利于抗震，在我国城市中，多层住宅不宜推广特隆贝墙太阳房。

2）充水墙。充水墙是用钢筋混凝土箱形构件或空心构件内衬塑料袋充水形成的墙体，也称载水墙。其本质是使用固体物质与水按恰当的比例组合，以获得既有较大的蓄热容量又有一定时间延迟性的构件。

充水墙的工作原理是将水盛于钢或钢筋混凝土容器当中，外表涂有黑色吸热层，放置于向阳单层玻璃窗后，并在玻璃窗外设有隔热活动盖板；在冬季白天将隔热活动盖板打开放平可作为反射板，将太阳辐射能发射到充水墙上，增加吸收热，夜间则关闭，以减少热量损失；到了夏季则相反，白天将隔热活动盖板关闭，以减少进热，到晚上打开，以向外辐射降温（图 9-21）。充水墙热容性好，蓄热温度分布均匀，但构造复杂，造价较高。

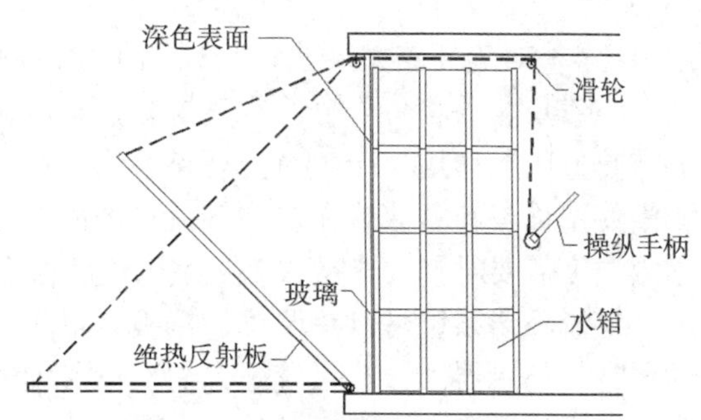

图 9-21　充水墙太阳能房剖面示意图

（3）附加阳光间式　附加阳光间是利用空间达到供暖目的，是一种特殊的直接受益形式。常在建筑的南向缓冲区（阳台、廊、小门厅等）增加透明玻璃成为封闭空间，其中再设置一定的蓄热体，在太阳辐射作用下，缓冲区迅速升温，热量一部分被储存，一部分通过组织进入室内空间，改善室内舒适条件（图 9-22）。

附加阳光间应妥善解决好夜间由于玻璃面积较大而造成的散热量增大的问题，一般设多种保温措施，覆盖玻璃面以保存热量，达到温度稳定的目的。为满足夏季通风制冷的要求，附加阳光室的玻璃面应考虑能全面打开，以利夜间有良好的通风条件。

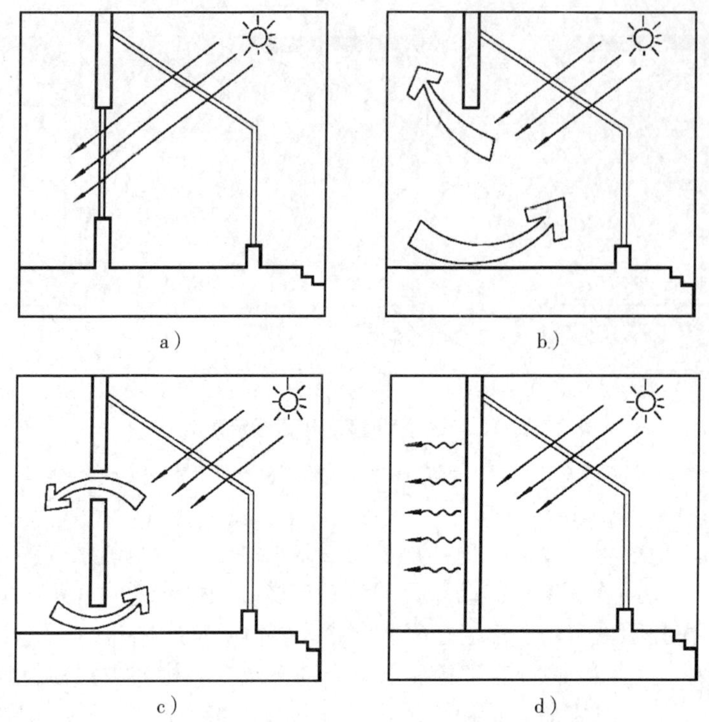

图 9-22　附加阳光房间传递太阳能方式

a）直接辐射得热　b）空气直接自然对流　c）强制（风扇）空气对流　d）墙体传导得热

（4）对流环路式　建筑物在围护构件部分设计成双层壁面，在两壁面间形成封闭的空气层，并将各部分的空气层相连形成循环，在太阳辐射产生的热力作用下，依靠“热虹吸”作用，产生对流环路系统，在对流循环过程中壁面间的空气不断加热，不断使壁面材料蓄热或在热空气流经部位设计一定的蓄热体，达到加温壁体、使其在室内温度需要时释放热量，满足室内温度稳定的目的（图 9-23）。

对流环路系统可以在墙体、楼板、屋面、地面上应用，也可用于双层玻璃间形成的“空气集热器”，效果较好，初次投资较大，施工复杂，技术要求较高，但利用太阳能供暖效果好，能兼起保温隔热作用。

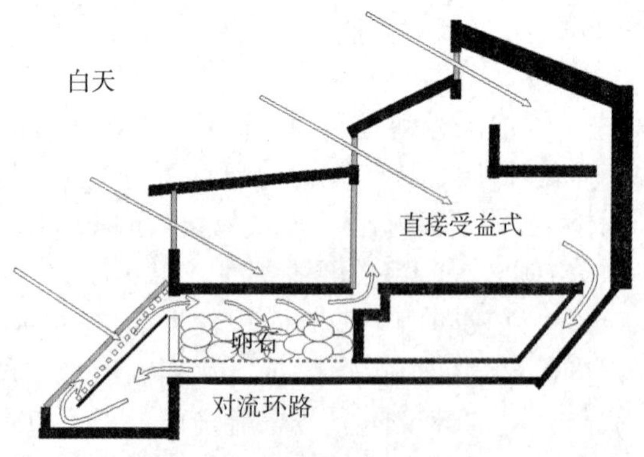

图 9-23　对流环路系统示意图

（5）蓄热屋顶式　以导热好的材料做屋顶，承托屋顶吸热蓄热水袋或其他蓄热材料，上设活动保温盖板。在冬季，白天打开盖板使水袋吸收太阳热，夜晚关闭盖板使储存于水袋的热量向室内辐射，升高室内温度。在夏季，白天关闭盖板，低温的水袋吸收室内热量以降低室温，夜晚打开盖板，吸收了热量的水袋向凉爽夜空释放热量，使水温下降。蓄热屋顶构造复杂，造价高，集热和蓄热量大，且蓄热体位置合理，能获得较好的室内热环境，较适合于夏热冬冷地区和夏热冬暖地区。

4. 主动式太阳能建筑

主动式太阳能建筑技术是指采用太阳能收集、转化、储存和控制系统，为建筑提供部分或全部运行能源的技术。

主动式太阳能利用系统分为太阳能光热利用系统和太阳能光电利用系统。其中太阳能光热利用系统包括太阳能热水系统、太阳能供暖系统与太阳能制冷系统。为了提高太阳能利用效率，出现了以上几种系统的组合利用形式，例如太阳能热水 + 供暖系统、太阳能空气供暖 + 热水系统、太阳能制冷 + 生活热水 + 供暖系统以及太阳能光电 + 空气供暖系统、太阳能光电 + 热水系统等。设计中应根据不同建筑类型、使用需求和用户可支付能力，合理选择太阳能光热或太阳能光电系统等适宜技术。

安装在建筑屋面、阳台、墙面或建筑其他部位的太阳能收集转化装置应与建筑功能协调一致，并保持建筑外观统一和谐（图 9-24）。

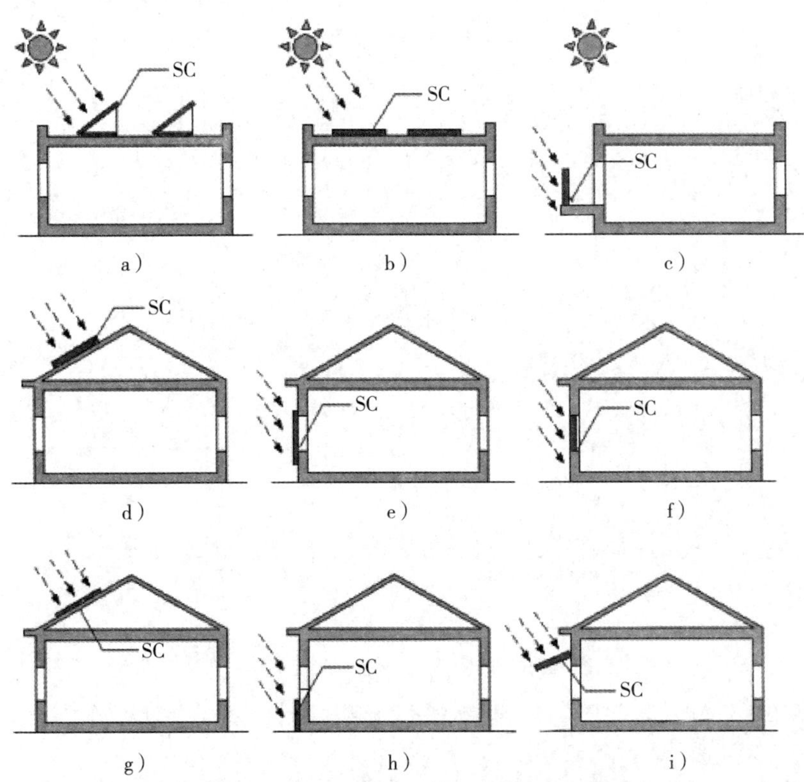

图 9-24　太阳能收集转换装置在建筑中的位置

a）平屋顶支架式　b）平屋顶叠合式　c）阳台栏板式　d）坡屋顶叠合式　e）窗间墙叠合式　f）窗户一体式　g）坡屋顶嵌入式　h）窗下墙叠合式　i）遮阳板式

（1）太阳能光热利用系统 太阳能光热利用是通过集热器收集太阳能，而与建筑设计密切相关的主要是集热器与建筑的结合设计。

太阳能集热器安装对朝向、倾角及排列有要求。太阳能集热器朝向宜为南偏西、南偏西 30° 的范围内；如果系统侧重全年使用，集热器安装倾角等于当地纬度；如系统侧重在夏季使用，其安装倾角应等于当地纬度减 10° ，如系统侧重在冬天使用，其安装倾角应等于当地纬度加 10° 。

确定朝向和倾角时，推荐选用相关软件进行模拟计算，选用最合适的朝向和倾角，当受到实际条件限制而朝向和倾角不能满足时，要进行面积补偿。放置在建筑外围护结构上的太阳能集热器排列应整齐有序，前、后排集热器之间要留有安装、维护操作的足够间距。

太阳能光热利用系统原理如图 9-25 所示。

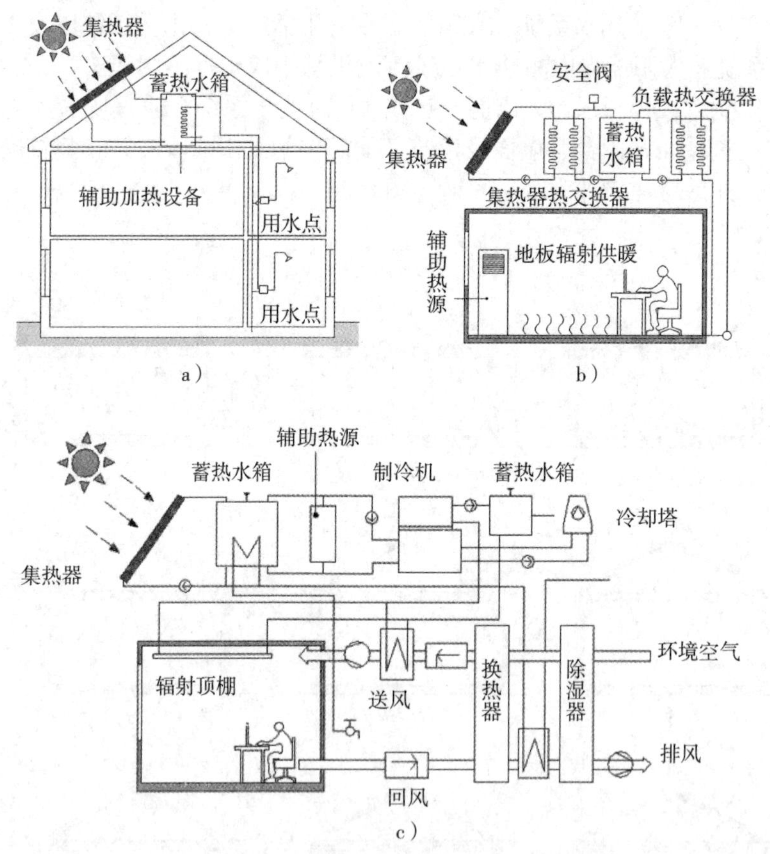

图 9-25 太阳能光热利用系统原理

a）太阳能热水系统原理示意图 b）太阳能供暖系统原理示意图 c）太阳能制冷系统原理示意图

1）太阳能热水系统。是利用太阳能集热器收集太阳辐射能把水加热的系统，是目前技术最成熟的太阳能系统。太阳能热水系统的集热器主要有平板集热器、全玻璃真空集热器和金属玻璃真空管集热器。按供热水方式可分为集中式供水系统、集中—

分散式供水系统、分散式供水系统。

2）太阳能供暖系统。是利用集热器收集太阳辐射能，经蓄热输配后用于建筑供热供暖的系统。太阳能供暖系统可以按照传热介质、运行方式、供暖末端类型、蓄热能力进行分类。

3）太阳能制冷系统。太阳能制冷可以通过太阳能光电转换或太阳能光热转换制冷实现。光热转换制冷是把太阳能转换为热能或机械能用于驱动制冷机制冷。太阳能制冷系统可以分为太阳能吸收式制冷系统、太阳能吸附式制冷系统、太阳能除湿式制冷系统、太阳能蒸汽压缩式制冷系统、太阳能蒸汽喷射式制冷系统。

（2）太阳能光伏系统　将半导体材料根据“光生伏特效应”制成太阳能电池，封装成组件，由若干组件与储能、控制部件等构成转换太阳辐射能为电能的供电系统以向电负载提供相应的电力，即为太阳能光电技术的内涵。利用太阳电池的光生伏特效应，将太阳辐射能直接转换成电能的发电系统，简称光伏系统。

太阳能电池单体是光伏转换的最小单元，工作电压为 0.45~0.5V，一般不能单独作为电源使用。为了便于使用，将太阳能电池单体进行串并联并封装后形成可以单独作为电源的单元组件，称为光伏组件。为满足负载所要求的输出功率，将光伏组件再经过串并联就形成了具有一定输出功率的光伏方阵或太阳能阵列（图 9-26）。

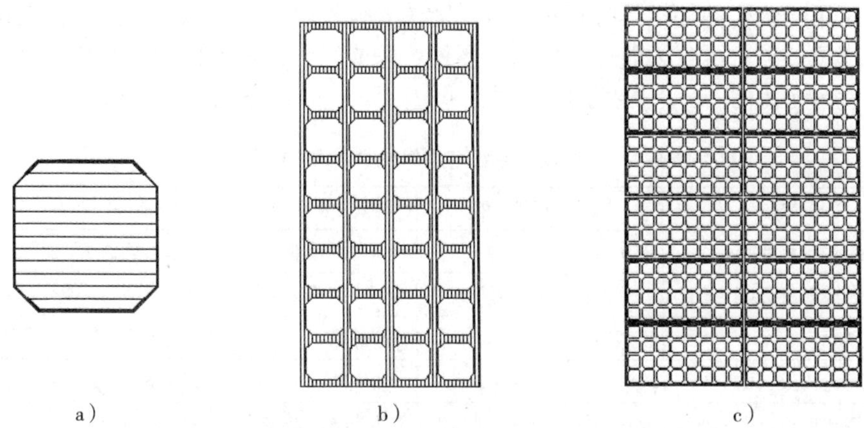

图 9-26　太阳能光伏电池片、光伏组件及光伏方阵示意图

a）光伏电池片　b）光伏组件　c）光伏方阵

由于太阳能光伏方阵所产生的电压为直流电压，且受到太阳光强度大小而变化，为了得到稳定的可供常规交流负载使用的交流电，通常采用控制器、逆变器、蓄电池等形成稳定的光伏发电系统（图 9-27）。

建筑中应用的光伏系统按是否接入公共电网分为独立光伏发电系统与并网光伏发电系统。

独立光伏发电系统一般是由太阳能电池阵列、控制器、逆变器和储能装置等组成。并网光伏发电系统一般是由太阳能电池阵列、控制器、逆变器、储能装置、并网逆变器和连接装置等部分组成。

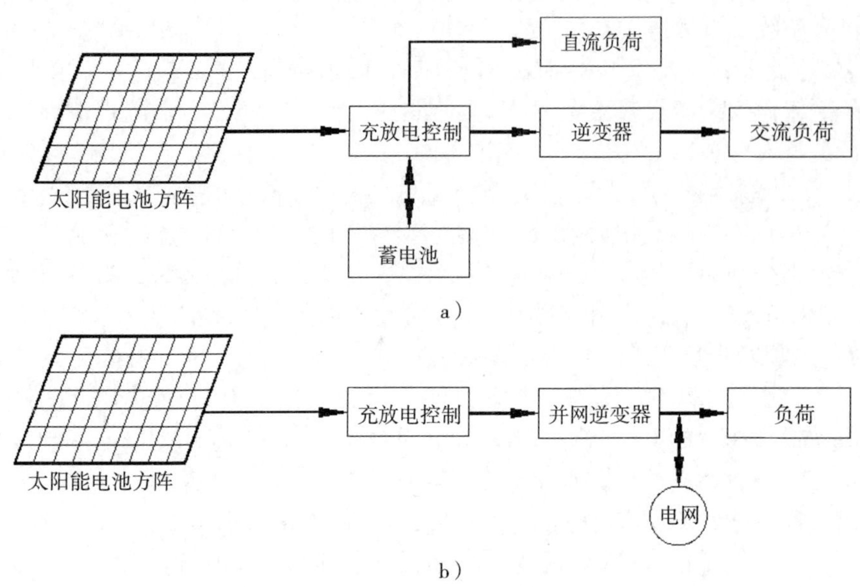

图 9-27　光伏发电系统示意图

a）独立光伏发电系统　b）并网光伏发电系统

建筑用光伏构件是指具有建筑构件功能的光伏发电产品，按照光伏构件在建筑上的应用部位分类，可分为墙体、阳台、屋面、采光顶、遮阳、雨棚、护栏、幕墙、门窗等用途的光伏构件。不同用途光伏构件可应用于建筑的不同部位，见表 9-7。

表 9-7　光伏发电系统与建筑结合的几种主要形式

结合形式		适用光伏组件	安装方式	功能性特点（除发电）
应用于外围护结构	光伏玻璃幕墙	玻璃组件	建筑幕墙玻璃	玻璃幕墙功能、遮光性凸出
	光伏金属板幕墙	玻璃组件、柔性薄膜组件	专用支架或直接粘贴	金属板幕墙功能
	光伏窗户	玻璃组件	窗户玻璃	普通窗户功能、遮光性凸出
	光伏遮阳板、百叶	玻璃组件、柔性薄膜组件	专用支架或直接粘贴	调节室内采光
应用于屋顶	混凝土屋顶光伏阵列	常规组件、柔性薄膜组件	专用支架或直接粘贴	减少屋面接受太阳辐射量
	金属屋面光伏阵列	常规组件、柔性薄膜组件	专用支架或直接粘贴	减少屋面接受太阳辐射量
	陶土瓦屋面光伏阵列	常规组件、柔性薄膜组件	专用支架	减少屋面接受太阳辐射量
	柔性材料屋面光伏阵列	柔性薄膜组件	直接粘贴	减少屋面接受太阳辐射量
	光伏瓦形式	光伏瓦组件	同普通瓦片	瓦片功能
	光伏玻璃采光顶	玻璃组件	建筑采光玻璃	玻璃功能和遮阳功能
其他建筑形式	光伏膜结构	柔性薄膜组件	直接粘贴	防水、遮阳
	广场遮阳棚、车棚	玻璃组件、柔性薄膜组件	专用支架或直接粘贴	防水、遮阳
	玻璃栏杆	玻璃组件	栏杆安全玻璃	安全防护

（3）光伏建筑一体化（BIPV）

1）光伏建筑一体化的概念。光伏发电系统与建筑一体化（building integrated photovoltaic，BIPV）是指通过设计，将光伏系统与建筑良好结合，满足建筑安全、功能、美观等要求。由于光伏方阵与建筑的结合不占用额外的地面空间，是光伏发电系统在城市中广泛应用的最佳安装方式，因而倍受关注。

根据光伏方阵与建筑结合形式的不同，BIPV 可分为两大类：一类是光伏方阵与建筑的结合，是将光伏方阵依附于建筑物上，建筑物作为光伏方阵载体，起支承作用；另一类是光伏方阵与建筑的集成，即光伏组件以一种建筑材料的形式出现，光伏方阵成为建筑不可分割的一部分，如光电瓦屋顶、光电幕墙和光电采光顶等。

2）对光伏方阵的要求。光伏方阵与建筑的结合是一种常用的 BIPV 形式，特别是与建筑屋面的结合。对于某一具体位置的建筑来说，与光伏方阵结合或集成的屋顶和墙面，所能接受的太阳辐射是一定的。为获得更多的太阳能，光伏方阵的布置应尽可能地朝向太阳光入射的方向，如建筑的南面、西南、东南面等。

3）BIPV 对光伏组件的要求。光伏方阵与建筑的集成是 BIPV 的一种高级形式，它对光伏组件的要求较高。光伏组件不仅要满足光伏发电的功能要求同时还要兼顾建筑的基本功能要求。

①颜色与质感。用于 BIPV 的光伏组件，由于其安装朝向与部位的要求，在不可能作为建筑外装饰的主要材料的前提下，光伏组件的颜色和质感需与整座建筑相协调。

②强度与抗变形的能力。当光伏组件与建筑集成使用时，光伏组件是一种建筑材料，作为建筑幕墙或采光屋顶使用，因此需满足建筑的安全性与可靠性。

光伏组件的玻璃需要增厚，具有一定的抗风压能力；同时光伏组件也需要有一定的韧性，在风荷载作用时能有一定的变形，这种变形不会影响到光伏组件的正常工作。

③透光率。在光伏组件与建筑集成使用时，如光电幕墙和光电采光顶，通常对它的透光性会有一定要求，这对于本身不透光的晶体硅太阳电池而言，在制作组件时采用双层玻璃封装，同时通过调整电池片之间的空隙来调整透光量。

④尺寸和形状。目前市场上大部分的光伏组件是用于光伏电站或与光伏电子产品配套，规格相对比较单一，不能适应建筑多样化与个性化的要求。用于 BIPV 的光伏组件，需要结合建筑的不同要求，进行专门的设计与生产。

4）光伏建筑一体化（BIPV）的主要形式。从光伏方阵与建筑墙面、屋顶的结合来看，主要为屋顶光伏电站和墙面光伏电站。而光伏组件与建筑的集成来讲，主要有光电幕墙、光电采光顶、光电遮阳板等形式。

BIPV 的设计应从建筑设计入手，首先对建筑物所处地的地理气候条件及太阳能的资源情况进行分析，这是决定是否选用 BIPV 的先决条件；其次是考虑建筑物的周边环境条件，即选用 BIPV 的建筑部分接受太阳能的具体条件，如被其他建筑物遮挡，则不必考虑选用 BIPV；第三是与建筑物的外装饰的协调，光伏组件给建筑设计带来了新的挑战与机遇，画龙点睛的 BIPV 设计会使建筑更富生机，环保绿色的设计理念更能体现建筑与自然的结合；最后，考虑光伏组件的吸热对建筑热环境的改变。

光伏建筑一体化是光伏系统依赖或依附于建筑的一种新能源利用形式，其主体是建筑，客体是光伏系统。因此，BIPV 设计应以不损害和影响建筑的效果、结构安全、功能和使用寿命为基本原则，任何对建筑本身产生损害和不良影响的 BIPV 设计都是不合格的设计。

第 10 章　建筑防灾

从灾害发生的原因来看，大体可分为以下三种：由自然界物质的内部运动而造成的灾害为自然性灾害，如地震、雷击等；物质在运动中必须具备某种条件才能发生质的变化，并且由这种变化而造成的灾害称为条件性灾害，如火灾、爆炸、腐蚀、辐射等；由人为造成的灾害，不论是有意的还是无意的都称为行为性灾害。

以下重点讨论建筑防火、建筑防震、建筑防雷、建筑防爆、建筑防腐蚀以及建筑防辐射等内容。

10.1　建筑防火

建筑火灾对人类有害，为避免或减少火灾发生，必须要研究火灾的发生、发展规律，总结火灾教训，采取防火技术，进行防火设计，防患于未然。

建筑防火设计的根本是处理好规范、功能和安全之间的关系。建筑防火设计是通过综合分析建设项目的布局、防火间距、防火分区、安全疏散、通风排烟、灭火设施等各方面的可行条件，探索合理的对策，以使建筑防火实现规范要求、建筑功能和消防安全的统一。

合理的建筑防火设计，是“预防为主、防消结合”这一消防工作方针的一个重要方面，也是制止建筑火灾事故，减少火灾危害的根本措施。

本小节主要结合《建筑设计防火规范》[GB 50016—2014（2018）]、《住宅设计规范》（GB 50096—2011）的内容，以民用建筑为主要对象，讲述建筑火灾的发展与蔓延，建筑的分类、总体布局、防火分区、安全疏散、耐火构造等防火设计问题。

10.1.1　建筑火灾的发展与蔓延

在起火的建筑物内，火从起火房间转移到其他房间，主要是靠可燃构件的燃烧，通过热的传导、热辐射和热的对流进行扩大蔓延的。

研究火势蔓延途径，是在建筑物中采用防火隔断、设置防火分隔的依据。综观火灾实际情况，可以得出火从起火房间向外蔓延的途径主要有以下几个方面。

火灾在水平方向蔓延。由于未设防火分区，洞口分隔不完善，火势可以通过可燃的隔墙、吊顶、地毯等蔓延。

火灾通过竖井蔓延。封闭楼梯间未设防火门，电梯井未设前室和防火门，未设防火措施的其他竖井，还有自动扶梯、中庭等都可能造成火势在竖向蔓延。

还有，火灾可能通过空调、通风系统管道蔓延，或者通过窗户向上层蔓延等。

火灾的发展过程

10.1.2　建筑的分类与耐火等级

1. 建筑的分类

《建筑设计防火规范》[GB 50016—2014（2018）] 适用于新建、扩建和改建的民用建筑，根据其建筑高度和层数可分为单、多层民用建筑和高层民用建筑。高层民用建筑根据其建筑高度、使用功能和楼层的建筑面积可分为一类和二类。民用建筑的分类应符合表 10-1 的规定。

表 10-1　民用建筑的分类

名称	高层民用建筑		单、多层民用建筑
	一　类	二　类	
住宅建筑	建筑高度大于 54m 的住宅建筑（包括设置商业服务网点的住宅建筑）	建筑高度大于 27m，但不大于 54m 的住宅建筑（包括设置商业服务网点的住宅建筑）	建筑高度不大于 27m 的住宅建筑（包括设置商业服务网点的住宅建筑）
公共建筑	1）建筑高度大于 50m 的公共建筑 2）建筑高度 24m 以上部分任一楼层建筑面积大于 1000m² 的商店、展览、电信、邮政、财贸金融建筑和其他多功能组合建筑 3）医疗建筑、重要公共建筑 4）省级以上的广播电视和防灾指挥调度建筑、网局级和省级电力调度建筑 5）藏书超过 100 万册的图书馆、书库	除一类高层公共建筑以外的其他高层公共建筑	1）建筑高度大于 24m 的单层公共建筑 2）建筑高度不大于 24m 的其他公共建筑

注：1. 对于未明确列入表中的建筑，其类别应根据本表确定。
2. 除规范另有规定外，宿舍、公寓等非住宅类居住建筑的防火要求，按有关公共建筑的规定确定，裙房的防火要求应符合高层民用建筑的规定。

同一建筑内设置多种使用功能场所时，不同使用功能场所之间应进行防火分隔，该建筑及其各功能场所的防火设计应根据规范的相关规定确定。

建筑高度大于 250m 的建筑，除应符合规范的要求外，尚应结合实际情况采取更加严格的防火措施，其防火设计应提交国家消防主管部门组织专题研究、论证。

2. 民用建筑的耐火等级

对于不同类型的建筑提出不同的耐火等级要求，要做到既利于安全，又利于节约基本建设投资。确定建筑的耐火等级一方面为人们安全疏散提供必要的时间；另一方面为消防人员扑救火灾创造条件；同时还为建筑物发生火灾后重新修复使用提供了有利条件。

根据民用建筑的特点、使用性质等情况，民用建筑的耐火等级由建筑物的重要性、建筑物的高度、建筑物内的火灾荷载等因素确定。

民用建筑的耐火等级可分为一、二、三、四级。除另有规定外，不同耐火等级建筑相应构件的燃烧性能和耐火极限不应低于标准规范的规定。

民用建筑的耐火等级应根据其建筑高度、使用功能、重要性和火灾扑救难度等确定，并应符合下列规定：地下或半地下建筑（室）和一类高层建筑的耐火等级不应低于一级；单、多层重要公共建筑和二类高层建筑的耐火等级不应低于二级。

除木结构建筑外，老年人照料设施的耐火等级不应低于三级。

术语

建筑高度大于 100m 的民用建筑，其楼板的耐火极限不应低于 2.00h。一、二级耐火等级建筑的上人平屋顶，其屋面板的耐火极限分别不应低于 1.50h 和 1.00h。

10.1.3 建筑的总平面设计

1. 建筑防火总平面布局

建筑的总平面布局应满足城市规划和消防安全的要求，一般要根据建筑物的使用性质、生产经营规模、建筑高度、体量及火灾危险性等，合理确定其建筑位置、防火间距、消防车道和消防车操作场地及消防水源等。

（1）建筑选址

1）周围环境。各类建筑在规划建设时，要考虑周围环境的相互影响。特别是工厂、仓库在选址时，既要考虑本单位的安全，又要考虑临近企业和民用建筑使用的安全。生产、储存和装卸易燃易爆危险品的工厂、仓库和专用车站、码头，必须设置在城市的边缘或者相对独立的安全地带。易燃、易爆气体和液体的充装站、供应站、调压站，应当设置在合理的位置，并符合防火防爆要求。民用建筑不宜布置在甲、乙类厂（库）房，甲、乙、丙类液体储罐，可燃气体储罐和可燃材料堆场的附近。

2）主导风向。散发可燃气体、可燃蒸汽和可燃粉尘的车间、装置等，宜布置在明火或散发火花地点的常年主导风向的下风向或侧风向。液化石油气储罐区宜布置在本单位或本地区全年最小频率风向的上风侧，并选择通风良好的地点独立设置。易燃材料的露天堆场宜设置在天然水源充足的地方，并宜布置在本单位或本地区全年最小频率风向的上风侧。

3）地势条件。建筑选址时，还要充分考虑和利用自然地形、地势条件，如存放甲、乙、丙类液体的仓库宜布置在地势较低的地方，以免火灾对周围环境造成威胁；若布置在地势较高处，则应采取防止液体流散的措施。乙炔站等遇水产生可燃气体，容易发生火灾爆炸的企业，严禁布置在可能被水淹没的地方。生产和储存爆炸物品的企业应利用地形，选择多面环山、附近没有建筑的地方。

（2）建筑总平面布局

1）合理布置建筑。建筑总平面的布局，应根据各建筑物的使用性质、规模、火灾危险性，以及所处的环境、地形、风向等因素合理布置和设置防火间距，以消除或减少建筑物之间及其与周边环境的相互影响和火灾危害。

2）合理划分功能区域。规模较大的企业要根据实际需要，合理划分生产区、储存区（包括露天储存区）、生产辅助设施区、行政办公和生活福利区等。同一企业内，若有不同火灾危险的生产建筑，则应尽量将火灾危险性相同或相近的建筑集中布置，以利于采取防火防爆措施，便于安全管理。易燃、易爆的工厂和仓库的生产区、储存区内不得修建办公楼、宿舍等民用建筑。

2. 建筑的防火间距

建筑起火后，因热对流和热辐射的作用，火灾在建筑物内部蔓延扩大，在建筑物外部则因强烈的热辐射作用也会对其他周围建筑物构成一定的威胁。建筑物之间的距离越近，着火建筑对其相邻建筑物构成的威胁越大，火灾蔓延扩大的危险性越高。因此，建筑物间应保持一定的防火间距（图 10-1）。

民用建筑之间的防火间距不应小于表 10-2 的规定。

防火间距应按相邻建筑物外墙的最近水平距离计算，当外墙有凸出的可燃或难燃构件时，应从其凸出部分的外缘算起。

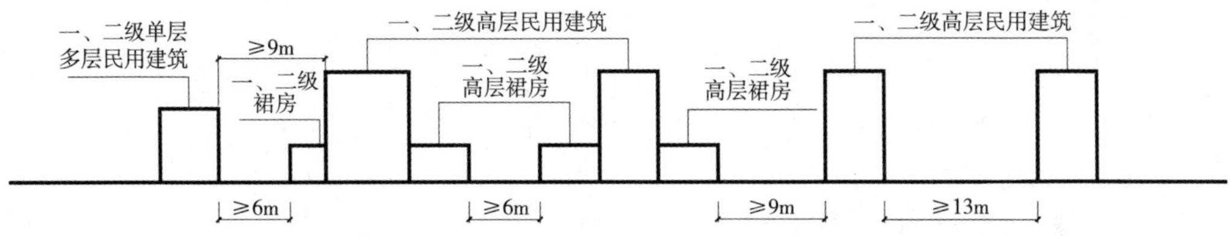

图 10-1　一、二级耐火等级建筑之间的间距

表 10-2　民用建筑之间的防火间距　　　　（单位：m）

建筑类别		高层民用建筑	裙房和其他民用建筑		
		一、二级	一、二级	三级	四级
高层民用建筑	一、二级	13	9	11	14
裙房和其他民用建筑	一、二级	9	6	7	9
	三级	11	7	8	10
	四级	14	9	10	12

注：1. 相邻两座单、多层建筑，当相邻外墙为不燃性墙体且无外露的可燃性屋檐，每面外墙上无防火保护的门、窗、洞口不正对开设且该门、窗、洞口的面积之和不大于外墙面积的 5% 时，其防火间距可按本表的规定减少 25%。
2. 相邻建筑通过连廊、天桥或底部的建筑物等连接时，其间距不应小于本表的规定。
3. 耐火等级低于四级的既有建筑，其耐火等级可按四级确定。

民用建筑防火间距的放宽条件

对于建筑高度大于 100m 的民用建筑，由于灭火救援和人员疏散均需要建筑周边有相对开阔的场地，因此，其与相邻建筑的防火间距，即使符合允许防火间距减小的条件，仍不应减小。

3. 消防车道与救援场地

（1）消防车道 消防车道是供消防车灭火时通行的道路。设置消防车道的目的在于，一旦发生火灾，可确保消防车畅通无阻，迅速到达火场，为及时扑灭火灾创造条件。消防车道可利用城乡、厂区道路等，但该道路应满足消防车通行、转弯和停靠的要求。消防车道的路面、救援操作场地、消防车道和救援操作场地下面的管道和暗沟等，应能承受重型消防车的压力。室外消火栓的保护半径在 150m 左右，一般按规定设在城市道路两旁。街区内的道路应考虑消防车的通行，道路中心线间的距离不宜大于 160m。

消防车道的设置应根据当地消防部队使用的消防车辆的外形尺寸、载重、转弯半径等消防车技术参数，以及建筑物的体量大小、周围通行条件等因素确定。

1）环形消防车道。对于那些建筑高度高、体量大、功能复杂、扑救困难的建筑应设环形消防车道。沿街的高层建筑，其街道的交通道路可作为环形车道的一部分（图 10-2）。

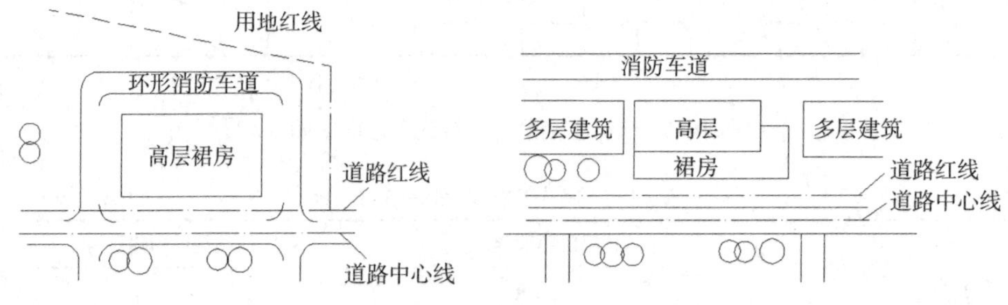

图 10-2 消防车道设置示意图

高层民用建筑，超过 3000 个座位的体育馆，超过 2000 个座位的会堂，占地面积大于 3000m^2 的商店建筑、展览建筑等单、多层公共建筑应设置环形消防车道，确有困难时，可沿建筑的两个长边设置消防车道；对于高层住宅建筑和山坡地或河道边临空建造的高层民用建筑，可沿建筑的一个长边设置消防车道，但该长边所在建筑立面应为消防车登高操作面（图 10-3）。

环形消防车道至少应有两处与其他车道连通。

2）穿过建筑的消防车道。对于一些使用功能多、面积大、建筑长度长的建筑，如 L 形、U 形、Ⅲ 形、口形建筑，当建筑物沿街道部分的长度大于 150m 或总长度大于 220m 时，应设置穿过建筑物的消防车道。确有困难时，应设置环形消防车道。

图 10-3　山坡地或河道边临空建造的高层民用建筑消防车道的设置

有封闭内院或天井的建筑物，当内院或天井的短边长度大于 24m 时，宜设置进入内院或天井的消防车道（图 10-4）；当该建筑物沿街时，应设置连通街道和内院的人行通道（可利用楼梯间），其间距不宜大于 80m。在穿过建筑物或进入建筑物内院的消防车道两侧，不应设置影响消防车通行或人员安全疏散的设施。

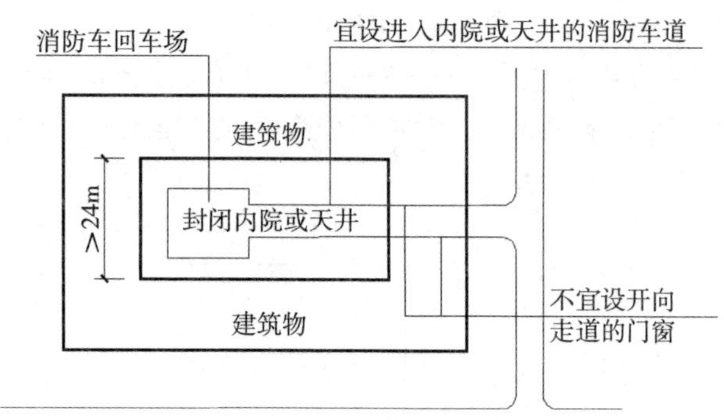

图 10-4　封闭内院或天井的消防车道

3）尽头式消防车道。当建筑和场所周边受到地形环境条件限制，难以设置环形消防车道或与其他道路连通的消防车道时，可设置尽头式消防车道。同时，考虑在我国经济发展较快的大中城市，超高层建筑（高度＞ 100m）发展较快，为了适应当地的消防救援需要，引进了一些大型消防车辆。对需要大型消防车救火的区域，应从实际情况出发设计消防车道，还应注意设置尽头式消防车回车场（图 10-5）。

尽头式消防车道应设置回车道或回车场，回车场的面积不应小于 12m × 12m；对于高层建筑，不宜小于 15m × 15m；供重型消防车使用时，不宜小于 18m × 18m。

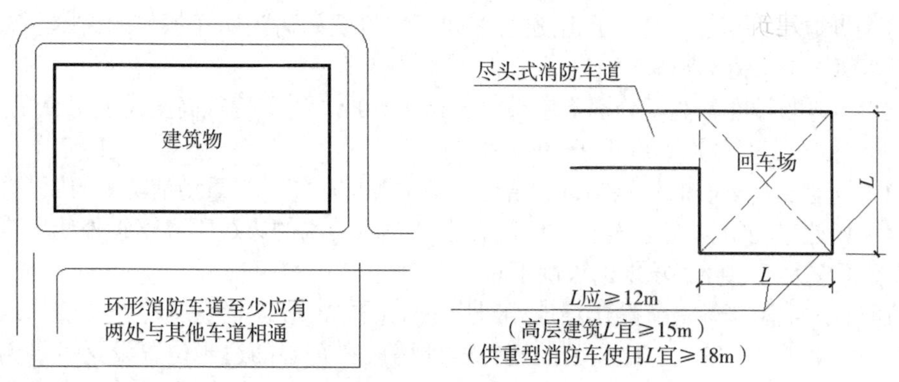

图 10-5　回车场的设置

消防车道应符合下列要求：

1）车道的净宽度和净空高度均不应小于 4.0m。

2）转弯半径应满足消防车转弯的要求。

3）消防车道与建筑之间不应设置妨碍消防车操作的树木、架空管线等障碍物。

4）消防车道靠建筑外墙一侧的边缘距离建筑外墙不宜小于 5m。

5）消防车道的坡度不宜大于 8%。

（2）消防求援场地和灭火救援窗 为满足扑救建筑火灾和救助高层建筑中遇困人员需要的基本要求，对于高层建筑，特别是布置有裙房的高层建筑，要认真考虑合理布置，确保登高消防车能够靠近高层主体建筑，便于登高消防车开展灭火救援。由于建筑场地受多方面因素限制，消防车登高操作场地的设计要尽量利用建筑周围地面，使建筑周边具有更多的救援场地，特别是在建筑物的长边方向。高层建筑应至少沿一个长边或周边长度的 1 /4 且不小于一个长边长度的底边连续布置消防车登高操作场地，该范围内的裙房进深不应大于 4m（图 10-6）。

建筑高度不大于 50m 的建筑，连续布置消防车登高操作场地确有困难时，可间隔布置，但间隔距离不宜大于 30m，且消防车登高操作场地的总长度仍应符合上述规定。

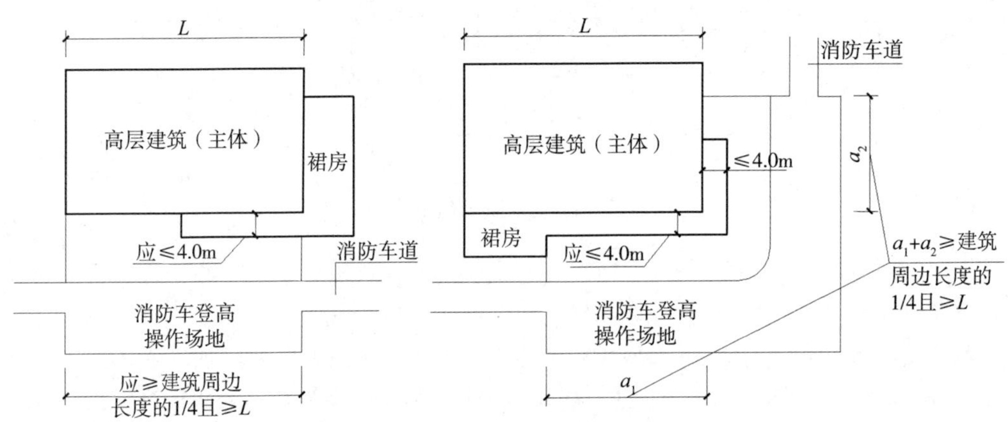

图 10-6 消防车登高操作场地设计

消防车登高操作场地的设计应符合下列规定：

1）场地与厂房、仓库、民用建筑之间不应设置妨碍消防车操作的树木、架空管线等障碍物和车库出入口。

2）场地的长度和宽度分别不应小于 15m 和 10m。对于建筑高度大于 50m 的建筑，场地的长度和宽度分别不应小于 20m 和 10m。

3）场地及其下面的建筑结构、管道和暗沟等，应能承受重型消防车的压力。

4）场地应与消防车道连通，场地靠建筑外墙一侧的边缘距离建筑外墙不宜小于 5m，且不应大于 10m，场地的坡度不宜大于 3%。

建筑物与消防车登高操作场地相对应的范围内，应设置直通室外的楼梯或直通楼梯间的入口。厂房、仓库、公共建筑的外墙应在每层的适当位置设置可供消防救援人员进入的窗口。窗口净高度和净宽度均不应小于 1.0m，下沿距室内地面不宜大于 1.2m，间距不宜大于 20m 且每个防火分区不应少于 2 个，设置位置应与消防车登高操作场地相对应。窗口的玻璃应易于破碎，并应设置可在室外易于识别的明显标志（图 10-7）。

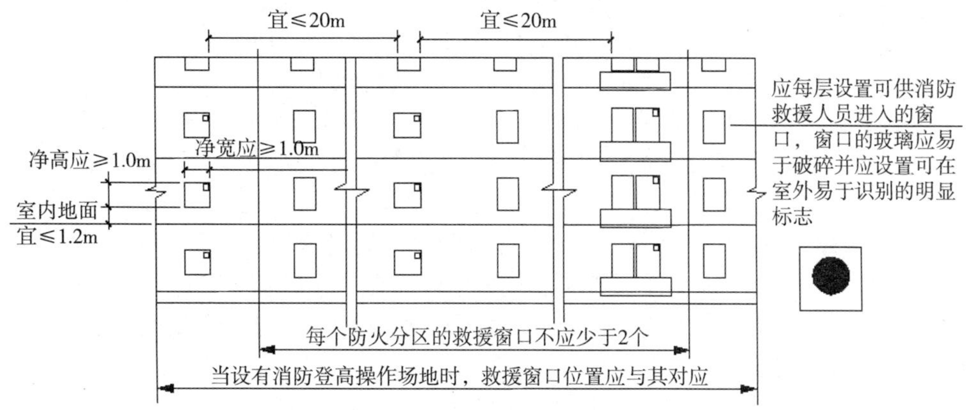

图 10-7　消防救援窗口设计（立面）

10.1.4　建筑平面防火设计

当建筑物中某一房间或部位发生火灾，火焰及烟气会通过门、窗、洞口等开口，或者沿着楼板、墙壁等构件的烧损部位以及楼梯间、电梯井、管道井等竖井，以对流、辐射或传导的方式向其他区域和空间蔓延扩大，最终可能导致整座建筑物遭受火灾的损害或破坏。因此，单体建筑除了考虑满足功能需求的划分外，还应根据建筑的耐火等级、火灾危险性、使用性质和火灾扑救等因素，对建筑物内部空间进行合理布置，以防止火灾和烟气在建筑内部蔓延扩大，确保火灾时的人员安全，减少财产损失。

1. 建筑平面防火布置

（1）建筑平面布置原则　同一建筑内设置多种使用功能场所时，不同使用功能场所之间应进行防火分隔，该建筑及其各功能场所的防火设计应根据规范的相关规定确定。通过合理组合布置建筑内不同用途的房间以及疏散走道、疏散楼梯间等，可以将火灾危险性大的空间相对集中并方便划分为不同的防火分区，或将这样的空间布置在对建筑结构、人员疏散影响较小的部位等，以尽量降低火灾的危害。建筑平面的布置应符合下列基本原则：

1）建筑内部某部位着火时，能限制火灾和烟气在（或通过）建筑内部和外部的蔓延，并为人员疏散、消防人员的救援和灭火提供保护。

2）建筑物内部某处发生火灾时，减少邻近（上下层、水平相邻空间）分隔区域受到强烈辐射热和烟气的影响。

3）消防人员能方便进行救援、利用灭火设施进行作战活动。

4）有火灾或爆炸危险的建筑设备部位，能防止对人员和贵重设备造成影响或危害；或采取措施防止发生火灾或爆炸，及时控制灾害的蔓延扩大。

5）除为满足民用建筑使用功能所设置的附属库房外，民用建筑内不应设置生产车间和其他库房。经营、存放和使用甲、乙类火灾危险性物品的商店、作坊或储藏间，严禁附设在民用建筑内。

（2）人员密集场所的布置

1）会议厅、多功能厅。建筑内的会议厅、多功能厅等人员密集场所，宜布置在首层、二层或三层。设置在三级耐火等级的建筑内时，不应布置在三层及以上楼层。确需布置在一、二级耐火等级建筑的其他楼层时，应符合下列规定。

①一个厅、室的疏散门不应少于 2 个，且建筑面积不宜大于 400m^2。

②设置在地下或半地下时，宜设置在地下一层，不应设置在地下三层及以下楼层。

③设置在高层建筑内时，应设置火灾自动报警系统和自动喷水灭火系统等自动灭火系统。

2）歌舞娱乐放映游艺场所。歌舞娱乐放映游艺场所指的是歌厅、舞厅、录像厅、夜总会、卡拉 OK 厅和具有卡拉 OK 功能的餐厅或包房、各类游艺厅、桑拿浴室的休息室和具有桑拿服务功能的客房、网吧等场所，不包括电影院和剧场的观众厅。平面布置应符合下列规定：

①不应布置在地下二层及以下楼层，宜布置在一、二级耐火等级建筑内的首层、二层或三层的靠外墙部位（图 10-8）。

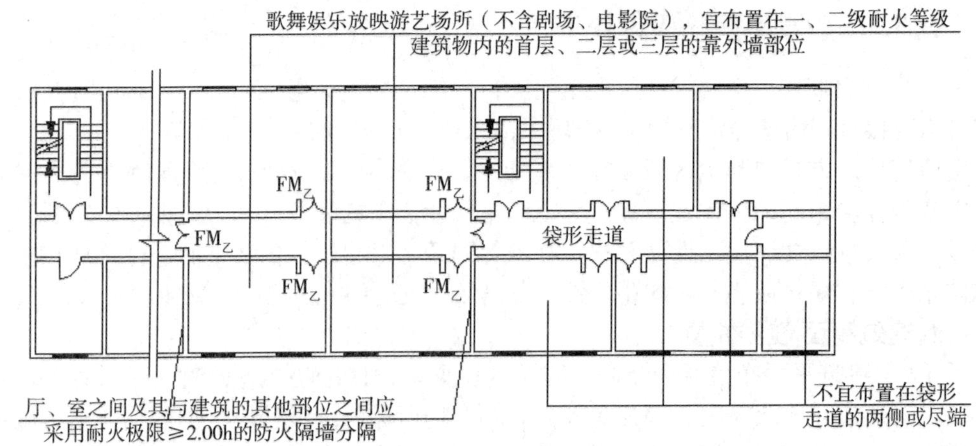

图 10-8　布置在首层、二层或三层的平面示意图

②不宜布置在袋形走道的两侧或尽端。

③确需布置在地下一层时，地下一层的地面与室外出入口地坪的高差不应大于 10m。确需布置在地下或四层及以上楼层时，一个厅、室的建筑面积不应大于 200m^2。

④厅、室之间及与建筑的其他部位之间，应采用耐火极限不低于 2.00h 的防火隔墙和 1.00h 的不燃性楼板分隔，设置在厅、室墙上的门和该场所与建筑内其他部位相通的门均应采用乙级防火门。

3）电影院、剧院、礼堂。电影院、剧院、礼堂宜设置在独立的建筑内；采用三级耐火等级建筑时，不应超过 2 层；确需设置在其他民用建筑内时，至少应设置 1 个独立的安全出口和疏散楼梯，并应符合下列规定：

①应采用耐火极限不低于 2.00h 的防火隔墙和甲级防火门与其他区域分隔。设置

在一、二级耐火等级的建筑内时，观众厅宜布置在首层、二层、三层；确需布置在四层及以上楼层时，一个厅、室的疏散门不应少于 2 个，且每个观众厅的建筑面积不宜大于 400m^2。

②设置在三级耐火等级的建筑内时，不应布置在三层及以上楼层。

③设置在地下或半地下时，宜设置在地下一层，不应设置在地下三层及以下楼层。

④设置在高层建筑内时，应设置火灾自动报警系统及自动喷水灭火系统等自动灭火系统。

（3）设备用房的布置

由于建筑规模的扩大、用电负荷的增加和集中供热的需要，建筑所需锅炉的蒸发量和变配电设备越来越大，但锅炉在运行过程中又存在较大火灾危险，发生事故后的危害也较大，特别是燃油、燃气锅炉，容易发生燃烧爆炸事故。油浸变压器由于存有大量可燃油品，发生故障产生电弧时，将使变压器内的绝缘油迅速发生热分解，析出氢气、甲烷、乙烯等可燃气体，压力骤增，造成外壳爆裂而大量喷油，或者析出的可燃气体与空气混合形成爆炸性混合物，在电弧或火花的作用下极易引起燃烧爆炸。变压器爆裂后，将随高温变压器油的流淌而蔓延，容易形成大范围的火灾。因此，在建筑防火设计中应根据房间的使用性质和火灾危险性合理布置。

1. 锅炉房、变电气室　　2. 柴油发电机房
3. 消防控制室　　4. 消防设备用房

（4）住宅及设置商业服务网点的住宅建筑

1）商业服务网点的住宅。设置商业服务网点的住宅建筑，其居住部分与商业服务网点之间应采用耐火极限不低于 2.00h 且无门、窗、洞口的防火隔墙和 1.50h 的不燃性楼板完全分隔，住宅部分和商业服务网点部分的安全出口和疏散楼梯应分别独立设置。

商业服务网点中每个分隔单元之间应采用耐火极限不低于 2.00h 且无门、窗洞口的防火隔墙相互分隔，当每个分隔任一层建筑面积大于 200m^2 时，该层应设置 2 个安全出口或疏散门。每个分隔单元内的任一点至最近直通室外出口的直线距离应满足：当建筑物的耐火等级为一、二级时不应大于 22m，三级耐火等级时不应大于 20m，四级耐火等级时不应大于 15m。室内楼梯的距离可按其水平投影长度的 1.5 倍计算。

2）住宅建筑与其他建筑合建。除商业服务网点外，住宅建筑与其他使用功能的建筑合建时，应符合下列规定。

住宅部分与非住宅部分之间，应采用耐火极限不低于 2.00h 且无门、窗洞口的防火隔墙和 1.50h 的不燃性楼板完全分隔；当为高层建筑时，应采用无门窗、洞口的防火墙和耐火极限不低于 2.00h 的不燃性楼板完全分隔。建筑外墙上下层开口之间的防火措施应符合规范规定。

住宅部分与非住宅部分的安全出口和疏散楼梯应分别独立设置；为住宅部分服务

的地上车库应设置独立的疏散楼梯或安全出口，地下车库的疏散楼梯应按《建筑设计防火规范》[GB 50016—2014（2018）] 中的规定进行分隔。

（5）特殊场合设置

1）老年人建筑及儿童活动场所。托儿所、幼儿园的儿童用房，老年人活动场所和儿童游乐厅等儿童活动场所宜设置在独立的建筑内，且不应设置在地下或半地下；当采用一、二级耐火等级的建筑时，不应超过 3 层；采用三级耐火等级的建筑时，不应超过 2 层；采用四级耐火等级的建筑时，应为单层。

确需设置在其他民用建筑内的，设置在一、二级耐火等级的建筑内时，应布置在首层、二层或三层。设置在三级耐火等级的建筑内时，应布置在首层或二层。设置在四级耐火等级的建筑内时，应布置在首层。设置在高层建筑内时，应设置独立的安全出口和疏散楼梯（图 10-9）。设置在单、多层建筑内时，宜设置独立的安全出口和疏散楼梯。

附设在建筑内的托儿所、幼儿园的儿童用房和儿童游乐厅等儿童活动场所、老年人活动场所，应采用耐火极限不低于 2.00h 的防火隔墙和 1.00h 的楼板与其他场所或部位分隔，墙上必须设置的门、窗应采用乙级防火门、窗。

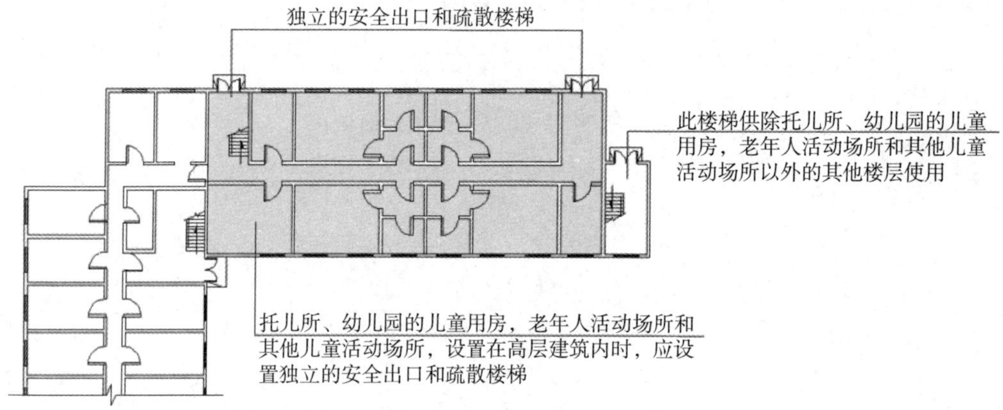

图 10-9　高层建筑平面示意图

2）医院和疗养院的住院部分。医院和疗养院的住院部分不应设置在地下或半地下。

医院和疗养院的住院部分采用三级耐火等级建筑时，不应超过 2 层；采用四级耐火等级建筑时，应为单层；设置在三级耐火等级的建筑内时，应布置在首层或二层；设置在四级耐火等级的建筑内时，应布置在首层。

医院和疗养院的病房楼内相邻护理单元之间应采用耐火极限不低于 2.00h 的防火隔墙分隔，隔墙上的门应采用乙级防火门，设置在走道上的防火门应采用常开防火门。

2. 防火分区

在建筑内部采用防火墙、耐火楼板及其他耐火分隔设施分隔而成，能在一定时间内防止火灾向同一建筑的其余部分蔓延的局部空间，称为防火分区。

防火分区的作用在于发生火灾时，将火势控制在一定范围内。建筑设计中应合理划分防火分区，以利于灭火救援，减少火灾损失。

防火分区按照其作用，可分为水平防火分区和竖向防火分区。水平防火分区主要是防止火灾在水平方向扩大蔓延，竖向防火分区主要是防止火灾通过竖井、楼梯井及其他垂直孔洞等在竖直方向的蔓延。

（1）防火分区的面积规定　民用建筑的高度、层数及防火分区的最大允许建筑面积见表 10-3。

表 10-3　民用建筑的高度、层数及防火分区的最大允许建筑面积

<table>
<tr><th>名称</th><th>耐火等级</th><th colspan="2">允许建筑高度、位置、层数</th><th>防火分区的最大允许建筑面积 /m²</th><th>备注</th></tr>
<tr><td rowspan="2">高层民用建筑</td><td rowspan="2">一、二级</td><td>住宅</td><td>>27m</td><td rowspan="2">1500</td><td rowspan="4">对于体育馆、剧场的观众厅，防火分区的最大允许建筑面积可适当增加</td></tr>
<tr><td>公建</td><td>>24m</td></tr>
<tr><td rowspan="4">单、多层民用建筑</td><td rowspan="2">一、二级</td><td>住宅</td><td>≤ 27m</td><td rowspan="2">2500</td></tr>
<tr><td>公建</td><td>≤ 24m 的多层和 >24m 的单层</td></tr>
<tr><td>三级</td><td colspan="2">5 层</td><td>1200</td><td>—</td></tr>
<tr><td>四级</td><td colspan="2">2 层</td><td>600</td><td>—</td></tr>
<tr><td>（半）地下建筑（室）</td><td>一级</td><td colspan="2">—</td><td>500</td><td>设备用房防火分区最大允许建筑面积应≤ 1000m²</td></tr>
<tr><td rowspan="3">汽车库</td><td rowspan="3">一、二级</td><td colspan="2">单层</td><td>3000</td><td rowspan="3">—</td></tr>
<tr><td colspan="2">多层或半地下</td><td>2500</td></tr>
<tr><td colspan="2">高层或地下</td><td>2000</td></tr>
<tr><td rowspan="3">商业营业厅、展览厅</td><td rowspan="3">一、二级</td><td colspan="2">高层建筑</td><td>4000</td><td rowspan="3">设置自动灭火系统、火灾自动报警系统，并采用不燃或难燃装修</td></tr>
<tr><td colspan="2">单层或多层建筑的首层</td><td>10000</td></tr>
<tr><td colspan="2">（半）地下</td><td>2000</td></tr>
</table>

对表 10-3 做如下几点说明：

1）当建筑内设置自动灭火系统时，防火分区最大允许建筑面积可按本表的规定增加一倍；局部设置时，增加面积可按该局部面积的一倍计算。

2）裙房与高层建筑主体之间设置防火墙时，裙房的防火分区可按单、多层建筑的要求确定。当裙房与高层建筑主体之间设置了防火墙，且相互间的疏散和灭火设施设置均相对独立时，裙房与高层主体之间的火灾相互影响能受到较好的控制，故裙房的防火分区可以按照建筑高度不大于 24m 的建筑的要求确定。如果裙房与高层建筑主体间未采取上述措施时，裙房的防火分区要按照高层建筑主体的要求确定。

3）每个防火分区最大允许建筑面积，是指每个楼层上采用防火墙和楼板分隔的建筑面积，当有未封闭的开口连接多个楼层时，防火分区的建筑面积需将这些连通的面积叠加计算。防火分区的建筑面积包括各类楼梯间的建筑面积。

4）对于住宅建筑，一般每个住宅单元每层的建筑面积不大于一个防火分区的允许建筑面积，当超过时，仍需要按照规范要求划分防火分区。

5）设置在地下的设备用房主要为水、暖、电等保障用房，火灾危险性相对较小，且平时只有巡检人员，故将其防火分区允许建筑面积规定为 1000m²。

6）一、二级耐火等级建筑内的商店营业厅、展览厅，当设置自动灭火系统和火灾自动报警系统并采用不燃或难燃装修材料时，其每个防火分区的最大允许建筑面积应符合下列规定：

①设置在高层建筑内时，不应大于 4000m²。

②设置在单层建筑或仅设置在多层建筑的首层内时，不应大于 10000m²。

③设置在地下或半地下时，不应大于 2000m²。

总建筑面积大于 20000m² 的地下或半地下商店，应采用无门、窗、洞口的防火墙、耐火极限不低于 2.00h 的楼板分隔为多个建筑面积不大于 20000m² 的区域。相邻区域确需局部连通时，应采用下沉式广场等室外开敞空间、防火隔间、避难走道、防烟楼梯间等方式进行连通。

（2）防火分区的划分 水平防火分区是采用一定耐火能力的墙体、门、窗和楼板，按规定的建筑面积标准，根据建筑物内部的不同使用功能区域，将建筑分隔成若干防火区域或防火单元。

水平防火分区的划分要考虑不同的火灾危险性；还需要按照使用灭火剂的种类加以分隔；对于贵重设备间、贵重物品的房间，也需要分隔成防火单元。

水平防火分区的划分需要考虑结合形体及平面划分（图 10-10）。高层建筑每个防火分区允许建筑面积应≤ 1500m²，如全设自动灭火系统可扩大至 3000m²。超过 3000m² 时，标准层可结合形体在平面转折处划分防火分区。

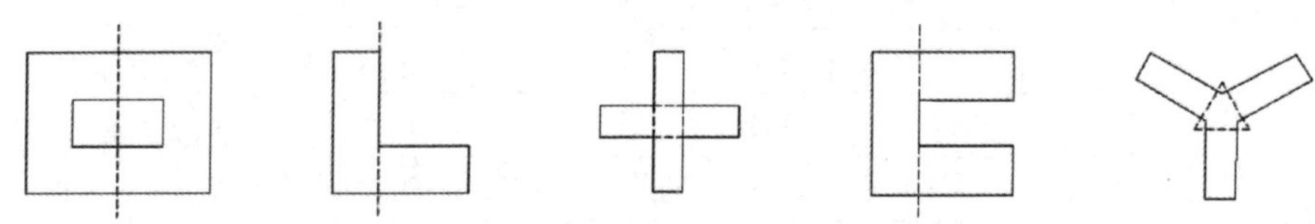

图 10-10 水平防火分区结合形体及平面划分

水平防火分区之间应采用防火墙分隔，确有困难时，可结合甲级防火门或防火卷帘、防火分隔水幕等措施进行分隔（图 10-11）。局部设置自动灭火系统的防火分区，其允许最大建筑面积可增加局部面积的一倍（图 10-12）。

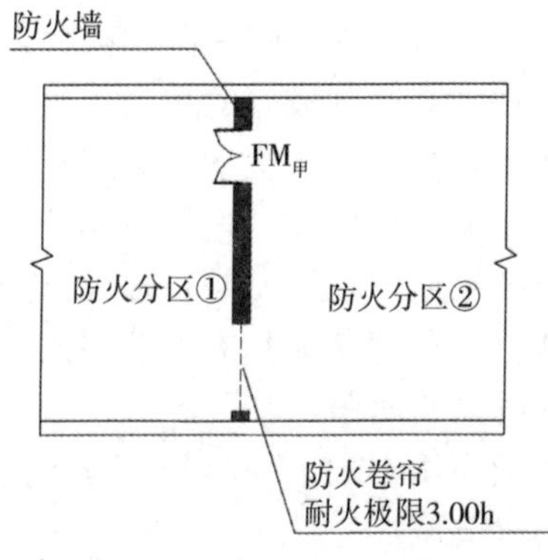

图 10-11 水平防火分区的耐火分隔

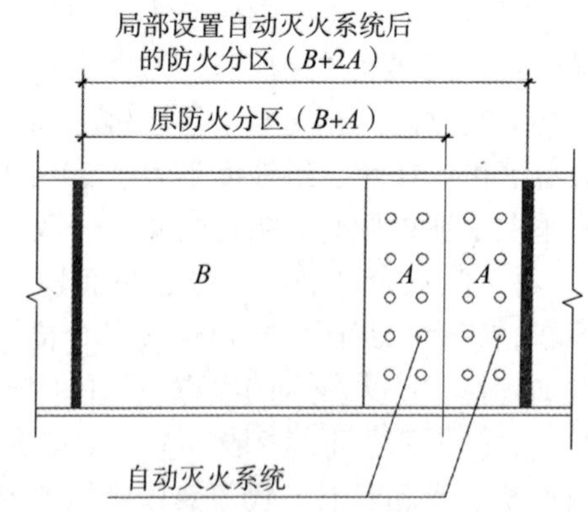

图 10-12 局部设置自动灭火系统的防火分区

垂直防火分区是以耐火楼板、窗槛墙、防火挑檐等对建筑空间进行竖向分隔，并在管井、上下连通部位等处设置相应耐火分隔措施，使整个建筑在竖向上形成防火分隔。

每一个自然层通常作为一个防火分区。

建筑内连通上下楼层的开口如自动扶梯、中庭、敞开楼梯等破坏了竖向防火分区的完整性，会导致火灾在多个区域和楼层蔓延发展，对人员疏散和火灾控制带来困难。因此，当建筑物内设置中庭、自动扶梯、敞开楼梯间等上下层连通的开口时，其防火分区的建筑面积应按上下层相连通的建筑面积叠加计算，当叠加计算后的建筑面积大于防火分区最大允许建筑面积规定时，应划分防火分区。连通部位的面积计算如图 10-13 所示。

对于规范允许采用敞开楼梯间的建筑，即规范规定以外的多层建筑，如 5 层或 5 层以下的教学建筑、普通办公建筑等，该敞开楼梯间可以不按上、下层相连通的开口考虑。

垂直防火分区的耐火分隔应符合要求（图 10-14）。

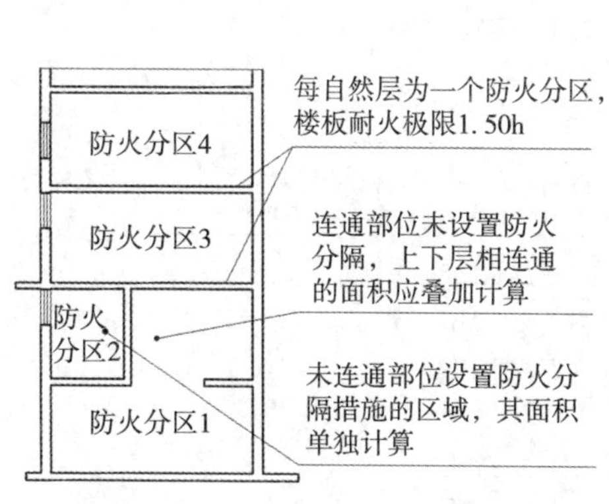

图 10-13　连通部位的面积计算

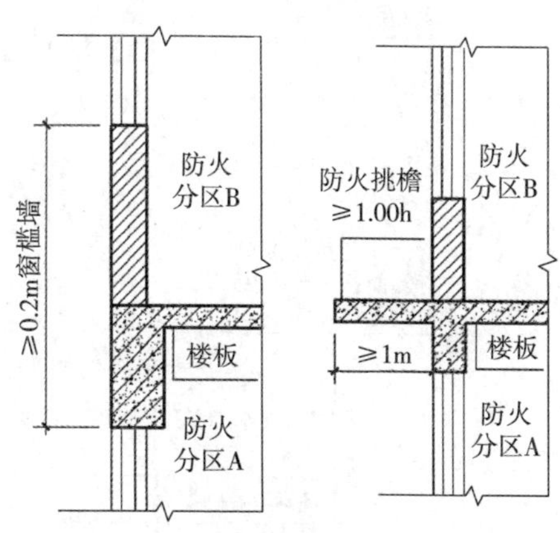

图 10-14　垂直防火分区耐火分隔

建筑内设置中庭时，其防火分区的建筑面积应按上、下层相连通的建筑面积叠加计算；当叠加计算后的建筑面积大于规范的规定时，应符合下列规定：

1）与周围连通空间应进行防火分隔：采用防火隔墙时，其耐火极限不应低于 1.00h；采用防火玻璃墙时，其耐火隔热性和耐火完整性不应低于 1.00h。采用耐火完整性不低于 1.00h 的非隔热性防火玻璃墙时，应设置自动喷水灭火系统进行保护；采用防火卷帘时，其耐火极限不应低于 3.00h，并应符合规范的规定；与中庭相连通的门、窗，应采用火灾时能自行关闭的甲级防火门、窗。

2）高层建筑内的中庭回廊应设置自动喷水灭火系统和火灾自动报警系统。

3）中庭应设置排烟设施。

4）中庭内不应布置可燃物。

有顶棚的商业步行街，其主要特征为零售、餐饮和娱乐等中小型商业设施或商铺通过有顶棚的步行街连接，一般两端均有开放的出入口并具有良好的自然通风或排烟条件，步行街两侧均为建筑面积较小，一般不大于 300m^2 的商铺，供人们进行购物、餐饮、娱乐、美容、憩息等。一旦该商业街没有顶棚，则通过顶棚连接的建筑体就能成为相互独立且相邻的多座不同建筑。其核心为商业街两侧的建筑不会因相互间的步行街上部设置了顶棚而明显增大了火灾蔓延的危险，也不会导致火灾烟气在该空间内明显积聚。因此，其防火设计有别于建筑内的中庭（图 10-15）。

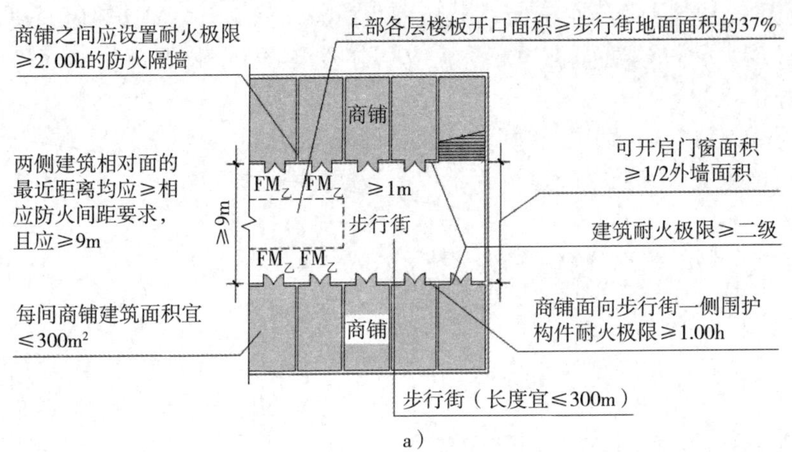

a）

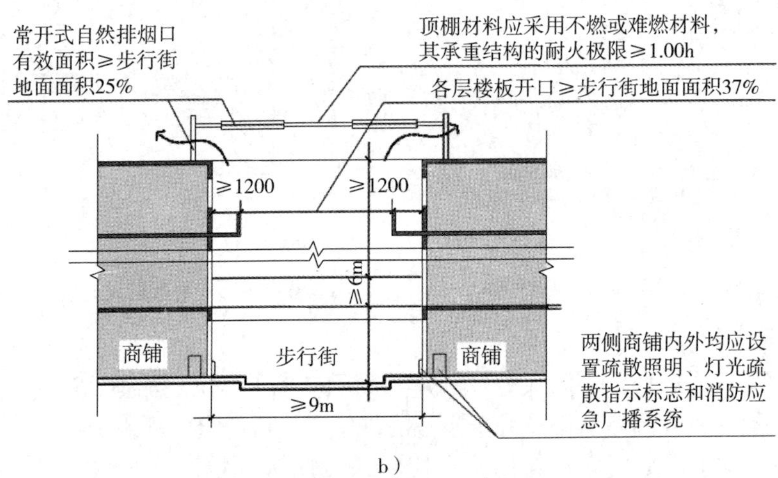

b）

图 10-15　有顶棚商业步行街的防火设计要求

a）平面示意图（首层）　b）剖面示意图

10.1.5　安全疏散与避难

建筑物发生火灾时，人员必须尽快撤离失火建筑，同时消防队员也要迅速对起火部位进行火灾扑救，因此，需要完善的交通安全疏散设施。建筑的安全疏散和避难设施主要包括疏散门、疏散走道、安全出口或疏散楼梯、避难走道、避难间或避难层等。

安全疏散设计应根据建筑物的高度、规模、使用性质、耐火等级等和人们在火灾事故时的心理状态与行动特点，确定安全疏散基本参数，合理布置疏散路线、设置安全疏散和避难设施，为人员的安全疏散创造有利条件。

1. 安全疏散

安全疏散设计与一般交通组织、人流组织设计既有共同之处又有不同之处，其不同点主要表现在以下几个方面：研究对象不同，人流、车流、货流中，安全疏散主要考虑的是人；人流方向不同，安全疏散是单向性的活动，以安全地段（如室外、屋顶平台、避难层等）为最终目标；交通路线和交通工具不同；人的心理行为不同，在疏散过程中往往向熟悉路线疏散，向明亮的路线疏散；人们在紧急疏散时，从着火房间跑到公共走道，再由公共走道到达疏散楼梯间，然后转向室外或其他安全处，一步应比一步安全，不会产生“逆流”情况。这样的疏散路线即为安全疏散路线。

根据火灾事故中疏散人员的心理与行为特征，在进行建筑平面设计，尤其是布置疏散楼梯间时，原则上应使疏散的路线简捷，并能与人们日常生活的活动路线相结合，使人们通过生活了解疏散路线，并尽可能使建筑物内的每一房间都能向两个方向疏散，避免出现袋形走道。疏散设施的布置与疏散路线应考虑以下方面：

1）合理组织疏散流线。综合性高层建筑，应按照不同用途分别布置疏散路线，以便于平时管理火灾时有组织地疏散。

2）在标准层（或防火分区）的端部设置。对中心核式建筑，布置环形或双向走道；一字形、L 形建筑，端部应设疏散楼梯，以便于双向疏散。

3）靠近电梯间设置。发生火灾时人们往往首先考虑熟悉并经常使用的路线及由电梯所组成的疏散路线。靠近电梯间设置疏散楼梯，既可将常用路线和疏散路线结合起来，又有利于疏散的快捷和安全。

4）靠近外墙设置。这种布置方式有利于采用安全性最大、带开敞前室的疏散楼梯间形式，同时也便于自然采光、通风和消防队进入高楼灭火救人。

5）出口保持间距。同一建筑中的出口距离不能太近，容易导致人流疏散不均匀，造成拥挤，甚至伤亡，而且出口距离太近，还会出现同时被烟火封堵的危险。因此，建筑物的两个安全出口的间距不应小于 5m。

6）设置室外疏散楼梯。当建筑设置内楼梯不能满足疏散要求时，可设置室外疏散楼梯，既安全可靠，又可节约室内面积。室外疏散楼梯的优点是不占使用面积，有利于降低建筑造价，又是良好的自然防烟楼梯。

2. 安全出口与疏散出口

安全出口是指供人员安全疏散用的楼梯间、室外楼梯的出入口或直通室内外安全区域的出口。“室内安全区”包括符合规范规定的避难层、避难走道等，“室外安全区”包括室外地面、符合疏散要求并具有直接到达地面设施的上人屋面、平台以及符合规范要求的天桥、连廊等。

疏散出口是指人们走出活动场所或使用房间的出口或门。疏散出口包括安全出口和疏散门。疏散门是直接通向疏散走道的房间门、直接开向疏散楼梯间的门（如住宅的户门）或室外的门，不包括套间内的隔间门或住宅套内的房间门。

一般人们从疏散门出来，经过一段疏散走道才到达安全出口。进入安全出口后可视为到达安全地点。

（1）安全出口宽度的计算 为便于人员快速疏散，不会在走道上发生拥挤，建筑防火设计时必须设置足够数量的安全出口，且安全出口的最小净宽度必须满足人员疏散的基本需要。安全出口的宽度是由疏散宽度指标计算出来的。宽度指标是对允许疏散时间、人体宽度、人流在各种疏散条件下的通行能力等进行调查、实测、统计、研究的基础上建立起来的。工程设计中应用的计算安全出口宽度的简捷方法是百人宽度指标。

百人宽度指标计算

（2）安全出口宽度的规定 决定安全出口宽度的因素很多，如建筑物的耐火等级与层数、使用人数、允许疏散时间、疏散路线是平地还是阶梯等。为了使设计既安全又经济，符合实际使用情况，各类建筑安全出口的宽度指标的规定如下：

1）公共建筑安全出口的宽度要求。除规范另有规定外，公共建筑内疏散门和安全出口的净宽度不应小于 0.90m，疏散走道和疏散楼梯的净宽度不应小于 1.10m。

高层公共建筑内楼梯间的首层疏散（外）门、疏散走道和疏散楼梯的最小净宽度应符合表 10-4 的规定。

表 10-4 楼梯间的首层疏散（外）门、疏散走道、疏散楼梯的最小净宽度

（单位：m）

建筑类别		楼梯间的首层疏散（外）门	疏散走道		疏散楼梯
			单面布房	双面布房	
高层	医疗建筑	1.30	1.40	1.50	1.30
	其他建筑	1.20	1.30	1.40	1.20

公共建筑疏散总人数的计算是根据建筑面积与相应功能的人员密度系数的乘积，得出疏散总人数。歌舞娱乐放映场所及展览厅的人员密度见表 10-5。

表 10-5 歌舞娱乐放映场所及展览厅的人员密度 （单位：人 /m^2）

空间类型		人员密度
歌舞娱乐放映游艺场所	录像厅、放映厅	1.0
	其他场所	0.5
展览厅		0.75

商店的疏散人数应按每层营业厅的建筑面积乘以表 10-6 规定的人员密度计算。

表 10-6　商店营业厅的人员密度　（单位：人 /m²）

楼层位置	地下二层	地下一层	地上第一、二层	地上第三层	地上第四层及四层以上
人员密度	0.56	0.60	0.43~0.60	0.39~0.54	0.30~0.42

注：建材商店、家具和灯饰展示建筑的人员密度，可按本表规定值的 30% 确定。

公共建筑疏散总宽度是根据需要疏散的总人数与每百人疏散需要的最小宽度的乘积，得出疏散总宽度（表 10-7）。

表 10-7　每层房间疏散门、安全出口、疏散走道和疏散楼梯间每百人最小疏散净宽度

（单位：m / 百人）

建筑层数及地坪高差		建筑耐火等级		
		一、二级	三级	四级
地上楼层	1~2 层	0.65	0.75	1.00
	3 层	0.75	1.00	—
	≥ 4 层	1.00	1.25	—
地下楼层	与地面出入口地面的高差 $\phi H \leqslant 10m$	0.75	—	—
	与地面出入口地面的高差 $\phi H > 10m$	1.00	—	—

注：1. 首层外门、楼梯的总净宽应按疏散人数最多一层的人数计算。
　　2.（半）地下室人员密集的厅、室和歌舞娱乐放映游艺场所，其疏散宽度应按≥ 1.00m/ 百人计算确定。

剧场、电影院、礼堂等场所以及体育馆供观众疏散的所有内门、外门、楼梯和走道的各自总净宽度，应根据疏散人数按每百人的最小疏散净宽度不小于表 10-8 的规定计算确定。

表 10-8　剧场、电影院、礼堂、体育馆每百人的最小疏散净宽度　（单位：m）

分类			剧场、电影院、礼堂等		体育馆		
观众厅座位数 / 座			≤ 2500	≤ 1200	3000~5000	5001~10000	10001~20000
耐火等级			一、二级	三级	一、二级		
疏散部位	门、走道	平坡地面	0.65	0.85	0.43	0.37	0.32
		阶梯地面	0.75	1.00	0.50	0.43	0.37
	楼梯		0.75	1.00	0.50	0.43	0.37

2）住宅建筑安全出口的宽度要求。住宅建筑的户门、安全出口、疏散走道和疏散楼梯的各自总净宽度应经计算确定，且户门和安全出口的净宽度不应小于 0.90m，疏散走道、疏散楼梯和首层疏散外门的净宽度不应小于 1.10m。建筑高度不大于 18m 的住宅中一边设置栏杆的疏散楼梯，其净宽度不应小于 1.0m。

（3）安全出口的数量

1）公共建筑的安全出口数量。在建筑设计中，应根据使用要求，结合防火安全的需要布置门、走道和楼梯。一般要求建筑物都有两个或两个以上的安全出口。公共建筑内每个防火分区或一个防火分区的每个楼层，其安全出口的数量应经计算确定，且不应少于 2 个。

安全出口应分散布置且应尽可能相互远离。2 个安全出口最远边缘之间的直线距离不应小于 5m；小于 5m 时，应按 1 个安全出口考虑。

安全出口、疏散出口和疏散通道应畅通，不应设置或放置阻碍人员疏散或减少疏散宽度的物体或物品。

2）住宅建筑的安全出口数量。应结合建筑高度、建筑面积等因素确定。建筑高度大于 54m 时，每个单元至少有 2 个安全出口；住宅高度小于等于 54m 时，每个单元可设置 1 个安全出口，但应符合相关规定（表 10-9）。

表 10-9　住宅建筑每个单元安全出口数量

住宅建筑高度 H	满足任一条件		每个单元安全出口数量
	每个单元任一层建筑面积	任一户门到安全出口距离	
$H \leqslant 27m$	$> 650m^2$	$> 15m$	≥ 2 个
$27m < H \leqslant 54m$	$> 650m^2$	$> 10m$	≥ 2 个
$H > 54m$	—	—	≥ 2 个

建筑高度大于 27m，但不大于 54m 的住宅建筑，每个单元设置一座疏散楼梯时，疏散楼梯应通至屋面，且单元之间的疏散楼梯应能通过屋面连通，户门应采用乙级防火门。当不能通至屋面或不能通过屋面连通时，应设置 2 个安全出口。

公共建筑可设置 1 个安全出口或 1 部疏散楼梯的条件
通向相邻防火分区的甲级防火门作为安全出口的条件
（半）地下建筑（室）的安全出口数量

（4）疏散门的设计要求

1）疏散门的数量。公共建筑内房间的疏散门数量应经计算确定且不应少于 2 个。除托儿所、幼儿园、老年人照料设施、医疗建筑、教学建筑内位于走道尽端的房间外，符合下列条件之一的房间可设置 1 个疏散门：

①位于两个安全出口之间或袋形走道两侧的房间，对于托儿所、幼儿园、老年人照料设施，建筑面积不大于 $50m^2$；对于医疗建筑、教学建筑，建筑面积不大于

75m²；对于其他建筑或场所，建筑面积不大于 120m²。

②位于走道尽端的房间，建筑面积小于 50m² 且疏散门的净宽度不小于 0.90m，或由房间内任一点至疏散门的直线距离不大于 15m、建筑面积不大于 200m² 且疏散门的净宽度不小于 1.40m。

③歌舞娱乐放映游艺场所内建筑面积不大于 50m² 且经常停留人数不超过 15 人的厅、室。

剧场、电影院、礼堂和体育馆的观众厅或多功能厅的疏散门数量见表 10-10。

表 10-10　剧场、电影院、礼堂和体育馆的观众厅或多功能厅的疏散门数量

类型	座位数 A/ 人	疏散门数量 B/ 个
剧场、电影院、礼堂	$A \leq 2000$	$2 \leq B = A/250$
	$A > 2000$	$2 \leq B = 2000/250 + (A-2000)/400$
体育馆	A	$2 \leq B = A/(400\sim700)$

2）疏散门的构造要求。建筑内的疏散门应符合下列规定：

①民用建筑和厂房的疏散门，应采用向疏散方向开启的平开门，不应采用推拉门、卷帘门、吊门、转门和折叠门。除甲、乙类生产车间外，人数不超过 60 人且每樘门的平均疏散人数不超过 30 人的房间，其疏散门的开启方向不限。

②开向疏散楼梯或疏散楼梯间的门，当其完全开启时，不应减少楼梯平台的有效宽度。疏散走道在防火分区处应设置常开甲级防火门。

③人员密集场所内平时需要控制人员随意出入的疏散门和设置门禁系统的住宅、宿舍、公寓建筑的外门，应保证火灾时不需使用钥匙等任何工具即能从内部易于打开，并应在显著位置设置具有使用提示的标识。

④人员密集场所的公共场所、观众厅的疏散门不应设置门槛，其净宽度不应小于 1.40m，且紧靠门口内外各 1.40m 范围内不应设置踏步。人员密集的公共场所的室外疏散通道的净宽度不应小于 3.00m，并应直接通向宽敞地带。

⑤为防止建筑上部的坠落物对从首层出口疏散出来的人员造成伤害，防护挑檐可利用防火挑檐。与防火挑檐不同的是防护挑檐一般设置在建筑物首层出入口门的上方，只需满足人员在疏散和灭火救援过程中的人身防护要求，不需具备与防火挑檐一样的耐火性能。因此，高层建筑直通室外的安全出口上方，应设置挑出宽度不小于 1.0m 的防护挑檐。

3. 安全疏散距离

安全疏散的一个重要内容是疏散距离的确定。安全疏散距离直接影响疏散所需时间和人员安全。安全疏散距离包括两个部分：一是房间内最远点到房门的疏散距离；二是从房门到疏散楼梯间或外部出口的距离。疏散距离均为直线距离，即室内最远点至最近安全出口的直线距离，未考虑因布置设备而产生的阻挡，但有通道连接或墙体遮挡时，要按其中的折线距离计算。

（1）公共建筑的安全疏散距离　公共建筑直接通向疏散走道的房间疏散门至最近的安全出口的最大距离的疏散距离应符合表 10-11 规定（图 10-16）。

表 10-11　公共建筑的安全疏散距离

建筑类型			位于两个安全出口之间的疏散门 a/m			位于袋形走道两侧或尽端的疏散门 b/m		
			耐火等级			耐火等级		
			一、二级	三级	四级	一、二级	三级	四级
托儿所、幼儿园、老年人建筑			25	20	15	20	15	10
歌舞娱乐放映游艺场所			25	20	15	9	—	—
医疗建筑	单、多层		35	30	25	20	15	10
	高层	病房部分	24	—	—	12	—	—
		其他部分	30	—	—	15	—	—
教学建筑	单、多层		35	30	25	22	20	10
	高层		30	—	—	15	—	—
高层旅馆、公寓、展览建筑			30	—	—	15	—	—
其他民用建筑	单、多层		40	35	25	22	20	15
	高层		40	—	—	20	—	—

注：1. 敞开式外廊的房间疏散门至最近安全出口的直线距离可按本表的规定增加 5m。

2. 直通疏散走道的房间疏散门至最近敞开楼梯间的直线距离，当房间位于两个楼梯间之间时，应按本表的规定减少 5m；当房间位于袋形走道两侧或尽端时，应按本表的规定减少 2m。

3. 建筑物内全部设置自动喷水灭火系统时，其安全疏散距离可按本表的规定增加 25%。

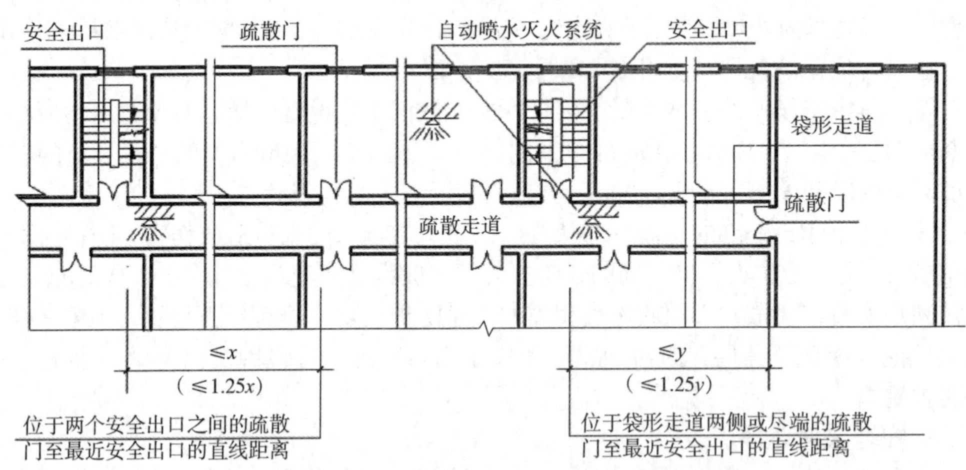

图 10-16　公共建筑的安全疏散距离示意图

楼梯间的首层应设置直通室外的安全出口，或在首层采用扩大的封闭楼梯间或防烟楼梯间前室。当层数不超过 4 层且未采用扩大的封闭楼梯间或防烟楼梯间前室时，可将直通室外的门设置在离楼梯间不大于 15m 处。

一、二级耐火等级建筑内疏散门或安全出口不少于 2 个的观众厅、展览厅、多功能厅、餐厅、营业厅等，其室内任一点至最近疏散门或安全出口的直线距离不应大于30m；当疏散门不能直通室外地面或疏散楼梯间时，应采用长度不大于 10m 的疏散走道通至最近的安全出口。当该场所设置自动喷水灭火系统时，室内任一点至最近安全出口的安全疏散距离可分别增加 25%，如图 10-17 所示。

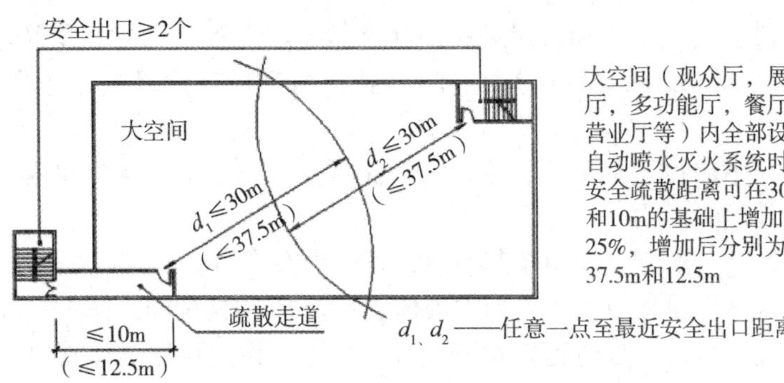

图 10-17　大空间的疏散距离（一、二级耐火等级建筑内）

（2）住宅建筑的安全疏散距离　住宅建筑的安全疏散距离的确定考虑的是直通疏散走道的户门至最近安全出口的直线距离不应大于表 10-12 的规定。

表 10-12　住宅建筑直通疏散走道的户门至最近安全出口的直线距离

（单位：m）

住宅建筑类型	位于两个安全出口之间的户门			位于袋形走道两侧或尽端的户门		
	一、二级	三级	四级	一、二级	三级	四级
单、多层	40	35	25	22	20	15
高层	40	—	—	20	—	—

注：1. 开向敞开式外廊的户门至最近安全出口的最大直线距离可按本表的规定增加 5m。

2. 直通疏散走道的户门至最近敞开楼梯间的直线距离，当户门位于两个楼梯间之间时，应按本表的规定减少 5m；当户门位于袋形走道两侧或尽端时，应按本表的规定减少 2m。

3. 住宅建筑内全部设置自动喷水灭火系统时，其安全疏散距离可按本表的规定增加 25%。

4. 跃廊式住宅的户门至最近安全出口的距离，应从户门算起，小楼梯的一段距离可按其水平投影长度的 1.50 倍计算。

楼梯间应在首层直通室外，或在首层采用扩大的封闭楼梯间或防烟楼梯间前室。层数不超过 4 层时，可将直通室外的门设置在离楼梯间不大于 15m 处。

户内任一点至直通疏散走道的户门的直线距离不应大于表 10-12 规定的袋形走道两侧或尽端的疏散门至最近安全出口的最大直线距离。

木结构建筑的安全疏散距离

4. 疏散设施

（1）疏散楼梯间 疏散楼梯间是人员竖向疏散的安全通道，也是消防员进入建筑进行灭火救援的主要路径。根据楼梯间的防烟性能，疏散楼梯间一般有敞开楼梯间、封闭楼梯间、防烟楼梯间及室外楼梯间。

1）疏散楼梯间的一般要求：

①楼梯间应能天然采光和自然通风，并宜靠外墙设置。靠外墙设置时，楼梯间、前室及合用前室外墙上的窗口与两侧门、窗、洞口最近边缘的水平距离不应小于1.0m。

②楼梯间内不应设置烧水间、可燃材料储藏室、垃圾道。楼梯间内不应有影响疏散的凸出物或其他障碍物。

③封闭楼梯间、防烟楼梯间及其前室，不应设置卷帘。

④楼梯间内不应设置甲、乙、丙类液体管道。封闭楼梯间、防烟楼梯间及其前室内禁止穿过或设置可燃气体管道。敞开楼梯间内不应设置可燃气体管道，当住宅建筑的敞开楼梯间内确需设置可燃气体管道和可燃气体计量表时，应采用金属管和设置切断气源的阀门。

⑤疏散用楼梯和疏散通道上的阶梯不宜采用螺旋楼梯和扇形踏步；确需采用时，踏步上、下两级所形成的平面角度不应大于10°，且每级离扶手250mm处的踏步深度不应小于220mm。建筑内的公共疏散楼梯，其两梯段及扶手间的水平净距不宜小于150mm。

⑥除通向避难层错位的疏散楼梯外，建筑内的疏散楼梯间在各层的平面位置不应改变。建筑的地下或半地下部分与地上部分不应共用楼梯间，确需共用楼梯间时，应在首层采用耐火极限不低于2.00h的防火隔墙和乙级防火门将地下或半地下部分与地上部分的连通部位完全分隔，并应设置明显的标志（图10-18、图10-19）。

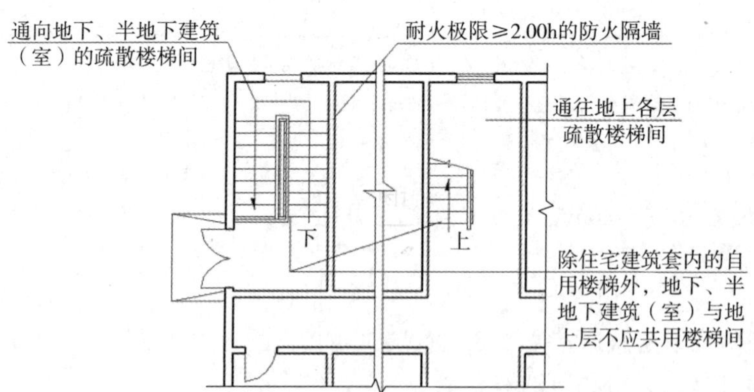

图10-18 地下、半地下建筑（室）疏散楼梯间的设计（一）

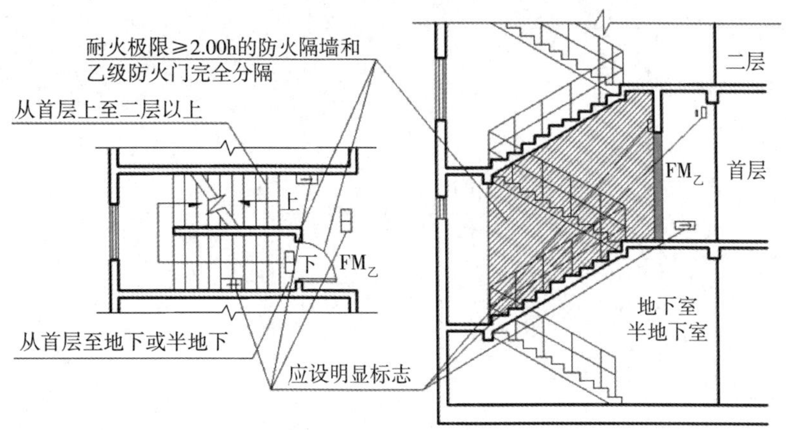

图 10-19　地下、半地下建筑（室）疏散楼梯间的设计（二）

2）敞开楼梯间。敞开楼梯间是指由建筑物室内墙体等围护构件组成的无封闭、无防烟功能且与其他使用空间 (如走廊或大厅) 直接相通的楼梯间。

敞开楼梯间由于没有进行分隔，在发生火灾时不能阻挡烟气进入，而且可能会成为烟气向其他楼层蔓延的通道。敞开楼梯间安全可靠程度不大，但由于使用方便，敞开楼梯间是低层、多层的居住建筑和公共建筑中常用的楼梯形式。

3）封闭楼梯间。封闭楼梯间是在楼梯间入口处设置门，以防止火灾的烟和热气进入的楼梯间。设置封闭楼梯间的建筑及部位见表 10-13。封闭楼梯间除应符合对疏散楼梯间的规定外，还应符合下列规定：

①不能自然通风或自然通风不能满足要求时，应设置机械加压送风系统或采用防烟楼梯间。除楼梯间的出入口和外窗外，楼梯间的墙上不应开设其他门窗、洞口。

②高层建筑、人员密集的公共建筑、人员密集的多层丙类厂房、甲、乙类厂房，其封闭楼梯间的门应采用乙级防火门，并应向疏散方向开启；其他建筑，可采用双向弹簧门（图 10-20、图 10-21）。

③楼梯间的首层可将走道和门厅等包括在楼梯间内形成扩大的封闭楼梯间，但应采用乙级防火门等与其他走道和房间分隔。

表 10-13　设置封闭楼梯间的建筑及部位

公共建筑	裙房、建筑高度≤ 32m 的二类高层建筑
	下列多层公共建筑的疏散楼梯，除与敞开式外廊直接相连的楼梯间外，均应采用封闭楼梯间： 1）医疗建筑、旅馆及类似使用功能的建筑 2）设置歌舞娱乐放映游艺场所的建筑 3）商店、图书馆、展览建筑、会议中心及类似使用功能的建筑 4）6 层及以上的其他建筑
住宅建筑	21m ＜建筑高度≤ 33m 的住宅建筑（当户门采用乙级防火门时，可采用敞开楼梯间）
地下部分	室内地面与室外出入口地坪高差≤ 10m 或≤ 2 层的地下、半地下建筑（室）
汽车库	建筑高度≤ 32m

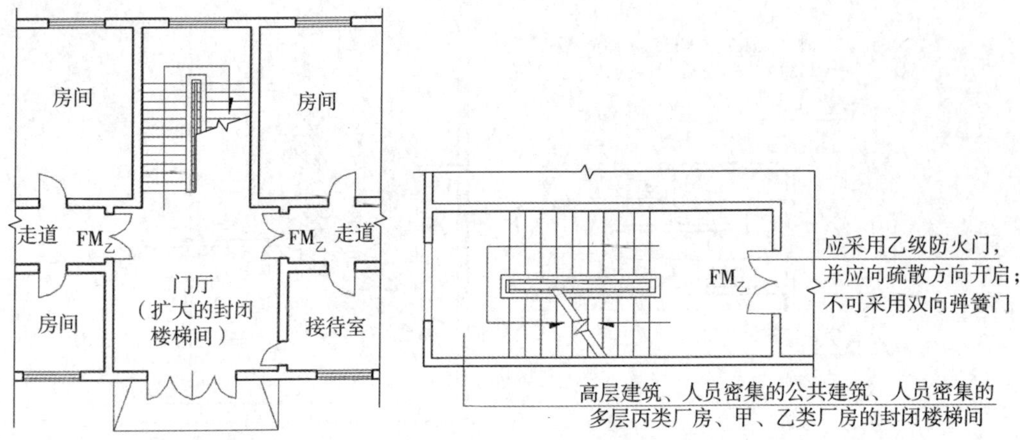

图 10-20　封闭楼梯间设计（一）　　**图 10-21　封闭楼梯间设计（二）**

4）防烟楼梯间。在楼梯间入口处设置防烟的前室、开敞式阳台或凹廊（统称前室）等设施，且通向前室和楼梯间的门均为防火门，以防止火灾的烟和热气进入的楼梯间。防烟楼梯间的设置条件见表 10-14。

防烟楼梯间除应符合对疏散楼梯间的规定外，尚应符合下列规定：

①应设置防烟设施。

②前室可与消防电梯间前室合用。

③前室的使用面积：公共建筑、高层厂房（仓库），不应小于 6.0m^2；住宅建筑，不应小于 4.5m^2。

与消防电梯间前室合用时，合用前室的使用面积：公共建筑、高层厂房（仓库），不应小于 10.0m^2；住宅建筑，不应小于 6.0m^2。

④疏散走道通向前室以及前室通向楼梯间的门应采用乙级防火门。

⑤除住宅建筑的楼梯间前室外，防烟楼梯间和前室内的墙上不应开设除疏散门和送风口外的其他门、窗、洞口。

⑥楼梯间的首层可将走道和门厅等包括在楼梯间前室内形成扩大的前室，但应采用乙级防火门等与其他走道和房间分隔。

表 10-14　防烟楼梯间的设置条件

公共建筑	一类高层和建筑高度＞ 32m 的二类建筑，建筑高度大于 24m 的老年人照料设施
住宅建筑	建筑高度＞ 33m
地下部分	室内地面与室外出入口地坪高差＞ 10m 或 3 层及以上的地下、半地下建筑（室）
汽车库	建筑高度＞ 32m

不同类型疏散楼梯间的适用情形见表 10-15。

5）室外楼梯间。室外楼梯主要是辅助用于人员的应急逃生和消防员直接从室外进入建筑物，到达着火层进行灭火救援。对于某些建筑，由于楼层使用面积紧张，也可采用室外疏散楼梯间进行疏散，室外楼梯满足下列条件时可以作为辅助的防烟楼梯，其宽度可计入疏散楼梯总宽度。

表 10-15　不同类型疏散楼梯间的适用情形

楼梯类型	敞开楼梯间	封闭楼梯间	防烟楼梯间
住宅建筑	$H \leqslant 21m$（与电梯井相邻的疏散楼梯应采用封闭楼梯间）	$21m < H \leqslant 33m$（户门为乙级防火门时可采用敞开楼梯间）	$33m < H$（同一楼层或单元户门不宜直接开向前室，确有困难时，开向前室的户门应 ≤ 3 樘，且应采用乙级防火门）
公共建筑	$H \leqslant 24m$ ①	$24m < H \leqslant 32m$ 和裙房建筑	$32m < H$ 的二类高层和一类高层建筑、超高层建筑

① 表中所列多层公共建筑设置封闭楼梯间情形除外。

①栏杆扶手的高度不应小于 1.10m，楼梯的净宽度不应小于 0.90m。

②倾斜角度不应大于 45°。

③梯段和平台均应采用不燃材料制作。平台的耐火极限不应低于 1.00h，梯段的耐火极限不应低于 0.25h。

④通向室外楼梯的门应采用乙级防火门，并应向外开启。

⑤除疏散门外，楼梯周围 2.00m 内的墙面上不应设置门、窗、洞口。疏散门不应正对梯段。

6）剪刀楼梯间。剪刀楼梯是在同一楼梯间设置一对既相互交叉又相互分隔的疏散楼梯。在每层楼之间的梯段一般为单跑梯段，特点是在建筑的楼梯间内设置了两部疏散楼梯，并形成两个出口，有利于在较为狭窄的空间内组织双向疏散。

高层公共建筑的疏散楼梯，当分散设置确有困难且从任一疏散门至最近疏散楼梯间入口的距离不大于 10m 时，可采用剪刀楼梯间。

楼梯间应为防烟楼梯间；梯段之间应设置耐火极限不低于 1.00h 的防火隔墙；楼梯间的前室应分别设置。

住宅单元的疏散楼梯，当分散设置确有困难且任一户门至最近疏散楼梯间入口的距离不大于 10m 时，可采用剪刀楼梯间。楼梯间的前室不宜共用；共用时，前室的使用面积不应小于 $6.0m^2$。楼梯间的前室或共用前室不宜与消防电梯的前室合用；楼梯间的共用前室与消防电梯的前室合用时，合用前室的使用面积不应小于 $12.0m^2$，且短边不应小于 2.4m；两个楼梯间的加压送风系统不宜合用，合用时应符合有关规定。

（2）避难走道　避难走道是指采取防烟措施且两侧设置耐火极限不低于 3.00h 的防火隔墙，用于人员安全通行至室外的走道。

避难走道主要用于解决平面巨大的大型建筑中疏散距离过长或难以按照规范要求设置直通室外的安全出口等问题。避难走道和防烟楼梯间的作用类似，疏散时人员只要进入避难走道，就可视为进入相对安全的区域。为确保人员疏散的安全，应满足相应的防火要求。

避难走道的设置应符合下列规定：

避难走道防火隔墙的耐火极限不应低于 3.00h，楼板的耐火极限不应低于 1.50h。避难走道内部装修材料的燃烧性能应为 A 级。

避难走道直通地面的出口不应少于 2 个，并应设置在不同方向；当避难走道仅与一个防火分区相通且该防火分区至少有 1 个直通室外的安全出口时，可设置 1 个直通地面的出口。任一防火分区通向避难走道的门至该避难走道最近直通地面的出口的距离不应大于 60m（图 10-22、图 10-23）。

避难走道的净宽度不应小于任一防火分区通向该避难走道的设计疏散总净宽度。防火分区至避难走道入口处应设置防烟前室，前室的使用面积不应小于 6.0m²，开向前室的门应采用甲级防火门，前室开向避难走道的门应采用乙级防火门。避难走道内应设置消火栓、消防应急照明、应急广播和消防专线电话。

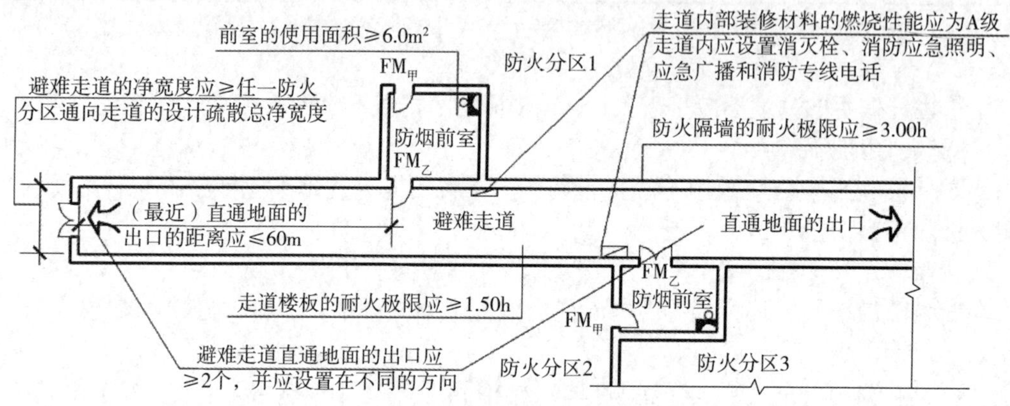

图 10-22　避难走道的设置（一）

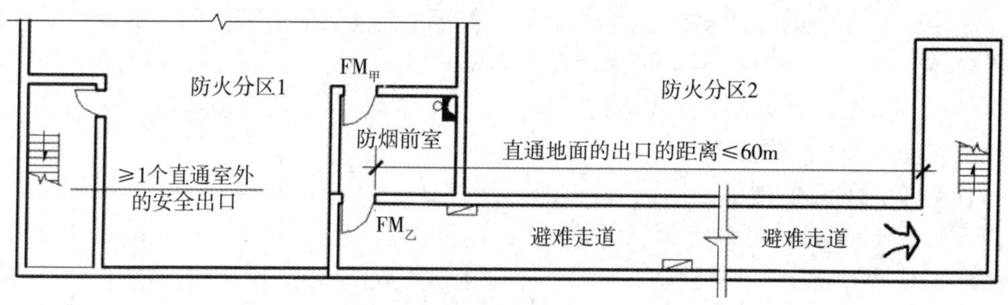

图 10-23　避难走道的设置（二）

（3）避难层（间）　避难层（间）是建筑内用于人员暂时躲避火灾及其烟气危害的楼层（房间）。建筑高度大于 100m 的建筑，使用人员多、竖向疏散距离长，且设置更多的疏散楼梯往往十分困难，因而人员的疏散时间长。一旦发生火灾，要将建筑物内的人员全部疏散到地面是非常困难的，甚至是不可能的。

根据举高消防车操作要求，以及普通人爬楼梯的体力消耗情况、我国的人体特征、各种机电设备及管道等的布置和使用管理要求等，避难层的设置应满足相应的条件及要求。

1）避难层。建筑高度大于 100m 的公共建筑，应设置避难层，避难层应符合下列规定：

①第一个避难层（间）的楼地面至灭火救援场地地面的高度不应大于 50m，两个避难层（间）之间的高度不宜大于 50m。

②通向避难层的疏散楼梯应在避难层分隔、同层错位或上下层断开。

③避难层（间）的净面积应能满足设计避难人数避难的要求，并宜按 5.0 人 /m^2 计算。

④避难层可兼作设备层。设备管道宜集中布置，其中的易燃、可燃液体或气体管道应集中布置，设备管道区应采用耐火极限不低于 3.00h 的防火隔墙与避难区分隔。管道井和设备间应采用耐火极限不低于 2.00h 的防火隔墙与避难区分隔，管道井和设备间的门不应直接开向避难区；确需直接开向避难区时，与避难层区出入口的距离不应小于 5m，且应采用甲级防火门。避难间内不应设置易燃、可燃液体或气体管道，不应开设除外窗、疏散门之外的其他开口。

⑤避难层应设置消防电梯出口；应设置消火栓和消防软管卷盘；应设置消防专线电话和应急广播；在避难层（间）进入楼梯间的入口处和疏散楼梯通向避难层（间）的出口处，应设置明显的指示标志；应设置直接对外的可开启窗口或独立的机械防烟设施，外窗应采用乙级防火窗。

2）避难间。考虑到病房楼内使用人员的自我疏散能力较差，为了满足医疗建筑中难以在火灾时及时疏散的人员避难需要和保证其避难安全，高层病房楼应在二层及以上的病房楼层和洁净手术部设置避难间，并应符合下列规定：

避难间服务的护理单元不应超过 2 个，其净面积应按每个护理单元不小于 25.0m^2 确定。避难间兼作其他用途时，应保证人员的避难安全，且不得减少可供避难的净面积。

应靠近楼梯间，并应采用耐火极限不低于 2.00h 的防火隔墙和甲级防火门与其他部位分隔。

应设置消防专线电话和消防应急广播。避难间的入口处应设置明显的指示标志。应设置直接对外的可开启窗口或独立的机械防烟设施，外窗应采用乙级防火窗。

5. 辅助疏散设施

（1）屋顶直升机停机坪　对于高层建筑，特别是建筑高度超过 100m 的高层建筑，为便于火灾时救援和疏散难以通过室内楼梯下至地面的人员，要尽量结合城市空中消防站建设和规划布局，在这些高层建筑中设置屋顶直升机停机坪，或设置可以保证直升机安全悬停与救助人员的设施。因此，建筑高度大于 100m 且标准层建筑面积大于 2000m^2 的公共建筑，宜在屋顶设置直升机停机坪或供直升机救助的设施。

直升机停机坪应符合下列规定：

设置在屋顶平台上时，距离设备机房、电梯机房、水箱间、共用天线等凸出物不应小于 5m；建筑通向停机坪的出口不应少于 2 个，每个出口的宽度不宜小于 0.90m；四周应设置航空障碍灯，并应设置应急照明；在停机坪的适当位置应设置消火栓。

（2）逃生疏散设施　为了方便灭火救援和人员逃生的要求，根据建筑物的使用特点、防火要求及各种消防设施的配置情况，在多层建筑或高层建筑的下部楼层设置逃生袋、救生绳、缓降绳、折叠式人孔梯、滑梯等辅助疏散设施。辅助疏散设施不一定要在每一个窗口或阳台设置，但设置位置应便于人员使用且安全可靠。人员密集的公共建筑不宜在窗口、阳台等部位设置封闭的金属栏，确需设置时，应能从内部易于开启；窗口、阳台等部位宜根据其高度设置适用的辅助逃生疏散设施。

6. 消防电梯

一般在火灾初期较易将火灾控制在着火的一个防火分区内，消防员利用着火区内的消防电梯就可以进入着火区直接接近火源实施灭火和实施搜索等行动。对于多个防火分区的楼层，即使一个防火分区的消防电梯受阻难以安全使用时，还可利用相邻防火分区的消防电梯。因此，消防电梯应分别设置在不同防火分区内，且每个防火分区不应少于 1 台。符合消防电梯要求的客梯或货梯可兼作消防电梯。

下列建筑应设置消防电梯：

1）建筑高度大于 33m 的住宅建筑。

2）一类高层公共建筑和建筑高度大于 32m 的二类高层公共建筑、5 层及以上且总建筑面积大于 3000m^2（包括设置在其他建筑内 5 层及以上楼层）的老年人照料设施。

3）设置消防电梯的建筑的地下或半地下室，埋深大于 10m 且总建筑面积大于 3000m^2 的其他地下或半地下建筑（室）。

消防电梯应设置前室，前室宜靠外墙设置，并应在首层直通室外或经过长度不大于 30m 的通道通向室外；前室的使用面积不应小于 6.0m^2，前室的短边不应小于 2.4m；与防烟楼梯间合用的前室，合用前室的使用面积：公共建筑不应小于 10.0m^2；住宅建筑，不应小于 6.0m^2。

除前室的出入口、前室内设置的正压送风口外，前室内不应开设其他门、窗、洞口；前室或合用前室的门应采用乙级防火门，不应设置卷帘。

消防电梯井、机房与相邻电梯井、机房之间应设置耐火极限不低于 2.00h 的防火隔墙，隔墙上的门应采用甲级防火门。

消防电梯的井底应设置排水设施，排水井的容量不应小于 2m^3，排水泵的排水量不应小于 10L/s。消防电梯间前室的门口宜设置挡水设施。

消防电梯应符合下列规定：

1）应能每层停靠。

2）电梯的载重量不应小于 800kg。

3）电梯从首层至顶层的运行时间不宜大于 60s。

4）电梯的动力与控制电缆、电线、控制面板应采取防水措施。

5）在首层的消防电梯入口处应设置供消防队员专用的操作按钮。

6）电梯轿厢的内部装修应采用不燃材料。

7）电梯轿厢内部应设置专用消防对讲电话。

10.1.6 耐火构造设计

耐火构造设计应依据相关规范，确定建筑的耐火等级、燃烧性能、耐火极限；结合结构方案选取相应材料和构造做法，确保主体结构的耐火能力，确保隔墙、吊顶、门窗等其他构件以及内外装修的耐火能力，避免火灾发生并阻止火灾蔓延，为建筑防火安全提供保障。

民用建筑的耐火等级的要求见表 10-16。

表 10-16　民用建筑的耐火等级的要求

民用建筑分类		耐火等级
高层建筑	一类高层	一级
	二类高层	≥二级
	裙房	≥二级
	地下室、地下汽车库	一级
单、多层民用建筑	重要公共建筑	≥二级
	（半）地下建筑（室）	一级

1. 主体结构的耐火性能

（1）钢筋混凝土结构

承重墙、柱：耐火能力大小由断面尺寸决定。

承重梁、板：耐火极限主要取决于保护层的厚度，可用抹灰加厚保护层或以防火涂料涂覆保护。

预应力梁 / 板：受力好、耐火差、高温变形快；非预应力梁 / 板：受力差、耐火好；整体现浇楼板：受力好、耐火好，保护层 15~20mm 可达一级耐火等级。

（2）钢结构　钢材在火灾高温作用下，其力学性能会随温度升高而降低。钢结构通常在 550℃左右就会发生较大的形变而失去承载能力。无保护层的钢结构的耐火极限仅为 0.25h。

提高钢结构耐火极限的方法包括混凝土或砖的包覆，或采用钢挂网抹灰；喷涂石棉、蛭石、膨胀珍珠岩等灰浆；喷涂防火涂料；采用空心柱充液方式，柱内盛满防冻、防腐溶液循环流动，火灾时带走热量以保持耐火稳定性。

不同耐火等级建筑相应构件的燃烧性能和耐火极限可参照有关规定。

2. 防火墙

防火墙是防止火灾蔓延至相邻建筑或相邻水平防火分区且耐火极限不低于 3.00h 的不燃性墙体。防火墙是分隔水平防火分区或防止建筑间火灾蔓延的重要分隔构件，对于减少火灾损失具有重要作用，能在火灾初期和灭火过程中，将火灾有效地控制在一定空间内，阻断火灾在防火墙一侧蔓延到另一侧。防火墙的设置应满足下列要求：

防火墙应直接设置在建筑的基础或框架、梁等承重结构上，框架、梁等承重结构的耐火极限不应低于防火墙的耐火极限。防火墙应从楼地面基层隔断至梁、楼板或屋面板的底面基层（图 10-24）。

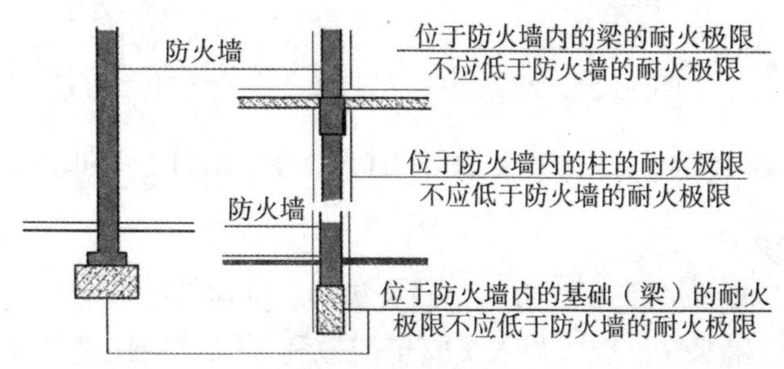

图 10-24　防火墙的设置

当高层厂房（仓库）屋顶承重结构和屋面板的耐火极限低于 1.00h，其他建筑屋顶承重结构和屋面板的耐火极限低于 0.50h 时，防火墙应高出屋面 0.5m 以上。

防火墙横截面中心线水平距离天窗端面小于 4.0m，且天窗端面为可燃性墙体时，应采取防止火势蔓延的措施。

建筑外墙为难燃性或可燃性墙体时，防火墙应凸出墙的外表面 0.4m 以上，且防火墙两侧的外墙均应为宽度均不小于 2.0m 的不燃性墙体，其耐火极限不应低于外墙的耐火极限。

建筑外墙为不燃性墙体时，防火墙可不凸出墙的外表面，紧靠防火墙两侧的门、窗、洞口之间最近边缘的水平距离不应小于 2.0m；采取设置乙级防火窗等防止火灾水平蔓延的措施时，该距离不限（图 10-25）。

建筑内的防火墙不宜设置在转角处，确需设置时，内转角两侧墙上的门、窗、洞口之间最近边缘的水平距离不应小于 4.0m；采取设置乙级防火窗等防止火灾水平蔓延的措施时，该距离不限（图 10-26）。

防火墙上不应开设门、窗、洞口，确需开设时，应设置不可开启或火灾时能自动关闭的甲级防火门、窗。

可燃气体和甲、乙、丙类液体的管道严禁穿过防火墙。防火墙内不应设置排气道。

防火墙的构造应能在防火墙任意一侧的屋架、梁、楼板等受到火灾的影响而破坏时，不会导致防火墙倒塌。

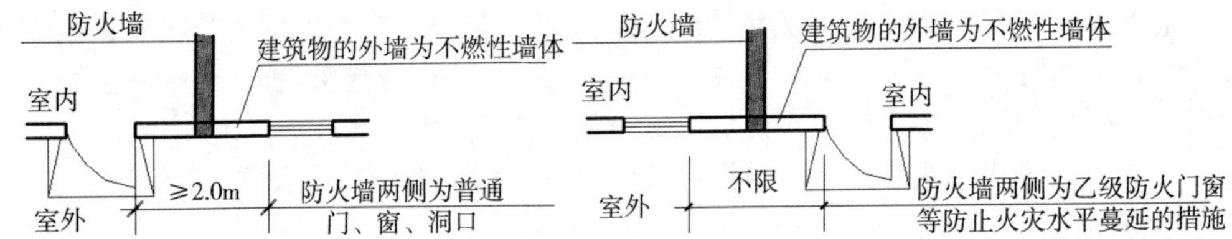

图 10-25　外墙为不燃烧性墙体时，防火墙不凸出墙外表面的规定

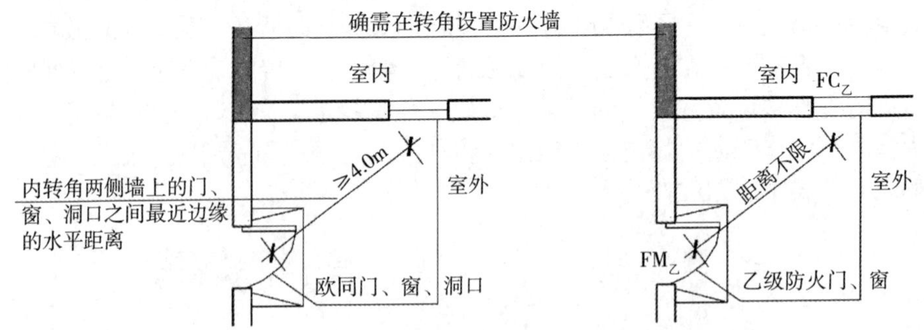

图 10-26　防火墙布置在转角处时门、窗、洞口之间的距离

3. 防火门、窗

（1）防火门　防火门是指具有一定耐火极限，且在发生火灾时能自行关闭的门。其作用是阻止火势和烟气扩散，为人员安全疏散和灭火救援提供条件。其次，防火门又具有交通、通风、采光等功能。防火门按材质有木质、钢质、钢木质和其他材质防火门；按门扇结构有带亮子、不带亮子；单扇、多扇。

建筑防火设计中所讲的防火门主要是按耐火性能划分，表 10-17 为防火门按耐火性能的分类及代号。

表 10-17　防火门按耐火性能的分类及代号

<table>
<tr><th>名称</th><th colspan="2">耐火性能</th><th>代号</th></tr>
<tr><td rowspan="5">隔热防火门
（A 类）</td><td colspan="2">耐火隔热性≥ 0.50h，耐火完整性≥ 0.50h</td><td>A0.50（丙级）</td></tr>
<tr><td colspan="2">耐火隔热性≥ 1.00h，耐火完整性≥ 1.00h</td><td>A1.00（乙级）</td></tr>
<tr><td colspan="2">耐火隔热性≥ 1.50h，耐火完整性≥ 1.50h</td><td>A1.50（甲级）</td></tr>
<tr><td colspan="2">耐火隔热性≥ 2.00h，耐火完整性≥ 2.00h</td><td>A2.00</td></tr>
<tr><td colspan="2">耐火隔热性≥ 3.00h，耐火完整性≥ 3.00h</td><td>A3.00</td></tr>
<tr><td rowspan="4">部分隔热防火门
（B 类）</td><td rowspan="4">耐火隔热性≥ 0.50h</td><td>耐火完整性≥ 1.00h</td><td>B1.00</td></tr>
<tr><td>耐火完整性≥ 1.50h</td><td>B1.50</td></tr>
<tr><td>耐火完整性≥ 2.00h</td><td>B2.00</td></tr>
<tr><td>耐火完整性≥ 3.00h</td><td>B3.00</td></tr>
<tr><td rowspan="4">非隔热防火门
（C 类）</td><td colspan="2">耐火完整性≥ 1.00h</td><td>C1.00</td></tr>
<tr><td colspan="2">耐火完整性≥ 1.50h</td><td>C1.50</td></tr>
<tr><td colspan="2">耐火完整性≥ 2.00h</td><td>C2.00</td></tr>
<tr><td colspan="2">耐火完整性≥ 3.00h</td><td>C3.00</td></tr>
</table>

防火门（窗）按耐火极限可分为甲级、乙级和丙级防火门（窗），耐火极限应分别≥ 1.50h、1.00h 和 0.50h。

甲级、乙级和丙级防火门（窗）的一般适用部位：

1）甲级：防火分区、设备用房、中庭四周。

2）乙级：疏散门、开向前室的户门、划分重要空间的防火隔墙上的门窗。

3）丙级：竖向井道壁及检查门。

防火门的设置应符合下列规定：

1）设置在建筑内经常有人通行处的防火门宜采用常开防火门。常开防火门应能在火灾时自行关闭，并应具有信号反馈的功能。

2）除允许设置常开防火门的位置外，其他位置的防火门均应采用常闭防火门。常闭防火门应在其明显位置设置“保持防火门关闭”等提示标识。

3）除管井检修门和住宅的户门外，防火门应具有自行关闭功能。双扇防火门应具有按顺序自行关闭的功能。

4）防火门应能在其内外两侧手动开启。

5）设置在建筑变形缝附近时，防火门应设置在楼层较多的一侧，并应保证防火门开启时门扇不跨越变形缝（图 10-27）。

6）防火门关闭后应具有防烟性能。

设置在防火墙、防火隔墙上的防火窗，应采用不可开启的窗扇或具有火灾时能自行关闭的功能。

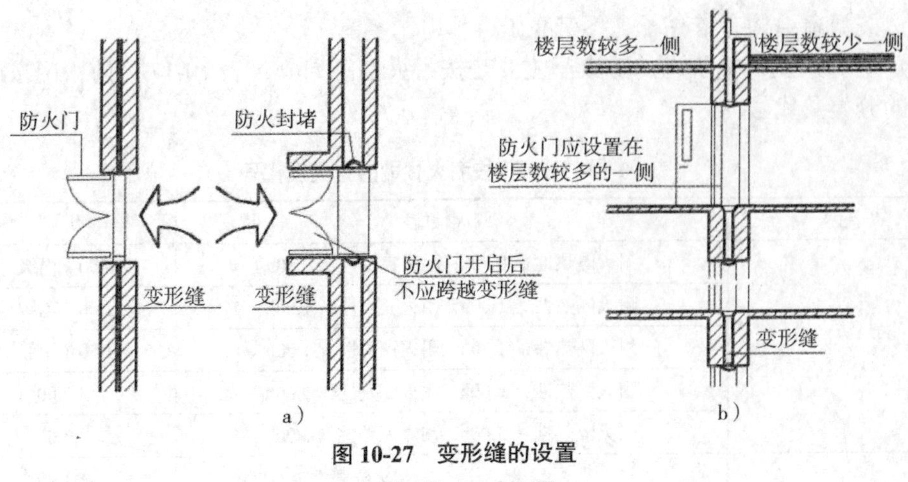

图 10-27　变形缝的设置

a）平面图　b）剖面图

（2）防火窗　防火窗是采用钢窗框、钢窗扇及防火玻璃制成，能起到隔离和阻止火势蔓延的窗。防火窗一般均设置在防火间距不足部位的建筑外墙上的开口处或屋顶天窗部位、建筑内的防火墙或防火隔墙上需要进行观察和监控活动等的开口部位、需要防止火灾竖向蔓延的外墙开口部位。因此，防火窗需要具备在火灾时能自行关闭的功能。否则，就应将防火窗的窗扇设计成不能开启的窗扇，即固定窗扇的防火窗。

为了使防火窗的窗扇能够开启和关闭，防火窗应安装自动和手动开关装置。防火窗的耐火极限与防火门相同。设置在防火墙、防火隔墙上的防火窗，应采用不可开启的窗扇或具有火灾时能自行关闭的功能。

4. 防火卷帘

防火卷帘是在一定时间内，连同框架能满足耐火稳定性和完整性要求的卷帘，由卷帘、卷轴、电动机、导轨、支架、防护罩和控制机构等组成，是一种活动的防火分隔设施，它可以有效地阻止火势从门窗洞口蔓延。

常见的防火卷帘有钢质防火卷帘和无机纤维复合防火卷帘。钢质防火卷帘有轻型和重型，钢板厚度分别为 0.5~0.6mm 和 1.5~1.6mm。复合防火卷帘中的钢质复合防火卷帘由内外双片帘板组成，中间填充防火保护材料。此外，还有非金属材料制作的复合防火卷帘，其主要材料为石棉。防火卷帘规格不一，钢质防火卷帘宽度可达 15m，非金属复合防火卷帘相对较轻，宽度更大。

一般防火卷帘需要设水幕保护，是否在两侧设置水幕保护，应根据防火墙耐火极限的判定条件来确定。当防火卷帘的耐火极限符合耐火完整性和耐火隔热性的判定条件时，可不设置自动喷水灭火系统保护；当防火卷帘的耐火极限仅符合耐火完整性的判定条件时，应设置自动喷水灭火系统。防火卷帘类型的选择是否正确应根据具体设置位置进行判断，一般不宜选用侧式防火卷帘。若防火卷帘需要与火灾自动报警系统联动时，还须同时检查防火卷帘的两侧是否安装手动控制按钮、火灾探测器组及其警报装置。

（1）防火卷帘的设置部位　防火卷帘主要用于需要进行防火分隔的墙体，特别是防火墙、防火隔墙上因使用需要开设较大开口而又无法设置防火门时的防火分隔，如商场的营业厅、自动扶梯周围、与中庭相连通的过厅和通道等。

（2）防火卷帘的设置要求　防火分隔部位设置防火卷帘时，除中庭外，当防火分隔部位的宽度不大于 30m 时，防火卷帘的宽度不应大于 10m；当防火分隔部位的宽度大于 30m 时，防火卷帘的宽度不应大于该部位宽度的 1/3，且不应大于 20m（图 10-28）。

防火卷帘应具有火灾时自动关闭功能。防火卷帘应具有防烟性能，与楼板梁、墙、柱之间的空隙应采用防火封堵材料封堵。需在火灾时自动降落的防火卷帘，应具有信号反馈的功能。

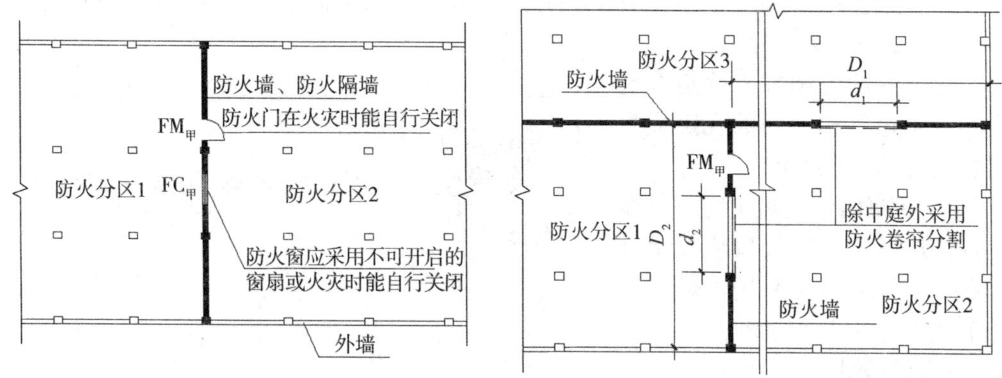

图 10-28　防火卷帘的设置

图中，D 为某一防火分隔区域与相邻防火分隔区域两两之间需要进行分隔的部位的总宽度。d 为防火卷帘的宽度：当 D_1（D_2）$\leqslant$ 30m 时，d_1（d_2）$\leqslant$ 10m；当 D_1（D_2）$>$ 30m 时，d_1（d_2）$\leqslant 1/3D_1$（D_2），且 d_1（d_2）$\leqslant$ 20m。

建筑内下列部位应采用耐火极限 ≥ 2.00h 的防火隔墙与其他部位分隔，墙上的门窗应采用乙级防火门、窗，确有困难时可采用防火卷帘：

1）民用建筑内的附属库房，剧场后台的辅助用房。

2）除居住建筑中套内厨房外，宿舍、公寓建筑中的公共厨房和其他建筑中的厨房。

3）附设在住宅建筑中的机动车库。

5. 防火隔墙

防火隔墙是建筑内防止火灾蔓延至相邻区域且耐火极限不低于规定要求的不燃性墙体。建筑内的防火隔墙应从楼地面基层隔断至梁、楼板或屋面板的底面基层。住宅分户墙和单元之间的墙应隔断至梁、楼板或屋面板的底面基层。

防火隔墙主要有三类。一是火灾危险性大的房间与其他部位之间的分隔，比如民用建筑中的附属库房和附设在住宅建筑内的机动车库等；二是性质重要的场所与其他部位之间的分隔，如锅炉房和柴油发电机房等，附设在建筑内的消防控制室、灭火设备室、变配电室等；三是用于疏散和避难的空间的防火保护，如楼梯间、疏散走道、避难走道等周围的墙体。

对于防火隔墙的耐火极限，一般是按照二级耐火等级建筑的楼梯间与其他部分分隔的墙体的耐火极限为基础确定的，即 2.0h；有些火灾危险性高的，会提高到 2.5h 或 3h；有些火灾危险性低的，会适当降低到 1.0h，如疏散走道、设置在丁、戊类厂房内的通风机房等。

6. 电梯井 / 管道井

建筑内的电梯井等竖井应符合下列规定：

1）电梯井应独立设置，井内严禁敷设可燃气体和甲、乙、丙类液体管道，不应敷设与电梯无关的电缆、电线等。电梯井的井壁除设置电梯门、安全逃生门和通气孔洞外，不应设置其他开口。

2）电缆井、管道井、排烟道、排气道、垃圾道等竖向井道，应分别独立设置。井壁的耐火极限不应低于 1.00h，井壁上的检查门应采用丙级防火门。

3）建筑内的电缆井、管道井应在每层楼板处采用不低于楼板耐火极限的不燃材料或防火封堵材料封堵。

建筑内的电缆井、管道井与房间、走道等相连通的孔隙应采用防火封堵材料封堵。

各类建筑竖井的防火分隔的要求

4）建筑内的垃圾道宜靠外墙设置，垃圾道的排气口应直接开向室外，垃圾斗应采用不燃材料制作，并应能自行关闭。

7. 建筑幕墙

建筑外墙上、下层开口之间应设置高度不小于 1.2m 的实体墙或挑出宽度不小于 1.0m、长度不小于开口宽度的防火挑檐；当室内设置自动喷水灭火系统时，上、下层开口之间的实体墙高度不应小于 0.8m。当上、下层开口之间设置实体墙确有困难时，可设置防火玻璃墙，但高层建筑的防火玻璃墙的耐火完整性不应低于 1.00h，多层建筑的防火玻璃墙的耐火完整性不应低于 0.50h。外窗的耐火完整性不应低于防火玻璃墙的耐火完整性要求。

住宅建筑外墙上相邻户开口之间的墙体宽度不应小于 1.0m；小于 1.0m 时，应在开口之间设置凸出外墙不小于 0.6m 的隔板（图 10-29）。

幕墙与每层楼板、隔墙处的缝隙应采用防火封堵材料封堵（图 10-30、图 10-31）。

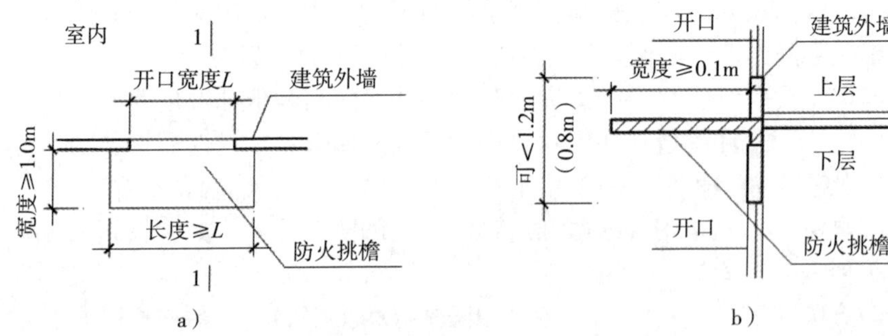

图 10-29　幕墙的防火分隔措施

a）平面示意图　b）1-1 剖面图

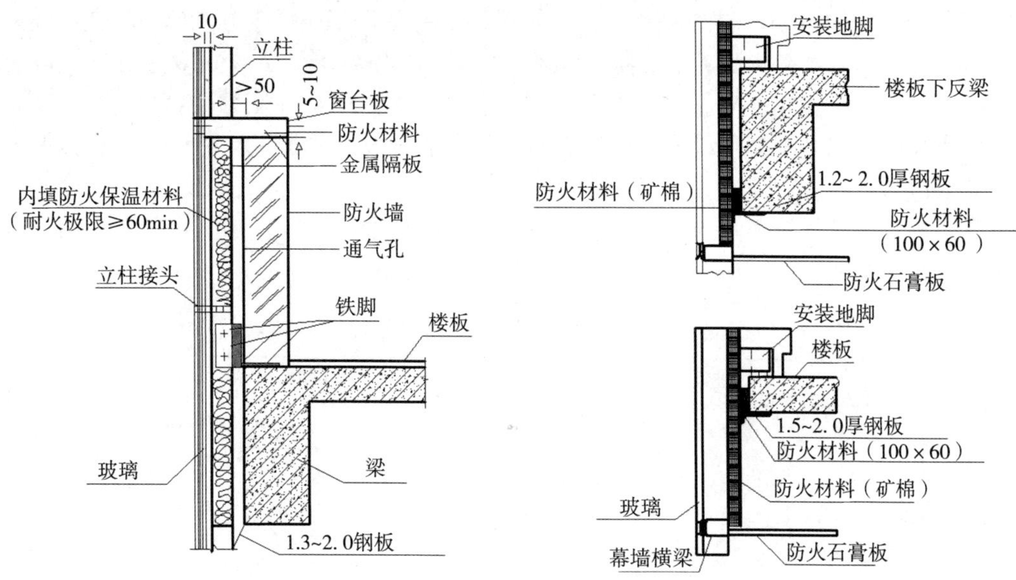

图 10-30　幕墙的防火构造

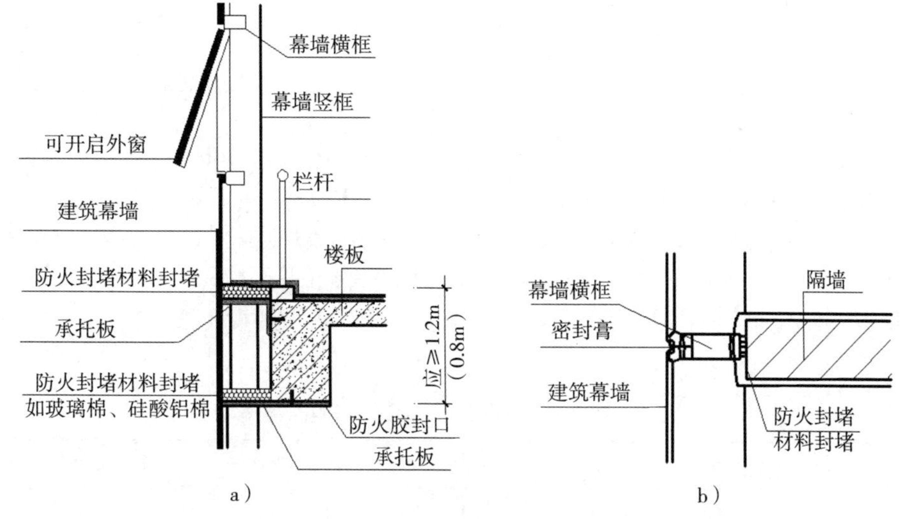

注：当室内设置自动喷水灭火系统时，上下层开口之间的墙体高度执行括号内的数字。

图 10-31　幕墙每层楼板外沿处的防火构造

a）剖面示意图　b）平面示意图

8. 保温系统的防火要求

建筑的内、外保温系统，宜采用燃烧性能为 A 级的保温材料，不宜采用 B2 级保温材料，严禁采用 B3 级保温材料；保温系统的基层墙体或屋面板的耐火极限应符合规范的有关规定。

当建筑的外墙外保温系统采用燃烧性能为 B1、B2 级的保温材料时，除采用 B1 级保温材料且建筑高度不大于 24m 的公共建筑或采用 B1 级保温材料且建筑高度不大于 27m 的住宅建筑外，建筑外墙上门、窗的耐火完整性不应低于 0.50h。应在保温系统中每层设置水平防火隔离带。防火隔离带应采用燃烧性能为 A 级的材料，防火隔离带的高度不应小于 300mm。外墙外保温系统保温材料的燃烧性能见表 10-18。

建筑的外墙外保温系统应采用不燃材料在其表面设置防护层，防护层应将保温材料完全包覆。

建筑外墙外保温系统与基层墙体、装饰层之间的空腔，应在每层楼板处采用防火封堵材料封堵。

表 10-18　外墙外保温系统保温材料的燃烧性能

<table>
<tr><th colspan="2">场所</th><th>建筑高度 /m</th><th>燃烧性能</th></tr>
<tr><td rowspan="6">与基层墙体、装饰层之间无空腔的建筑外墙外保温系统</td><td rowspan="3">住宅建筑</td><td>$H > 100$</td><td>A</td></tr>
<tr><td>$100 \geqslant H > 27$</td><td>≥ B1</td></tr>
<tr><td>$H \leqslant 27$</td><td>≥ B2</td></tr>
<tr><td rowspan="3">除住宅和人员密集场所外的其他建筑</td><td>$H > 50$</td><td>A</td></tr>
<tr><td>$50 \geqslant H > 24$</td><td>≥ B1</td></tr>
<tr><td>$H \leqslant 24$</td><td>≥ B2</td></tr>
<tr><td colspan="2" rowspan="2">除人员密集场所的建筑外，与基层墙体、装饰层之间有空腔的建筑外墙外保温系统</td><td>$H > 24$</td><td>A</td></tr>
<tr><td>$H \leqslant 24$</td><td>≥ B1</td></tr>
</table>

建筑的屋面外保温系统，当屋面板的耐火极限不低于 1.00h 时，保温材料的燃烧性能不应低于 B2 级；当屋面板的耐火极限低于 1.00h 时，不应低于 B1 级。

当建筑的屋面和外墙外保温系统均采用 B1、B2 级保温材料时，屋面与外墙之间应采用宽度不小于 500mm 的不燃材料设置防火隔离带进行分隔。

保温系统应采用不燃材料做防护层。保温系统防护层厚度见表 10-19。

表 10-19　保温系统防护层厚度

<table>
<tr><th colspan="3">保温层类型和部位</th><th>保温材料燃烧性能</th><th>防护层厚度 /mm</th></tr>
<tr><td colspan="3">内保温</td><td>B1</td><td>≥ 10</td></tr>
<tr><td rowspan="3">外保温</td><td rowspan="2">外墙</td><td>首层防护层</td><td>B1、B2</td><td>≥ 15</td></tr>
<tr><td>其他层防护层</td><td>B1、B2</td><td>≥ 5</td></tr>
<tr><td colspan="2">屋面</td><td>B1、B2</td><td>≥ 10</td></tr>
</table>

建筑外墙的装饰层应采用燃烧性能为 A 级的材料，但建筑高度不大于 50m 时，可采用 B1 级材料。

9. 防排烟设施

防烟分区是在建筑内部采用挡烟设施分隔而成，能在一定时间内防止火灾烟气向同一防火分区的其余部分蔓延的局部空间。划分防烟分区的构件主要有挡烟垂壁、隔墙、防火卷帘、建筑横梁等。

划分防烟分区的目的是为了在火灾时，将烟气控制在一定范围内；也是为了提高排烟口的排烟效果。防烟分区一般应结合建筑内部的功能分区和排烟系统的设计及要求进行划分，不设排烟设施的部位（包括地下室）可不划分防烟分区。

建筑的下列场所或部位应设置防烟设施：防烟楼梯间及其前室；消防电梯间前室或合用前室；避难走道的前室、避难层（间）。

建筑高度不大于 50m 的公共建筑、厂房、仓库和建筑高度不大于 100m 的住宅建筑，当其防烟楼梯间的前室或合用前室符合下列条件之一时，楼梯间可不设置防烟系统：前室或合用前室采用敞开的阳台、凹廊；前室或合用前室具有不同朝向的可开启外窗，且可开启外窗的面积满足自然排烟口的面积要求。

民用建筑的下列场所或部位应设置排烟设施：设置在一、二、三层且房间建筑面积大于 $100m^2$ 的歌舞娱乐放映游艺场所，设置在四层及以上楼层、地下或半地下的歌舞娱乐放映游艺场所；中庭；公共建筑内建筑面积大于 $100m^2$ 且经常有人停留的地上房间；公共建筑内建筑面积大于 $300m^2$ 且可燃物较多的地上房间；建筑内长度大于 20m 的疏散走道。

地下或半地下建筑（室）、地上建筑内的无窗房间，当总建筑面积大于 $200m^2$ 或一个房间建筑面积大于 $50m^2$，且经常有人停留或可燃物较多时，应设置排烟设施。

10.2　建筑防震

10.2.1　概述

1. 地震的类型

（1）构造地震　地球运动过程中的能量使地壳和地幔上部的岩层产生很大应力，日积月累，当地应力超过某处岩层极限强度时，岩层破坏，断层错动，引起地面振动。该地震影响面大，破坏性大。

（2）火山地震　由于火山爆发引起的地面振动。该地震影响面和破坏性相对较少。

（3）陷落地震　由于地表或底下岩层突然陷落和崩塌时（如石灰岩地区地下溶洞的塌陷、或者古旧矿坑的塌陷），引起地面的振动。该地震影响面和破坏性较少。

2. 震级

我国地处世界两大地震带——环太平洋地震带和地中海南亚地震带之间，地震活动频繁，是个多地震的国家。

一般将地壳岩层发生突然断裂、错动的地方称为震源，它在地面的垂点投影称为震中，在震中周围人们能感受到地面层感的区域称为震区。地震越大，震区就越大。

一次地震能量的大小称为震级，国际上通用的是里氏震级，震级相差一级，地震波的能量将相差 32 倍。

一般＜ 2 级的称为微震；2~4 级为有感地震；5~7 级为破坏性地震；7~8 级称为强烈地震或大地震；＞ 8 级为特大地震。

3. 烈度

地震烈度是指某一地区地面和房屋建筑遭受到地震影响的强弱程度，是衡量地震引起后果的一种标度。一次地震只能有唯一的震级，但不同的地区则有不同的烈度。通常情况下，震中距越小，地面破坏和建筑物破坏程度越厉害，震中距越大，破坏越轻。

地震烈度分12级，1~5度，建筑物基本无损坏；6度，建筑物有少量损坏；7~9度时，建筑大都损坏或破坏；10度和10度以上属于毁灭性地震烈度，房屋建筑普遍毁坏，通常不在建筑抗震设计范围以内。

（1）基本烈度 地震基本烈度是某地区今后一定时期内，在一般场地条件下可能遭受的最大烈度。

（2）抗震设防烈度 按国家规定的权限批准作为一个地区抗震设防依据的地震烈度。一般情况，取50年内超越概率10%的地震烈度。抗震设防烈度为6度及以上地区的建筑，必须进行抗震设计。

4. 建筑工程的地震破坏与灾害

建筑工程的地震破坏原因与灾害情况见表10-20。

表10-20 建筑工程的地震破坏与灾害情况

破坏类型	破坏原因	破坏或灾害情况
1）主要承重结构破坏	主要承重结构强度不足，如承重墙体强度不足，使墙体产生交叉裂缝而破坏；钢筋混凝土柱被剪断压酥等	结构破坏，严重时可导致建筑物倒塌
2）结构丧失整体性	建筑结构部分构件或局部节点强度不足，延性不好或锚固连接太差，使结构丧失稳定性而破坏	结构破坏，并可导致建筑物倒塌
3）地基失陷	地震使地基承载力下降以致丧失，如地基中饱和砂土等的液化等	建筑物倾斜或倒塌
4）次生灾害	由于建筑物的破坏，引起火灾、水灾、污染等次生灾害	次生灾害严重

10.2.2 建筑抗震设防分类标准

1. 建筑抗震设防类别

抗震设防区的所有建筑工程应确定其抗震设防类别。建筑工程分为四个抗震设防类别，各设防类别建筑的设防标准不同（表10-21）。

表10-21 抗震设防类别及抗震设防标准

	抗震设防类别	抗震设防标准
1	特殊设防类：是指使用上有特殊设施，涉及国家公共安全的重大建筑工程和地震时可能发生严重次生灾害等特别重大灾害后果，需要进行特殊设防的建筑，简称甲类	应按高于本地区抗震设防烈度提高一度的要求加强其抗震措施；但抗震设防烈度为9度时应按比9度更高的要求采取抗震措施。同时，应按批准的地震安全性评价的结果且高于本地区抗震设防烈度的要求确定其地震作用

（续）

	抗震设防类别	抗震设防标准
2	重点设防类：是指地震时使用功能不能中断或需尽快恢复的生命线相关建筑，以及地震时可能导致大量人员伤亡等重大灾害后果，需要提高设防标准的建筑，简称乙类	应按高于本地区抗震设防烈度一度的要求加强其抗震措施；但抗震设防烈度为 9 度时应按比 9 度更高的要求采取抗震措施；地基基础的抗震措施，应符合有关规定。同时，应按本地区抗震设防烈度确定其地震作用
3	标准设防类：是指大量的除 1、2、4 款以外按标准要求进行设防的建筑，简称丙类	应按本地区抗震设防烈度确定其抗震措施和地震作用，达到在遭遇高于当地抗震设防烈度的预估罕遇地震影响时不致倒塌或发生危及生命安全的严重破坏的抗震设防目标
4	适度设防类：是指使用上人员稀少且震损不致产生次生灾害，允许在一定条件下适度降低要求的建筑，简称丁类	允许比本地区抗震设防烈度的要求适当降低其抗震措施，但抗震设防烈度为 6 度时不应降低。一般情况下，仍应按本地区抗震设防烈度确定其地震作用

2. 抗震设防目标

建筑的抗震设防目标是：“小震不坏、中震可修、大震不倒”。

结构选型要求
隔震与消能减震

当遭受低于本地区抗震设防烈度的多遇地震影响时，主体结构不受损坏或不需修理可继续使用；当遭受相当于本地区抗震设防烈度的设防地震影响时，可能发生损坏，但经一般性修理仍可继续使用；当遭受高于本地区抗震设防烈度的罕遇地震影响时，不致倒塌或发生危及生命的严重破坏。使用功能或其他方面有专门要求的建筑，当采用抗震性能化设计时，具有更具体或更高的抗震设防目标。

10.3　建筑防雷

雷电的破坏作用主要是雷电流引起的。它的危害基本上可分为三种类型：一是直击雷的作用，即雷电直接击在建筑物或设备上发生的强加热效应作用和电动力作用；二是雷电的二次作用，通常称为间接雷害，即雷电流产生的静电感应作用和电磁感应作用；三是雷电对架空线路或金属管道的作用，所产生的雷电波可能沿着这些金属导体、管路，特别是沿天线或架空电线将高电位引入室内而造成反击。

建筑防雷设计的目的是为避免雷击对建筑物造成破坏而设置外部防雷装置。外部防雷装置主要由接闪器、引下线和接地装置三部分组成。其防雷原理是通过金属制成的接闪器将雷电吸引到自身并安全导向大地，从而使建筑物免受雷击，防止或减少雷击建筑物所发生的人身伤亡及物品与财产的损失。

1. 建筑物防雷的分级

按照建筑物的重要性、使用性质、发生雷电事故的可能性以及后果，将建筑物的防雷分为三个等级。

（1）在可能发生对地闪击的地区，遇下列情况之一时，应划为第一类防雷建筑物

1）凡制造、使用或储存火炸药及其制品的危险建筑物，因电火花而引起爆炸、

爆轰，会造成巨大破坏和人身伤亡者。

2）具有 0 区或 20 区爆炸危险场所的建筑物。

3）具有 1 区或 21 区爆炸危险场所的建筑物，因电火花而引起爆炸，会造成巨大破坏和人身伤亡者。

（2）在可能发生对地闪击的地区，遇下列情况之一时，应划为第二类防雷建筑物

1）国家级重点文物保护的建筑物。

2）国家级的会堂、办公建筑物、大型展览和博览建筑物、大型火车站和飞机场、国宾馆、国家级档案馆、大型城市的重要给水泵房等特别重要的建筑物。

注：飞机场不含停放飞机的露天场所和跑道。

3）国家级计算中心、国际通信枢纽等对国民经济有重要意义的建筑物。

4）国家特级和甲级大型体育馆。

5）制造、使用或储存火炸药及其制品的危险建筑物，且电火花不易引起爆炸或不致造成巨大破坏和人身伤亡者。

6）具有 1 区或 21 区爆炸危险场所的建筑物，且电火花不易引起爆炸或不致造成巨大破坏和人身伤亡者。

7）具有 2 区或 22 区爆炸危险场所的建筑物。

8）有爆炸危险的露天钢质封闭气罐。

9）预计雷击次数大于 0.05 次 /a 的部、省级办公建筑物和其他重要或人员密集的公共建筑物以及火灾危险场所。

10）预计雷击次数大于 0.25 次 /a 的住宅、办公楼等一般性民用建筑物或一般性工业建筑物。

（3）在可能发生对地闪击的地区，遇下列情况之一时，应划为第三类防雷建筑物

1）省级重点文物保护的建筑物及省级档案馆。

2）预计雷击次数大于或等于 0.01 次 /a，且小于或等于 0.05 次 /a 的部、省级办公建筑物和其他重要或人员密集的公共建筑物，以及火灾危险场所。

3）预计雷击次数大于或等于 0.05 次 /a，且小于或等于 0.25 次 /a 的住宅、办公楼等一般性民用建筑物或一般性工业建筑物。

2. 建筑物易受雷击部位

对于单一建筑物，易遭受雷击部位见表 10-22。

表 10-22　建筑物易受雷击部位

建筑物屋面的坡度	易受雷击部位	示意图
平屋顶或坡度不大于 1/10 的屋面	檐角、女儿墙、屋檐	平屋顶　坡度不大于1/10
坡度大于 1/10，小于 1/2 的屋面	屋角、屋脊、檐角、屋檐	坡度大于1/10，小于1/2

（续）

建筑物屋面的坡度	易受雷击部位	示意图
坡度大于或等于 1/2 的屋面	屋角、屋脊、檐角	坡度不小于1/2

注：1. 屋面坡度用 a/b 表示，a 表示屋脊高出屋檐的距离（m）；b 表示房屋坡面的宽度（m）。
2. 在示意图中，——表示易受雷击部位；------- 表示不易受雷击的屋脊或屋檐；○表示雷击率最高部位。

3. 建筑物的防雷措施

各类防雷建筑物应设防直击雷的外部防雷装置，并应采取防闪电电涌侵入的措施。第一类防雷建筑物和第二类防雷建筑物，尚应采取防闪电感应的措施。

各类防雷建筑物应设内部防雷装置，并应符合规定：在建筑物的地下室或地面层处，建筑物金属体、金属装置、建筑物内系统、进出建筑物的金属管线应与防雷装置做防雷等电位连接；外部防雷装置与建筑物金属体、金属装置、建筑物内系统之间，尚应满足间隔距离的要求。

第二类防雷建筑物尚应采取防雷击电磁脉冲的措施。其他各类防雷建筑物，当其建筑物内系统所接设备的重要性高，以及所处雷击磁场环境和加于设备的闪电电涌无法满足要求时，也应采取防雷击电磁脉冲的措施。

4. 防雷装置

防雷装置用于减少闪击击于建（构）筑物上或建（构）筑物附近造成的物质性损害和人身伤亡，由外部防雷装置和内部防雷装置组成。

外部防雷装置由接闪器、引下线和接地装置组成。

内部防雷装置由防雷等电位连接和与外部防雷装置的间隔距离组成。

10.4　建筑防爆

爆炸具有破坏性和杀伤性，一般分为化学性和物理性两种类型，煤气发生炉爆炸属于化学性爆炸，锅炉爆炸属于物理性爆炸。就发生爆炸的位置而言，又分为内爆炸和外爆炸。在建筑物内部爆炸的称为内爆炸，发生在建筑物外部的称为外爆炸。

防爆设计的一般要求（避免爆炸）

建筑物的防爆主要指的是防内爆，为防止发生爆炸或减轻爆炸后造成的损失，所进行的设计称为防爆设计。

1）有爆炸危险的甲、乙类厂房宜独立设置，并宜采用敞开或半敞开式。其承重结构宜采用钢筋混凝土或钢框架、排架结构。

有爆炸危险的厂房或厂房内有爆炸危险的部位应设置泄压设施（表 10-23）。

泄压设施宜采用轻质屋面板、轻质墙体和易于泄压的门、窗等，应采用安全玻璃等在爆炸时不产生尖锐碎片的材料。作为泄压设施的轻质屋面板和墙体的质量不宜大于 $60kg/m^2$。屋顶上的泄压设施应采取防冰雪积聚措施。

表 10-23　常用的几种泄压方式

形 式	简 图	适用范围
屋顶泄压		宜优先采用的泄压方式
开窗泄压	窗	屋顶有设备，利用侧窗作泄压面
轻质墙泄压	轻质墙	屋顶有设备，且侧墙又不能大面积开窗时，可采用轻质墙泄压

2）合理安排泄压面。泄压设施的设置应避开人员密集场所和主要交通道路，并宜靠近有爆炸危险的部位。

3）散发较空气轻的可燃气体、可燃蒸汽的甲类厂房，宜采用轻质屋面板作为泄压面积。顶棚应尽量平整、无死角，厂房上部空间应通风良好。

散发较空气重的可燃气体、可燃蒸汽的甲类厂房和有粉尘、纤维爆炸危险的乙类厂房应符合下列规定：①应采用不发火花的地面。采用绝缘材料做整体面层时，应采取防静电措施。②散发可燃粉尘、纤维的厂房，其内表面应平整、光滑，并易于清扫。③厂房内不宜设置地沟，确需设置时，其盖板应严密，地沟应采取防止可燃气体、可燃蒸汽和粉尘、纤维在地沟积聚的有效措施，且应在与相邻厂房连通处采用防火材料密封。

有爆炸危险的甲、乙类生产部位，宜布置在单层厂房靠外墙的泄压设施或多层厂房顶层靠外墙的泄压设施附近。有爆炸危险的设备宜避开厂房的梁、柱等主要承重构件布置。

有爆炸危险的甲、乙类厂房的总控制室应独立设置，分控制室宜独立设置，当贴邻外墙设置时，应采用耐火极限不低于 3.00h 的防火隔墙与其他部位分隔。

有爆炸危险区域内的楼梯间、室外楼梯或有爆炸危险的区域与相邻区域连通处，应设置门斗等防护措施。门斗的隔墙应为耐火极限不低于 2.00h 的防火隔墙，门应采用甲级防火门并应与楼梯间的门错位设置。

使用和生产甲、乙、丙类液体的厂房，其管、沟不应与相邻厂房的管、沟相通，下水道应设置隔油设施。

甲、乙、丙类液体仓库应设置防止液体流散的设施。遇湿会发生燃烧爆炸的物品仓库应采取防止水浸渍的措施。

有粉尘爆炸危险的筒仓，其顶部盖板应设置必要的泄压设施。

粮食筒仓工作塔和上通廊的泄压面积应按规范的规定计算确定。有粉尘爆炸危险的其他粮食储存设施应采取防爆措施。

10.5　建筑防腐蚀

在工业生产过程中，建筑结构的某些部位经常受到化学介质的作用而逐渐破坏。各种化学介质对材料所产生的破坏作用，通常称为腐蚀。

建筑防腐蚀设计是选择经济适用的材料，合理地进行防腐处理，防止由于腐蚀性介质的作用而影响建筑物、构筑物的耐久性。

1. 腐蚀性等级

腐蚀性介质按其存在形态可分为气态介质、液态介质和固态介质，各种介质应按其性质、含量和环境条件划分类别，生产部位的腐蚀性介质类别，应根据生产条件确定。

在腐蚀性介质长期作用下，根据其对建筑材料劣化的程度，即外观变化、重量变化、强度损失以及腐蚀速度等因素，综合评定腐蚀性等级，并划分为强腐蚀、中腐蚀、弱腐蚀、微腐蚀四个等级。

同一形态的多种介质同时作用于同一部位时，腐蚀性等级应取最高者；同一介质依据不同方法判定的腐蚀性等级不同时，应取最高者。

建筑物和构筑物处于干湿交替环境中的部位应加强防护。微腐蚀环境可按正常环境设计。多种环境介质作用时，防护措施应满足每种介质环境单独作用下的防护能力。

2. 总平面及建筑布置要求

1）总平面布置中，宜减少相邻装置或工厂之间的腐蚀影响。生产过程中大量散发腐蚀性气体或粉尘的生产装置，应布置在厂区全年最小频率风向的上风侧。

2）生产或储存腐蚀性溶液的大型设备，宜布置在室外，并不宜邻近厂房基础。储罐、储槽的周围宜设围堤，酸储罐的周围应设围堤。

3）在有利于减轻腐蚀、防止腐蚀性介质扩散和满足生产及检修要求的前提下，建筑的形式以及设备、门窗的布置应有利于厂房的自然通风。设备、管道与建筑构配件之间的距离应满足防腐蚀工程施工和维修的要求。

4）控制室和配电室不得直接布置在有腐蚀性液态介质作用的楼层下；其出入口不应直接通向产生腐蚀性介质的场所。

5）生产或储存腐蚀性介质的设备宜按介质的性质分类集中布置，且不宜布置在地下室。

6）建筑物或构筑物局部受腐蚀性介质作用时，应采取局部防护措施。

7）输送强腐蚀介质的地下管道应设置在管沟内；管沟与厂房或重要设备的基础的水平净距离，不宜小于 1m。

8）穿越楼面的管道和电缆宜集中设置。不耐腐蚀的管道或电缆，不应埋设在有腐蚀性液态介质作用的底层地面下。

10.6 建筑防辐射

在科研、实验、医疗、生产等设有辐照室的建筑设计中，应针对射线的特点和建筑物布局，在人与辐射源之间设置相应的防护设施，以保护工作人员和公众免受不必要的辐射危害。

1. 防辐射标准

从事辐射工作的人员年剂量当量应小于 50，从事辐射工作的公众成员年剂量当量应小于 1。

2. 防辐射设计原则

1）在设有辐照室的建筑设计中，应按辐射源的最大辐射能力进行防护设计，设计前应明确辐射源的分布与射线的种类。当室内有若干个辐射源时，应将每个源对剂量计算点的辐射量叠加；当辐射源放出不同种类的射线时，应将辐射强度最大、穿透能力最强的射线作为主要防护对象。

2）应根据辐射源的工作状况、人员工作制度来确定剂量当量率的设计允许值。

3）应因地制宜地选择防护材料。防护材料应具有坚固、无毒、无味、尺寸稳定等性能。

4）应注意防护层中的局部薄弱区、孔洞、缝隙、墙壁散射与空气散射等。为弥补计算中各种简化处理所带来的误差，防护设计中通常取 2~5 倍安全系数。

5）在有强辐射源的辐照室内，应设机械排风，去除辐照分解产生的有害气体。

防腐蚀结构类型的选择建筑防护
χ 射线机房设计
γ 辐照室的设计

第 11 章　建筑幕墙

近三十多年，建筑幕墙在我国经历了从无到有的飞速发展时期，如今我国已成为世界建筑幕墙生产和使用大国，市场总量约占世界总量的 60% 以上。运用先进技术推进行业结构调整，促进产品更新、结构优化，我国建筑幕墙缩小了与国际先进水平的差距，跨入了高水平发展阶段。

11.1　概述

11.1.1　建筑幕墙的概念

建筑幕墙是由面板与支承结构体系组成，具有规定的承载能力、变形能力和适应主体结构位移能力，不分担主体结构所受作用的建筑外围护墙体结构或装饰性结构。

建筑幕墙首先是结构，具有承载功能；然后是装饰，具有美观和建筑功能。因此，建筑幕墙具有以下特点：

1）建筑幕墙是完整的结构体系，能够承受施加于其上的作用，并将其传递到主体结构上。

2）建筑幕墙与主体结构采用可动连接，通常是悬挂在主体结构上，当主体结构发生位移时，建筑幕墙有能够适应主体结构位移的能力，或者自身具有一定的变形能力。

3）建筑幕墙不分担主体结构所受的作用。

11.1.2　建筑幕墙的基本术语

（1）层间幕墙　安装在楼板之间或楼板和屋顶之间分层锚固支承的建筑幕墙。

（2）窗式幕墙　安装在楼板之间或楼板和屋顶之间的金属框架支承玻璃幕墙，是层间玻璃幕墙的常用形式。

窗式幕墙与带形窗的区别在于：窗式幕墙是自身构造具有横向连续性的框支承玻璃幕墙；带形窗是自身构造不具有横向连续性的单体窗，通过拼樘构件连接而成的横向组合窗。

（3）斜幕墙　与水平方向夹角大于等于 75° 且小于 90° 的幕墙。

（4）围护型幕墙　分隔室内、外空间，具有外维护墙体结构完整功能的幕墙。

（5）装饰型幕墙　安装于其他墙体上或结构上，按幕墙形式建造的装饰性结构。

（6）透光幕墙　可见光能直接透射入室内的建筑幕墙。

（7）透明幕墙（可透视幕墙）　人眼可直接透视的透光幕墙。

（8）非透明幕墙（不可透视幕墙） 人眼不可直接透视的透光幕墙。

人眼不可直接透视是指人眼不能直接看清楚幕墙另一面后的物体。

（9）非透光幕墙 可见光不能直接透射入室内的幕墙。

（10）光伏幕墙 含有光伏构件并具有太阳能光电转换功能的幕墙。

（11）光热幕墙 含有光热构件并具有太阳能光热转换功能的幕墙。

（12）光伏光热一体化幕墙 含有光伏光热一体化构件，既具有太阳能光电转换功能又具有太阳能光热转换功能的幕墙。

（13）双层幕墙 由外层幕墙、空气间层和内层幕墙构成的建筑幕墙。

（14）固定部分 建筑幕墙中不可进行开启和关闭操作的部分。

（15）可开启部分 建筑幕墙中可进行开启和关闭操作的部分。

（16）消防救援部分 建筑幕墙中可采用消防工具打开或破坏，能够实施救援的部分。

（17）构件 组成建筑幕墙结构体系的基本单元，包括面板、支承装置和支承构件，可以是单件或组合件。

（18）附件 建筑幕墙中用于构件的连接装配、安装固定或某种功能构造（如气密构造、水密构造）的配件和零件。

（19）配件 主要由各种金属材料制造而成，实现建筑幕墙某种功能的部件或组合件。

（20）连接件 用于建筑幕墙构件之间的组装连接、构件与建筑主体结构安装连接的零件或组合件。

11.1.3 建筑幕墙的分类

根据不同的分类方式，建筑幕墙可以分为不同的类型。

1. 按面板材料分类

建筑幕墙按照面板材料不同可分为玻璃幕墙、石材幕墙、金属板幕墙、金属复合板幕墙、双金属复合板幕墙、人造板幕墙和组合（面板）幕墙等。

（1）玻璃幕墙 面板材料为玻璃的幕墙。

（2）石材幕墙 面板材料为天然石材的幕墙，如花岗石幕墙、大理石幕墙、石灰石幕墙和砂岩幕墙等。

（3）金属板幕墙 面板材料为金属板材的幕墙，如铝板幕墙、彩色钢板幕墙、搪瓷钢板幕墙、不锈钢板幕墙、锌合金板墙、钛合金板幕墙、铜合金板幕墙等。

（4）金属复合板幕墙 面板材料（饰面层和或背衬层）为金属板材并与芯层非金属材料（或金属材料）经复合工艺制成的复合板幕墙，如铝塑复合板幕墙、铝蜂窝复合板幕墙、钛锌复合板幕墙、金属保温板幕墙、铝瓦楞复合板幕墙等。

（5）双金属复合板幕墙 面板材料（饰面层和背衬层）为两种不同金属或同种金属但不同属性板材经复合工艺制成的复合板幕墙，如不锈钢双金属复合板幕墙、铜铝双金属复合板幕墙、钛铜双金属复合板幕墙等。

（6）人造板材幕墙 面板材料采用人造材料或天然材料与人造材料复合制成的人造外墙板（不包括玻璃和金属板材）的幕墙，如瓷板幕墙、陶板幕墙、微晶玻璃墙、石材蜂窝板幕墙、木纤维幕墙、玻璃纤维增强水泥板幕墙（GRC 幕墙）、预制混凝土板幕墙（PC 幕墙）等。

（7）组合（面板）幕墙　由不同材料面板（如玻璃、石材、金属、金属复合板、人造板材等）组成的建筑幕墙。

2. 按面板支承形式分类

建筑幕墙按面板支承形式可分为框支承幕墙、肋支承幕墙、点支承玻璃幕墙等。

（1）框支承幕墙　框支承幕墙是指面板由立柱、横梁连接构成的框架支承的幕墙。框支承幕墙可分为构件式幕墙、单元式幕墙、半单元式幕墙等。

1）构件式幕墙。在现场依次安装立柱、横梁和面板的框支承幕墙，如图 11-1 所示。

2）单元式幕墙。由面板与支承框架在工厂制成的不小于一个楼层高度的幕墙结构基本单位，直接安装在主体结构上组合而成的框支承幕墙，如图 11-2 所示。

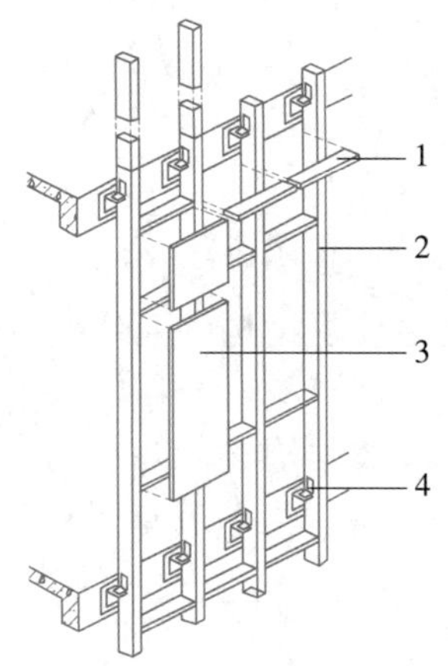

图 11-1　构件式幕墙示意图

1—横梁　2—立柱　3—面板　4—立柱连接件

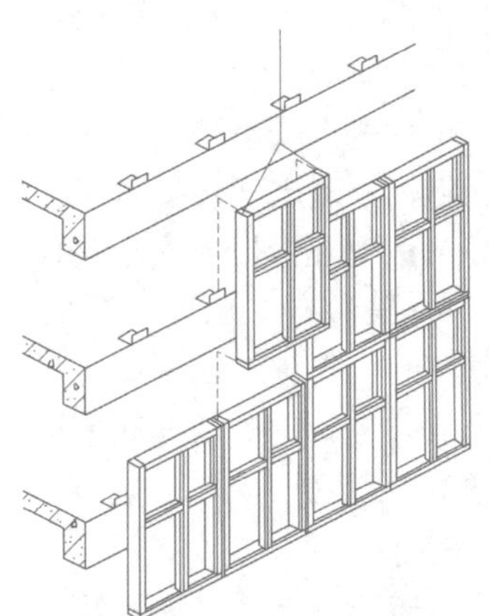

图 11-2　单元式幕墙示意图

3）半单元式幕墙。由小于一个楼层高度的不同幕墙单体板块直接安装组合（图 11-3），或与先行安装在主体结构上的立柱组合而成的建筑幕墙（图 11-4）。

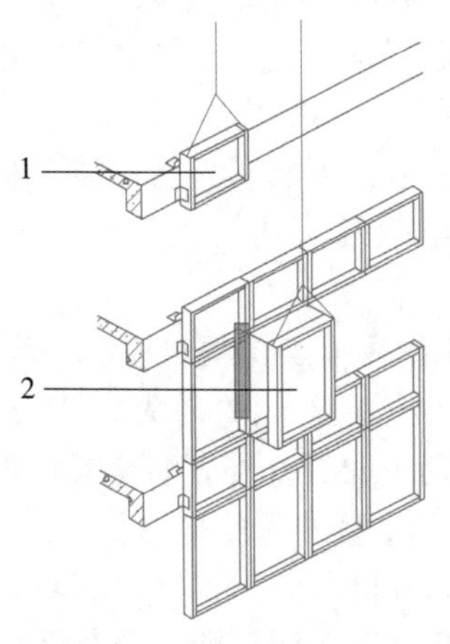

图 11-3　层间板块—视窗板块半单元幕墙示意图

1—层间板块　2—视窗板块

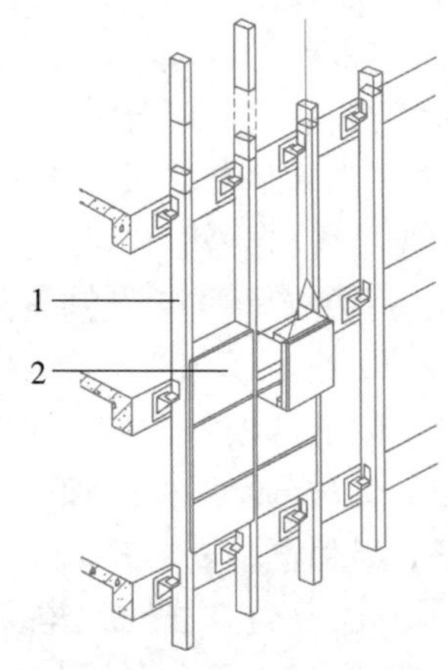

图 11-4　立柱—板块半单元幕墙示意图

1—立柱　2—半单元板块

（2）肋支承幕墙 肋支承幕墙是指面板支承结构为肋板的幕墙。肋支承幕墙可分为玻璃肋支承玻璃幕墙（全玻璃幕墙）、金属肋支承幕墙和木肋支承幕墙。

1）玻璃肋支承玻璃幕墙。也称全玻璃幕墙，肋板及其支承的面板均为玻璃的幕墙。

全玻璃幕墙按照面板支承形式可分为吊挂式全玻璃幕墙和坐地式全玻璃幕墙。

①吊挂式全玻璃幕墙。玻璃面板和肋板的重量全部由吊挂装置承载。

②坐地式全玻璃幕墙。玻璃面板和肋板的重量全部由其玻璃底部的支承装置（镶嵌槽及支承垫块）承载。

2）金属肋支承幕墙。肋板材料为金属的肋支承幕墙。

3）木肋支承幕墙。肋板材料为木质的肋支承幕墙。

（3）点支承玻璃幕墙 点支承玻璃幕墙按支撑结构形式可分为钢结构点支承玻璃幕墙、索结构点支承玻璃幕墙、玻璃肋点支承玻璃幕墙。

1）钢结构点支承玻璃幕墙。采用钢结构支撑的点支承玻璃幕墙。

①单柱式点支承玻璃幕墙。采用型钢或钢管等单柱支撑结构。

②钢桁架点支承玻璃幕墙。采用钢桁架为支撑结构。

③预张拉杆桁架点支承玻璃幕墙。采用预张拉杆桁架为支撑结构。

2）索结构点支承玻璃幕墙。采用由拉索作为主要受力构件而形成的预应力结构体系支撑的点支承玻璃幕墙。

①单向竖索点支承玻璃幕墙。采用单向竖索为支撑结构。

②单层索网点支承玻璃幕墙。采用单层平面索网或单层曲面索网为支撑结构的点支承玻璃幕墙。

③索桁架点支承玻璃幕墙。采用索桁架为支撑结构。

④自平衡索桁架点支承玻璃幕墙。采用预应力索和撑杆组成的自平衡索桁架为支撑结构。

3）玻璃肋点支承玻璃幕墙。采用玻璃肋板为支撑结构的点支承玻璃幕墙。

3. 按面板接缝构造形式分类

建筑幕墙按面板接缝构造形式可分为封闭式幕墙和开放式幕墙。

封闭式幕墙是幕墙板块之间接缝采取密封措施，具有气密性能和水密性能的建筑幕墙。封闭式幕墙又可分为注胶封闭式幕墙和胶条封闭式幕墙。

开放式幕墙是幕墙板块之间接缝不采取密封措施，不具有气密性能和水密性能的建筑幕墙。开放式幕墙又可分为开缝式幕墙和遮挡式板缝幕墙。

4. 按面板支承框架显露程度分类

建筑幕墙按照面板支承框架显露程度可分为明框幕墙、隐框幕墙和半隐框幕墙。

（1）明框幕墙 横向和竖向框架构件显露于面板室外侧的幕墙（图 11-5）。

（2）隐框幕墙 横向和竖向框架构件都不显露于面板室外侧的幕墙（图 11-6）。

（3）半隐框幕墙 横向或竖向框架构件不显露于室外侧的幕墙。

除了上述分类方法外，建筑幕墙按照支撑框架材料可分为铝框架幕墙、钢框架幕墙、木框架幕墙、组合框架幕墙等，按立面形状可分为平面幕墙、折面幕墙、曲面幕墙等，按幕墙的围护层数可分为单层幕墙和双层幕墙等。

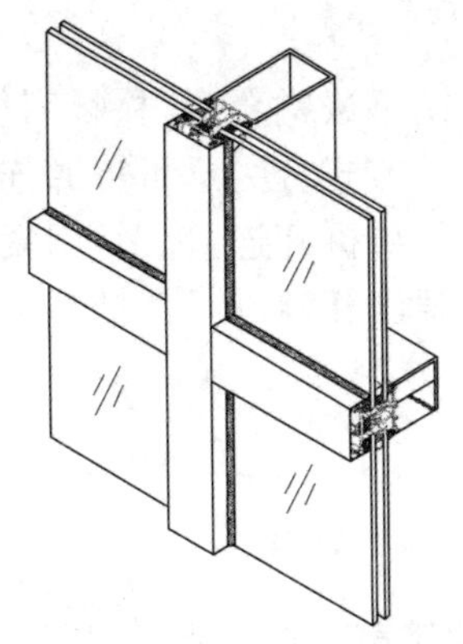
图 11-5　明框幕墙结构示意图

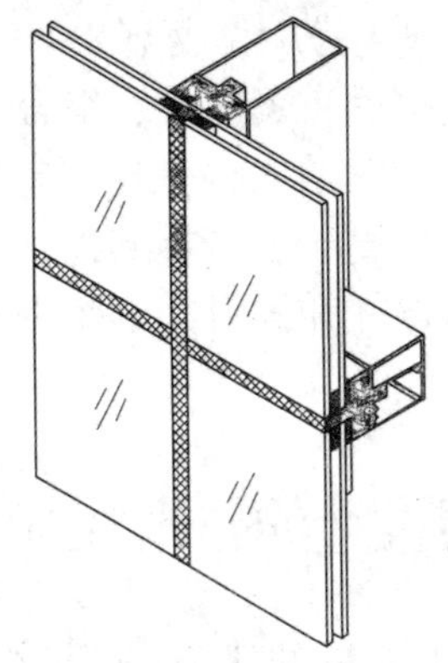
图 11-6　隐框幕墙结构示意图

11.1.4　建筑幕墙的材料

建筑幕墙所用主要材料有铝合金、钢材、玻璃、石材、人造板材和密封材料等。幕墙所用材料应符合相关国家标准的要求。

铝合金是建筑幕墙工程中大量使用的材料，玻璃幕墙支承结构以铝合金建筑型材为主（占 95% 以上），幕墙面板也大量使用单层铝板、铝塑复合板、蜂窝铝板等。

幕墙与建筑物的连接件大部分采用钢材，金属与石材幕墙的支承结构也采用钢材，大型幕墙工程要以钢结构为主骨架，彩色涂层钢板、搪瓷涂层钢板、不锈钢板可以直接做成幕墙的面板。

建筑幕墙常用的玻璃品种有钢化玻璃、夹层玻璃、防火玻璃、低辐射镀膜玻璃（Low-E 玻璃）、阳光控制镀膜玻璃、中空玻璃和真空玻璃等。

天然石材是从天然岩石中开采而得的，经选择和加工成特殊尺寸或形状的天然岩石。天然石材按材质主要分为花岗石、大理石、石灰石、砂岩、板石等，天然石材密度大、强度高、装饰性好、耐久、色泽天然高贵、来源广泛，是广泛采用的石材幕墙面板材料。

随着新型建筑材料的飞速发展，越来越多性能优越、可设计性强的人造板材应用于建筑幕墙中。幕墙常用人造板材包括微晶玻璃、瓷板、陶板、石材蜂窝板、木纤维板和纤维水泥（GRC）板等。

建筑幕墙用密封材料主要有密封胶和密封胶条等。密封材料的选取和使用对幕墙极为关键，应选用有较好的耐候性、抗紫外线和粘结性的密封材料。

密封胶是指以非成型状态嵌入接缝中，通过与接缝表面粘结而密封接缝的材料。建筑幕墙用密封胶主要有硅酮结构密封胶、各类接缝密封胶、中空玻璃一道密封胶、中空玻璃二道密封胶、干挂石材幕墙用环氧树脂胶粘剂等，主要起结构粘结或接缝密封的作用。

密封胶条主要用于建筑幕墙构件，如玻璃与框之间、幕墙单元板块之间的结合部位，能够防止内、外介质（雨水、空气、沙尘等）侵入，防止或减轻由于机械的振动、冲击所造成的影响，达到密封、隔声、隔热和减振等作用。幕墙用密封胶条及其他橡胶制品应采用三元乙丙橡胶（EPDM）、氯丁橡胶（CR）及硅橡胶。密封胶条应为挤出成型，橡胶块应为压膜成型。

幕墙用连接件、紧固件、组合配件宜选用不锈钢或铝合金材料。紧固件把两个及以上的金属或非金属构件连接紧固在一起，连接方式分为不可拆卸连接和可拆卸连接两类。铆接属于不可拆卸连接，螺纹连接属于可拆卸连接。常用紧固件有普通螺栓、螺钉、螺柱和螺母，不锈钢螺栓、螺钉、螺柱和螺母以及抽芯铆钉、自攻螺钉等。

11.2 幕墙设计的技术性能

建筑幕墙是重要的建筑外围护结构，是实现建筑声、光、热环境等物理性能的极其重要的功能性结构。建筑幕墙的性能对建筑功能的实现有着巨大影响，因此，建筑幕墙必须具有采光、通风、防风雨、保温、隔声、抗震、防火、防雷、防盗等性能和功能，才能为人们提供安全舒适的室内居住环境和办公环境。建筑幕墙的性能主要有抗风压性能、水密性能、气密性能、热工性能、空气声隔声性能和光学性能等。建筑幕墙的性能设计应根据建筑物类别、高度、体形、建筑物的功能要求以及建筑物所在地的地理、气候、环境等条件进行。

例如在沿海或经常有台风的地区，幕墙的风压变形性能和雨水渗漏性能必须达到较高的等级；而风沙较大的地区，要求幕墙的风压变形性能和空气渗透性能高；对于严寒冷地区和炎热地区，则分别要求幕墙的保温、隔热性能较高。

1. 幕墙的抗风压性能

幕墙的抗风压性能是指幕墙可开启部分处于关闭状态时，在风压作用下，幕墙变形不超过允许值且不发生结构损坏（如裂纹、面板破损、局部屈服、粘结失效等）及五金件松动、开启困难等功能障碍的能力。

2. 幕墙的水密性能

幕墙的水密性能是指幕墙可开启部分为关闭状态时，在风雨同时作用下，阻止雨水渗漏的能力。

水密性能的优劣直接影响建筑幕墙产品的正常使用，因此，必须合理设计幕墙结构，采取有效的结构防水和密封防水措施，保证水密性能满足设计要求。

对于幕墙结构设计，应做到：明框幕墙的接缝部位、单元玻璃幕墙的组件对插部位以及幕墙开启部位，宜按雨幕原理进行构造设计。对可能渗入雨水和冷凝水的部位采取合理的导排水构造措施，保证导排水系统畅通。幕墙的开启扇部分可设置多道密封，保证开启扇与框的搭接量，在开启扇水平缝隙上方设置披水板。提高幕墙支承结构的刚度，可开启部分采用多点锁紧装置，可有效提高幕墙的密封防水性能。

对于幕墙缝隙的密封，应做到：采用耐久性好并具有良好弹性的密封胶或密封胶条进行玻璃镶嵌密封和开启部分框扇之间的密封，以保证长期的密封效果。密封胶条应保证在四周的连续性，形成封闭的密封结构。幕墙型材构件连接处均会有装配缝隙，所有这些装配缝隙均应采取涂密封胶和采用防水密封垫片等密封防水措施。

除此之外，还要合理地进行幕墙的封顶和封底节点构造设计，有雨篷、压顶及其他凸出幕墙面的建筑构造时，应注意完善其结合部位的防、排水构造设计。

3. 幕墙的气密性能

幕墙的气密性能是指幕墙的可开启部分在关闭状态时，可开启部分以及幕墙整体阻止空气渗透的能力。

幕墙的气密性能会影响其保温性能，所以，幕墙的气密性能设计应符合建筑物所在地区建筑热工与建筑节能设计标准的具体规定。

对于玻璃幕墙，妥善处理好幕墙玻璃镶嵌以及开启扇开启缝隙的密封，是提高幕墙气密性能的重要环节。

①采用耐久性好并具有良好弹性的密封胶或密封胶条进行玻璃镶嵌密封和开启扇框扇之间的密封，以保证良好、长期的密封效果。②应保证密封胶条在四周的连续性，形成封闭的密封结构。③幕墙构件连接部位和五金件装配部位，应采用密封材料进行妥善的密封处理。④幕墙开启扇采用多点锁闭五金系统，增加框扇之间的锁闭点，减少在风荷载或其他外力作用下杆件变形而引起的气密性下降。

4. 幕墙空气声隔声性能

建筑幕墙空气声隔声性能是指幕墙的可开启部分在关闭状态时，阻隔室外声音传入室内的能力。

开放式建筑幕墙的空气声隔声性能应符合设计要求。

对于玻璃幕墙，空气隔声性能主要取决于玻璃的隔声效果。单层玻璃的隔声效果较差，一般采用单层玻璃时幕墙的隔声性能只能达到 29dB 以下。提高玻璃幕墙隔声性能最有效的方法是采用隔声性能良好的中空玻璃或夹层玻璃，对于隔声性能要求高的幕墙，可采用三玻两腔不等距中空玻璃。

幕墙上的孔洞与缝隙对其隔声性能也有影响：孔洞越浅，缝隙越大，隔声性能越差。所以，幕墙设计时尽量不采用开放式幕墙结构，安装时要保证幕墙各连接处的密封。

另外，为了提高隔声性能，可以在幕墙外装饰面与墙体之间增设吸声材料。

5. 幕墙的平面内变形性能

建筑幕墙平面内变形性能是指幕墙在楼层反复变位作用下保持其墙体及连接部位不发生危及人身安全的破损的平面内变形能力，用平面内层间位移角进行度量。

层间位移是指在地震作用和风力作用下，建筑物相邻两个楼层间的相对水平位移。

层间位移角是指层间位移值和层高之比。建筑幕墙的平面内变形性能以建筑幕墙层间位移角为性能指标。

6. 幕墙的耐撞击性能

建筑幕墙的耐撞击性能是指幕墙对冰雹、大风时飞来物、人的动作、鸟的撞击等外力的耐力。

7. 幕墙的热工性能

幕墙的热工性能是指幕墙对其所处环境中空气温度、太阳辐射等传递、阻抗和遮蔽的能力。幕墙的热工性能包括多个方面，比较重要的有保温性能和遮阳性能。

（1）保温性能

保温性能是指墙的可开启部分在关闭状态时，幕墙内外两侧存在温差的情况下，幕墙阻抗热量从高温一侧向低温一侧传导的能力。常用传热系数来度量。

传热系数是表示在稳定传热条件下，两侧环境温度差为 1K（℃）时，在单位时间内，通过单位面积的传热量，单位为 W/（$m^2 \cdot K$）。

为满足建筑幕墙的保温性能要求，需要从材料选择、结构构造等多方面采取措施。

1）玻璃的选择。对于玻璃幕墙，采用中空玻璃是提高玻璃幕墙保温性能、降低建筑能耗最经济，也是最有效的途径之一；可以采用 Low-E 中空玻璃、中空玻璃内充惰性气体、三玻两腔不等厚的中空玻璃以及真空玻璃等，以进一步提高幕墙的保温性能。

2）铝合金型材的选择。隔热铝合金型材采用非金属材料将铝合金框材进行隔断，有效地解决了铝合金材料导热性强的问题。目前，我国幕墙用隔热铝合金型材主要采用穿条式（铝合金型材 + 高强度增强尼龙 66 隔热条）。通过改变隔热条尺寸和形状，将能获得不同隔热性能的铝合金型材。

此外，结构设计上还需采取许多能进一步提高幕墙保温性能的措施，如设计更为合理的型材结构，中空玻璃采用暖边隔条并内充氩气，窗间墙或死墙部分加保温岩棉等。

（2）遮阳性能

玻璃幕墙的遮阳性能是指其在夏季阻隔太阳辐射热的能力。常用遮阳系数来度量。

遮阳系数是指在给定条件下，太阳辐射总能量透过玻璃等透光材料的能量与相同条件下通过相同面积的 3mm 厚透明玻璃的能量的比值。

夏热冬冷地区玻璃幕墙设计兼顾冬季保温和夏季遮阳，夏热冬暖地区玻璃幕墙节能设计则主要应考虑夏季遮阳。在夏热冬暖地区，通过玻璃幕墙传入室内的热量中，玻璃得热是第一位的，其次是玻璃幕墙缝隙空气渗透传热，再次是支承结构所传热量。太阳辐射对建筑能耗影响很大，其通过幕墙进入室内的热量是造成夏季室内过热和加大空调能耗的主要原因，玻璃幕墙因太阳辐射得热远比因温差得热来得大，因此，对于炎热地区，提高玻璃幕墙遮阳性能是玻璃幕墙节能设计的首要任务。

提高玻璃幕墙遮阳性能的常用方法主要有：

1）采用能有效阻挡太阳能辐射的玻璃配置。

①热反射镀膜玻璃，又称阳光控制镀膜玻璃，能将 40%~80% 的太阳辐射热阻隔在室外，同时减少眩光，使外观显现不同的色彩，还具有单向透视性，装饰效果好。

②遮阳型 Low-E 中空玻璃，具有很好的遮阳和阻隔温差热传导效果，冬季也能保持室内热量，改善室内舒适度。采光隔热、保温综合效果好，是炎热地区非常理想的幕墙玻璃。

2）设置遮阳效果良好的活动外遮阳（如外卷帘、外百叶等）。为了有效阻挡太阳辐射，设置活动外遮阳是最直接有效的办法，其能遮挡约 90% 的太阳辐射热量。尤其在既要考虑夏季遮阳，又要在冬季尽可能多地利用太阳辐射热量的夏热冬冷地区，使用活动外遮阳节能效果更为明显。

3）采用中空玻璃内置电动遮阳帘，遮阳效果好，功能多样，使用方便、灵活，且外观美观、简洁。

4）采用内遮阳，如内卷帘、内百叶、隔热窗帘等。

8. 幕墙的光学性能

玻璃幕墙光学性能是指与太阳辐射有关的玻璃幕墙光学及热工性能，以可见光透射比、透光折减系数、太阳光总透射比、遮阳系数、光热比、色差及颜色透射指数表征。

9. 幕墙的承重性能

幕墙应能承受自重和设计时规定的各种附件的重量，并能可靠地传递到主体结构。

在自重标准值作用下，水平受力构件在单块面板两端跨距内的最大挠度不应超过该面板两端跨距的 1/500，且不应超过 3mm。

10. 幕墙的防雷设计

幕墙是附属于主体建筑的外围护结构，幕墙的金属框架一般不单独做防雷接地，而是利用主体结构的防雷体系，与建筑本身的防雷设计相结合。建筑幕墙的金属框架应与主体结构的防雷体系可靠连接，连接部位应清除非导电保护层，以保持导电畅通。建筑幕墙的防雷设计应符合《建筑物防雷设计规范》（GB 50057）的有关规定。

11. 幕墙的防火设计

幕墙的防火设计是一个关系人民生命、财产安全的重要问题。垂直幕墙与水平楼板之间往往存在缝隙，如果缝隙未经处理或处理不合理，火灾初起时，浓烟即可通过缝隙向上层扩散，引起窜烟（图 11-7）；火焰也可通过缝隙向上窜到上一层楼层，引起窜火（图 11-8）；当幕墙面板材料开裂掉落，火焰从幕墙外侧窜至上层墙面烧裂上层幕墙面板后，窜入上层室内，引起卷火（图 11-9）。玻璃幕墙当受到火烧或受热时，玻璃面板易破碎，甚至造成大面积破碎，出现所谓的“引火风道”，造成火势迅速蔓延，酿成大火灾，危害人身和财产的安全。建筑外墙保温材料耐火性能达不到要求也是造成大型火灾的主要原因。

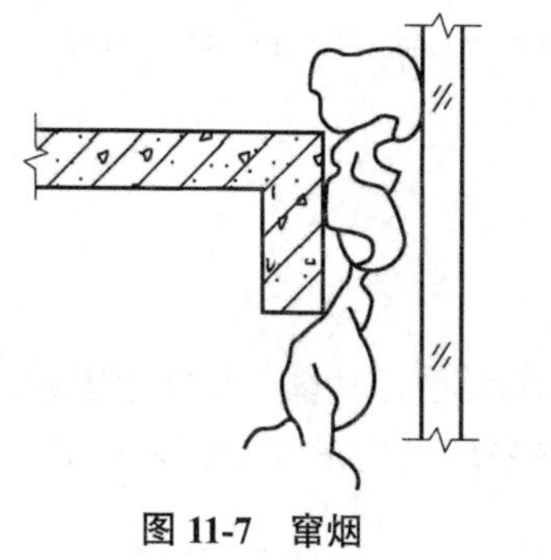

图 11-7　窜烟

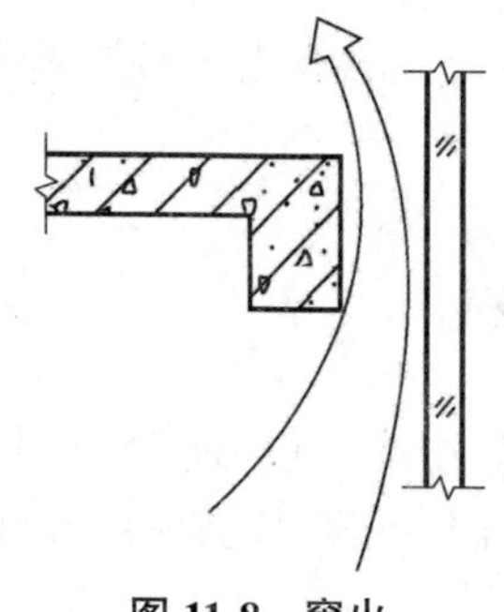

图 11-8　窜火

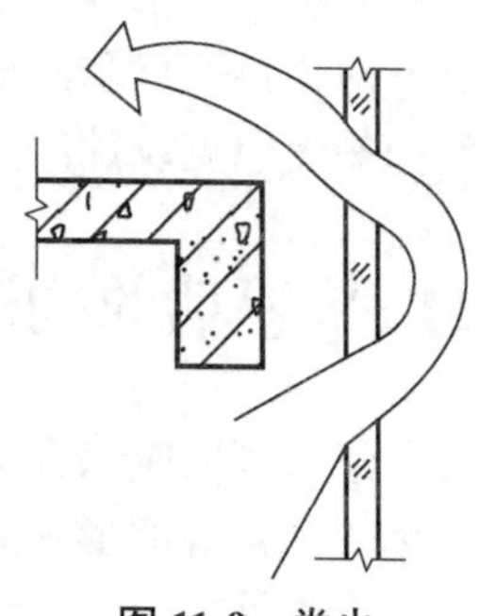

图 11-9　卷火

幕墙作为建筑的外围护结构，是建筑整体中的一部分，在一些重要的部位应具有一定的耐火性，而且应与建筑的整体防火要求相适应。防火封堵是目前建筑幕墙设计中应用比较广泛的防火、隔烟方法，是通过在缝隙间填塞不燃或难燃材料或由此形成的系统，以达到防止火焰和高温烟气在建筑内部扩散的目的。

12. 幕墙的抗震要求及设计

建筑幕墙的抗震设计遵循“小震不坏，中震可修，大震不倒”的设计原则。按照《建筑抗震设计规范》的基本抗震设防目标，建筑幕墙抗震设计的一般原则是：

1）当遭受低于本地区抗震设防烈度的多遇地震影响时，幕墙不能被破坏，应保持完好。

2）当遭受相当于本地区抗震设防烈度的设防地震影响时，幕墙不应有严重破坏，一般只允许部分面板破碎，经修理后仍可以使用。

3）当遭受高于本地区抗震设防烈度的罕遇地震影响时，幕墙虽严重破坏，但幕墙骨架不得脱落。

幕墙结构抗震设计应考虑的问题：

1）具有明确计算简图和合理的地震作用传递途径。

2）宜有多道抗震防线，避免因部分结构或构件破坏，导致整个体系丧失抗震能力或对重力的承载能力。

3）应具备必要的强度、良好的变形能力。

4）宜具有合理的刚度和强度分布，避免局部产生过大的应力集中或塑性变形，对可能出现的薄弱部位应采取措施提高抗震能力。

5）构造点的承载力不应低于其连接构件的承载力。

6）由于幕墙构件不能承受过大的位移，只能通过活动连接件来避免主体结构过大对侧移的影响。所以，幕墙与主体结构之间，必须采用弹性活动连接。

由于地震是动力作用，对连接节点会产生较大的影响，使连接发生震害甚至使幕墙脱落倒塌，所以，除计算地震作用力外，构造上还必须予以加强。

通常，建筑物主体结构专门设计防震缝、伸缩缝、沉降缝等结构来增加主体结构的抗变形能力，因此，要求外幕墙设计要有相应的结构，既要保持幕墙本身的完整性，又要保证其变形的功能。

非抗震设计或抗震设防烈度为 6 度、7 度、8 度和 9 度地区的幕墙，抗震设计按相应类型幕墙工程技术规范进行设计。

对于抗震设防烈度大于 9 度的地区或行业有特殊要求的幕墙，抗震设计应按有关专门规定慎重设计。

11.3　幕墙的构造与设计

建筑幕墙应综合考虑建筑物所在地的地理、气候、环境及使用功能、高度等因素，合理选择幕墙的形式。应根据不同的面板材料，合理选择幕墙结构形式、配套材料、构造方式等。

1. 幕墙构造设计原则

建筑幕墙的节点构造设计，应满足安全、实用、美观的原则，并应便于制作、安装、维修保养和局部更换。构造设计一般原则：

（1）安全性　幕墙设计指标应当满足建筑的用途、性能和一定的使用寿命，并遵守国家和行业相应的标准与规范。作为外围护结构的幕墙应选择适当的材料、结构和足够的强度，抵御风荷载、雪荷载、自重、地震作用及特殊情况下外力造成的冲击荷载，并应采用有效措施保证幕墙的可靠性和耐久性。

（2）浮动连接　幕墙主要的连接设计除与主体结构的连接外均应采用浮动连接，并留下足够的间隙，以便吸收主体沉降及位移、热应力及地震作用；应采用合理的密封材料或构造，对所留间隙进行密封，必须保证水密性和适当的气密性。

（3）经济性　在保证安全和使用性能要求的前提下，应尽量节约材料，降低成本。

（4）等性能设计　幕墙主要的物理性能包括气密性、水密性、保温性、隔声性、光学性等。进行幕墙设计时应采用等性能设计。等性能设计有两个含义：一是根据幕墙不同部位的使用功能和用途，采用与其相适应的性能设计；二是在使用功能和用途相同的条件下，不同部位的性能应该相同。

（5）可加工性、可安装性　幕墙在结构设计阶段就应当考虑加工性和安装性。加工性和安装性好，有利于组织生产和现场施工管理，可缩短工期，节约人力、设备运行及管理成本。

（6）可维护性　幕墙设计必须考虑安装以后的维修和保养问题。如幕墙面板应采用可拆卸结构，幕墙主杆件可采用可拆卸结构，以便在面板破损及其他情况下进行更换；又如双层幕墙热通道须留有足够的空间进人，内侧设置可开启结构，以便洁和保养。

2. 构件式幕墙的构造

构件式幕墙在工厂制作的是一根根独立的支承杆件（横梁、立柱）和一块块面板（或面板组件），然后将这些杆件、面板（面板组件）运到施工现场，立柱通过连接件安装在主体结构上，横梁安装在立柱上，形成幕墙的支承框架，然后在支承框架上安装固定面板（面板组件）。

根据面板材料的不同可以分为构件式玻璃幕墙、构件式石材幕墙、构件式金属幕墙等。

构件式玻璃幕墙根据横梁和立柱在室外是否可见，可分为明框玻璃幕墙、隐框玻璃幕墙、半隐框玻璃幕墙。

玻璃幕墙的支承框架（横梁、立柱）大多采用铝合金型材，一些分格尺寸较大的玻璃幕墙也会采用型钢作为主要支承框架。采用型钢作为支承框架时，玻璃面板首先镶嵌在铝合金型材副框上，然后再将铝合金型材副框与支承框架连接固定。

3. 全玻璃幕墙的构造

全玻璃幕墙由玻璃肋与玻璃面板组成，玻璃肋作为幕墙的骨架体系。玻璃肋与玻璃面板采用结构胶粘结的连接方式。玻璃幕墙玻璃面板与支承框架均为玻璃，是一种全透明、全视野的玻璃幕墙，一般用于厅堂和商店橱窗。

按照全玻璃幕墙面板玻璃支承形式不同，可分为吊挂式全玻璃幕墙和落地式全玻璃幕墙。

玻璃面板支承在玻璃框架上的形式有后置式、骑缝式、平齐式、凸出式（图 11-10）。

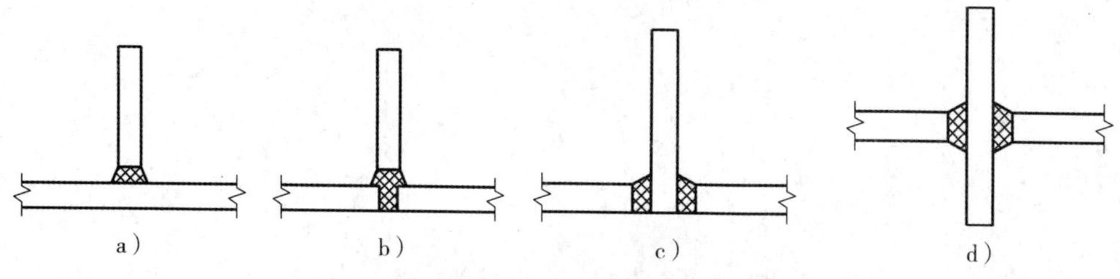

图 11-10　玻璃面板支承在玻璃框架上的形式

a）后置式　b）骑缝式　c）平齐式　d）凸出式

全玻璃幕墙一般只用于一个楼层内，也有跨层使用。

当层高较低时，玻璃（玻璃肋）安在下部镶嵌槽内，上部镶嵌槽，槽底与玻璃之间留有伸缩的间隙。玻璃与镶嵌槽之间的空隙可采用干式装配、湿式装配或混合装配，但外侧最好采用湿式装配，即用密封胶固定并密封，以提高气密性和水密性。

当层高较高时，由于玻璃较高，长细比较大，搁置在下部镶嵌槽时，玻璃自重使玻璃变形，容易发生压屈，导致玻璃破坏，因此，较高的全玻璃幕墙玻璃面板和玻璃肋需采用吊挂形式，即在玻璃上端设置专用夹具，将玻璃吊挂在主体上部水平结构上。镶嵌槽用干式（湿式、混合）装配，玻璃与槽底留有伸缩空隙。

4. 点支承玻璃幕墙的构造

点支承玻璃幕墙由玻璃面板、点支承装置和支承结构组成。玻璃面板由点支承装置的驳接头夹持，通过转接件与支承结构连接。驳接头分为浮头式和沉头式。

按照面板支承形式的不同，点支承玻璃幕墙可分为钢结构点支承玻璃幕墙、索结构点支承玻璃幕墙和玻璃肋点支承玻璃幕墙。

钢结构点支承玻璃幕墙采用钢结构梁或桁架作为支承结构，在钢结构梁上安装（一般用焊接）转接件，面板玻璃开孔安装驳接头，通过驳接爪连接到转接件上。

索结构点支承玻璃幕墙采用预应力索（杆）结构作为支承结构。索结构点支式幕墙可分为拉索（杆）点支承玻璃幕墙、单层索网点支承玻璃幕墙、张拉自平衡索杆结构点支承玻璃幕墙。

玻璃肋点支承玻璃幕墙采用玻璃肋作为支承结构。

5. 单元式幕墙的构造

单元式幕墙在工厂制作完成单元组件。立柱与横梁组成支承框架面板安装在支承框架上，形成至少一个楼层高度的单元组件，然后将这些单元组件运至施工现场，进行整体吊装，直接安装在主体结构上。

相邻两单元组件之间通过单元组件框的插接、对接或连接等方式完成对接。

按照单元组件间接口形式不同，单元式幕墙可分为插接型单元式幕墙、对接型单元式幕墙和连接型单元式幕墙。目前，比较常用的是插接型单元式幕墙。插接型单元式幕墙根据上下左右四个相邻单元组件之间接缝处封堵方式的不同，又可分为横滑型和横锁型。

根据面板材质不同可分为单元式玻璃幕墙、单元式石材幕墙、单元式金属幕墙等。

第 12 章　采光顶、金属屋面与中庭

12.1　采光顶

由透光面板与支承体系组成，不分担主体结构所受作用且与水平方向夹角小于 75° 的建筑外围护结构称为采光顶。

最早的采光顶用玻璃作为屋面部分，所以称为玻璃采光顶。近些年，随着建筑材料的发展，技术水平不断提高，更加安全轻便的透明塑料、膜材料越来越多地用在建筑采光顶中，形成新的建筑模式。

早期屋面采光一般有两种做法：一种是采用玻璃热压成型的玻璃弧瓦（如小青瓦），这种做法的缺点是采光面积小，只能在椽子间使用；另一种是在屋面需要采光的部位做一个专门采光口，上铺平板玻璃，这种采光口采光面积大，但是排水做法复杂，容易渗漏。

19 世纪后期，随着工业化进程的加速，一批大型工业厂房兴起，由于单靠侧窗采光不能满足厂房内采光需要，因此出现了采光顶，常用的形式有采光罩、采光板、采光带、三角形天窗等。20 世纪，铝合金型材用于建筑门窗、幕墙中，出现了铝合金玻璃采光顶，这种新型的采光顶在建筑中应用很广，形式多样。20 世纪 80 年代，随着结构性玻璃装配技术的广泛应用，出现了铝合金隐框玻璃采光顶，这种采光顶由于玻璃表面没有夹持玻璃的压板，玻璃顶形成平坦的表曲，使雨水畅通无阻下泄。进入 21 世纪后，点支式玻璃采光顶得到广泛应用。

近年来，采光顶发展迅速，主要应用在下列工程中：写字楼和旅馆建筑的中庭和顶层；机场、车站的候机楼、候车楼顶盖；体育场馆的顶盖；植物园温室、展览馆、博物馆的透明顶盖；特殊的标志性建筑的透明顶盖。

12.1.1　采光顶的建筑设计

采光顶应与建筑物整体及周围环境相协调，应根据建筑物的使用功能、外观设计、使用年限等要求，经过综合技术经济分析，选择其造型、结构形式、面板材料和五金附件，并能方便制作、安装、维修和保养。

光伏采光顶的设计应考虑工程所在地的地理位置、气候及太阳能资源条件，合理确定光伏系统的布局、朝向、间距、群体组合和空间环境，应满足光伏系统设计、安装和正常运行的要求。光伏组件面板坡度宜按光伏系统全年日照最多的倾角设计，宜满足光伏组件冬至日全天有 3h 以上建筑日照时数的要求，并应避免景观环境或建筑自身对光伏组件的遮挡。

采光顶分格宜与整体结构相协调。玻璃面板的尺寸选择宜有利于提高玻璃的出材率。光伏玻璃面板的尺寸应尽可能与光伏组件、光伏电池的模数相协调，并综合考虑透光性能、发电效率、电气安全和结构安全。

采光顶的透光部分以及开启窗的设置应满足使用功能和建筑效果的要求。有消防要求的开启窗应实现与消防系统联动。

采光顶的设计应考虑维护和清洗的要求，可按需要设置清洗装置或清洗用安全通道，并应便于维护和清洗操作。

（1）承载能力 采光顶应按照围护结构进行设计，采光顶的面板和直接连接面板的支承结构的设计使用年限不应低于25年。各组成构件应具有足够的承载能力、刚度、稳定性和变形协调能力。

（2）抗冲击性能 抗冲击性能是指采光顶各构件抵抗由于气候因素或人为因素产生的不确定撞击的能力。提高采光顶的抗冲击性能应提高采光顶各个围护构件的强度，如在透明材料的选择上应选用安全性能较好的夹层玻璃、均质钢化玻璃等。

（3）空气渗透性能 空气渗透性能表征空气通过完全关闭状态下的玻璃采光顶的能力。在选材上，应选择气密性能良好的玻璃骨架，并且注意玻璃与骨架之间的密封处理。

（4）气密性能 有供暖、空气调节和通风要求的建筑物，采光顶的气密性能应符合《公共建筑节能设计标准》（GB 50189）和《建筑幕墙》（GB/T 21086—2007）的相关规定。

（5）采光 采光顶的采光设计应符合《建筑采光设计标准》（GB 50033—2013）的规定，并应满足建筑设计要求。

（6）隔声性能 采光顶的隔声性能应符合《民用建筑隔声设计规范》（GB 50118—2010）的规定，并应满足建筑物的隔声设计要求。采光顶设计时，在材料和构造上须采取措施保证其隔声性能，如选择隔声性能优良的中空玻璃等。

（7）保温性能 采光顶的保温性能要求应按《公共建筑节能设计标准》（GB 50189—2015）的规定确定，选定材料后应分别进行热工计算。

（8）防结露性能 当室内外温差较大时，玻璃表面遇冷会产生冷凝水。采光顶的防结露可以从“防”和“导”两方面入手。“防”：选择中空玻璃等热工性能好的透光材料，提高采光顶的气密性；在采光顶的内侧采取送风装置，提高采光顶内侧的表面温度等措施防止结露。“导”：在构造上，合理设计采光顶坡度，使结露水沿玻璃下泄以防止其滴落，在杆件上设集水槽，将结露水导流到室外或室内雨水管内。严寒和寒冷地区的采光顶宜采取冷凝水排放措施，可设置融雪和除冰装置。

（9）抗震设计 采光顶抗震设计时，应考虑地震作用的影响，并在构造上采取适宜措施，保证其有适应主体结构变形的能力。采光顶的面板不宜跨越主体结构的变形缝，当必须跨越时，应采取可靠的构造措施适应主体结构的变形。

（10）防水性能 防水性能是指在风雨同时作用下或积雪融化、屋面积水的情况下玻璃采光顶阻止雨水渗漏内侧的能力。采光顶设计要综合考虑排水坡度（坡度不应小于3%）、排水组织、防水等因素，排水路线要短捷畅通。细部构造应注意接缝的密封，防止渗水。

（11）防火、防烟和通风　采光顶的防火设计应满足《建筑设计防火规范》[GB 50016—2014（2018）] 的有关规定和有关法规的规定。采光顶与外墙交界处应采用宽度不小于 500mm、燃烧性能为 A 级保温材料设置的水平防火隔离带，其防火分隔构件间的缝隙，应进行防火封堵。

防烟、防火封堵构造系统的填充材料及其保护性面层材料，应用耐火极限符合设计要求的不燃烧材料或难燃烧材料。在正常使用条件下，封堵构造系统应具有密封性和耐久性，并应满足伸缩变形的要求；在遇火状态下，应在规定的耐火时限内不发生开裂或脱落，保持相对稳定。

采光顶的同一玻璃面板不宜跨越两个防火分区。防火分区间设置通透隔断时，应采用防火玻璃或防火玻璃制品，其耐火极限应符合设计要求。

对于有通风、排烟设计功能的采光顶，其通风和排烟有效面积应满足建筑设计要求。通风设计可采用自然通风或机械通风，自然通风可采用气动、电动和手动的可开启窗形式，机械通风应与建筑主体通风一并考虑。

（12）防雷设计　采光顶的防雷设计应符合《建筑物防雷设计规范》（GB 50057—2010）的有关规定，采光顶的防雷装置应与主体结构的防雷体系可靠连接。

一般是将玻璃采光顶设在建筑物防雷保护范围之内，当采光顶未处于主体结构防雷保护范围内时，应在采光顶的尖顶部位、屋脊部位、檐口部位设避雷带，并与其金属框架形成可靠连接。

12.1.2　玻璃采光顶

1. 玻璃采光顶的形式

玻璃采光顶可分为单体玻璃采光顶，玻璃采光顶群（在一个屋盖系统上，由若干单体玻璃采光顶在钢结构或钢筋混凝土结构支承体系上组合成一个玻璃采光顶群），联体玻璃采光顶（由几种玻璃采光顶以共用杆件连成一个整体的玻璃顶）。

玻璃采光顶按其设置地点分为敞开式和封闭式，按功能分为密闭型和非密闭型。

（1）单体玻璃采光顶

1）单坡（锯齿形）。一个方向排水，杆件按一定间距以单坡形式架设在主支承系统上，玻璃安装在杆件上，并进行密封处理，坡形有直线形和曲面形。

2）双坡（人字形）。以同一屋脊向两个方向起坡的采光顶，其坡形有平面和曲面两种。

单坡和双坡玻璃采光顶按设置部位可分为整片式和嵌入式两种，按与屋盖的关系可分为独立式、嵌入式与骑脊式。独立式是指双坡玻璃采光顶是独立的屋盖系统；嵌入式是指屋盖上的玻璃采光顶是一个镶嵌物；骑脊式是指双坡屋面的屋脊的局部或全长上采用玻璃采光顶。

3）四坡。它是两坡采光顶的一种特殊形式，即两坡采光顶的两山墙不是采用垂直的竖壁，而是用坡顶，平面形式分为等跨度和变跨度两种。按设置部位可分为独立式和嵌入式。

4）半圆。杆件与玻璃以一个同心圆为基准弯成半圆形，再组合成半圆采光顶。平面上可分为等跨度和变跨度两种，按设置部位可分为独立式和嵌入式。独立式是指整个屋盖系统就是一个半圆形玻璃采光顶；嵌入式是指在屋盖的一定部位上嵌有局部半圆形玻璃采光顶。

5）1/4 圆。杆件与玻璃按同心圆各自弯曲成型，再组合成 1/4 圆外形的采光顶。

6）锥形。锥形采光顶由杆件组合成锥形，玻璃按分块形状（矩形、梯形、三角形）及尺寸分别制作后安装在杆件上。通常采用的有三角锥、四角锥、五角锥、六角锥、八角锥等。按设置部位分为独立式和嵌入式。

7）圆锥。平面为圆形的锥体，一般镶在屋盖某一部位上。

8）折线形。一般采用半圆或圆内接折线形，折线又分为等弦长折线和不等弦长折线。

9）圆穹。以一个同心圆将杆件和玻璃弯曲成符合各自所在部位的圆曲形，再组合成圆穹采光顶，玻璃需用符合各自所在部位的各种模具热压成型，工艺较为复杂，成本也很高，大多镶嵌在屋面上。

10）拱形。轮廓一般为半圆形，用金属材料做拱骨架，根据空间的尺度大小和屋顶结构形式，可以布置成单拱或几个并列布置成连续拱。

11）气帽形采光顶。用于屋面通风口，屋面通风口的侧边是百叶窗（多数为透明百叶窗），顶盖用帽形采光顶组合成气帽形采光顶。

12）异形采光顶。随着建筑风格的多样化，各种异形采光顶应运而生。

采光顶的形式如图 12-1 所示。

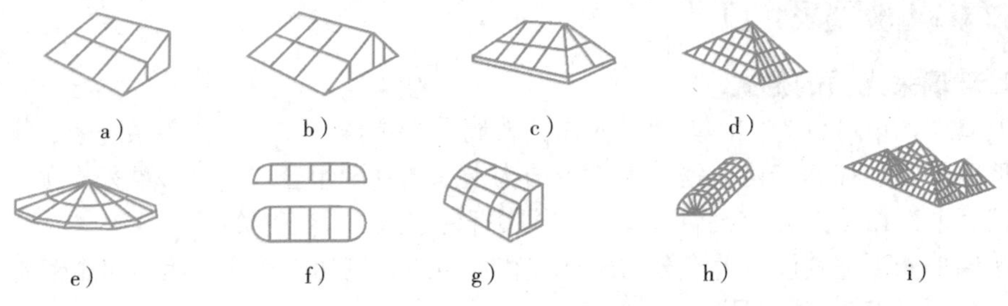

图 12-1　采光顶的形式

a）单坡　b）双坡　c）四坡　d）四角锥　e）六角锥　f）半圆　g）1/4 圆　h）拱形　i）四角锥群

（2）玻璃采光顶群　一个屋面单元上，可以由若干个单体玻璃采光顶组合成玻璃采光顶群。采光顶群按平面布置方式可分为连续式和间隔式。

（3）联体玻璃采光顶　联体玻璃采光顶是指几种不同形式的单体玻璃采光顶以共同的杆件组合成的一个联体玻璃采光顶，或玻璃采光顶与玻璃幕墙以共用的杆件组合成一个联体采光顶与幕墙体系。

联体采光顶在组合时要特别注意排水设计与连接设计，即所有交接部位必须用平脊或斜脊以及直通外部带坡的平沟或斜沟连接形成外排水系统。采用内排水时不应形成凹坑。

2. 玻璃采光顶的基本构造

玻璃采光顶是由支承结构和透光面板组成的结构体系。其中，透光面板还包括玻璃面和支承骨架。玻璃面与骨架的连接方式可用点支承方式（夹板或点驳件支承）和框支承方式（明框、隐框或玻璃框架）。

（1）点支承方式 点支承方式玻璃光顶的支承结构形式很多，常见的有：

1）钢结构支承，有钢桁架、钢网架、钢梁、钢拱架支承等。

2）索结构支承，有鱼腹式索桁架、轮辐式索结构、马鞍形索结构、空间索网、单层索网结构支承等。

3）玻璃梁支承，有钢结构与玻璃梁复合式、索结构与玻璃梁复合式、玻璃梁与其他材质的梁复合支承等。

点支承方式包括夹板和点驳件支承两种形式。玻璃通过杆件和主支承结构相连接（图 12-2）。

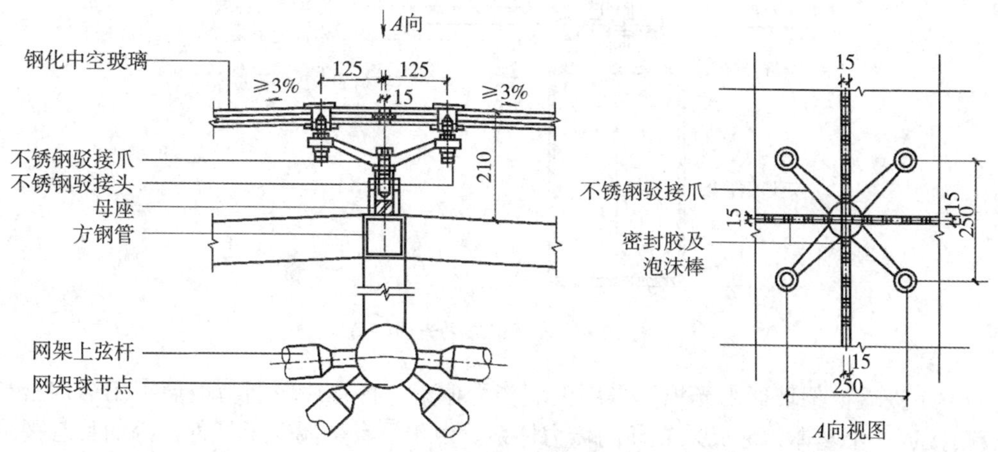

图 12-2 点支承采光顶构造

（2）框支承方式

1）明框玻璃采光顶。明框玻璃采光顶的构造方式大多是在倾斜和水平的元件组成的框格上镶嵌玻璃，并用压板固定夹持玻璃。玻璃是围护构件，框格本身形成镶嵌槽。通常仅是骨架固接在支承结构上，由它传递采光顶的自重、风雪荷载等（图 12-3）。

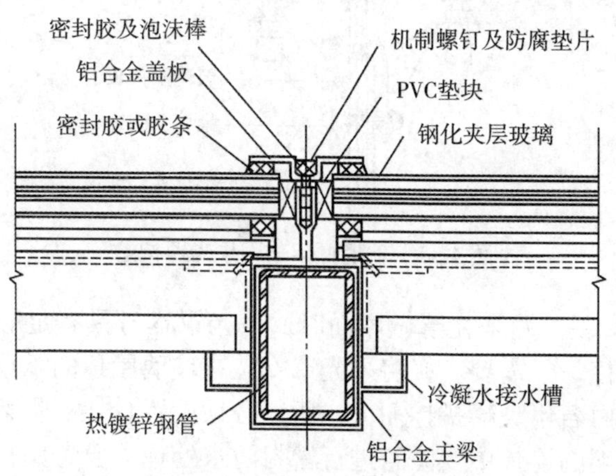

图 12-3 明框玻璃采光顶构造

2）隐框玻璃采光顶。隐框玻璃采光顶由于采用了结构性玻璃装配方法安装玻璃，不需要用压板夹持固定玻璃，玻璃外表面没有凸出玻璃表面的铝合金杆件，这样就使采光顶上形成一个平直且无凸出物的表面，雨水可无阻挡地流动（图 12-4）。

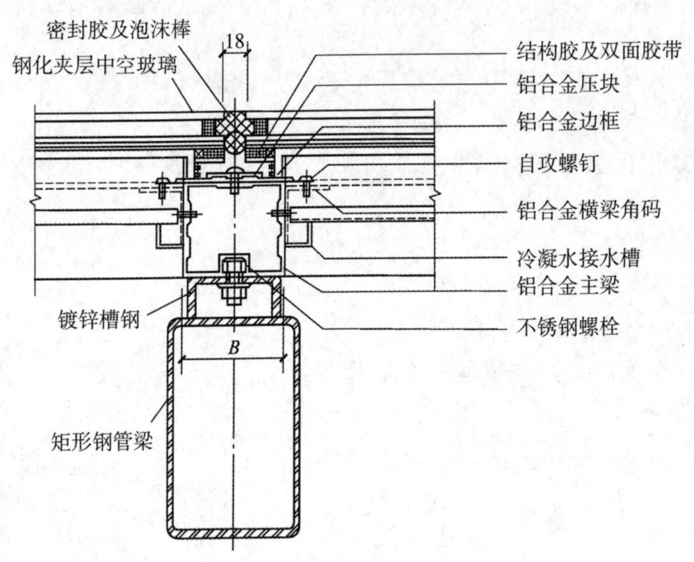

图 12-4　隐框玻璃采光顶构造

3）玻璃框架玻璃采光顶。采用玻璃作为框架，将大片玻璃与玻璃翼用结构密封胶粘接成一个整体，形成采光顶的传力体系。由于没有金属支承杆件，因而具有视野良好的特点（图 12-5）。

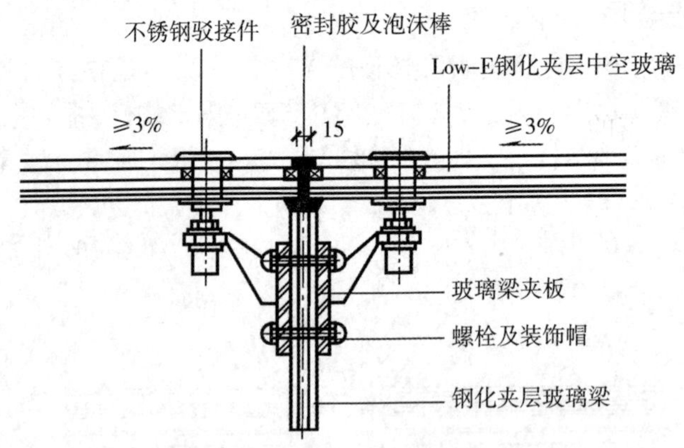

图 12-5　玻璃框架玻璃采光顶构造

（3）玻璃的安装　用采光罩做屋面时，采光罩本身具有足够的刚度和强度，不需要用骨架加强连接，只需要直接将采光罩安装在玻璃屋顶的承重结构上即可。其他形式的玻璃顶则是由若干玻璃拼接而成，所以必须设置骨架。骨架一般采用铝合金或型钢。在骨架和玻璃的连接中要注意进行密封防水处理，要考虑积存和排除玻璃表面的凝结水，在满足强度要求的前提下断面要尽量细小，不要挡光。

（4）玻璃采光顶与支承结构的连接 玻璃采光顶支承在单梁、桁架、网架等支承结构上，要处理好玻璃采光顶与这些结构的连接配合。当支承结构和采光顶骨架相互独立时，两者之间应由金属连接件做可靠的连接。骨架之间及骨架与支承结构的连接，一般采用专用连接件；无专用连接件时，应根据连接所处的位置进行专门的设计。连接件一般采用型钢与钢板加工制成，并且要做镀锌处理。连接螺栓、螺钉应采用不锈钢材料。

玻璃采光顶安装好以后，还要进行玻璃采光顶与主支承结构连接处的填缝处理，因此在群体玻璃采光顶之间要留有一定间距，以便进行填缝施工，一般要求两采光顶之间的间距为 150~200mm。

3. 玻璃采光顶的防水构造设计

（1）玻璃采光顶防水构造设计要解决两个主要问题

1）确定适宜的排水坡度。地区降水量、玻璃采光顶的体形、尺寸和结构构造形式对玻璃采光顶坡度影响最大。确定一个合适的坡度对玻璃采光顶排水是很重要的，同时坡度也是玻璃采光顶内侧冷凝水的排泄和玻璃采光顶的自净必须考虑的重要因素。一般情况下，玻璃采光顶坡面与水平的夹角以 18° ~ 45° 为宜。

2）合理组织排水系统。为了使雨水迅速排除，玻璃采光顶的排水方向应该直接明确，减少转折。檐口处的排水方式通常分为无组织排水和有组织排水两种。无组织排水是玻璃伸出主支承体系形成挑檐，使雨水从挑檐自由下落。这种玻璃采光顶的檐口没有非玻璃的檐沟，外观体现出全玻璃气派，而且构造简单，造价经济，但落水时会影响行人通过，更重要的是檐口挂冰往往会破坏玻璃。有组织排水是把落到玻璃采光顶上的雨水排到檐沟（天沟）内，通过雨水管排泄到地面或水沟中。

（2）采光顶的防冷凝水构造设计主要考虑以下方面

1）结露冷凝水及防治措施。为减少结露冷凝水的产生，主要有以下三种方法：

①采用中空玻璃，以改善保温隔热的性能，中空玻璃应采用双道密封结构，气体层的厚度不应小于 12mm，内面应为夹层玻璃；

②减少室内水蒸气的产生，考虑通过机械除湿装置去除多余的湿气；

③对容易产生结露的部位，应保持室内空气的流通，也可以在采光顶的内侧采取局部送风。在构造设计上，合理设计玻璃采光顶坡面坡度，使结露水沿玻璃下泄以防止其滴落。在玻璃采光顶的杆件上设集水槽，将沿玻璃流下的结露水汇集，并使所有集水槽相互连通，将结露水汇流到室外或室内雨水管内。

2）设置渗漏水二次排水槽和冷凝水集水槽。渗漏水排水槽应有效贯通且与主排水沟连通，并应有防止雨水倒流的措施，保证内侧结露冷凝水不滴落而是沿玻璃顺流汇集排泄。冷凝水集水槽的大小及形状应保证可能产生的冷凝水有序汇集及排出。在设计采光顶结构的型材断面时，上层杆件的排水槽下底沿，应高于下层杆件排水槽的上边沿，这样能防止滴水。横框中排水槽的搭接延长部分能够促进横框向竖框的排水（图 12-6）。

3）为了避免型材对接缝漏水，可以设计一个柔性 EPDM 材质的塞紧堵头，用于横框与竖框之间的连接过渡，一方面防止水的渗漏，另一方面有利于横梁的伸缩。

4）为最大程度地减少或消除外部密封处的积水，垂直于排水方向的横框设计为隐框更具有防水性，而且具有减少灰尘和杂物积存量方面的优点。

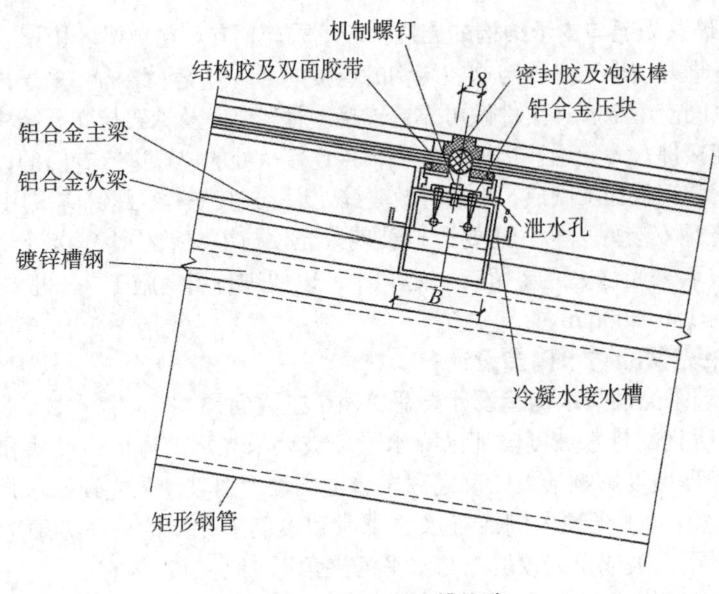

图 12-6　冷凝水集水槽构造

5）天沟、檐沟经常受水流冲刷、雨水浸泡，干湿交替频繁，为保证其可靠性，应增加设防道数，至少不低于三道设防。

12.1.3　聚碳酸酯板透明采光顶

聚碳酸酯板透明采光顶是采用结构胶或垫条将结构聚碳酸酯板装配组件固定在铝合金或金属框格中形成的采光顶。聚碳酸酯板透明防碎片不仅具有玻璃的透射、折射、反射性能，而且具有无眩光、防碎、保温、防火等性能。

这种采光顶从外形上大致可以分为四种类型：人字形采光顶、金字塔形（或群塔形）采光顶、围棋形采光顶及波浪形采光顶。

聚碳酸酯板透明采光顶有以下性能：

（1）强度　聚碳酸酯板的设计强度是玻璃的 1.16 倍。

（2）抗冲击性能　抗冲击力强，不易破碎，是用于垂直、顶部和倾斜部位替代玻璃的理想材料。

（3）保温性能　一般聚碳酸酯板的传热系数比玻璃低 4%~25%，保温透明塑料板的保温性能高出普通玻璃 40%，在相同条件下与玻璃采光顶相比，能有效节约 11% 的能源消耗。

（4）装饰性能　透明聚碳酸酯板具有良好的透光性，其质量轻，便于运输，安装方便，具有抗紫外线等性能，常用于新建工程或老建筑物改造工程表面，具有现代化的气息。

（5）热胀冷缩性能　由于聚碳酸酯板线胀系数是普通坂璃的 7 倍，要求聚碳酸酯板伸入嵌槽的深度（即啮合边长）及其至底的间隙（即伸缩容许量）应经过计算，确保聚碳酸酯板与框之间的连接具有一定的塑性，以消减温差作用、地震作用以及瞬时风压作用引起的变形。

12.1.4　膜结构采光顶

1. 膜结构采光顶概述

膜结构采光顶是一种非传统的全新结构形式。膜结构采光顶根据结构形式可分为三类，即骨架式膜结构采光顶、充气式膜结构采光顶和张拉式膜结构采光顶。膜结构屋顶具有自重轻、造型优美、施工速度快、安全可靠、经济效益好等优点。

膜结构采光顶有以下建筑要求：

（1）膜面雨水的排放　膜结构采光顶应有足够的坡度以解决排水和积雪问题，以免引发重大工程事故。通常，膜面的坡度应不小于 1 ∶ 10。多数膜结构采用无组织排水方式，此时应注意雨水对地面和墙面的污染。利用建筑物自身的某些形状特点，可设置有组织排水。

（2）防火与防雷　PTFE 膜材是不可燃材料，PVC 膜材是阻燃材料。对于永久性建筑，宜优先选用不可燃类膜材。当采用阻燃类膜材时，应根据消防部门的要求采取适当措施。例如，应保证建筑物的顶棚与地板之间的距离在 8m 以上，并且避免膜材及其连接件与可能存在的火源接触。建于建筑物顶层或空旷地段的膜结构要采取防雷措施。

（3）采光　膜材的采光性较好，在阳光的照射下，由于漫散射的作用，可使建筑物内部呈现明亮效果，因而在白天通常不需要照明。膜结构特别适用于体育馆、展览厅等对采光要求较高的建筑物。当采用内部照明时，灯具与膜面应保持一定距离，以防止灯具散发出的热量将膜面烤焦。

（4）声学问题　膜结构的声学问题包括对内部声音的反射和对外部噪声的屏蔽两方面。织物膜材对声波振动具有很强的反射性，这种反射性会使声音受回声影响，不利于人耳听清楚。对于具有内凹面的建筑，如充气膜结构或拱支式膜结构，顶棚会使声波反射汇集。另外，声波穿过织物膜材时的衰减也是需要考虑的，通常单层膜的隔声性能仅为 10dB 左右。一种较为可行的方法是在膜结构顶上每隔一段距离悬挂一些标牌，以增加对声波的吸收，并改变顶棚的曲线造型，从而改变反射方向。

（5）隔热、保温与通风　膜结构建筑的保温隔热性能较差，单层膜材的保温性能大致相当于夹层玻璃，故仅适用于敞开式建筑或气候较温暖的地区。当对建筑物的保温性能有较高要求时，可采用双层或多层膜构造。一般两层膜之间应有 25~30cm 的空气隔层，还应该注意解决内部结露问题。当用于游泳池、植物园等内部湿度较大的建筑时，湿空气接触膜内表面易产生结露，可采取室内通风、安装冷凝水排出口或安装空气循环系统等措施。

（6）与环境协调　除了要在建设场地、建筑造型、膜材料的选择（如色彩、质地）等方面考虑与周围环境的协调外，还应考虑细部处理上与环境的结合与协调。

（7）防结露　膜结构采光顶防止结露发生同样有两种方式：一是减少夹层空气的湿度，向夹层内通入室外空气，加大夹层空气的换气次数，使得夹层空气的含湿量与室外相当，但为了保证夹层空气温度不下降很多，应对通入的室外空气进行加热，由于通风量很大，加热量也会很大；二是提高钢结构表面的温度，如在结构钢柱表面贴上定型相变材料，在晴朗的天气，可利用白天吸收的太阳辐射来减缓夜间钢结构表面温度的下降，从而降低结露的危险。

2. 膜结构采光顶构造

膜结构建筑组成主要包括造型膜、支承结构和钢索等。

（1）膜结构材料 膜结构材料一般由膜材、纤维材料和表面涂层构成，如图 12-7 所示。

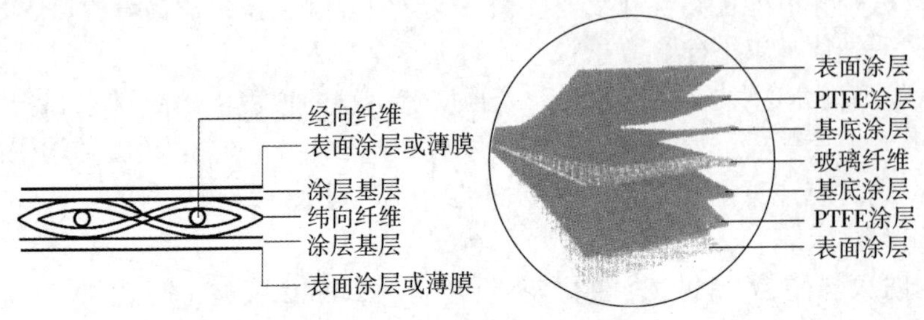

图 12-7 膜结构材料示意图

（2）膜结构屋顶造型 膜材、不锈钢配件和紧固件以及表面处理严格的钢结构支承，塑造出形式美观、设计合理的膜结构。膜结构可以构成单曲面、多曲面等不同建筑结构形式。

（3）膜结构构造

1）膜的连接。膜材的连接方法有机械连接、缝纫连接等。机械连接简称夹接，是在两个膜片的边沿埋绳，并在其重叠位置用机械夹板将膜片连接在一起。机械连接常用于大中型结构膜面与膜面的现场拼接。缝纫连接是用缝纫机将膜片缝在一起。用缝纫连接时，需要留意选择缝纫用线的强度和耐久性。缝纫连接通常用于无防水要求的网状膜材结构中，或者是与热合连接同时应用在 PVC 涂覆聚酯织物的边角处理上。膜结构构件压接索头和钢棒拉杆节点与形式如图 12-8、图 12-9 所示。

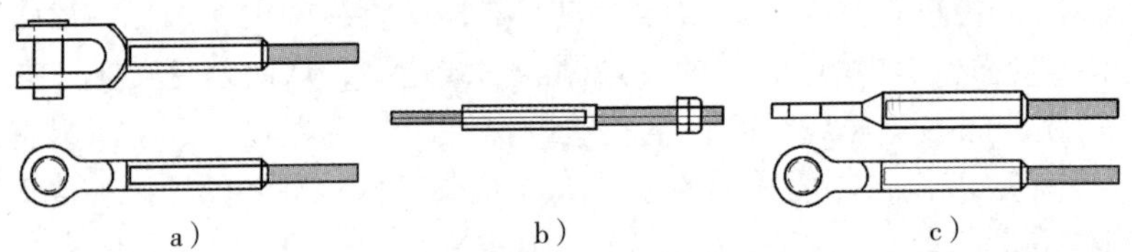

图 12-8 压接索头基本形式

a）开口叉耳 b）螺杆丝杠 c）闭口眼

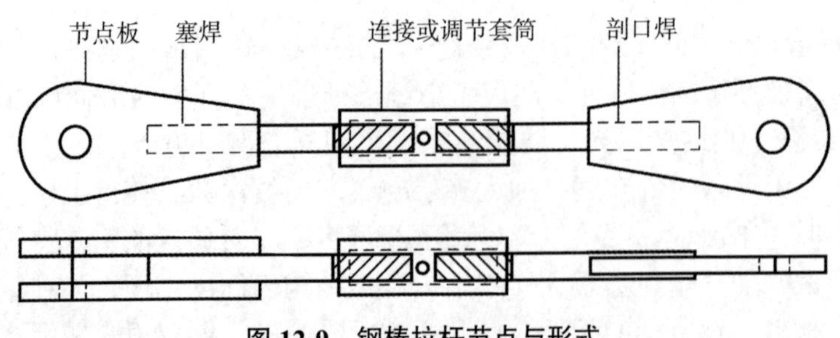

图 12-9 钢棒拉杆节点与形式

2）膜边界构造。考虑到安装的便利，除了将膜面进行必要的分块之外，还可以在膜面上边界部位焊接一些“搭扣”，以便于吊装及张拉，在张拉完成后再将其剪去。出于防水或美观的考虑，也可在膜面适当部位焊接一些用于笼盖的膜片。

刚性边界的膜结构如图 12-10~ 图 12-12 所示。

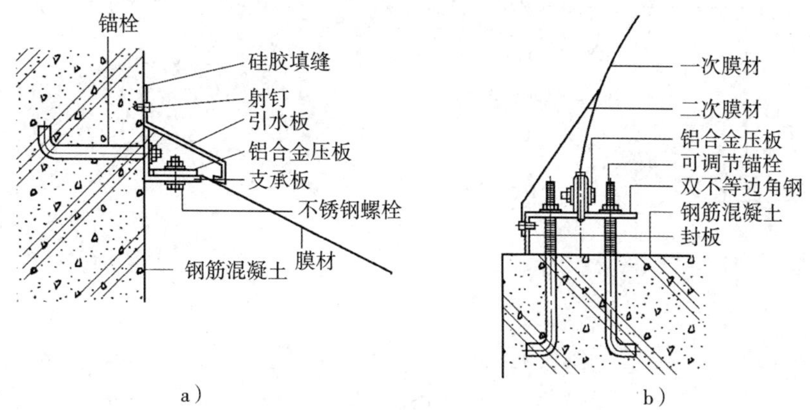

图 12-10　钢筋混凝土边界

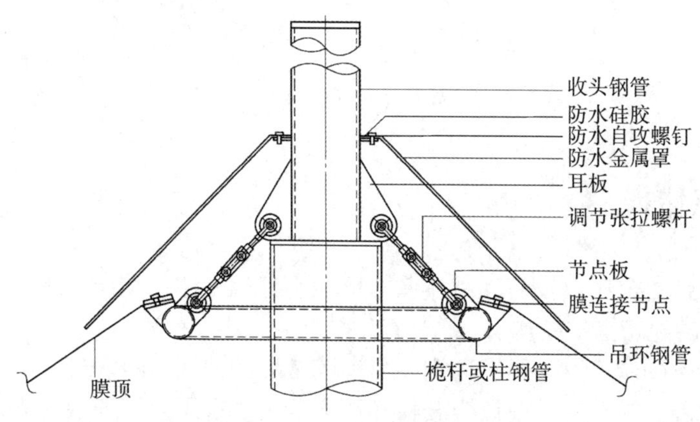

图 12-11　高点膜顶连接构造

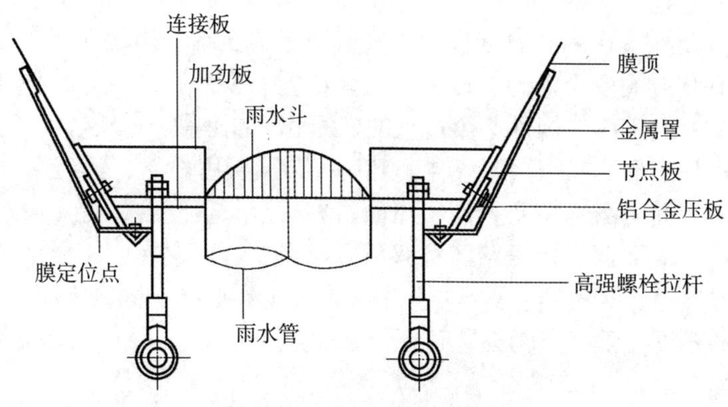

图 12-12　低点膜顶连接构造

柔性边界的膜结构边界构造更为复杂，如图 12-13~ 图 12-15 所示。

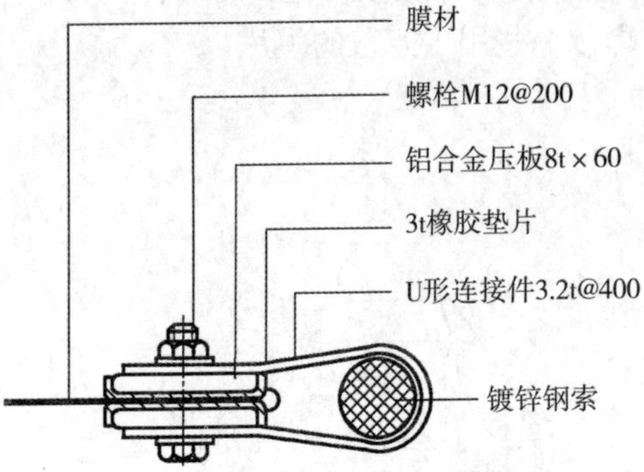

图 12-13　U 形件夹板连接图

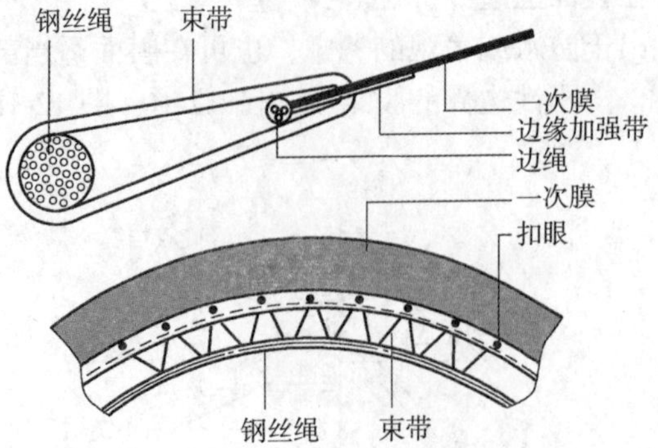

图 12-14　典型束带构造

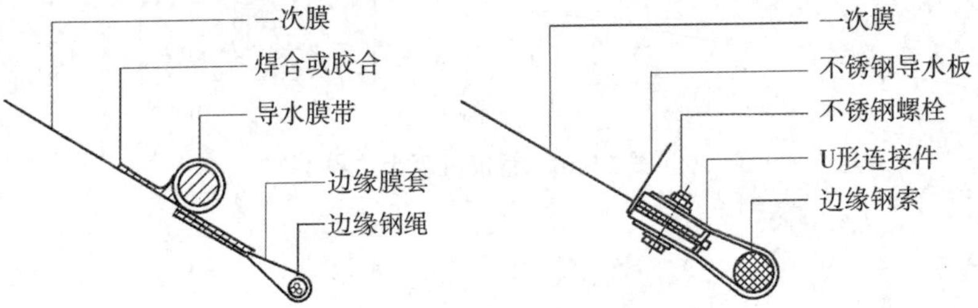

图 12-15　排水构造

12.2　金属屋面

金属屋面是由金属面板与支承体系组成，不分担主体结构所受作用且与水平方向夹角小于 75° 的建筑围护结构。

金属板材可按建筑设计要求选用，目前较常用的面板材料为彩色涂层钢板、镀层钢板、不锈钢板、铝合金板、钛合金板和铜合金板。选用金属面板材料时，产品应符合现行国家或行业标准，也可参照国外同类产品标准的性能、指标及要求。

金属板屋面是建筑物的外围护结构，主要承受屋面自重、活荷载、风荷载、积灰荷载、雪荷载以及地震作用和温度作用。金属面板与支承结构之间、支承结构与主体结构之间，须有相应的变形能力，以适应主体结构的变形；当主体结构在外荷载作用下产生位移时，一般不应使构件产生过大的内力和不能承受的变形。

金属屋面常见的形式有金属平板屋面和压型金属板屋面。

压型金属板屋面可分为单层金属板屋面、单层金属板复合保温屋面、檩条露明型双层金属板复合保温屋面、檩条暗藏型双层金属板复合保温屋面。压型金属板屋面一般由屋面板、保温层、隔汽层、支承层、隔声层、金属底板、固定支座和檩条等构成。

根据结构的不同，压型金属板屋面可分为直立锁边金属屋面、正弦波纹金属屋面、梯形板金属屋面等。

直立锁边金属屋面是采用直立锁边板和 T 形支座咬合并连接到屋面支承结构的金

属屋面系统。直立锁边板是截面为 U 形，能够通过专用设备或手工工艺将其相邻面板立边咬合而形成连续屋面的一种金属压型板。

图 12-16 和图 12-17 所示为直立锁边金属屋面构造示意图和直立锁边金属屋面板横向搭接图。

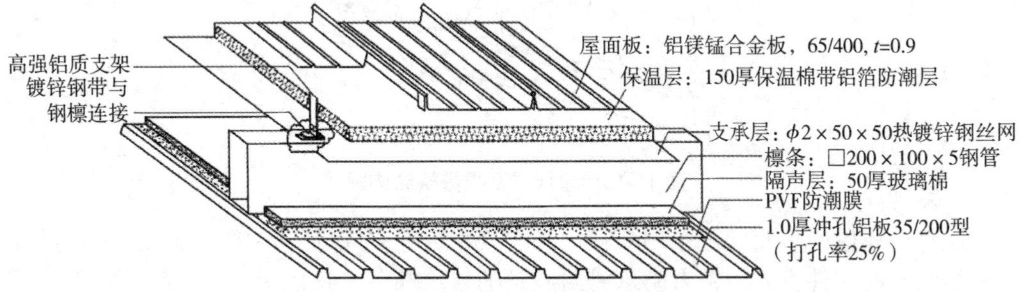

图 12-16　直立锁边金属屋面构造示意图

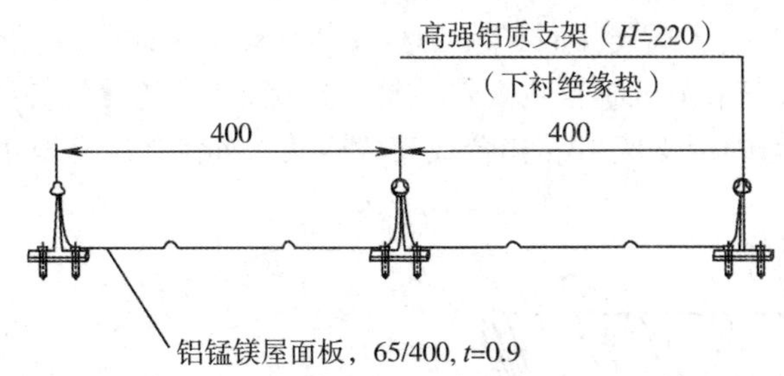

图 12-17　直立锁边金属屋面板横向搭接图

铝合金面板宜选用铝镁锰合金板材为基板，表面宜采用氟碳喷涂处理。压型屋面板用铝合金板、钢板的厚度宜为 0.6~1.2mm，宜采用长尺寸板材，应减少板长方向的搭接接头数量。直立锁边铝合金板的基板厚度不应小于 0.9mm。T 形支座的间距应经计算确定，并不宜大于 1600mm。

金属屋面板长度方向的搭接端不得与支承构件固定连接，搭接处可采用焊接或泛水板，非焊接处理时搭接部位应设置防水堵头，搭接部分长度方向中心宜与支承构件中心一致，搭接长度应符合设计要求，且不宜小于表 12-1 规定的限值。金属屋面板搭接结构图如图 12-18 所示。

表 12-1　金属屋面板长度方向最小搭接长度　　（单位：mm）

项目		搭接长度 a
波高＞70		375
波高≤70	屋面坡度＜1/10	250
	屋面坡度≥1/10	200
面板过渡到立面墙面后		120

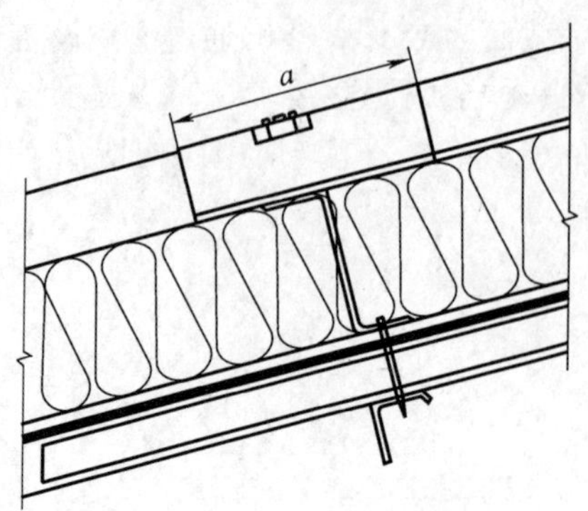

图 12-18　金属屋面板搭接结构图

压型金属屋面板侧向可采用搭接、扣合或咬合等方式进行连接。当侧向采用搭接式连接时，连接件宜采用带有防水密封胶垫的自攻螺钉，宜搭接一波，特殊要求时可搭接两波。搭接处应采用连接件紧固，连接件应设置在波峰上。对于高波铝合金板，连接件间距宜为 700~800mm；对于低波屋面板，连接件间距宜为 300~400mm。

当采用扣合式或咬合式连接时，应在檩条上设置与屋面板波形板相配套的固定支座，固定支座和檩条宜采用机制自攻螺钉或螺栓连接，且在边缘区域数量不应少于4个，相邻两金属面板应与固定支座可靠扣合或咬合连接，如图 12-19 所示。

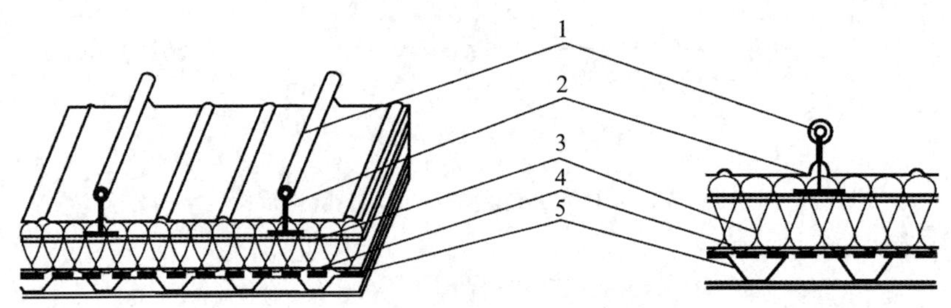

图 12-19　固定支座连接示意图

1—铝合金板　2—固定支座　3—保温层　4—隔汽层　5—压型钢板

12.3　中庭

中庭通常是作为一个宏大的入口空间、中心庭院，并覆有透光的顶盖。这种全天候的公共聚集空间，在技术的带动下能够提供给现代建筑新的环境意义，并能较好地满足现代建筑的容身、庇护、经济以及文化需求，同时兼顾了传统街区和生活方式。

中庭是一个多功能空间，既是交通枢纽，又是人们交往活动的中心，因此它被称为“共享大厅”。厅内常布置庭院、小岛、水景、绿色植物，要求有充足的自然光，所以也被称为“四季大厅”。由于它半室内半室外的空间环境性质，使得中庭的围护结构及围护组织方式有别于普通的建筑空间，对技术的实施提出了更多的要求。

12.3.1　中庭的形式

中庭形式的选用一般根据建筑规模的大小、建筑空间的组合方式、建筑基地的气候条件以及光热环境要求等因素确定。

根据中庭与周围建筑的相互位置关系，中庭可以采用简单型中庭，如单向中庭、双向中庭、三向中庭、四向中庭以及环绕建筑的中庭和贯穿建筑的条形中庭等形式（图 12-20），也可以将一种或几种基本形式加以组合，构成多种中庭形态，即综合型中庭（图 12-21）。

根据侧采光面的数量，可以分为三面采光中庭、两面采光中庭、单面采光中庭和封闭中庭（即只有屋顶采光）。根据中庭剖面形式，中庭可分为 V 形中庭、A 形中庭和矩形中庭。

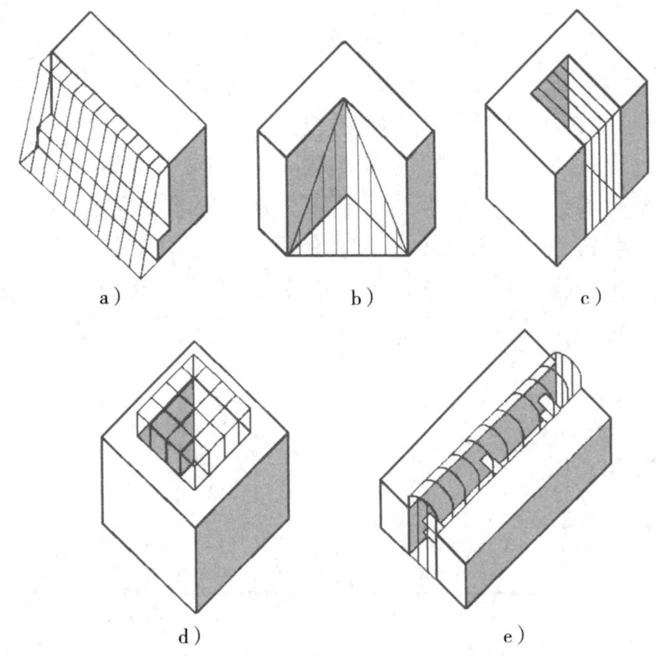

a）　b）　c）　d）　e）

图 12-20　简单型中庭形式示意图

a）单向中庭　b）双向中庭（两边开敞）　c）三向中庭（一边开敞）　d）四向中庭（无开敞边）　e）条形中庭（端部开敞）

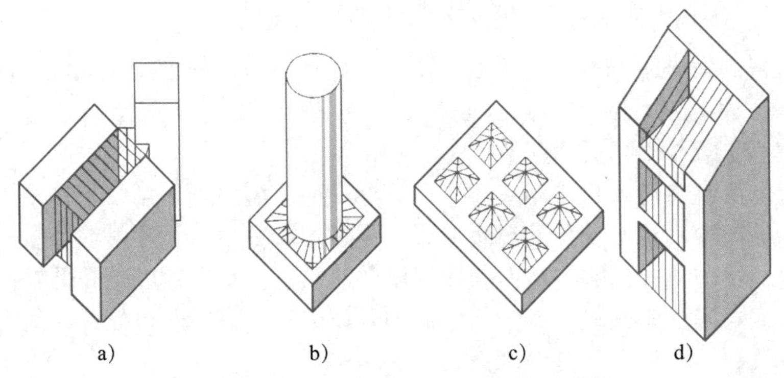

a)　b)　c)　d)

图 12-21　综合型中庭形式示意图

a）在多组建筑之间的连接中庭　b）在高塔底部的基座中庭　c）多向中庭　d）多层垂直中庭

中庭在公共建筑中得到了快速发展，由于核心功能的多元化，出现了以采光、通风为核心的服务型中庭，以休憩和交往为核心的使用型中庭，以抽象表现为核心的表现型中庭。

12.3.2 中庭的设计要求

中庭一方面是建筑内部有效的联系空间，同时又是室内外环境的缓冲空间，设计中应注重对建筑空间的整体节能、气候控制、自然采光、环境净化等几方面的考虑。

1. 节能要求

作为半室内环境的中庭，是人工舒适环境与室外环境之间有效的缓冲空间。在一般情况下，人工环境的舒适度主要依赖于建筑技术以及新材料的使用。人工环境中需避免依靠消耗非再生能源而达到舒适条件，应充分利用中庭所具有的气候缓冲作用，提倡在少费能源的前提下提高室内环境舒适度。

中庭以庭院的形式减少了夏日的降温负荷，并可收集、储存冬日热能。中庭可以以最小的外表面来减少内部环境的温度变化要求，减少外墙体的热工损耗（图 12-22），在日照时间允许的情况下，可以将中庭设置为有效的太阳能采集器，一方面利用中庭来收集太阳能使空气降温，并将中庭与强制通风、回风系统相结合；另一方面通过建筑物及中庭顶部的调节设备控制热量的交换。

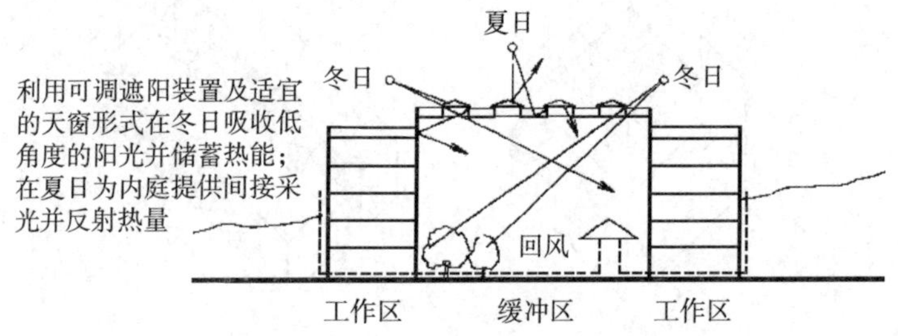

图 12-22　中庭缓冲空间示意图

中庭使建筑平面有一部分空间可以利用顶部采光，解决了较大进深平面常有的内部自然采光问题，与相同面积、通过外侧墙采光的建筑相比，减少了围护结构的面积和热量交换，从而节省了热能。

中庭带来的大进深和开敞式平面，使建筑设计中可以综合运用储能技术，对节能做出新的考虑。

2. 气候控制要求

中庭含有两种自然现象：温室效应和烟囱效应。温室效应是由来自太阳的短波热辐射，通过玻璃窗而使内部界面温暖形成（穿过玻璃窗后重新辐射的热量是较长的波长，不会再通过玻璃窗出去，从而获取太阳的热量）。烟囱效应是高低处压力不同的作用结果：在封闭的空间里，空气从较低的开口处流向高的开口处，通道上的风流动将增加吸风效应。

在不同类型与地区的建筑当中，中庭可以具备不同的气候调节特性，使建筑物基地气候的影响与中庭的使用相结合。根据不同的设计要求，有降温中庭、供暖中庭和可调温中庭三种不同的处理方式。

（1）降温中庭　用于建筑内部要求保持不受高温、高湿以及强烈日晒影响的情况。中庭对于建筑的室内使用空间起着空气的冷却和除湿的缓冲作用，通过中庭形成强制送、回风系统，为内部使用空间供应冷空气，同时通过夜间对内部空间及围护结构的冷却来减缓白天的热量积聚。

在降温中庭中，一般应避免阳光对中庭的直射，避免东、西向开窗；在天空亮度充足的情况下，可以利用全遮阳、有色玻璃等处理方式避免直接阳光；降温中庭对于外围护结构的绝热性能要求不高，主要通过通风组织、遮阳和反射等方式进行防热处理。由于在炎热地区需避免昼光直射，顶部采光要求不高，中庭的较大屋顶面也为太阳能装置的利用提供了有利条件。降温中庭形式如图 12-23 所示。

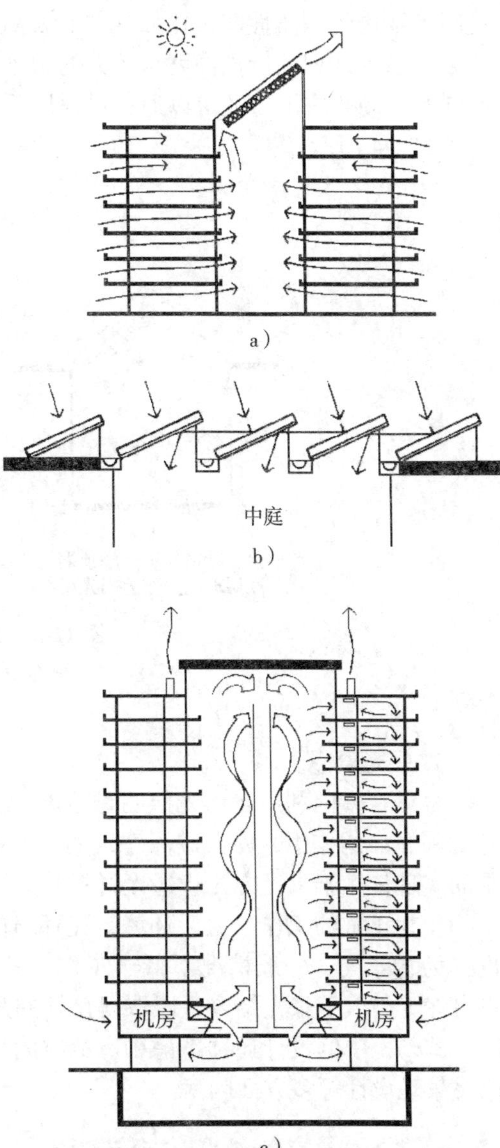

图 12-23　降温中庭形式

a）中庭作为日光动力抽风管　b）日光采集器屋顶
c）利用中庭强制送风

（2）供暖中庭　适用于常年寒冷气候较长的地区。这些地区冬季严寒，春秋季阴冷，夏季短暂且气候反复无常。在建筑设计中，利用中庭尽量减少照明、制冷所需的耗电量，同时通过良好的绝热或周边能源的收集来降低供暖的能耗，以较低的基本能耗获取建筑使用所需的热量。

供暖中庭应能无阻碍地接受阳光，以使室内外能保持一定的温差，中庭内墙和地面应具备一定的储热能力，尤其是内墙面宜采用浅色调，使昼光反射热能而不是吸收热量，减轻有阳光直射时中庭周围房间内热量的聚集；在短暂的多云天气里，中庭内与外的正温差可以使热量由中庭向周围房间散发，从而使建筑使用空间的温差波动减缓到最小；中庭的围护结构（即内墙与外壳）应具有较高的绝热性能，以减缓热量的传递。

（3）可调温中庭 可调温中庭是指在不同季节分别具有供暖与降温的特性的中庭。

可调温中庭在设计中可以针对气候控制的可变性，按照气候与日用特点设置符合气候变化的固定的或可操控的遮阳装置，如遮阳板、遮阳帘、遮阳百叶等，以改变建筑围护结构的隔热性能。比如冬季的太阳高度角较小，夏季的太阳高度角较大，在设计中可以有计划地遮挡高度角较大的阳光，同时不影响冬季的基本日照需求。另外在不同的控制要求下，还可以通过对通风系统的操纵来改变冬、夏季的气候控制特点，如图 12-24 所示。

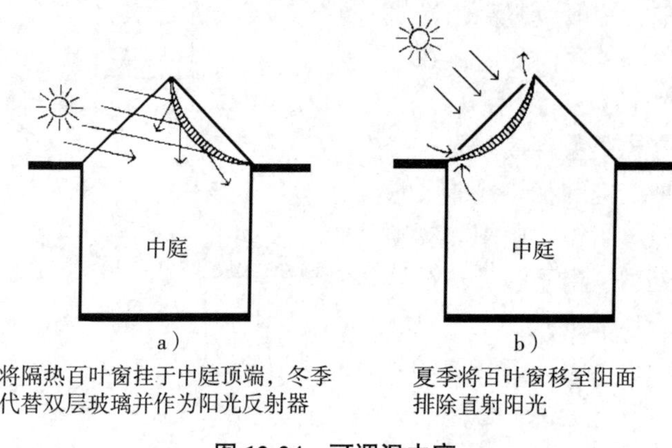

图 12-24 可调温中庭

a）冬季 b）夏季

3. 采光要求

尽量在室内利用自然光照明是节能的要求之一。中庭在大进深布局的建筑平面中起到采光口的作用，使大进深建筑的平面最远处有可能获得足够的自然光线。这一效果的实现依赖于采光方式、透光材料的选择以及适宜的构造技术措施等方面。

作为正常的工作、生活环境，光环境由环境光和工作光两部分混合而成。环境光也称为背景光，一般情况下低于工作光的水平（1/2~2/3 较为理想）。采光设计可以将自然光与人工采光结合，以取得良好的照明效果。

此外，中庭设计还须考虑中庭的空间尺度比例与四周墙面的反光性质、色彩深浅以及景观设计等多方面因素。

12.3.3 中庭的消防安全设计

中庭在火灾发生的情况下具有的特点：一方面由于面向中庭的房间大多数都具有开启面，通过中庭串联的房间组成一个天然无阻挡的空间，从而增加了火灾扩散的危险性，中庭的烟囱效应会使火焰及烟雾更容易向高处蔓延，会增加高处楼层扩散火灾的速度。另一方面，在安装了探测器和火控、烟控系统以后，中庭建筑能够有比较高的可见度和清晰的疏散通道，可以方便地发现和接近火源。

中庭空间具有巨大的空气体积，具有冷却火焰、稀释烟雾的非负向影响，所以中庭的防灾性能具有两面性。在中庭的设计中，必须对中庭加以严格的消防安全设计，设置合理的防火分区、疏散通道及防排烟设施。

1. 中庭的防火分区

中庭建筑的防火分区划分不能简单地只按中庭空间的水平投影面积计算。在一些大型公共建筑中，由于设置采光顶而形成的共享空间贯穿了全楼或多个楼层，而通常围绕中庭的各层空间可能面向中庭开敞，在无防火隔离措施的情况下，如果贯通的全部空间作为一个区域对待，由此可能导致区域范围超过相应的标准要求，因此在设计过程中必须合理地计划防火分区。

根据中庭周围使用空间与中庭空间的联系情况，中庭有开敞式、屏蔽式及混合式等不同类型。在中庭周围大量使用空间全开敞的情况下，可以沿中庭回廊与使用空间之间设置防火卷帘和防火门窗，将楼层可能受中庭火势影响的空间控制在较小范围。

根据我国现行规范规定，中庭防火分区面积应将上、下层连通的面积叠加计算，当叠加计算后的建筑面积大于规范的规定时，应符合下列规定：

1）与周围连通空间应进行防火分隔：采用防火隔墙时，其耐火极限不应低于 1.00h；采用防火玻璃墙时，其耐火隔热性和耐火完整性不应低于 1.00h。采用耐火完整性不低于 1.00h 的非隔热性防火玻璃墙时，应设置自动喷水灭火系统进行保护；采用防火卷帘时，其耐火极限不应低于 3.00h，并应符合规范要求；与中庭相连通的门、窗，应采用火灾时能自行关闭的甲级防火门、窗。

2）高层建筑内的中庭回廊应设置自动喷水灭火系统和火灾自动报警系统。

3）中庭应设置排烟设施。

4）中庭内不应布置可燃物。

2. 中庭的防排烟

在发生火灾情况下，喷淋设备的作用比较有限，一般喷头之间最大允许防火范围的直径为 3m 左右，而喷淋使烟尘与清洁空气更快混合会加速空气的污染，因此必须使中庭空间能有效地排烟。中庭的排烟分为自然排烟和机械排烟两种方式。

（1）自然排烟　不依靠机械设备，通过中庭上部开启窗口的自然通风方式排烟。对于净空高度小于 12m 的室内中庭可采用自然排烟措施，其可开启的平开窗或高侧窗的面积不小于中庭面积的 5%。

（2）机械排烟　通过利用机械设备对建筑内部加压的方式使烟气排出室外。对于不具备自然排烟条件以及高度超过 12m 的室内中庭应设置机械排烟设施。

机械排烟可以通过从中庭上部排烟或将烟雾通过中庭侧面的房间排出这两种途径来完成。

1）通过中庭上部排烟。在紧急情况下，对中庭内部不加压，而对安全楼层和有火源的楼层同时加压，烟气可以从中庭的上部排出，这时应保证火情在可控制的范围内，并且没有沿中庭蔓延的危险性。如果是内部开敞式中庭，应在设计中避免烟气进入上一楼层（图 12-25）。

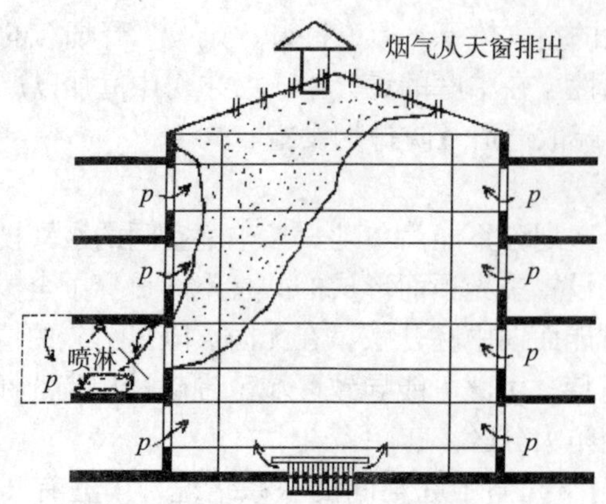

图 12-25　通过中庭顶部排烟示意图

2）通过中庭侧面的房间排烟。在紧急情况下，对安全楼层加压使烟气不能进入，将中庭封闭并且同时对中庭加压，使烟气从危险楼层直接向外部排出（图 12-26）。

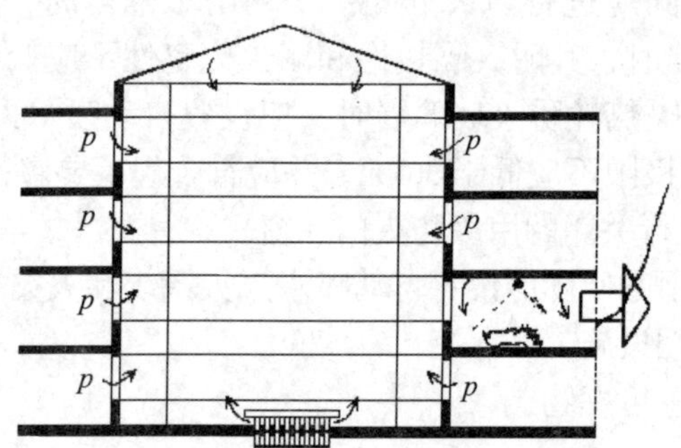

图 12-26　通过中庭侧面的房间排烟示意图

中庭建筑通常都有高顶棚、大通透的空间特征，如果有超出现行规范或用常规方案不能解决的防火设计问题，如防火分区面积过大、人员安全疏散距离过长、安全出口不足、无法细分防烟分区等情形，可以采用性能化防火设计。

第 13 章　装配式建筑

建筑工业化是我国未来建筑业发展的重中之重。发展新型建筑工业化可促进建筑业的节能减排，提高资源利用率，实现社会的可持续发展，是我国建筑业发展的必然趋势。

与传统的建筑业相比，新型建筑工业化是“以构件预制化生产、装配式施工为生产方式，以设计标准化、构件部品化、施工机械化、管理信息化、运行智能化”为特征，整合了设计、生产、施工等整个产业链，使得建筑业从分散、落后的手工业生产方式逐步过渡到以现代技术为基础的大工业生产方式，实现了建筑业生产方式的根本转变。近年来我国正大力推进绿色建筑和以装配式建筑为重点的建筑工业化。

13.1　概述

13.1.1　基本概念

装配式建筑的基本概念一般可以从狭义和广义两个不同角度来理解或定义。

（1）从狭义上理解和定义　装配式建筑是指用预制部品、部件通过可靠的连接方式在工地装配而成的建筑。在通常情况下，从建筑技术角度来理解装配式建筑，一般都按照狭义上理解或定义。

（2）从广义上理解和定义　装配式建筑是指用工业化建造方式建造的建筑。工业化建造方式主要是指在房屋建造全过程中采用标准化设计、工业化生产、装配化施工、一体化装修和信息化管理为主要特征的建造方式。

工业化建造方式应具有鲜明的工业化特征，各生产要素包括生产资料、劳动力、生产技术、组织管理、信息资源等在生产方式上都能充分体现专业化、集约化和社会化。从装配式建筑发展的目的（建造方式的重大变革）的宏观角度来理解装配式建筑，一般按照广义上理解或定义。

13.1.2　装配式建筑系统构成

装配式建筑系统的构成，按照系统工程理论，可将装配式建筑看作一个由若干子系统“集成”的复杂“系统”，主要包括结构系统、外围护系统、设备与管线系统、内装系统四大系统，如图 13-1 所示。

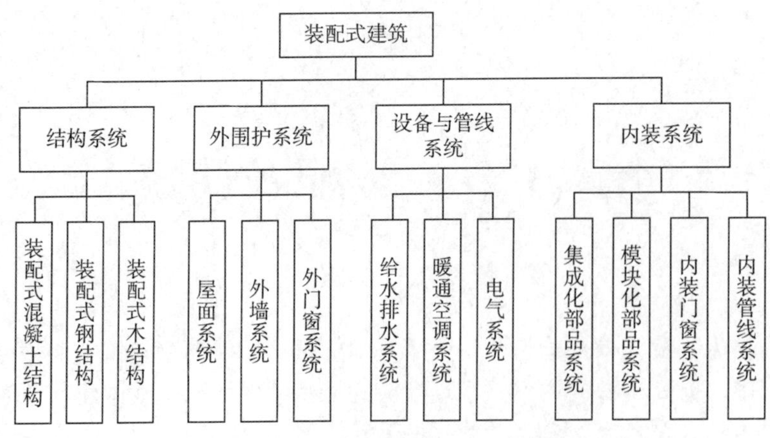

图 13-1　装配式建筑系统构成与分类框图

1. 结构系统

结构系统是装配式建筑的骨架，按照建筑材料的不同，可分为装配式混凝土结构、装配式钢结构、木结构建筑和各种组合结构。其中，装配式混凝土结构是装配式建筑中应用量最大、涉及建筑类型最多的结构体系，包括装配式框架结构体系、装配式剪力墙结构体系、装配式框架—现浇剪力墙（核心筒）结构体系等。

2. 外围护系统

外围护系统包括屋面系统、外墙系统、外门窗系统等，其中最重要的是外墙系统。外墙系统按照部品内部构造可分为预制混凝土外挂墙板系统、轻质混凝土墙板系统、骨架外墙板系统、幕墙系统等。

3. 设备与管线系统

设备与管线系统是由给水排水、暖通空调、电气与智能化、燃气等设备与管线组合而成，满足建筑使用功能的整体。由于设备与管线本身具备标准化设计、工厂化生产、装配式施工的特征，因此应从装配式建筑对设备与管线系统的需求出发，发展并完善适用于装配式建筑的高品质要求及工厂化建造方式的技术体系。

4. 内装系统

由装配式墙面和隔墙、装配式吊顶、装配式楼地面等集成化部品和整体卫浴、集成厨房、系统收纳等模块化部品，以及内装门窗、内装管线等构成的满足建筑空间使用要求的整体。装配式内装是一种以工厂化部品、装配式施工为主要特征的装修方式。其本质是以部品方式提升品质和效率，同时减少人工、节约资源能源消耗。

13.1.3　装配式建筑的特点

1. 装配式建筑的主要特征

我国装配式建筑新型生产建造方式，完整实现了建筑产品的预制件部件部品的工业化生产和管理，从其建筑全生命周期来看，具体有六个方面的特征：标准化设计方式、工厂化生产方式、装配化施工方式、一体化装修方式、信息化管理方式和智能化运维方式。这可以从根本上改变传统建造方式，通过设计、生产、施工、装修等环节建筑产业链的高度协同，发展现代化工业，促进建造方式、建筑产业的转型升级。

（1）标准化设计　建筑的标准化是建筑生产工厂化的基本，建筑标准化可通过量产化来提高生产性、降低成本的同时，提高设计质量、保证建筑品质，能更好地实现建筑生产的专业化、协作化和集约化，标准化设计可采用模块化和部品化方法，体现出工业化建造的优势。

（2）工厂化生产　采用现代工业化手段，实现施工现场作业向工厂生产作业的转化，形成标准化、系列化的预制构件和部品，完成预制构件、部品精细制造的过程。工厂化生产改变了现有的作业环境和作业方式，体现了工业化制造的特征。

（3）装配化施工　将在工厂中制作完成的预制部件部品运到现场，以部件部品装配施工代替传统现浇或手工作业，实现工程建设装配化施工的过程。装配化施工结合现场机械化、工序化的建造方式，实现了装配式建造工程整体质量和效率提升。

（4）一体化装修　一体化装修是指建筑室内外装修工程与主体结构工程紧密结合，装修工程与主体结构、机电设备等系统进行一体化设计与同步施工，采用定制化部件部品实现装修环节的一体化、装配化和集约化，具有工程质量易控、提升效率、节能减排、易于维护等特点。

（5）信息化管理　以信息化技术为基础，通过设计、生产、运输、装配、运维等全过程信息数据传递和共享，在工程建造全过程中实现协同设计、协同生产、协同装配等信息化管理。

（6）智能化运维　将智能化、智慧化技术与绿色技术深度融合，推广普及智能化应用、完善智能化系统运行维护机制，实现建筑舒适安全、节能高效，增加装配式建筑可持续性效益。

2. 装配式建筑与传统建造方式的区别

装配式建筑是以建筑为最终产品的经营理念，采用一体化、工业化的建造方法，建立了对整个项目实行整体策划、全面部署、协同运营的管理方式。而传统的建造方式是以现场手工作业为主，设计与生产、施工脱节，运营管理碎片化，追求各自承包商的效益效率。装配式建筑与传统建造方式相比实现了房屋建造方式的创新和变革，全面提高建筑工程的质量、安全、效率和效益。装配式建筑与传统建造方式之间的区别见表 13-1。

表 13-1　装配式建筑与传统建造方式之间的区别

内容	传统建造方式	装配式建筑
设计阶段	不注重一体化设计 设计专业协同性差 设计与施工相脱节	标准化，一体化设计 信息化技术协同设计 设计与施工紧密结合
施工阶段	现场施工湿作业，手工操作为主 工人综合素质低，专业化程度低	设计施工一体化，构件生产工厂化 现场施工装配化，施工队伍专业化
装修阶段	以毛坯房为主，采用二次装修	集成定制化部品，现场快捷安装 装修与主体结构一体化设计、施工
验收阶段	竣工分部、分项抽检	全过程质量检验、验收
管理阶段	以包代管，专业协同弱 依赖农民工劳务市场分包 追求设计与施工各自效益	工程总承包管理模式 全过程的信息化管理 项目整体效益最大化

3. 装配式建筑的优势与不足

装配式建筑的优势在于以下五个方面：

（1）建筑产品的高品质 在拥有新技术的工厂中，采用完备的品质管理方式进行生产，制造出品质均一、高精度的建筑产品。

（2）工厂的高质量 将许多现场作业在工厂进行，通过标准化与规格化的方法保障了施工的简易、高品质。

（3）工期的效率高 采用避免受现场工人技能制约的工厂生产方法，既可减少现场作业，也可大幅度缩短工期。

（4）高性价比的成本 通过工厂生产的成本管理方法，可准确地控制工程成本。

（5）技术和性能的高附加值 采用特定预制工法技术，在工厂可实现现场难以实现的高附加值的技术与性能。

装配式建筑的不足之处是整体性较差；技术基础差，装配式建筑的设计与施工还缺乏完善的规范和质量管理标准，缺乏足够的设计与施工经验；安装精度要求高；运输成本高；初期工程造价高。

装配式并不会自动带来质量提高、成本降低和节能环保等效果。装配式优势的实现与规范的适宜性、结构体系的适应性、设计的合理性和管理的有效性密切相关。

装配式建筑的限制条件
装配式建筑的内涵与外延

13.2 装配式混凝土建筑

13.2.1 装配式混凝土建筑定义与分类

1. 装配式混凝土建筑的定义

（1）装配式建筑 装配式建筑是指由预制部件通过可靠连接方式建造的建筑。装配式建筑有两个主要特征：第一是构成建筑的主要构件特别是结构构件是预制的；第二是预制构件的连接必须可靠。

按照国家标准《装配式混凝土建筑技术标准》（GB/T 51231—2016）的定义，装配式建筑是“结构系统、外围护系统、内装系统、设备与管线系统的主要部分采用预制部品部件集成的建筑”。这个定义强调装配式建筑是四个系统（而不仅仅是结构系统）的主要部分采用预制部品部件集成。

（2）装配式混凝土建筑 按照国家标准《装配式混凝土建筑技术标准》（GB/T 51231—2016）的定义，装配式混凝土建筑是指“建筑的结构系统由混凝土部件（预制构件）构成的装配式建筑”。

2. 装配式混凝土建筑的分类

（1）按建筑高度分类 低层装配式建筑、多层装配式建筑、高层装配式建筑、超高层装配式建筑。

（2）按结构体系分类　有框架结构、框架—剪力墙结构、筒体结构、剪力墙结构、无梁板结构、空间薄壁结构、悬索结构、预制钢筋混凝土柱单层厂房结构等。

（3）按预制率分类　《装配式建筑评价标准》（GB/T 51129—2015）中，“预制率”是指工业化建筑室外地坪以上的主体结构和围护结构中，预制构件部分的混凝土用量占对应构件混凝土总用量的体积比；“装配率”即工业化建筑中预制构件、建筑部品的数量（或面积）占同类构件或部品总数量（或面积）的比率。

装配建筑按预制率分为：小于 5% 为局部使用预制构件；5%~20% 为低预制率；20%~50% 为普通预制率；50%~70% 为高预制率；70% 以上为超高预制率。

（4）按预制构件连接方式分类　装配混凝土建筑分为装配整体式混凝土结构和全装配式混凝土结构。

装配整体式混凝土结构是指“由预制混凝土构件通过可靠的方式进行连接并与现场后浇混凝土、水泥基灌浆料形成整体的装配式混凝土结构”。简而言之，装配整体式混凝土结构的连接“湿连接”为主。这种结构具有较好的整体性和抗侧向力性能，抗震性能好。目前，大多数多层和全部高层、超高层装配式混凝土建筑都是装配整体式，有的低层装配式建筑也采用装配整体式。

全装配式混凝土结构是指预制构件靠干法连接（如螺栓连接、焊接等）形成整体的装配式结构。预制钢筋混凝土柱单层厂房属于全装配式混凝土结构。国外许多低层建筑和抗震设防烈度低的地区的多层建筑也常常采用全装配式混凝土结构。

13.2.2　装配式混凝土建筑设计概述

装配式混凝土建筑设计首先应当依据国家标准、行业标准和项目所在地的地方标准进行设计。除了执行混凝土结构建筑有关标准外，还应当执行《装配式混凝土建筑技术标准》（GB/T 51231—2016）和行业标准《装配式混凝土结构技术规程》（JGJ 1—2014）及地方标准。

1. 装配式混凝土建筑设计的特点

1）需要进行集成，即一体化设计。既有一个系统内的集成，如结构系统内将柱与梁、梁与墙板设计成一体化构件；又包括不同系统的集成，如将结构系统剪力墙与建筑系统的保温、外装饰设计成一体化的外墙夹芯保温板。

2）需要建筑设计师、结构设计师、水电暖通设备设计师和装修设计师密切协同。“装配式”概念应伴随各个专业设计全过程。

3）装修设计被纳入到设计体系，并不再是工程后期或完工后再设计，而是提前到施工图设计阶段。

4）设计人员须与制作厂家和安装施工单位技术人员密切协同，在方案设计阶段就需要进行协同。

5）设计要求精细化、模式化和标准化。

6）整个设计过程须具有高度的衔接性、互动性。

2. 装配式混凝土建筑主要设计内容

（1）设计前期　工程设计尚未开始时，关于装备式的分析就应当先行。设计者需要做的工作包括了解当地政府关于装配式的要求，如装配率要求等；对约束条件进行调查，包括环境条件、道路情况等，判断是否有条件进行装配式；对项目是否适合做装配式进行定量的技术分析，主要是装配式对实现建筑功能的适宜性，装配式实现技术目标的便利性等；对项目是否适合做装配式进行定量的经济分析，主要分析成本增加；做出是否做或如何做装配式的定性结论供甲方参考。

（2）方案设计阶段 在方案设计阶段，建筑师与结构设计师需根据装配式混凝土建筑的结构特点和有关规范的规定确定方案。内容包括装配式与建筑功能适应；通过综合技术经济分析，选择适宜的结构体系；在确定建筑风格、造型、质感时分析判断装配式的影响和实现可能性；在确定建筑高度时考虑装配式的影响；在确定形体时考虑装配式的影响；如果政府对建设项目设定了预制率要求，须考虑实现这些要求的初步方案。

（3）施工图设计阶段 建筑设计、结构设计都有关于装配式的内容，结构设计中的拆分设计与构件设计是装配式结构设计非常重要的环节。其他专业设计，如给水、排水、暖通、空调、设备、电气、通信、装修等专业须将与装配式有关的要求，准确定量地提供给建筑师和结构工程师；对集成部品提出本专业设计要求，设计接口方式、位置和具体构造；实行管线分离和同层排水时，进行相关设计。

建筑设计关于装配式的内容包括与结构工程师确定预制范围，哪一层、哪个部分预制；设定建筑模数，确定模数协调原则；进行平面布置时考虑装配式的特点和要求；进行立面设计时考虑装配式的特点，确定立面拆分原则；依照装配式特点与优势设计表皮造型与质感；进行外围护结构建筑设计，尽可能实现建筑、结构、保温、装饰一体化；设计外墙预制构件接缝防水防火构造；组织各专业进行集成化设计，设计或选型部品部件；根据门窗、装饰、厨卫、设备、电源、通信、避雷、管线、防火等专业和环节的要求，进行建筑构造设计和节点设计，与构件设计对接；将各专业对建筑构造的要求汇总等。

3. 装配式混凝土建筑设计必须强调设计协同

（1）装配式建筑的设计协同非常重要，主要有以下几个方面

1）约束条件的限制。装配式建筑的实施和效果实现受到环境、制作、运输和安装条件的约束，必须详细了解这些限制约束条件，做出能相对容易实现的设计。

2）集成的需要。装配式建筑需要进行各个系统和不同系统的集成设计，设计部品部件需要各个专业的密切协同，需要设计与制作工厂的密切协同。

3）不准砸墙凿洞，不宜采用后锚固方式。装配式混凝土建筑禁止在预制构件上砸墙凿洞，原则上不采用后锚固方式（打孔时容易把钢筋打断或破坏保护层），由此，各个专业各个环节的预埋件都必须设计到构件制作图中。

4）对遗漏和错误不宽容。装配构件在工厂制作，一旦到施工现场才发现问题，很难补救，会造成重大损失。

（2）设计协同的主要内容

设计协同的主要内容包括各专业的协同设计，与构件预制工厂的协同设计，与部品制作工厂的协同设计，与施工安装企业的协同设计等。

各专业的协同设计主要内容包括拆分设计对建筑功能、艺术效果、结构功能和各专业的影响与协调；结构、围护、保温、装饰一体化的夹芯保温板的相关专业协同；集成式部品设计或选型以及接口设计的各专业协同；水、电、暖、通、设备各专业对预制构件的预埋件、预埋物和预留孔洞要求；水、电、暖、通、设备各专业之间的设计协同，避免“撞车”；实行管线分离时，设备与管线系统各专业与建筑、结构和内装设计的协同；实行同层排水时，设备与管线专业与建筑结构设计的协同；防雷设计与构件设计的协同；内装修设计与建筑、结构和各专业的协同，装修预埋件、预留孔洞在构件上的预留等。

13.2.3　装配式混凝土建筑标准化设计

1. 装配式混凝土建筑的构件分类概述

装配式建筑中预制构件的分类是装配式建筑设计的基础。合理的构件分类方式可以高效地组织设计、生产、运输、装配和维护等过程，是装配式建筑全生命周期的重要保障。构件分类方法应当适应工业化生产和装配式施工，应当符合设计标准化、构件部品化、施工机械化等发展趋势，从而实现装配式建筑产业的可持续发展。

根据构件在建筑中的结构作用，可以将构件划分为起承重作用的结构构件和非承重结构构件。根据构件在建筑中的使用寿命来进行划分，有些构件与建筑同生命周期，如主要的承重结构构件应考虑 50 年以上使用寿命。有些构件的使用应考虑为建筑的半生命周期，可以在中途进行修缮和更换，如建筑外围护结构。有些构件的使用周期可以考虑为一代人的使用时间，如住宅中的内隔墙，在设计时就应考虑到如何拆除。还有一些构件限于材料等因素，其使用时间本身就不长，如露明的管线、墙体填缝剂等，在设计时应充分考虑使用时间的因素。

构件的分类原则是应当既能区分开不同使用性质的构件，同时又有利于构件之间的连接。考虑到构件的承重性质与寿命周期，并结合其在建筑中的不同作用与生产条件，通常将建筑构件主要划分为结构体、围护体、分隔体、设备体和装修体五部分。这五部分在承重性质与使用寿命上无必然联系，因此在设计、生产与装配中应尽可能考虑其独立性，并充分考虑各部分之间的连接关系。

结构体指的是建筑的承重构件。钢筋混凝土结构主要包括框架结构、剪力墙结构、框架—剪力墙结构、框架—筒体结构等，其结构体竖向主要是柱和剪力墙，横向主要为梁和楼板。建造过程中，结构体的设计、生产和装配往往是最重要的，是衡量建筑工业化发展程度的重要指标。

围护体主要指的是建筑立面的围护构件。围护体根据重量可以大体区分为重型和轻型两类。围护体重量较大会对结构计算以及抗震计算有较大影响，轻型围护体对结构计算影响不大，主要考虑构造上的设计。重型围护体以混凝土外挂墙板为代表，在造价和性能上都有较大的优势，轻型围护体以玻璃幕墙为代表，在建筑造型上具有较大优势，但价格一般较高，在建筑性能上也不及混凝土等重型材料。

在建筑设计中，应考虑重型围护体和轻型围护体相结合的方式，以重型围护体解决主要的功能性立面，以轻型围护体解决特殊部分立面。

分隔体指的是建筑内部用以划分具体使用空间的竖向分隔构件，分隔体全部位于建筑室内，所以性能要求相对降低，常见的材料和构造做法也更为多样。

装修体指的是结构体、围护体、分隔体组成的建筑空间雏形初现后使得建筑内部空间能够被正式使用的各种装修构件，主要包括建筑必不可少的水、暖、电设施以及地面、吊顶和各个内立面的装饰。一般来说，装修体依附于内分隔体和外围护体。集成化家具，如整体卫浴、整体厨房等，是装修体实现工业化的重要组成部分。

设备体指的是建筑中常见的功能性和性能型设备，一般包含较大的机械设备，如空调、整体卫生间、整体厨房等。设备体通常专业化、集成化程度较高，是提升装配率的重要指标之一。

2. 装配式混凝土建筑标准构件和非标准构件

建筑是一个复杂的系统，其结构体、围护体、分隔体、装修体和设备体本身就由各种不同的物品所构成，再加上这五体相互之间还要进行连接，使得建筑策划、设计、生产、装配、使用、维修和拆除都越来越复杂。在这种情况下，应将建筑中的构件进行归并，使得尽量多的构件相同或相近，并使得连接方法尽量归并，可以大大地减少不同的构件数，方便设计、生产、装配等各个环节。

为了平衡建筑工业化大生产所要求的构件少和建筑多样性之间的矛盾，在建筑设计中可以考虑将构件区分为标准构件和非标准构件。建筑标准构件不单单应用于某一个和某一组建筑，而是整个国家或者区域内的建筑都可以套用的标准构件。建筑非标准构件则可以独立应用于某一个或某一组建筑，可以使得每个建筑有其独特性，建筑非标准构件带来的材料成本、施工成本、维护成本等的增加，可在采用非标准构建带来的增值中被抵消，从而达到双赢的效果。

建筑标准构件和非标准构件之间并不存在不可逾越的鸿沟。如当标准构件生产到最后几步工序时，如果将每个标准构件单独加工处理，即可在同一基础上获得各不相同的非标准构件，既可以保证大的尺度上的一致，又能得到各不相同的非标准构件，这样可以大幅降低非标准构件的成本，同时保证构造连接的一致性，是一种较为可行的非标准构件的生产方法。

结构体的构件设计应尽量是标准构件，宜减少非标准构件数量。

围护体的构件设计应在标准构件与非标准构件之间取得均衡。如住宅、办公、工业建筑等，应尽量通过围护体标准构件的不同排列组合取得丰富的立面效果；对于商业、文化建筑等一些对造型要求较高的建筑，如预算及建造工艺许可，则不应局限于标准构件，可以通过非标准围护构件直接建造。

分隔体的构件设计应尽量符合标准构件的设计标准。对于主要使用空间，应使分隔体的类型尽量少；对于楼梯间、厕所和设备间等辅助空间的分隔，由于空间狭小或曲折，其内分隔体往往不得不采用非标准构件，这种情况下应充分考虑施工的难易，从而选择合适的材料，避免产生太多的非标准构件。

在标准层的设计中，宜多使用标准构件进行设计和建造，以此控制建筑质量并产生较大的经济效益。可以考虑在建筑顶部和低层裙房部分，在标准构件的基础上适当增加非标准构件，是使得建筑更加丰富的有效途径。

随着建造体系的发展和成熟，装配式建筑标准构件应当形成构件库，在建筑标准的引导下，完善设计、生产、运输、装配和维护产业链，形成一套完整的系统。在今后的设计中，标准构件应当可以直接套用，同时可以完善建造全流程。设计师应当在充分了解标准构件库的基础上，利用构件库结合非标准构件进行设计，可以有效提升建筑质量，缩短建筑工期，降低建筑成本。

标准构件所占比例是衡量装配式建筑设计水平的重要评定指标。基于标准构件的建筑设计，有利于实现较高的预制装配率，有利于部品构件的通用化使用，有利于装配式建筑的可持续发展。

3. 装配式混凝土建筑标准化设计原则

装配式建筑标准化设计的基本原则就是要坚持“建筑、结构、机电、内装”一体化和“设计、加工、装配”一体化，就是从模数统一、模块协同，少规则、多组合，各专业一体化考虑，实现平面标准化、立面标准化、构件标准化和部品部件标准化。

平面标准化的组合实现各种功能的户型，立面标准化通过组合来实现多样化，构件标准化、部品标准化需要满足平面立面多样化的尺寸要求。

装配式建筑在具体设计中，应注意以下问题：

装配式建筑的平面宜简单、规则，凸出与挑出部分不宜过大，平面凹凸变化不宜过多过深，并在充分考虑不同使用功能的前提下选用大空间的平面布局方式。装配式建筑应采用基本模数或扩大模数的方法实现建筑模数协调。

装配式建筑的立面围护结构宜采用工厂预制、工位吊装的方式。

装配式混凝土结构宜采用规则的结构体系，可采用框架结构、剪力墙结构、框架—剪力墙结构。高层装配式混凝土剪力墙结构、框架—剪力墙结构的竖向受力构件宜采用全部现浇或部分现浇。高层装配式混凝土结构应采用预制叠合楼板或现浇楼板；装配式结构中，平面复杂和开洞过大的楼层、作为上部结构嵌固部分的地下室顶板应采用现浇楼盖结构，高层装配式结构的地下室宜采用现浇结构。

装配式建筑宜采用土建和装修一体化设计。装配式建筑的设备管线应进行综合设计，减少平面交叉；竖向管线应相对集中布置。装配式住宅建筑中，厨房、卫生间的设备管线宜采用结构层与设备层分离的方式。

13.2.4　装配式混凝土建筑结构连接方式

1. 主要连接方式

预制构件与现浇混凝土的连接，预制构件之间的连接，是装配式混凝土结构最关键的技术环节，是设计的重点。

装配式混凝土结构的连接方式分为两类：湿连接和干连接。

湿连接是混凝土或水泥基浆料与钢筋结合的连接方式，适用于装配整体式混凝土结构连接。湿连接的核心是钢筋连接，包括套筒灌浆、浆锚搭接、机械套筒连接、注胶套筒连接、绑扎连接、焊接、锚环钢筋连接、钢索钢筋连接、后张法预应力连接等。湿连接还包括预制构件与现浇接触界面的构造处理，如键槽和粗糙面；以及其他方式的辅助连接，如型钢螺栓连接。

(1)套筒灌浆连接　套筒灌浆连接是装配整体式结构最主要最成熟的连接方式，目前在日本应用最多，用于很多超高层建筑，最高的装配式建筑是 208m 高的日本大阪北浜大厦。套筒灌浆连接在日本的装配式混凝土建筑中经历过多次地震的考验，是可靠的连接技术。

套筒灌浆连接的工作原理是：将需要连接的带肋钢筋插入金属套筒内“对接”，在套筒内注入高强早强且有微膨胀特性的灌浆料，灌浆料在套筒筒壁和钢筋之间形成较大的正向应力，在带肋钢筋的粗糙表面产生较大的摩擦力，由此得以传递钢筋的轴向力（图 13-2）。

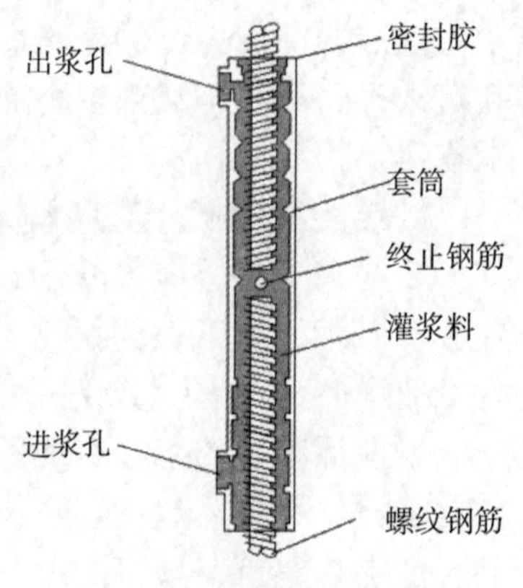

图 13-2　套筒灌浆示意图

（2）浆锚搭接　浆锚搭接的工作原理是：将需要连接的带肋钢筋插入预制构件的预留孔道里，预留孔道内壁是螺旋形的。钢筋插入孔道后，在孔道内注入高强早强且有微膨胀特性的灌浆料，锚固住插入钢筋。在孔道旁边，是预埋在构件中的受力钢筋，插入孔道的钢筋与之“搭接”，两根钢筋共同被螺旋筋或箍筋所约束（图 13-3）。

浆锚搭接螺旋孔成孔有两种方式，一是埋设金属波纹管成孔，二是用螺旋内膜成孔，前者在实际应用中更为可靠一些。

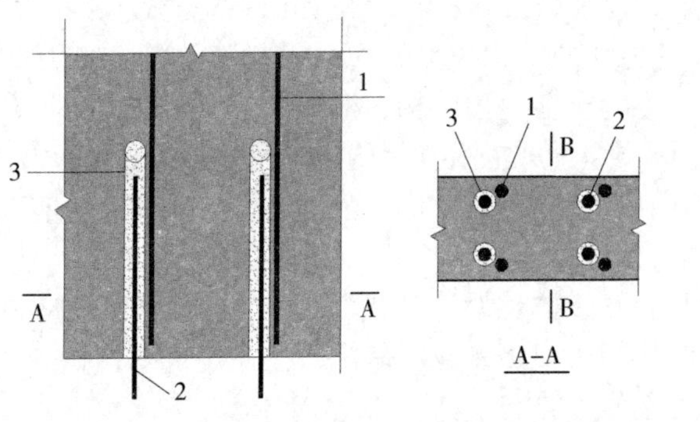

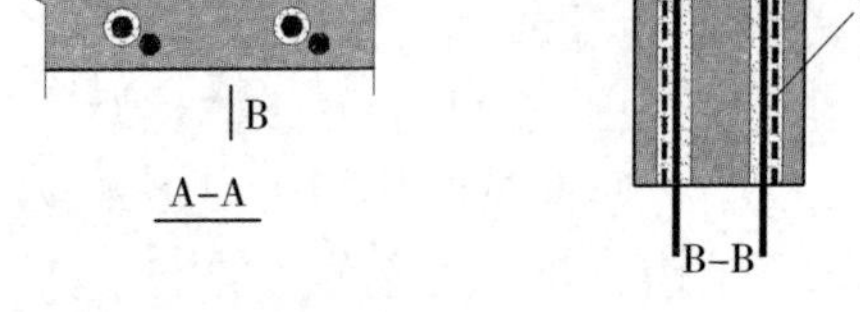

图 13-3　浆锚搭接连接构造示意

1—上部预制剪力墙竖向钢筋　2—下部预制剪力墙竖向钢筋　3—预留灌浆孔道

（3）后浇混凝土　后浇混凝土是指预制构件安装后在预制构件连接区或叠合层现场浇筑的混凝土。在装配式建筑中，基础、首层、裙楼、顶层等部位的现浇混凝土，称为现浇混凝土；连接和叠合部位的现浇混凝土称为后浇混凝土。

后浇混凝土是装配整体式混凝土结构的非常重要的连接方式。到目前为止，世界上所有的装配整体式混凝土结构建筑，都会有后浇混凝土。

（4）粗糙面与键槽　预制混凝土构件与后浇混凝土的接触面须做成粗糙面或键槽，以提高抗剪能力。实验表明，不计钢筋作用的平面、粗糙面、键槽混凝土抗剪能力的比例关系是：1 ∶ 1.6 ∶ 3，就是说粗糙面抗剪能力是平面的 1.6 倍，键槽是平面的 3 倍。所以，预制构件与后浇混凝土接触面或做成粗糙面，或做成键槽，或两者兼有。

粗糙面和键槽的实现方法：

1）粗糙面。对于压光面（如叠和板叠合梁表面）在混凝土初凝前“拉毛”形成粗糙面。对于模具面（如梁端、柱端表面），可在模具上涂刷缓凝剂，拆模后用水冲洗未凝固的水泥浆，露出骨料，形成粗糙面。

2）键槽。键槽是靠模具凹凸成型的（图 13-4）。

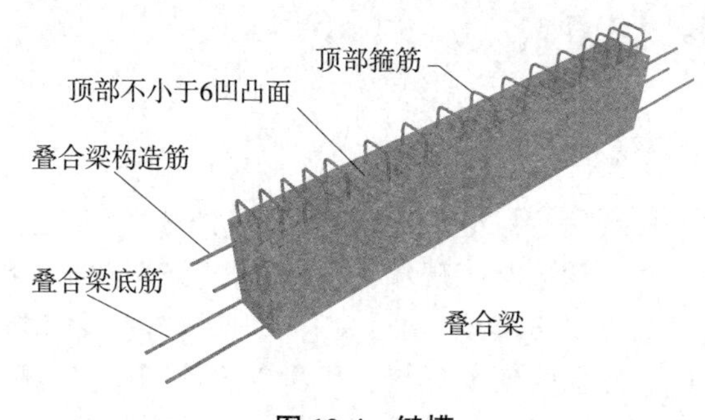

图 13-4　键槽

干连接主要借助于埋设在混凝土构件的金属连接件进行连接，如螺栓连接、焊接等。

2. 连接方式适用范围

装配式结构连接方式及适用范围见表 13-2，套筒灌浆连接方式是竖向构件最主要的连接方式。

表 13-2　装配式结构连接方式及适用范围

<table>
<tr><th colspan="2">类别</th><th>连接方式</th><th>可连接的构件</th><th>适用范围</th></tr>
<tr><td rowspan="17">湿连接</td><td rowspan="3">灌浆</td><td>浆锚搭接</td><td rowspan="3">柱、墙</td><td rowspan="2">小于 3 层或 12m 的框架结构，二、三级抗震的剪力墙结构</td></tr>
<tr><td>金属波纹管浆锚搭接</td></tr>
<tr><td>套筒灌浆</td><td>各种结构体系高层建筑</td></tr>
<tr><td rowspan="7">后浇混凝土钢筋连接</td><td>螺纹套筒钢筋连接</td><td rowspan="3">梁、楼板</td><td rowspan="6">各种结构体系高层建筑</td></tr>
<tr><td>挤压套筒钢筋连接</td></tr>
<tr><td>注胶套筒连接</td></tr>
<tr><td>环形钢筋绑扎连接</td><td>墙板水平连接</td></tr>
<tr><td>钢筋焊接</td><td rowspan="2">梁、楼板、阳台板、挑檐板、楼梯板固定端</td></tr>
<tr><td>直钢筋绑扎搭接</td></tr>
<tr><td>直钢筋无绑扎搭接</td><td>双面叠合板剪力墙、圆孔剪力墙</td><td>剪力墙体结构体系高层建筑</td></tr>
<tr><td rowspan="3">后浇混凝土其他连接</td><td>套环连接</td><td rowspan="2">墙板水平连接</td><td>各种结构体系高层建筑</td></tr>
<tr><td>绳索套环连接</td><td>多层框架结构和低层板式结构</td></tr>
<tr><td>型钢</td><td>柱</td><td>框架结构体系高层建筑</td></tr>
<tr><td rowspan="2">叠合构件后浇混凝土连接</td><td>钢筋折弯锚固</td><td>叠合梁、叠合板、叠合阳台等</td><td rowspan="2">各种结构体系高层建筑</td></tr>
<tr><td>钢筋锚板锚固</td><td>叠合梁</td></tr>
<tr><td rowspan="2">预制混凝土与后浇混凝土连接截面</td><td>粗糙面</td><td>各种接触后浇混凝土的预制构件</td><td rowspan="2">各种结构体系高层建筑</td></tr>
<tr><td>键槽</td><td>柱、梁等</td></tr>
<tr><td colspan="2" rowspan="2">干连接</td><td>螺栓连接</td><td rowspan="2">楼梯、墙板、梁、柱</td><td rowspan="2">楼梯适用各种结构体系高层建筑，主体结构构件适用框架结构或组装墙板结构低层建筑</td></tr>
<tr><td>构件焊接</td></tr>
</table>

13.3 装配式钢结构建筑

13.3.1 装配式钢结构建筑概述

装配式钢结构是按照统一、标准的建筑部品规格与尺寸，在工厂将钢构件加工制作成房屋单元和部件，然后运至施工现场，再通过连接节点将各单元或部件装配成一个结构整体。装配式钢结构易于实现工业化、标准化、部品化的制作，且与之相配的墙体材料可以采用节能、环保的新型材料，可再生重复利用。装配式钢结构不仅可以改变传统的结构模式，而且可以替代传统建筑材料（砖石、混凝土和木材），真正实现了标准化设计。

装配式钢结构建筑体系包括主体结构体系、围护体系（三板体系：外墙板、内墙板、楼板层）、部品部件（阳台、楼梯、整体卫浴、厨房等）、设备装修（水电暖、装修装饰）等。因为具有良好的机械加工性能，适合工厂化生产和加工制作；与混凝土相比，钢结构较轻，适合运输、装配；钢结构适合于高强螺栓连接，便于装配与拆卸。所以，钢结构是最适合工厂化装配式的结构体系。

装配式钢结构建筑在钢结构住宅建筑和公共建筑中应用广泛，接受程度高，它具有以下优点：

1）装配式钢结构重量轻、强度高、抗震性能好。

2）装配式钢结构符合建筑工业化要求。钢结构建筑更容易实现设计的标准化与系列化、构配件生产的工厂化、现场施工的装配化、完整建筑产品供应的社会化。

3）装配式钢结构的综合效益较高。装配式钢结构建筑在造价和工期方面，具有一定的优势。结构构件截面尺寸小，开间尺寸灵活，可增加有效使用面积。结构自重小，降低了基础处理的难度和费用。建筑部件流水线生产，减少了人工费用和模板费用等。

4）装配式钢结构的维护结构体系可更换。装配式钢结构设计为 SI（Skeleton Infill）体系理念，其含义是将建筑分为“支撑体”与“填充体”两大部分。“S”包含了所有梁、柱、楼板及承重墙、共用设备管网等主体结构构件；“I”包含了户内设备管网，室内装修、非承重外墙及分户墙。在使用过程中，由于承重体系和维护体系的使用寿命不同，可在原钢结构支撑体系上进行维护结构体系的拆除和更换。新型轻质围护板材，耐久性好且施工简便，管线可暗埋在墙体及楼层结构中，内墙一般可采用轻质板材，增加使用面积，可重新分割空间改变使用功能。

5）装配式钢结构具有绿色环保的优点。钢结构改建和拆迁容易，材料的回收和再利用率高；而且采用装配化施工的钢结构建筑，占用的施工现场少，施工噪声小，可减少建造过程中产生的建筑垃圾；同时在建筑使用寿命到期后，拆卸后产生的建筑垃圾仅为钢筋混凝土结构的 1/4，废钢可回炉重新再生，做到资源循环利用。

装配式钢结构建筑存在的问题

13.3.2　装配式钢结构体系

装配式钢结构建筑体系依据建筑高度及层数，可以分为多层钢结构体系和中高层钢结构体系两大类。其中多层装配式钢结构体系包括集成房屋结构体系、模块化结构体系、冷弯薄壁型钢结构体系和轻型钢框架体系等，主要用于别墅、酒店、援建等项目。中高层装配式钢结构体系包括纯钢框架体系、钢框架—支撑体系、钢框架—剪力墙体系、钢框架—核心筒体系，主要用于住宅、办公楼等项目。

低多层装配式钢结构体系
中高层装配式钢结构体系
新型装配式钢结构体系

由于新型承重构件截面形式、新型梁柱构造形式节点、新型抗侧力体系和新型围护材料或连接的采用，许多新型装配式钢结构体系会不断出现。

13.3.3　装配式钢结构建筑楼面与围护结构体系

1. 楼（屋）面板体系

装配式钢结构建筑应尽量采用轻质高强的楼板形式，同时也可以达到标准化设计、工厂化生产，与装配式钢结构体系相适应。

装配式钢结构建筑的楼（屋）面板可以采用以下几种类型：现浇钢筋混凝土板、预制混凝土叠合楼板、钢筋桁架组合板、压型钢板—混凝土组合板和轻质板。为了楼面板和屋面板的施工便捷，且考虑楼板与下部支撑钢梁的共同工作，目前在装配式钢结构建筑中常采用压型钢板—混凝土组合板和钢筋桁架组合板。

无论采用何种楼板，均应保证楼板的整体牢固性，保证楼板与钢结构的可靠连接，具体可以采用在楼板与钢梁之间设置抗剪连接件或将楼板预埋件与钢梁焊接等措施来实现。全预制装配式楼板的整体性能较差，因此需要采用更强的措施来保证楼板的整体性。对于装配整体式的叠合板，一般当现浇的叠合层厚度大于 80mm 时，其整体性与整体式楼板的差别不大，因此可以适用于更高的高度。常见楼板体系性能的对比见表 13-3。

表 13-3　常见楼板体系性能的对比

楼板种类	现浇混凝土楼板	压型钢板组合楼板	钢筋桁架楼承板	预制混凝土叠合楼板
装配化	无	部分装配化	部分装配化	部分装配化
施工效率	湿作业量大 施工效率低	湿作业量大 施工效率快	湿作业量大 施工效率快	湿作业量少 施工效率高
楼板刚度	大	大	大	较大
楼层净高	大	小	大	大
防火与防腐	不需要	需要	不需要	不需要
吊顶	不需要	需要	依据拆模	不需要
造价	低	较高	较高	适中

2. 外墙板围护系统

钢结构的外墙板必须满足轻质高强、工厂化生产、现场装配化施工的要求，且与钢结构体系的安装相匹配。

（1）外墙板种类 外墙围护系统中外墙板部品可以分为内嵌式、外挂式、嵌挂结合三种形式，并宜分层悬挂或承托。目前，装配式钢结构建筑中常用的外墙类型主要有预制砌块、预制条板、轻钢龙骨大板和轻质混凝土复合大板。

1. 现浇钢筋混凝土楼板　2. 压型钢板—混凝土组合楼板
3. 钢筋桁架混凝土组合板　4. 预制预应力叠合楼板
5. PK 预制预应力叠合板
6. 预制砌块、预制条板、轻钢龙骨大板和轻质混凝土复合大板。

常见围护外墙性能的对比见表 13-4。

表 13-4　常见围护外墙性能的对比

墙板种类	预制砌块	预制条板	大板（轻钢龙骨）	大板（轻质混凝土）
装配化	低	一般	高	高
施工效率	湿作业量大 施工效率低	部分湿作业 施工效率较高	湿作业极少 施工效率高	湿作业极少 施工效率高
连接构造	简单	一般	较复杂	较复杂
集成化	无	较低	高	高
造价	低	一般	较高	较高

（2）外墙板设计

1）一般规定。外墙板设计时应满足下列功能要求，且需符合现行国家相关标准的规定：

①保温隔热、隔声、防水抗渗、抗冻融、防火、防雷和装饰美观的要求。

②自承重、抗震、抗风、抗冲击、抗变形等结构承载力和刚度的要求。

③连接件、墙体和装饰面层的设计使用年限的要求。

④外墙构件应符合模数化、工厂化（或现场统一制作）的要求，并便于运输和安装。

⑤外墙板宜积极提高预制装配化程度，可选用、发展和推广各类新型外墙。

⑥外墙板（条板或大板）应满足制作、运输、堆放、吊装、连接、接缝处处理等工艺技术要求。

⑦外墙板标准化设计应满足互换性的要求。

⑧外墙板的力学性能指标应符合相关规范要求。

2）装配式钢结构建筑的外墙板的构造要求。应根据墙板构件可能出现的相对于钢框架结构的变形形式来确定具体连接方法和构造，且需综合考虑以下因素：各节点的承重、固定或可动的单一或组合功能；外墙板部件的更换；连接件的耐久性；操作空间和安装方法；施工误差的调节；连接件的"热桥"。

外墙板与主体钢结构连接节点如图 13-5 所示。

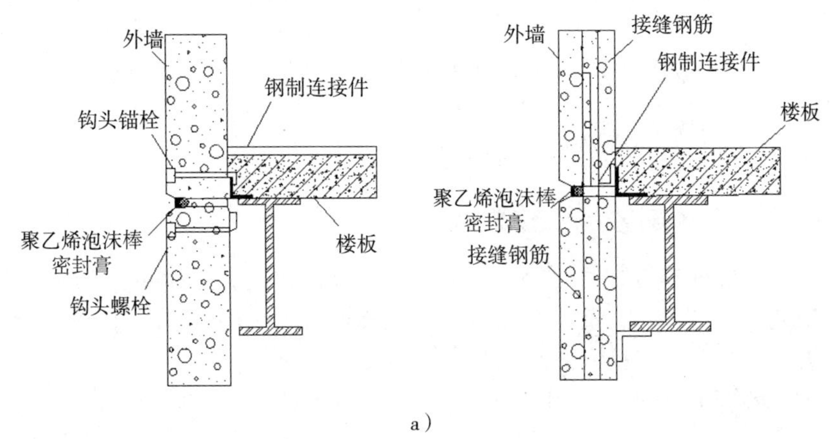

a）

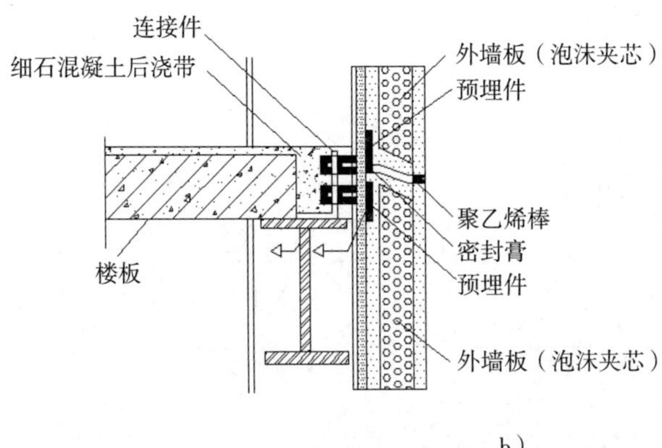

b）

图 13-5　外墙板与主体钢结构连接节点

a）蒸压轻质加气混凝土 NALC 板外墙　b）钢丝网架聚苯泡沫夹芯大板外墙

3. 内墙板系统

（1）内墙板种类　内墙板系统主要采用无机非金属墙板，目前主要有 NALC 板、轻质混凝土隔墙、植物纤维复合隔墙、空心石膏墙板和粉煤灰泡沫水泥墙板等。预制内隔墙的出现逐步取代了分室分户及非承重墙由空心砖和混凝土砌块砌筑而成的施工方式。预制内隔墙具有质地轻、抗渗性好、绿色环保、强度高、隔声性能和防火性能佳、施工便捷、造价低等优点。

（2）内墙板设计要求　装配式钢结构建筑内墙板设计时应满足下列要求，且需符合现行国家相关标准的规定：

1）分户墙应满足隔声、防护和防火要求，对供暖地区的分户墙，尚需满足保温要求；内隔墙应满足分隔户内空间的要求，厨房、卫生间的内隔墙应满足防水和吊挂的要求。

2）满足自承重、抗震、抗变形等自身结构承载力和刚度的要求。内墙板自重所产生的水平地震作用标准值应符合规定。

3）在7度以上抗震设防地区，内墙和钢框架结构的梁、柱构件之间应设置变形孔隙。

4）预制装配式分户墙体、内隔墙板应满足制作、运输、堆放、吊装、连接、管线设置、接缝处理等工艺要求。

5）分户墙板、内隔墙应满足互换性的要求。

13.3.4 装配式钢结构连接节点

钢结构构件的连接方法可分为焊接连接、铆钉连接和螺栓连接，由于铆钉连接自身施工工艺的特殊性，目前，钢结构工程主要采用焊接连接和螺栓连接。对装配式钢结构建筑，构件节点连接方式宜采用螺栓连接。

1. 主构件连接节点

（1）梁柱节点 在实际钢结构工程中，钢梁与钢柱连接节点宜采用钢柱贯通型，也可采用钢梁贯通型和和隔板贯通型（图13-6）。

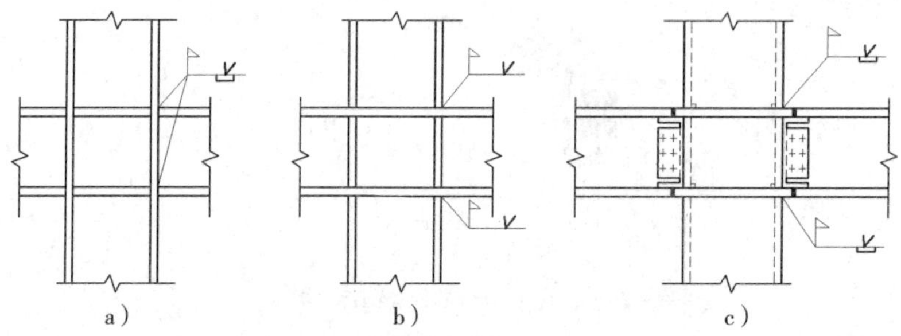

图13-6 钢梁与钢柱连接节点

a）钢柱贯通型 b）钢梁贯通型 c）隔板贯通型

在装配式钢结构中，方钢管截面构件相对于H形截面构件具有独特优势。方钢管作为柱构件与H形钢梁框架节点的连接形式受方钢管截面形式限制，与H形梁柱节点构造有很大不同。方钢管柱与H形钢梁节点主要集中在以下四种连接方式：内隔板（水平加劲肋）式、贯通横隔板式、外隔板式、高强度螺栓端板式。

（2）柱脚节点 根据结构的不同受力特点，钢柱脚节点连接可分为两种类型：铰接柱脚和刚接柱脚。铰接钢柱脚仅传递垂直力和水平力；刚接钢柱脚除了传递垂直力和水平力外，还需要传递弯矩（图13-7）。

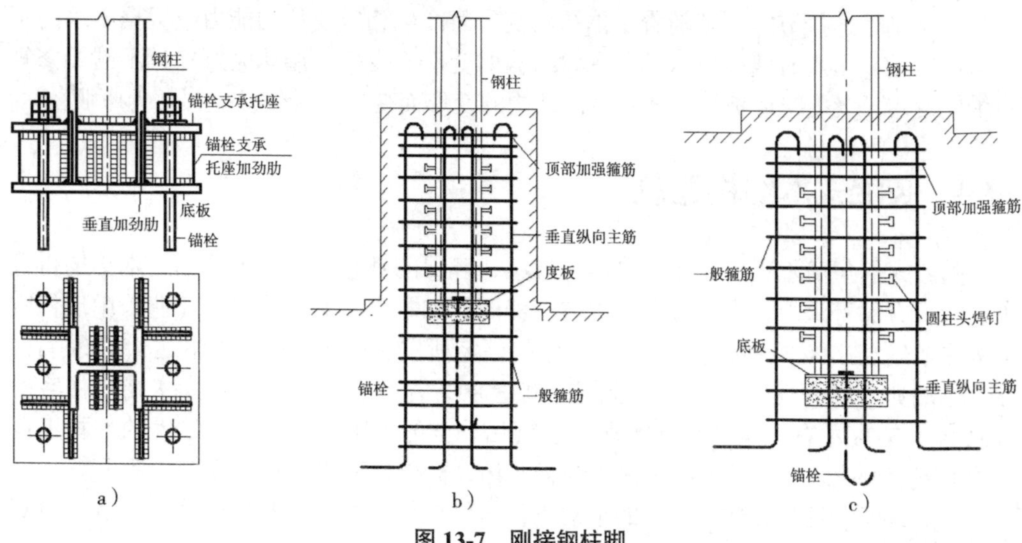

图 13-7　刚接钢柱脚

a）外露式　b）外包式　c）埋入式

2. 围护墙体连接节点

装配式钢结构中的围护墙板与主体结构的连接主要分为两种：柔性连接和刚性连接。柔性连接可以使墙板产生较大的位移，但是对主体结构的强度和刚度没有贡献；刚性连接使墙板与主体结构同步变形，对主体结构的强度和刚度有较大贡献，但在外力作用下，墙板内部会产生较大的内力。

（1）柔性连接节点　一般是将预埋件预埋在墙板和主体结构中，然后在预埋件或钢梁上焊接角钢件或 T 形件，再通过螺栓将墙板和主体结构连接起来。为了释放水平荷载作用下的墙板的变形，螺栓孔一般设置为长圆形孔（图 13-8）。

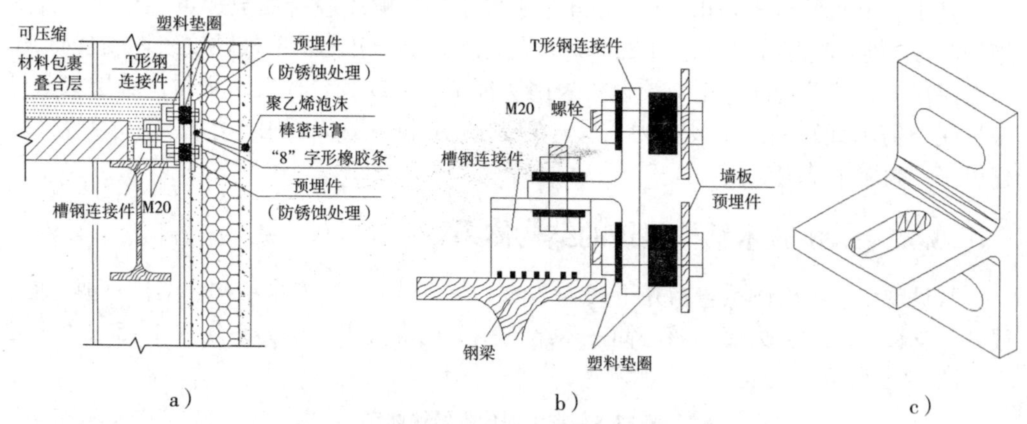

图 13-8　墙体与主体结构的柔性连接节点

a）连接节点整体　b）连接节点细部　c）T 形连接件

（2）刚性连接节点　刚性连接节点是在预制墙板中预留外伸钢筋，然后在预埋件或钢梁上焊接角钢件或 T 形件，再通过螺栓或焊缝将墙板和主体结构连接起来，合理的预埋件既能满足结构安全，也要保障建筑美观。

对于刚性连接节点，其随着主体结构变形而产生相应变位的能力应根据震级的不同有所区别，中震时墙板可以随着主体结构的变形而变位，墙体完好并且不需要修复可继续使用；大震时墙板可以随着主体结构的变形而变位，墙体发生损坏但不脱落。

13.4 装配式木结构建筑

随着人们生活水平的提高，自然、健康、环保的观念越来越被认同，木结构得到了前所未有的青睐。日本、芬兰、瑞典、美国、加拿大等发达国家都普遍采用现代木结构住宅建筑。日本在新建住宅中，木结构住宅所占居住建筑比例基本达 45% 左右；芬兰、瑞典木结构住宅所占居住建筑比例达 80% 左右；美国、加拿大木结构住宅所占比例达 75% 左右，尤其是高档别墅建筑几乎全部采用木结构。加拿大的木材工业是国家支柱产业之一，其木结构住宅的工业化、标准化和配套安装技术非常成熟。

目前在国家发展装配式建筑的推动下，木结构作为典型的装配式建造结构，得到了大力推广和应用，我国木结构逐步走上了产业化的道路。

相对于传统木结构，装配式木结构建筑是一种新型的建筑结构，它采用工业化的胶合木材或木基复合材料作为建筑结构的基本构件，并通过金属连接件将这些构件连接。装配式木结构克服了传统木结构尺寸受限、强度刚度不足、构件变形不易控制、易腐蚀等缺点。

现代木结构建筑对木材的材性要求较低，不需要大量使用优材和大材。现代加工工艺可将劣材、小材，经过层压、胶合、金属连接件等工艺，变成结构性能远超原木的产品，极大地提高了木材利用效率，也更加有利于木材的循环利用，应用于建筑领域的工程木材主要有层板胶合木、平行木片胶合木、单板层积胶合木、层叠木片胶合木、旋切板胶合木正交胶合木。

其中，层板胶合木是由 20~50mm 木板经干燥、顺纹胶合而成，可用作梁、柱等结构构件；旋切板胶合木则是由 2.5~6mm 的原木旋切成单板，单板顺纹组坯胶合而成，一般用作梁、柱等构件；正交胶合木采用层板正交叠放胶合成实木板材，叠层数量可根据用户需求或建筑需要设置为 3 层、5 层、7 层和 9 层，可用作承重墙体与楼板，建设多、高层木结构建筑。

13.4.1 装配式木结构建筑的结构体系

常见现代木结构体系包括井干式木结构（木刻楞）、轻型木结构、梁柱—剪力墙、梁柱—支撑、CLT 剪力墙、核心筒—木结构。常见现代木结构体系见表 13-5，允许层数如图 13-9 所示。

表 13-5 常见现代木结构体系

	井干式木结构	轻型木结构	梁柱—支撑	梁柱—剪力墙	CLT 剪力墙	核心筒—木结构
[illegible]建筑	√	√	√	√		
[illegible]		√	√	√	√	
[illegible]			√	√	√	√
[illegible]	网壳结构、张弦结构、拱结构及桁架结构√					

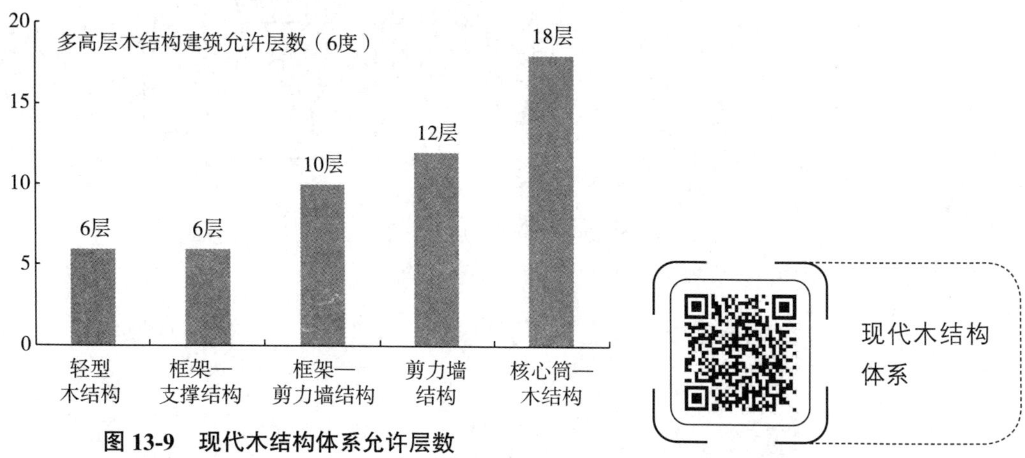

图 13-9　现代木结构体系允许层数

13.4.2　装配式木结构建筑的节点形式

传统木结构的连接节点一般通过木工制造的榫卯连接得以实现，而在现代木结构中，这种传统的连接方式已经很少采用，取而代之的是各种标准化、规格化的金属连接件。加拿大木结构设计标准规定现代木结构中的金属构件大体分为钉类连接、螺栓和销类连接、木结构铆钉、剪盘和裂环连接件、齿板连接件、构架连接件以及梁托等。我国现行《木结构设计标准》（GB 50005）对各类连接件进行分类，分为齿连接、螺栓和钉连接以及齿板连接三大类。

1. 齿连接

齿连接是将受压构件的端头做成齿榫，抵承在另一个构件的齿槽内以传递压力的一种连接方式，可采用单齿或多齿的形式（图 13-10、图 13-11）。

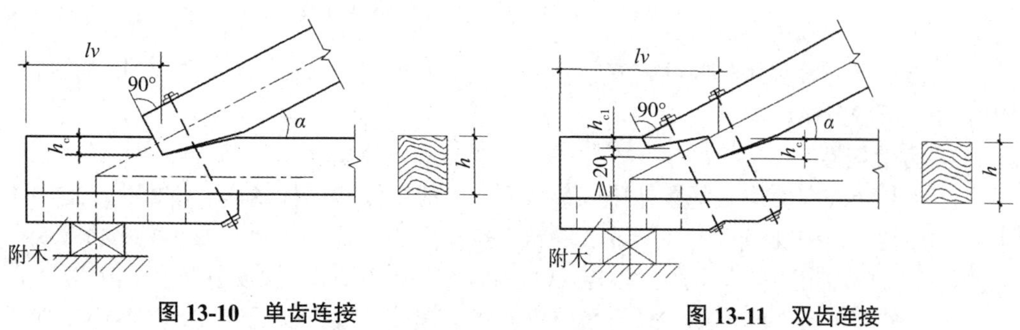

图 13-10　单齿连接　　图 13-11　双齿连接

齿连接的优点是构造简单、传力明确、制作工具简易、连接外露易于检查；它的缺点是开齿削弱构件截面、产生顺纹受剪作用导致脆性破坏。齿连接在装配式木结构中很少采用。

2. 螺栓连接和钉连接

螺栓连接和钉连接统称为销连接。其中，在装配式木结构中，螺栓连接是最为常用的连接方式，它种类繁多、造型各异，根据受力可以分为单剪连接和双剪连接以及多剪连接三种类型。在工程实际中大多采用单剪连接和双剪连接（图 13-12）。

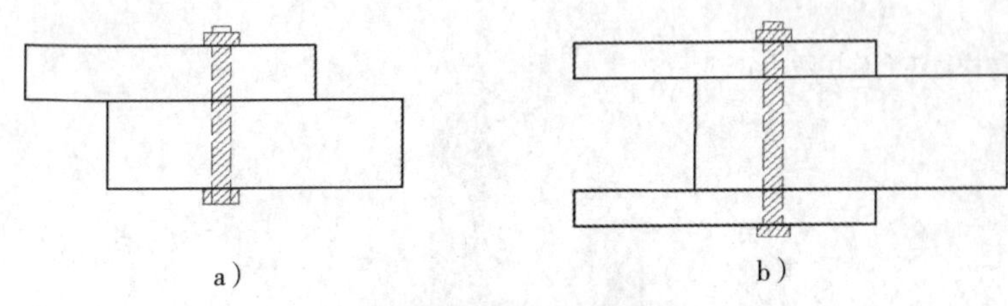

图 13-12　螺栓连接方式

a）单剪连接　b）双剪连接

根据是否采用金属连接板以及金属连接板的位置，螺栓连接可分为普通连接、钢夹板连接和钢填板连接三种（图 13-13）。

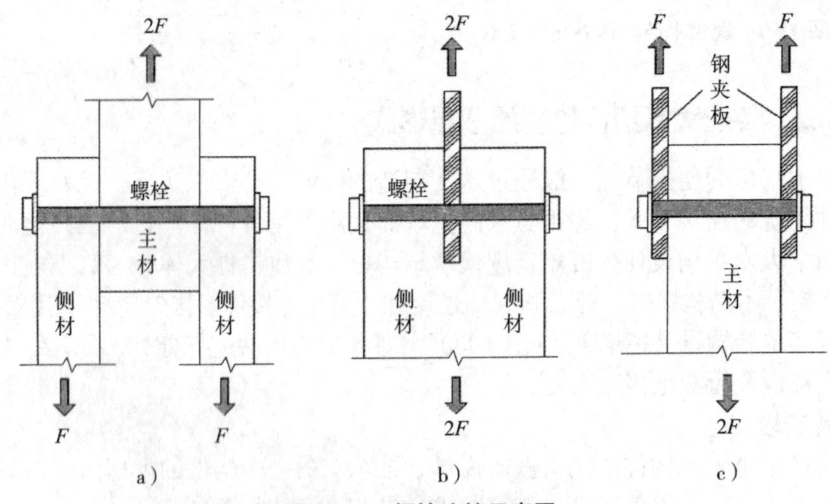

图 13-13　螺栓连接示意图

a）普通连接　b）钢填板连接　c）钢夹板连接

螺栓连接的紧密性和韧性较好，施工方便，连接安全可靠，是装配式木结构中使用最为广泛的连接形式。

3. 齿板连接

齿板是经表面处理的钢板冲压成带状板，一般由镀锌钢板制作。齿板连接适用于轻型木结构建筑中规格材桁架的节点以及受拉杆件的接长。处于腐蚀环境、潮湿或有冷凝水环境的木桁架不宜采用齿板连接。齿板的承载力有限，齿板不得用于传递压力。

木组件与木组件的连接方式可采用钉连接、螺栓连接、齿板连接、金属连接件连接或榫卯连接。当预制次梁与主梁、木梁与木柱之间连接时，宜采用钢插板、钢夹板和螺栓进行连接。

除此以外，植筋节点也是近年来常用于装配式木结构的连接节点之一。植筋技术一种后锚固技术，广泛应用于混凝土结构的加固与补强。木材植筋技术源自瑞典、等北欧国家，其做法是将筋材（如钢筋、螺栓杆、FRP 筋等）通过胶粘剂植入预木材孔中，待胶体固化后形成整体。

植筋最早用于横纹植入木梁端部来增强梁端的抗剪和局部承压能力，目前端拼接、柱脚及墙体锚固、木结构桥梁等。

参考文献

[1] 刘学贤 . 建筑构造 [M]. 北京：机械工业出版社，2014.

[2] 编委会 . 建筑设计资料集 . 第 1 分册 建筑总论 [M]. 3 版 . 北京：中国建筑工业出版社，2017.

[3] 编委会 . 建筑设计资料集 . 第 8 分册 建筑专题 [M]. 3 版 . 北京：中国建筑工业出版社，2017.

[4] 住建部 . 民用建筑设计统一标准：GB 50352—2019 [S]. 北京：中国建筑工业出版社，2019.

[5] 住建部 . 建筑模数协调标准：GB/T 50002—2013[S]. 北京：中国建筑工业出版社，2013.

[6] 住建部 . 建筑地基基础设计规范：GB 50007—2011[S]. 北京：中国建筑工业出版社，2011.

[7] 住建部 . 建筑地基处理技术规范：JGJ 79—2012 [S]. 北京：中国建筑工业出版社，2012.

[8] 住建部 . 建筑地基基础术语标准：GB/T 50941—2014[S]. 北京：中国建筑工业出版社，2014.

[9] 住建部 . 地下工程防水技术规范：GB 50108—2008[S]. 北京：中国建筑工业出版社，2008.

[10] 住建部 . 人民防空地下室设计规范：GB 50038—2005 [S]. 北京：中国建筑工业出版社，2005.

[11] 杨维菊 . 建筑构造设计：上册 [M]. 2 版 . 北京：中国建筑工业出版社，2016.

[12] 杨维菊 . 建筑构造设计：下册 [M]. 2 版 . 北京：中国建筑工业出版社，2016.

[13] 住建部 . 无障碍设计规范：GB 50763—2012 [S]. 北京：中国建筑工业出版社，2012.

[14] 住建部 . 住宅设计规范：GB 50096—2012[S]. 北京：中国建筑工业出版社，2012.

[15] 住建部 . 建筑地面设计规范：GB 50037—2013[S]. 北京：中国建筑工业出版社，2013.

[16] 住建部 . 民用建筑隔声设计规范：GB 50118—2013[S]. 北京：中国建筑工业出版社，2013.

[17] 住建部 . 屋面工程技术规范：GB 50345—2012[S]. 北京：中国建筑工业出版社，2012.

[18] 住建部 . 坡屋面工程技术规范：GB 50693—2011 [S]. 北京：中国建筑工业出版社，2011.

[19] 住建部 . 建筑材料术语标准：JGJ/T 191—2009[S]. 北京：中国建筑工业出版社，2009.

[20] 国家质监总局 . 建筑门窗术语：GB/T 5823—2008[S]. 北京：中国建筑工业出版社，2008.

[21] 住建部 . 建筑节能基本术语标准：GB/T 51140—2015[S]. 北京：中国建筑工业出版社，2015.

[22] 住建部 . 严寒与寒冷地区居住建筑节能设计标准，JGJ26—2018. 北京：中国建筑工业出版社 .

[23] 住建部 . 民用建筑热工设计规范：GB 50176—2016[S]. 北京：中国建筑工业出版社，2016.

[24] 住建部 . 公共建设节能设计标准：GB 50189—2015[S]. 北京：中国建筑工业出版社，2015.

[25] 工程建设标准化协会 . 太阳能光伏发电系统与建筑一体化技术规程：CECS 418：2015[S]. 北京：中国计划出版社，2015.

[26] 住建部 . 建筑设计防火规范：GB 50016—2014[S]. 北京：中国建筑工业出版社，2014.

[27] 蒙慧玲 . 建筑安全防火设计 [M]. 北京：中国建筑工业出版社，2018.
[28] 住建部 . 车库建筑设计规范：JGJ 100—2013[S]. 北京：中国建筑工业出版社，2013.
[29] 住建部 . 建筑工程抗震设防分类标准：GB 50223—2008[S]. 北京：中国建筑工业出版社，2008.
[30] 住建部 . 建筑抗震设计规范：GB 50011—2016[S]. 北京：中国建筑工业出版社，2016.
[31] 住建部 . 建筑结构可靠性设计统一标准：GB 50068—2018[S]. 北京：中国建筑工业出版社，2018.
[32] 住建部 . 建筑物防雷设计规范：GB 50057—2013[S]. 北京：中国建筑工业出版社，2013.
[33] 住建部 . 工业建筑防腐蚀设计标准：GB/T 50046—2018[S]. 北京：中国建筑工业出版社，2018.
[34] 阎玉芹，于海，苑玉振，等 . 建筑幕墙技术 [M]. 北京：化学工业出版社，2019.
[35] 国家质监总局 . 建筑玻璃采光顶技术要求：JG/T 231—2018[S]. 北京：中国建筑工业出版社，2018.
[36] 住建部 . 装配式钢结构建筑技术标准：GB/T 51232—2016[S]. 北京：中国建筑工业出版社，2016.
[37] 住建部 . 装配式木结构建筑技术标准：GB/T 51233—2016[S]. 北京：中国建筑工业出版社，2016.
[38] 郭学明 . 装配式混凝土建筑建筑构造与设计 [M]. 北京：中国建筑工业出版社，2018.
[39] 吴刚，潘金龙 . 装配式建筑 [M]. 北京：中国建筑工业出版社，2018.